泡沫混凝土材料与工程应用

唐　明　徐立新　主　编

闫振甲　　　　　副主编

中国建筑工业出版社

图书在版编目（CIP）数据

泡沫混凝土材料与工程应用/唐明，徐立新主编．
北京：中国建筑工业出版社，2013.8
ISBN 978－7－112－15520－0

Ⅰ．①泡…　Ⅱ．①唐…②徐…　Ⅲ．①泡沫混凝土—
研究　Ⅳ．①TU528.2

中国版本图书馆 CIP 数据核字（2013）第 129488 号

　　本书是作者在总结国内外泡沫混凝土研究成果及自身多年实践经验的基础上，依据国内最新规范体系编写而成。本书共分为 10 章，包括：泡沫混凝土材料与工程概论、泡沫混凝土的组分、泡沫混凝土地暖绝热层、泡沫混凝土屋面保温层、泡沫混凝土填注、泡沫混凝土墙体浇注、泡沫混凝土外墙保温板、预制 ASA 泡沫混凝土板装配式建筑、泡沫混凝土砌块及泡沫混凝土机械设备。本书内容全面、重点突出，具有较强的实用性和可操作性。

　　本书可供从事泡沫混凝土材料研究、施工以及制品生产的广大技术人员参考使用。

* * *

责任编辑：刘　江　王砾瑶　李　鸽
责任设计：张　虹
责任校对：肖　剑　赵　颖

泡沫混凝土材料与工程应用
唐　明　徐立新　主　编
闫振甲　　　　　副主编
*
中国建筑工业出版社出版、发行（北京西郊百万庄）
各地新华书店、建筑书店经销
华鲁印联（北京）科贸有限公司制版
廊坊市海涛印刷有限公司印刷
*
开本：787×1092 毫米　1/16　印张：19½　字数：480 千字
2013 年 9 月第一版　　2014 年 7 月第二次印刷
定价：58.00 元
ISBN 978－7－112－15520－0
（24100）

《泡沫混凝土材料与工程应用》编委会

主　编：唐　明　　徐立新
副主编：闫振甲
编　委：牟世友　吕文朴　张　标　张健江　刘家强　于崇明
　　　　刘晓波　朱恒杰　李国强　刘家义　孙志中　林盛根
　　　　高永昌　徐道勇　马　燚　张振秋　付洪伟　宋志斌
　　　　张健兴　王才智　卢文成　许大伟　陈思宇

前　言

泡沫混凝土最早是 1923 年欧洲人首次提出来的。20 世纪初前苏联积极开展了泡沫混凝土工业化技术研究和生产，1950 年开始他们向中国推广泡沫混凝土技术。

20 世纪 50 年代是我国泡沫混凝土发展的第一个高潮期，在哈尔滨生产了蒸压泡沫混凝土板，并应用在哈尔滨电表仪器厂的屋面保温。第二个发展高潮期是 20 世纪 80~90 年代，在现浇屋面保温和地暖绝热层中采用。泡沫混凝土第三个发展高潮期是 21 世纪初，开始在建筑外墙外保温工程中大量应用。

泡沫混凝土具有的保温节能、安全防火及环保等性能大量应用在建筑保温工程中，使其必然成为未来建筑保温的主导产品。

泡沫混凝土分为现浇和制品两大类，现浇泡沫混凝土有泡沫混凝土地暖绝热层、楼地面垫层、屋面保温层、墙体浇注、大型填注等，制品有泡沫混凝土保温板、砌块、墙板等。

沈阳建筑大学教授、博士生导师唐明是辽宁省泡沫混凝土发展中心专家组组长，他生前致力于研究和开发泡沫混凝土，并计划出版一本泡沫混凝土专著，推动泡沫混凝土行业发展，他亲自写下了泡沫混凝土材料与工程概论和泡沫混凝土组成两章内容。为实现唐明的意愿，为全国泡沫混凝土行业的发展，我们组织了辽宁省、北京市、天津市、山东省、河北省和河南省等六个省市的泡沫混凝土企业家和专家编写了这本《泡沫混凝土材料与工程应用》一书。这本书的出版是对唐明教授的怀念，也将对泡沫混凝土行业的发展起到推波助澜的作用。

这本书的内容包括泡沫混凝土材料与工程概论、泡沫混凝土组成、泡沫混凝土地暖绝热层、泡沫混凝土屋面保温层、泡沫混凝土墙体浇注、泡沫混凝土填注、泡沫混凝土砌块、预制 ASA 泡沫混凝土板装配式建筑、泡沫混凝土外墙保温板和泡沫混凝土机械设备等 10 章内容。

泡沫混凝土行业是新型行业，泡沫混凝土产品是新型建筑节能产品，目前全国范围内没有一本全面介绍泡沫混凝土的专业书籍，从事泡沫混凝土制品生产和现浇施工安装人员，缺乏泡沫混凝土理论知识和专业知识，我们为满足全国泡沫混凝土行业员工急需这方面书籍的要求编写了《泡沫混凝土材料与工程应用》一书，这是一本全面、系统、专业的泡沫混凝土行业专著，也是泡沫混凝土行业百科全书。它将成为泡沫混凝土行业员工的培训教材，泡沫混凝土行业生产管理人员和工程技术人员的工具书，建筑工程和建筑材料大专院校师生的参考书，也是房地产开发公司、建筑公司、监理公司土建工程师们的参考书。

在编写这本书的过程中专家和企业家们运用国家、行业、地方以及企业标准，结合企业生产实践，努力使内容更加完善和丰富。尽管做了很大的努力，但因为编写时间短促，再加水平有限，书中疏漏难免，希望广大读者和业内专家批评指教，阅读中发现问题及时提出宝贵意见，以便今后进一步修改提高。

徐立新

2013 年 5 月于沈阳

目　录

1 泡沫混凝土材料与工程概论

1.1 泡沫混凝土的定义与分类

1.1.1 泡沫混凝土的定义

传统的泡沫混凝土定义为采用机械方法将泡沫剂水溶液制成泡沫，再将泡沫加入含硅材料、钙质材料、水及外加剂组成的料浆中，经混合搅拌、浇注成型和养护而成的轻质多孔混凝土材料[1]。

传统的泡沫混凝土体积密度比较大，通常为 500~1200kg/m³，导热系数也比较大，通常为 0.12W/(m·K)~0.30W/(m·K)，抗压强度在 3~14MPa，常用于屋面、自承重墙和热力管道的保温层。现代的超轻泡沫混凝土体积密度和导热系数都很小，分别为 80kg/m³ 和 0.04W/(m·K)；体积密度为 100kg/m³ 的泡沫混凝土导热系数为 0.043W/(m·K)；体积密度为 120kg/m³ 的泡沫混凝土导热系数为 0.047W/(m·K)，其热工性能非常优异。目前国内外通常把导热系数较低的材料称为保温材料（我国国家标准规定，凡平均温度不高于350℃时，导热系数不大于0.12W/(m·K) 的材料称为保温材料），而把导热系数在 0.05W/(m·K) 以下的材料称为高效保温材料。超轻泡沫混凝土已成为高效保温材料，完全可以与聚氨酯、聚苯乙烯等材料相媲美。

随着泡沫混凝土科学技术和生产工艺的不断进步，应用领域不断扩大，泡沫混凝土的概念和内涵得到了很大的丰富，早已不是单纯的轻质材料、被排斥在混凝土材料边缘的不受重视的工程材料。泡沫混凝土的概念应丰富一些。关于泡沫混凝土和加气混凝土的定义和概念方面，始终没有一个比较准确的概念和定义。有人说化学发泡的是加气混凝土，物理发泡的是泡沫混凝土，我国的混凝土外加剂标准中定义的加气剂就是"混凝土制备过程中因发生化学反应，放出气体，而使混凝土中形成大量气孔的外加剂"。也有将蒸压养护的轻质多孔混凝土称为加气混凝土，非蒸压养护的轻质多孔混凝土称为泡沫混凝土。因国际上加气混凝土 ALC（Autoclaved Lightweight Concrete）中英文意思就是蒸压养护过的轻质混凝土[2]。也有人认为泡沫混凝土应包括物理发泡的多孔混凝土和化学发泡的多孔混凝土。这一概念使人们感觉到泡沫混凝土包括加气混凝土，也有人认为，物理发泡的泡沫混凝土和化学发泡的加气混凝土都是向混凝土中加气，都是加气混凝土（图1-1、图1-2）。

早在 2006 年，闫振甲先生就提出泡沫混凝土概念界定的三原则，即：（1）人们的传统习惯；（2）多数人的看法；（3）泡沫混凝土的大多数产品的技术特征，少数特殊产品应作为例外。

图 1-1　加气混凝土砌块

图 1-2　泡沫混凝土保温板

许多关于泡沫混凝土的国家行业标准在术语中把物理发泡的多孔混凝土定义为泡沫混凝土。这仅仅是标准中术语的界定。泡沫混凝土属于多孔混凝土中的一种，它与加气混凝土属于同一个类型的多孔混凝土。从本质上讲，泡沫混凝土也是一种加气混凝土，它实际上是加气混凝土的一个特殊品种[3]。在日本的气泡混凝土定义中，包括加气混凝土（ALC：Autoclaved Lightweight Concrete）和发泡混凝土（Mix-Foamed Concrete）。

综上所述，笔者编制辽宁省泡沫混凝土外墙外保温工程技术规程时，对泡沫混凝土作了如下定义。

泡沫混凝土（foamed concrete）：以水泥基胶凝材料、掺合料等为主要胶凝材料，加入外加剂和水制成料浆，也可加入部分颗粒状轻质骨料制成料浆，经发泡剂发泡，在施工现场或工厂浇注成型、养护而成的含有大量的、微小的、独立的、均匀分布气泡的轻质混凝土材料。

这里的"发泡剂发泡包括物理发泡和化学发泡"，此外，特别强调了"大量的、微小的、独立的、均匀分布气泡"，这是高质量泡沫混凝土的技术保证。

在条文说明中写道，传统的泡沫混凝土是用物理方法将泡沫剂制备成泡沫，再将泡沫加入到以水泥基胶凝材料、掺合料、外加剂和水制成的料浆中，在工厂或施工现场浇注成型、养护而成的轻质混凝土材料。化学发泡的多孔混凝土称为加气混凝土。鉴于泡沫混凝土板制作过程中化学发泡板的强度远大于物理发泡板的强度，加上我国部分地方标准已将"按发泡原理的不同，可分为物理发泡型和化学发泡型"作为泡沫混凝土板定义的一部分，并已推广应用，考虑到质量为上的原则，本规程的泡沫混凝土为广义的泡沫混凝土，包括物理发泡和化学发泡。

1.1.2　泡沫混凝土的分类

泡沫混凝土种类繁多，它不同于加气混凝土，加气混凝土通常按材料组成、体积干密度和使用功能分类。现参照加气混凝土的分类方法进行分类。

（1）按所用胶凝材料种类分类

1）水泥泡沫混凝土：以通用硅酸盐水泥、硫铝酸盐水泥等为胶凝材料，也有采用硅酸盐水泥与硫铝酸盐水泥复合的水泥，还有硅酸盐水泥、硫铝酸盐水泥和铝酸盐水泥三元复合的泡沫混凝土，其水化矿物胶凝物质由水泥熟料矿物的水化反应获得，可用于制备各种泡沫混凝土板材及现浇泡沫混凝土，是泡沫混凝土的主导。

2）菱镁泡沫混凝土：以轻烧镁（菱苦土）为胶凝材料，用氯化镁溶液作调和剂，采用泡沫混凝土的工艺制成，可用于屋面保温和隔墙板，以及外墙外保温系统的大模内置等。镁水泥具有料浆黏度好，易稳泡，早期强度比较高。

3）石膏泡沫混凝土：以石膏为胶结材制成，主要用于对强度要求不高的使用部位。其特点是早强快，收缩变形小。

4）碱矿渣泡沫混凝土：以碱激发矿渣为胶凝材料，采用泡沫混凝土的工艺制备的泡沫混凝土，具有早期强度和后期强度高的特点。

（2）按体积密度分类

1）保温泡沫混凝土：以保温为主要功能的泡沫混凝土。通常为干体积密度小于 $400kg/m^3$ 的泡沫混凝土，超轻泡沫混凝土是近年来的新型泡沫混凝土，具有高效保温特点。

2）承重泡沫混凝土：常作为承重墙体材料，通常以承重为主，同时兼有一定的节能保温作用，通常为干体积密度 $700kg/m^3$ 以上的泡沫混凝土。

3）承重兼保温泡沫混凝土：主要是以自承重为主的泡沫混凝土，通常为干体积密度在 $500 \sim 600kg/m^3$ 的泡沫混凝土。

（3）按发泡方式分类

1）泡沫剂物理发泡泡沫混凝土：将表面活性剂为主的泡沫剂液体通过打泡机预先制作气泡，然后混入搅拌好的料浆中，可以通过气泡的掺入量自由调整密度制备泡沫混凝土，泡沫混凝土的现浇施工性能良好，但该工艺对打泡机的依赖性较大，该工艺方法也可称为预发泡。

2）充气泡沫混凝土：采用充气加稳泡的方式制备的泡沫混凝土。其气泡是压缩空气经过充气装置的充气介质在料浆中弥散而成的。除气泡形成原理与加气混凝土不同外，原材料、产品性能、生产工艺及设备等均与加气混凝土基本一致。在生产工艺中也称为充气发泡。

3）化学发泡的泡沫混凝土：采用过氧化氢或铝粉在料浆里发泡制备的泡沫混凝土。过氧化氢或铝粉在搅拌机中混入料浆，混合后由化学反应产生气体制取气泡。混凝土的温度、料浆的稠度等可影响发泡时间和发泡量。在生产工艺中也可称为后发泡。

4）搅拌发泡的混凝土：表面活性剂、蛋白系动物类发泡剂等泡沫剂在在搅拌机中掺入，与料浆一起搅拌，也是一种通过搅拌物理作用制得气泡的方法。搅拌时间、搅拌速度和使用集料的粒径等因素的改变可以调节含气量，工作性的好坏仅通过搅拌就很容易达到。

（4）按养护方式分类

1）自然养护泡沫混凝土：整个养护过程采用自然养护，也有采用塑料大棚、阳光板养护室进行养护的泡沫混凝土。

2）蒸汽养护泡沫混凝土：采用常压蒸汽养护的泡沫混凝土。

3）蒸压养护泡沫混凝土：采用蒸压釜在较高蒸汽压力下养护的泡沫混凝土。

（5）按骨料种类分类

①聚苯颗粒泡沫混凝土：以聚苯乙烯颗粒为骨料，加入泡沫混凝土浆料中搅拌后浇注

成型的泡沫混凝土。

②膨胀珍珠岩泡沫混凝土：采用膨胀珍珠岩作为骨料制备的泡沫混凝土。此外，也有采用聚氨酯颗粒、酚醛树脂颗粒、玻化微珠颗粒和蛭石等制备的轻骨料泡沫混凝土。

（6）按生产工艺分类

1）工厂预制泡沫混凝土：许多泡沫混凝土制品是在专业化工厂预制的，如泡沫混凝土保温板、泡沫混凝土砌块和泡沫混凝土墙板等。

2）现场浇注泡沫混凝土：如屋面保温隔热层、地暖保温隔热层、墙体现浇和大体积填充等泡沫混凝土。

（7）按应用领域分类

1）建筑工程泡沫混凝土：建筑工程的屋面保温、外墙外保温、地暖保温层等建筑各部位的泡沫混凝土。

2）园林景观泡沫混凝土：园林景观工程的假山、园艺陶粒、水上漂浮物、轻质园林装饰品的造型基础材料等。

3）特殊工程泡沫混凝土：矿井采空区回填、其他报废地下工程回填、补偿地基、抗冻地基等。

4）工业用泡沫混凝土：工业管道保温、工业窑炉保温、化工滤质等。

5）环保工程泡沫混凝土：泡沫混凝土颗粒用于污水处理，用泡沫混凝土颗粒吸满过氧化氢撒到有赤潮的海水中，起到抑制赤潮的作用。

1.2 泡沫混凝土发展历史

1.2.1 混凝土材料的发展历史

混凝土材料的历史可追溯到新石器时代，黏土混凝土是人类应用最早的混凝土材料，黏土是天然的胶凝材料，最早被用来铺筑地坪、胶结石块及外墙抹面。土坯的出现在公元前8000年，在我国距今6000多年前的西安半坡遗址就已采用木骨泥墙建房，甘肃等地先民故居遗址中发现了有意识地用火焙烧过的草筋泥墙与坑台，至今5000多年依然坚固发亮，被命名为陶质墙面。黏土混凝土材料具有易开裂和耐水性差两大弊病，为解决黏土易开裂问题，先民们采用草筋作为黏土增强材料，至今很多生土混凝土建筑、部分村镇用黏土抹墙和屋面时，仍采用草筋作为抗裂材料。为解决黏土耐水问题，公元前5000年左右，苏美尔人开始生产黏土实心砖，在中国的西周时期已有生产黏土实心砖的记载。当人们发现石灰质材料后，采用三合土比原黏土耐水性得到显著提高。而现代黏土混凝土工程则采用激发剂、固化剂及防水剂以解决其耐水性问题。

图1-3为棕灶鸟及鸟巢。棕灶鸟阿根廷国鸟，腿细长，适合在开阔的草原上生活，分布在南美洲南半部开阔低地。多栖息于密林中的乔木上。棕灶鸟营半球形的巢，看上去像烤箱，人们赞赏其"建筑技艺"高超，故有"面包师"之美名。这种鸟在人类出现之前就开始用稻草增强黏土在树顶上建造房子。图1-4为5000年前的黏土混凝土。

图1-3　棕灶鸟和鸟巢

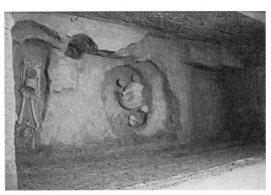

图1-4　5000年前的黏土混凝土

石灰混凝土是人类使用较早的混凝土材料。早期的石灰使用介壳煅烧而成，主要用作埋葬尸体的干燥剂，后来被用于建筑、交通和水利工程。在东土耳其卡耶尼的考古挖掘中，发现了用石灰砂浆粘结的水磨石地面。对该出土文物的年代评估为公元前12000年～公元前5000年之间。巴比伦人在6000年前已使用石灰砂浆。在水利工程中，砂浆曾应用于扎胡雷（Sahure）法老（公元前2800年）水渠的灌溉设施中。石灰砂浆首次最大量的应用是在公元前1000年建造的耶路撒冷水库。大约在公元前3000年，几种不同的文明在彼此并没有联系的情况下，先是在北非、南亚、中国，后来在南美和中美，石灰砂浆开始用于土木工程中。在埃及，石灰浆在古罗马时期才应用，但在克里特岛、塞浦路斯、希腊和中东使用得更早（公元前6000年～公元前1200年）。

考古证实，还在4000年前黄河上游的齐家文化遗址中，就已经有了用石灰岩燔烧的石灰。在我国，石灰一词的最早记载见于《左传》。到了战国时期，石灰被加入到黏土中制备二合土、三合土类复合胶凝材料。自汉代起石灰开始大量应用于建筑工程。据历史记载，曹操曾将植物油掺入石灰建造了铜雀台。宋代曾用糯米汁、石灰砌筑了安徽和州城墙。明代南京城墙也使用了糯米汁石灰，并用桐油石灰封顶以增强防水抗渗的能力。明代《开工天物》记载，将石灰1份、黄砂2份，用糯米、羊角藤汁拌匀制作贮水建筑，有很好的防渗耐久性能。清朝乾隆年间，用石灰、糯米汁和牛血建造永定河河堤，长达数里，经过数百年考验，至今具有重要的工程指导意义。

石灰属于气硬性胶凝材料，因为它能在空气中硬化，它的硬化实质上是由于拌合水的蒸发。此外是后期的碳化。这一反应有助于使物质变硬，但仅限于表层。因为如果灰浆捣固密实，会妨碍CO_2透过薄的表面层。在古代，人们能够制备出一些优质的石灰浆体，其硬度很高，以至于人们一度曾设想研究石灰浆制备中含有某些现已失传的秘密。Marcus Vitruvius比较详细地叙述了用于古罗马建筑中给墙壁最后加工的不同等级的灰泥。可是以后的研究表明，这些灰浆的优良性能并不在于石灰制作的秘密，而在于充分搅拌和夯实（这一教训，现代的工程师应予牢记）。罗马时代的圆形剧场以及在尼姆斯的加德桥至少是某些罗马灰浆高质量的证明。图1-5为万里长城墙上的石灰砖缝，图1-6为古罗马时代的斗兽场，留下了石灰的印记。

图1-5 万里长城墙上的石灰砖缝

图1-6 古罗马时代的斗兽场

　　石膏在8000多年前已为人所知。石膏作为储藏量丰富的天然矿石，在古埃及就得到了应用。石膏经过煅烧，与砖粉混合用于建筑，埃及人在切奥帕斯（Cheops）的金字塔（约公元前3000年）建筑中采用了石膏材料。它由煅烧不纯的石膏制得。当拌入少量水时，该材料由于经过煅烧的石膏与煅烧时驱出的结晶水重新组合而凝结，最终硬化成整体。在印度，人们发现一个"石材-青铜-纪年"遗址，其墙体显示出石膏砂浆、石灰-石膏砂浆和纯石灰砂浆的痕迹。图1-7为埃及金字塔，石膏材料作为砌筑的胶凝材料，图1-8为法国卢浮宫，其中雕像是石膏雕塑而成。

图1-7 埃及金字塔

图1-8 法国卢浮宫的石膏雕像

　　古希腊人和古罗马人用煅烧含有黏土夹杂物的石灰石生产出水硬性石灰。罗马有丰富的火山灰资源，古罗马人发现在维苏威火山附近的波佐利（Pozzuoli）以及罗马北部和东部厚厚的地层里的一种带有巧克力色的砂土，称为"坑砂"，现在专业上称之为火山灰。当地人把这种火山生成的粉末与石灰混合成料浆，所制得的灰浆不仅比普通石灰浆强度高，而且耐水性非常好。古罗马人在这种灰浆中加入石料的残渣、砖块、天然卵石等，凝固后成为坚硬的磐石，具有很好的抗渗性。现代研究表明，这种石灰-火山灰材料属于水硬性胶凝材料，比气硬性石灰功能大大提高，石灰-火山灰胶凝材料的发现、改善和广泛应用，是罗马建筑成就的重要条件（图1-9）。公元4世纪初，罗马城中有1000家公共浴池，最大的面积达110000m²，能容纳3200人洗浴。当年的引水渡槽工程十分浩大，从92km外引入罗马城，共有11座渡槽，建造工程自公元前 310 年到公元前 226 年，都是用石灰加磨细凝灰岩与浮石凝灰岩以 1:3.5 ~ 1:4.5 建成。这种石灰-火山灰砂浆与混凝土建成的桥梁和渡槽，2000 多年后仍能使用（图 1-10）。罗马卡利古拉（Caligula）皇帝时期，用石灰和火山灰以 1:2 配合，成功地建造了那不勒斯海港，经现场观察，至今海港虽然被海浪磨光了表面，长满青苔，但其混凝土却完好无损，数百米的墙几乎无一裂缝。这些实例对现代胶凝材料提高耐久性的研究具有重要的意义。自公元 2 世纪以来，在大量采用混凝土的古建筑中，保存最完好的可能就是万神殿了，其圆顶直径有 44m，是在肋沟部分灌注混凝土，并使之硬化而建成的。图 1-9 为维苏威火山，有着大量的火山灰材料，图 1-10 为古罗马的渡槽，采用石灰火山灰砂浆砌筑。

图 1-9　维苏威火山

图 1-10　古罗马渡槽

　　罗马时代砂浆技术传到德国是罗马军团北上越过阿尔卑斯山对今天的欧洲地区进行远征的结果。1893 年，德国出版的《建筑百科词典》记载，大约从公元 900 年开始，砂浆制备和在建筑上的应用不再局限于罗马人居住的地带。18 世纪英国的 J. Smeaton 在 Conish 海湾外用石灰-火山灰砂浆成功地建成耐海水的 Eddystone 灯塔。该灯塔饱受海浪冲刷，在环境极其恶劣的条件下，直到被一个更现代化的结构所代替。

　　进入 18 世纪，石灰-火山灰体系的混凝土因凝结硬化慢，早期强度低，无法适应社会生产迅速发展的需要。在波特兰水泥发明和应用之前，很长的历史阶段，人们认为最好的石灰是纯洁的石灰石煅烧的石灰，后来人们发现，含有黏土质的石灰石煅烧后，具有水硬性特征，于是开始有人用黏土含量较多的石灰石粉煅烧得到具有一定水硬活性的石灰，还有人用泥灰岩（含较多黏土质的石灰石）直接烧成水硬性石灰，无需磨细，经过消解直接应用。1796 年，英国 J. Parker 用黏土质石灰石煅烧而制得水硬性水泥，成为天然水泥。1813 年，法国的 L. J. Vicat（他发明的维卡仪，至今我们仍然用以测定水泥的凝结时间）用石灰石和黏土加水湿磨成均匀的混合物，经过煅烧制成了人工水硬性石灰，被认为是近代波特兰水泥的雏形。1824 年，英国里兹的 J. Aspdin 取得了波特兰水泥的专利，在市场上获得巨大的成功。J. Aspdin 的幼子 William 在偶然中发现玻璃化的烧结块具有很高的强度。现代仪器分析表明，这种过少的物料含有阿利特晶体矿物。英格兰人 Thomas Crampton 在 1877 年获得了回转窑技术的专利（图 1-11、图 1-12）。

图 1-11　水泥发明人 J. Aspdin

图 1-12　现代水泥（回转窑）生产线

1.2.2　泡沫混凝土的发展历史

泡沫混凝土既是现代的建筑功能材料，也是古代的保温隔热建筑材料。早在黏土混凝土时代和石灰混凝土时代就有早期泡沫混凝土。5000 多年前，古埃及人使用一些天然物质，使之混合后产生气体，用以制作多孔材料。以石灰-火山灰胶凝材料著称的古罗马时代，即 2000 多年前，古罗马人用石灰、火山灰、砂子、砾石制造混凝土时惊奇地发现，在混凝土内加入动物血液混合搅拌后，产生了持久的气泡，使混凝土成为一种稳定的多孔材料。为防止收缩开裂，他们在这种多孔混凝土内加入马毛（图 1-13、图 1-14）。类似于现代泡沫混凝土中加入有机纤维。古罗马人创造的这种多孔材料制备技术，也是现代泡沫混凝土技术发展的起源，在现代泡沫混凝土的动物蛋白发泡剂中，仍有动物血水解物发泡剂一席。

图 1-13　动物毛鬃

图 1-14　动物血发泡剂

工业化生产带有气泡的多孔混凝土的历史可以追溯到 19 世纪末，在严寒地域的北欧，人们在水泥基材料的浆体中加入气泡，使之硬化后制备轻质的保温隔热的多孔混凝土材料。1889 年左右出现了这一技术的专利。在带有气泡的多孔混凝土的专利中，最早的是 1889 年 Hofman 获得的用盐酸与碳酸钠反应生成的气体制作气泡混凝土的制作方法专利。19 世纪初，此前的早期带有气泡的多孔混凝土在控制材料体积密度方面问题很多，无法通过控制混凝土中引入空气量而稳定地工业化生产泡沫混凝土。瑞典极端寒冷的冬天，使他们急于制备高效的保温材料。他们在前人研究的技术基础上，进行了大量的泡沫混凝土的有效研究。1923 年以后，瑞典的 J. A. Eriksson 在 ALC（Autoclaved Lightweight Concrete，加气混凝土）方面取得多项专利。1929 年，伊通公司根据这些专利制作了加气混凝土制品。

真正意义的近代工业泡沫混凝土，最早的探索开始于 18 世纪末。1923 年，欧洲人首次提出了用预制气泡和水泥砂浆相拌合生产多孔混凝土的方法。20 世纪初的前苏联和北欧各国，积极开展了泡沫混凝土工业化技术研究，泡沫混凝土生产工艺和配套技术得到迅速发展，泡沫混凝土工业化技术体系基本形成。第二次世界大战爆发后，大量的铝被用于制造飞机，铝粉供应极为紧张，以铝粉发泡的加气混凝土生产受到很大冲击，欧洲原有的加气混凝土厂纷纷转向以泡沫取代铝粉的工艺技术，大量的工程以泡沫混凝土取代加气混凝土，刺激了泡沫混凝土工业化技术体系的形成和发展。当时的泡沫混凝土应用领域仍以建筑保温为主，常用于屋面和热力管道。

前苏联是一个寒冷地区的国家，在泡沫混凝土关键技术方面的成就最大，为泡沫混凝土走向工业化生产，起到了关键性的作用。从 1926 年开始研发到 1930 年在列宁格勒（现圣彼得堡）开始工业化生产，仅用了四年时间。自 1936 年起，他们在已成功生产自然养护泡沫混凝土的基础上，实现了蒸压泡沫混凝土及蒸压泡沫硅酸盐的工业化生产，建立了彼尔伏乌拉尔斯克、别莱兹尼克等泡沫混凝土大型企业。这些企业生产的泡沫混凝土砌块、墙板、饰面板、屋面板、楼板等大量应用于工业与民用建筑。解决了原有的泡沫混凝土强度低，只适用于保温，无法用于承重的问题。在泡沫剂的研究与工业化应用方面，前苏联也作出了重要的贡献，1940 年，前苏联中央工业建筑科学研究所以植物根茎研究出植物皂素发泡剂。М·Н·格兹列尔尔和Б·Н·卡乌夫曼研究出松香皂发泡剂，至今仍是世界上应用最广泛的发泡剂；А·Т·巴拉诺夫和Л·М罗普费里德发明了石油磺酸铝发泡剂，并于 1950 年开始在雷特卡林泡沫混凝土厂、第聂伯彼特罗夫斯克泡沫混凝土厂用于生产；Л·М罗普费里德研究出水解血胶发泡剂，20 世纪 50 年代初期开始工业应用。如今我国流行的大多数发泡剂，也均为前苏联所发明。中国的泡沫混凝土基础技术也大多来自于前苏联。

在标准化方面，前苏联也走在了前列。在泡沫混凝土发展的早期，出台了一系列标准，如《泡沫混凝土屋面板》（1781－49）、《厂房屋顶用钢筋泡沫混凝土大型板》（7741－55），制定了《泡沫混凝土蒸压技术规程》，成为世界上最早形成泡沫混凝土制品标准体系的国家，比我国早了 50 多年。在泡沫混凝土相关的试验检测方面，前苏联也走在了前列。前苏联中央工业建筑科学研究所研制了泡沫沉陷距与泌水率检测仪等检测仪器，这些检测仪器至今仍被世界各国广泛应用。前苏联建立了一整套完善的泡沫混凝土原料测定与制品检验方法，为泡沫混凝土的科学测试与评价提供了有效的仪器和方法。

20 世纪 50 年代开始，泡沫混凝土技术开始从发源地欧洲向全世界各地传播。其中，一条路线是前苏联将泡沫混凝土工业化技术传播到中国和东欧的波兰等社会主义阵营国家，另一条路线是德国、英国、瑞典和荷兰等西欧国家将其传播到北美、亚洲的韩国和日本等国。这一阶段可称之为泡沫混凝土技术在世界各地的传播及发展期。在这一时期，泡沫混凝土的应用仍以建筑保温制品为主。

1979 年，美国的 Yamads 等人首次将泡沫混凝土在油田固井方面获得成功，使泡沫混凝土走出了建筑保温的单一工程领域，开始向多领域拓展。其后，日本把泡沫混凝土成功地应用于岩土工程的回填，韩国和日本又将泡沫混凝土用于地暖的保温层。

进入 21 世纪，泡沫混凝土在机场跑道阻滞系统、高速铁路和高速公路吸声隔声领域、吸能吸波领域和耐火材料领域得到广泛应用。自 1979 年至今的 30 多年，是泡沫混凝土技术水平的提高与应用领域的高速扩展阶段。目前，它的应用领域已达 20 多个，并由民用扩展到军用、航空、工业应用等高端领域，为它未来的发展开辟了宽阔的道路。当前，泡沫混凝土最为发达的三个地区是：欧洲、北美、亚洲的中日韩及东南亚。

由于前苏联的技术支持，中国泡沫混凝土的发展并不晚，仅次于欧洲。一方面，前苏联在泡沫混凝土工业化生产技术方面和建筑工程设计、施工及工程验收等方面，在 20 世纪 50 年代初就走在世界前列。另一方面，当时正值前苏联援建中国的关键时期，为当时的泡沫混凝土先进技术进入中国提供了社会和历史条件。

1950 年，前苏联专家开始正式向中国推广泡沫混凝土技术。1952 年，中国科学院土木建筑研究所成立了以黄兰谷为首的泡沫混凝土试验中心，开始了中国泡沫混凝土的研究。当时我国的工业蒸汽管道热绝材料是从前苏联进口的苏维利特碳酸镁板，每吨含运输费约为当时的 1400 元，而我国正处于大规模建设时期，工业管道保温材料需求量极大，尤其是发电厂，一台发电机组就需要 260t 保温材料，造价非常高。因此，我国最初研发泡沫混凝土的第一个目的，就是解决工业管道及储槽的绝热材料问题。1952 年，第二机械工业部第四设计处、重工业部有色金属管理局等生产泡沫混凝土，并成功地应用在工业管道的保温。1954 年，在中国科学院土木所与其他单位合作下，由前苏联专家指导，在哈尔滨生产出蒸压泡沫混凝土板，并应用在哈尔滨电表仪器厂的屋面保温，这是我国首次将泡沫混凝土用于建筑保温。1955~1957 年，当时的水利电力部电力建设科学技术研究所试制成功使用温度可达 250~510℃ 的泡沫混凝土管壳，并应用在峯峯电厂、大连电厂的高温管道保温。1956 年，原纺织工业部基本建设设计院也开展了粉煤灰泡沫混凝土的试验研究，以粉煤灰取代水泥来降低成本，因为当时泡沫混凝土基本以水泥为主，成本比较高。在原北京市建材局、中纺部第二工程公司和水利科学研究院等单位的配合下，经过一年多的试验取得了成功，泡沫混凝土成本降低了 40%，在工程中应用效果良好。

可以说 1952~1959 年的 8 年中，是我国泡沫混凝土发展的第一个高潮期，我国的泡沫混凝土工业形成了一定的生产规模。随后的中苏关系恶化，前苏联专家撤走，再加上日后的"文化大革命"，二十年中我国的泡沫混凝土技术和工业生产停滞不前。

泡沫混凝土发展的第二个高潮是继泡沫混凝土屋面保温现浇之后，这与 20 世纪 50 年代第一个高潮时期以泡沫混凝土制品为主有着根本性的不同。在 1980 年前后，中国开始了改革开放，与此同时，欧洲的泡沫混凝土现浇技术进入了我国的开放前沿地区广东省。广东及其周边地区夏季炎热，对屋面保温隔热需求强烈，泡沫混凝土现浇屋面率先在广东流行起来。当时，广州、东莞、佛山等地，大量的屋面保温隔热都应用了现浇的泡沫混凝土。此后，泡沫混凝土屋面保温隔热现浇技术逐渐向北方推进，经福建、湖南、江西等省一路北上，发展到北京、辽宁和陕西等地，再后推广到全国各地，现浇泡沫混凝土已成为我国泡沫混凝土又一大应用领域。2007 年，中南地区建筑标准图集《泡沫混凝土屋面保温隔热建筑构造》（07ZTJ2005）、四川省工程建设标准设计图集 DBJT20－58《泡沫混凝土楼地面、屋面保温隔热建筑构造图》（川 07J121）先后推出，标志着现浇屋面保温隔热层的规范化应用已经开始。此后，辽宁省地方标准《现浇聚苯复合材料屋面保温技术规程》（DB21/T 1274－2003）和后来修订的标准《含空气层现浇复合材料保温屋面工程技术规程》（DB21/T 1274 - 2009）出台，标准中的泡沫混凝土为聚苯颗粒泡沫混凝土。

20 世纪 90 年代末期，泡沫混凝土地面保温层现浇技术自韩国传入我国，率先在靠近韩国的烟台、威海、天津、大连、延边、沈阳、丹东和秦皇岛等地成功地应用。近年来，由于地面辐射供暖技术适应了建筑节能的需求和提高了室内供暖质量，地暖行业获得了迅猛的发展，并从 2005 年起进入发展高潮。韩国的泡沫混凝土现浇设备进入我国，山东、河南等地泡沫混凝土专用设备企业日益壮大，泡沫混凝土现浇地暖保温层技术覆盖了除两广及福建、台湾之外的大部分省区，2010 年成为泡沫混凝土第一大应用领域。河北省地暖协会出台的泡沫混凝土地暖保温层地方标准，是我国第一个泡沫混凝土标准。在此之后山东省出台了地方标准。2008 年笔者主编了辽宁省地方标准《地面辐射采暖泡沫混凝土绝热层技术规程》（DB21/T 1684 - 2008），第一次将国内的发泡水泥等提法在辽宁省统一到泡沫混凝土的概念上来。2009 年春，我国第一部泡沫混凝土现浇行业标准即中国工程建设标准化协会标准《发泡水泥绝热层与水泥砂浆填充层地面辐射供暖工程技术规程》（CECS 262∶2009）颁布实施，将泡沫混凝土地暖保温隔热层现浇应用推进到一个新的发展阶段。

从 20 世纪 90 年代开始，泡沫混凝土现浇开始在我国的建筑工程回填及岩土工程回填应用，成为我国的第三大应用领域。日本在很早以前就将泡沫混凝土用于回填，代替回填土，日本使用的材料名称为气泡混合轻质土，采用气泡混合轻质土的工法称为 FCB 工法。日本道路公团出版了《FCB 工法设计与施工指南》。20 世纪 90 年代初，煤炭科学研究总院从国外引进了泡沫混凝土工程填充技术，并成功应用于开滦煤矿特大顶板冒落崆峒的浇筑回填。此后，中国建筑材料科学研究院又将现浇泡沫混凝土应用于建筑补偿地基填充、引黄工程洞穿管回填等。2000 年以后，泡沫混凝土在交通岩土工程方面开始应用。2003 年，广东某路桥公司从日本引进了公路岩土工程回填技术，受到交通运输部的支持，在国内中江高速、京珠高速等一系列重大工程中成功应用。随后，他们又将这一回填技术在北京奥林匹克中心地下通道工程，2008 年奥运会鸟巢周边地下通道工程中成功应用，使现浇回填技术日益发展。

2008 年，中国工程建设协会标准《现浇泡沫轻质土技术规程》（CECS 249∶2008）正式发布，2009 年 3 月 1 日正式实施。该标准的实施标志着我国泡沫混凝土在填充工程的应用进入了新的起点。标准中泡沫轻质土的术语条文说明中明确了"就硬化成型体而言，泡沫轻质土、气泡混合轻质土、泡沫混凝土并无本质区别"，"之所以使用泡沫轻质土名称，一方面考虑了国内的普遍说法，另一方面是着眼于现浇泡沫轻质土更多是替代填土来使用"。而且，该标准进一步强调了"本标准明确了水泥基胶凝材料和水是必需的组分，集料、掺合料、外加剂为可选组分"。标准中指出，现浇泡沫轻质土具有轻质性、密度和强度可调节性、高流动性、直立性及施工便捷等特性，以减轻荷重或土压为目的，用于替代填土，可广泛用于软基桥台背填筑、道路扩建、山区陡峭路段填筑、旧路、桥头路基换填等公路工程领域，亦可用于地下大跨度结构覆土减荷、空洞及狭小空间充填，具有独特的技术经济优势，是土建领域一种新兴的轻型材料，具有广阔的应用前景。

泡沫混凝土发展的第三个高潮是在多种功能不同领域应用后，在建筑外墙外保温工程中异军突起。近年来，我国建筑节能工程大量使用聚苯板、挤塑板、聚氨酯硬泡等有机保温材料，这些材料在建筑保温中连续引发特大火灾，央视新址电视文化中心大火、上海静安区胶州路教师公寓、沈阳皇朝万鑫火灾、中国科技馆火灾、哈尔滨双子星大厦等。大量的保温工程火灾事故，暴露出聚苯板、挤塑板、聚氨酯硬泡保温材料的重大安全隐患。随便在百度搜索"保温、火灾"，即可找到百万篇以上的网页，如 2012 年 4 月 8 日，找到 3440000 篇。有机保温材料 EPS、XPS 火灾时很快就会熔化、烟雾大、毒性大，很难扑救。PU 除了防火和价格问题之外，喷涂施工时散发毒气。这些有机泡沫材料易老化，不能与建筑物同寿命，在建筑物使用期内，需多次更换保温层，浪费大量人力、物力、财力。更换 EPS 等还将造成白色污染等环境灾害。在国际上人们早就发现 EPS、XPS 板薄抹灰外墙保温系统有严重的防火隐患问题。许多国家有严格的限制。美国目前有 20 多个州禁止使用聚苯乙烯泡沫（EPS）；英国在 18m 以上建筑不允许使用 EPS 板薄抹灰外墙保温系统；德国法律中明确规定，超过 22m 以上的建筑严禁使用有机可燃保温材料（如聚苯乙烯等），很多保险公司禁止给 EPS 保温的建筑进行保险。

多场大火以后，中央对公共防火安全十分重视，严令遏止群死群伤恶性事故上升态势。人大、政协也提出议案，要求加大防火安全型外墙外保温材料的研发力度，并尽可能形成规模生产能力。建材工业"十二五"规划明确提出，新型建材的推广应把安全放在第一位。

为有效防止建筑外墙外保温系统的火灾事故，公安部、住房和城乡建设部 2009 年 9 月联合发布《民用建筑外保温系统及外墙装饰防火暂行规定》（公通字［2009］46 号），对外墙外保温采用 B1、B2 级的保温材料应按要求设置 300mm 宽的防火隔离带。泡沫混凝土外墙外保温正是从防火隔离带的应用开始的。

2011 年是中国节能建筑最困惑的一年，我国房地产业受到限制，高效节能的有机保温材料被强制性"禁止"。直接影响到我国的经济和建筑业的发展。然而，2011 年也是我国安全性保温材料科研和产业化最活跃的一年。超轻泡沫混凝土应运而生。在无机不燃材料中，泡沫玻璃、泡沫铝、泡沫陶瓷的价格高，不能成为取代品；而岩棉矿棉等纤维保温材料价格昂贵，达到 EPS 的 3～4 倍，远高于泡沫混凝土，制作时能耗高，材料自身的弱点及应用中问题也很多。膨胀珍珠岩等颗粒状松散保温材料，吸水率高，制品不抗冻融，松散不易使用，使它们的应用受到限制。而泡沫混凝土以独到的优势，占为上风。

1.3　泡沫混凝土的特点及用途

1.3.1　泡沫混凝土的特点

著名混凝土科学家 P. K. Mehta 教授在他的著名专著《混凝土微观结构、性能和材料》（Concrete microstructure properties and materials）中指出，"混凝土既不像钢材那样坚固，也不像钢材那样刚韧，为什么它能成为应用最广泛的工程材料呢？至少有以下三个主要原因"。

首先，混凝土具有很好的耐水性。与木材和普通钢材不同，混凝土能承受水的作用，而不会产生严重劣化，这使它成为建造调控、储存和输送水的结构物的理想材料。混凝土对水侵蚀的耐久能力是它能够在严酷的工业环境和自然环境中获得广泛应用的原因。

混凝土得到广泛应用的第二个原因，是采用混凝土容易制得各式各样、尺寸大小不同的混凝土构件。这是因为新拌混凝土具有良好的可塑性和稠度，能使材料流入预先支好的模板里，数小时后，当混凝土凝结硬化为坚硬物质后，可拆除模板待下次使用。

混凝土受到工程师们的青睐的第三个原因，是它在工程中最容易获得，也是最便宜的材料。配制混凝土的主要原材料如骨料、水泥、水的成本都比较低，并且在世界上大部分地区都能获得，根据组成材料的运输成本，不同地区混凝土的价格也有所不同。

P. K. Mehta 教授的三个主要原因同样适用于泡沫混凝土。与泡沫混凝土具有同样保温功效的泡沫玻璃、泡沫陶瓷、岩棉、玻璃棉等都是高温条件下生产的材料，能耗高，生产工艺复杂，生产成本高。在使用功能方面，泡沫玻璃和泡沫陶瓷的导热系数比较大，致使一般工程无法使用，岩棉和玻璃棉不仅成本高，而且尺寸稳定性较差，作为外墙外保温材料以及防火隔离带材料时，大多数的岩棉制品的纤维朝向与墙面平行，抗拉强度大打折扣，引起很多工程问题。

近年来泡沫混凝土得到飞速发展，成为广泛应用的材料，主要是泡沫混凝土具有许多优异的性能和优点。归纳起来主要有以下几个方面：

（1）泡沫混凝土的生产工艺比较简单，通常是不采用蒸压养护的。因为很多泡沫混凝土都是模制品，如专用墙板等，现浇施工的泡沫混凝土更是无法进行蒸压养护。因此它采用的工艺大多数为自然养护，也有在塑料大棚或阳光板养护车间的所谓太阳能养护。少数墙板等制品为提高模具周转率，采用蒸汽养护。

（2）泡沫混凝土的体积密度小。我国传统建筑的肥梁胖柱和秦砖汉瓦的革命需要新的材料，泡沫混凝土的体积密度在 120~700kg/m³，相当于黏土砖的 1/3~1/10 左右，相当于普通混凝土的 1/4~1/10 左右，比一般的轻骨料混凝土也低很多。因此，泡沫混凝土成为我国墙体材料改革的重要墙体材料之一。泡沫混凝土的墙体和屋面大大减轻了建筑物的自重，与此同时，设计中建筑物的基础、梁、柱等结构的尺寸达到减少，节约了建筑材料和工程费用，减少了工程量和缩短了工期。

（3）泡沫混凝土的热工性能好。泡沫混凝土内部含有大量的密闭气泡和微孔，因此具有很好的绝热性能，其导热系数也比较低，干体积密度为 120~700kg/m³ 的泡沫混凝土，其导热系数为 0.047~0.17W/(m·K)，比黏土砖和普通混凝土墙体好得多。实践证明，在中国北方地区，用200mm厚的泡沫混凝土外墙，其保温效果优于490mm厚的黏土砖墙。增加了建筑使用面积。外墙外保温系统中，100mm 厚的 120kg/m³ 的超轻泡沫混凝土完全可以顶替 80mm 厚的聚苯乙烯（EPS 或 XPS）保温板，泡沫混凝土的燃烧性能为 A1 级，是安全性的建筑保温材料。

（4）泡沫混凝土抗震性能好。通常地基荷载越小，其结构的抗震性就越强。地基的荷载与墙体材料的质量直接相关，墙体密度越小，建筑物的地基荷载就越小。因为，墙体材料的质量占建筑物总重量的 70%。泡沫混凝土自重在 700kg/m³ 以下，与传统建筑材料相比，建筑物的自重可减轻 1/3~2/5，因此，泡沫混凝土建筑具有很好的抗震性。

（5）泡沫混凝土具有较好的减少噪声污染作用。泡沫混凝土具有良好的气孔结构，在建筑物中能起到良好的隔声作用，如隔墙板等。泡沫混凝土的多数气孔为封闭的，作为吸声材料其性能受到影响，但泡沫混凝土具有良好的可加工性，表面加工成异形后，可以达到中等效果的吸声作用，加上泡沫混凝土的耐火、耐潮湿、强度较高、成本低等优点，作为吸声材料也得到了广泛应用。甚至有些铁路和公路的隔声壁都使用了泡沫混凝土板。

（6）超轻泡沫混凝土可工业化生产干体积密度 100kg/m³ 的制品，这是加气混凝土生产工艺无法实现的。在模具方面，传统的加气混凝土采用大型钢模整体浇注，而泡沫混凝土除大型钢模外，还可以采用各种材料制成的小型模具、组合模具、异形模具、艺术模具等，如果从灵活性来看，现浇泡沫混凝土更为灵活，这也是传统的加气混凝土办不到的（图 1-15、图 1-16）。此外，泡沫混凝土生产工艺很容易掺入超轻骨料，如废聚苯乙烯颗粒、秸秆粉、膨胀珍珠岩颗粒和浮石尾矿等。镁水泥的泡沫混凝土还可掺入锯末或稻壳粉等。这些工艺上的灵活性，加气混凝土是望尘莫及。

图 1-15　加气混凝土生产线一角

图 1-16　泡沫混凝土小型生产线

1.3.2　泡沫混凝土的用途

2010 年中国泡沫混凝土大宗应用统计结果，如图 1-17 所示。由图 1-17 可知，在 2010 年虽然泡沫混凝土得到了大量的应用，但由于外墙外保温还没有大力推广应用，因此，地暖仍为当年的泡沫混凝土主导，应用了 400 万 m³。图中的制品类包括外墙外保温的防火隔离带。

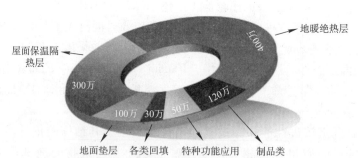
图 1-17　2010 年中国泡沫混凝土应用概况（单位：万 m³）

归纳起来，泡沫混凝土的主要用途有以下几个方面：

（1）建筑节能

哥本哈根国际气候大会被喻为"拯救人类的最后一次机会"。中国对国际社会承诺的减排目标给国内各个行业推进低碳经济加大了力度。建筑业是国民经济发展的支柱性产业，房地产与 20 多个产业密切相关，建筑业又是温室气体排放的主要来源之一。中国的建筑产业规模巨大，它的发展模式直接影响国家节能减排计划的实施和对国际社会承诺的减排目标的实现。

中国正处于大规模建设阶段，至少要持续 30 年以上，中国是世界上最大的建筑舞台，目前我国每年竣工建筑物总量在 20 亿 m^2 左右，建筑业每年消耗的矿物资源总量超过 100 亿 t，居各行业之首。各类建筑物使用能耗占全社会能耗总量的近 30%，二氧化碳间接排放总量近 30 亿 t。不搞建筑节能，社会将难以实现可持续发展。目前我国 430 亿 m^2 的既有建筑基本上都是不节能的，这说明我国的建筑节能任重而道远。

据统计，我国建筑单位面积总能耗比气候条件接近的发达国家高出 2~5 倍，而欧洲发达国家还在进一步提高建筑节能标准。我国有承受着世界气候环境公约的重大压力。鉴于此，住房和城乡建设部已把节能 65% 作为一般地区的普遍要求，发达地区正在逐步执行节能 75%。然而，建筑外墙外保温技术作为我国建筑节能技术的主导方向，迅速开发适合中国国情的建筑外墙外保温材料体系迫在眉睫。

长期以来，我国节能保温隔热材料体系由于有机材料在保温效果等方面的优势一直牢牢占据着市场的主导地位，有机类保温材料具有密度小、可加工性好、保温隔热效果好的优点，但产品易燃，安全性能差，变形系数大，不耐老化，透气性差，使用寿命短。传统的无机类保温材料防火性能好、使用寿命长，缺点是密度大、保温隔热效果差、施工烦琐、质量稳定性差。两类材料都有各自的显著优势和严重的缺陷。

在建筑节能方面按建筑的部位分主要有：

①墙体保温隔热。墙体材料改革多年，我国在有机外墙外保温材料上发展很快，设计、施工及工程验收已成体系。泡沫混凝土外墙外保温进入市场时间不长，2011 年上半年就达到了 1 亿 m^2。目前泡沫混凝土外墙外保温系统有粘贴泡沫混凝土保温板系统、泡沫混凝土保温板大模内置外保温系统、钢丝网模板现浇泡沫混凝土外保温系统、免拆硬质模板现浇泡沫混凝土外保温系统、现浇保温层大模内置外保温系统和幕墙现浇泡沫混凝土外保温系统。在泡沫混凝土墙体制品中有泡沫混凝土砌块、各种泡沫混凝土内外墙板、泡沫混凝土的自保温砌块等。泡沫混凝土现浇墙体材料有现浇泡沫混凝土整体材料、夹心墙内部现浇泡沫混凝土、外保温现浇泡沫混凝土，在外保温现浇泡沫混凝土除前面所述，还有纤维水泥板饰面、装饰板材饰面、钢丝网抹灰的现浇泡沫混凝土（图 1-18、图 1-19）。

图 1-18 泡沫混凝土板外墙外保温

图 1-19 墙体现浇泡沫混凝土

②屋面保温隔热。如前所述，屋面保温是我国应用比较早的泡沫混凝土工程。屋面

保温泡沫混凝土工程有预制和现浇之分。预制的有预制泡沫混凝土隔热砖、保温隔热板、菱镁泡沫夹心波瓦、泡沫混凝土彩色水泥瓦等；现浇的有水泥泡沫混凝土屋面保温隔热层、聚苯颗粒泡沫混凝土现浇保温隔热层，沈阳金铠建筑节能科技有限公司发明了含空气层现浇聚苯颗粒泡沫混凝土保温屋面工程，解决了严寒地区一般泡沫混凝土抗冻融循环能力差的问题（图1-20），经辽宁、吉林和黑龙江等地大量应用，效果十分显著。

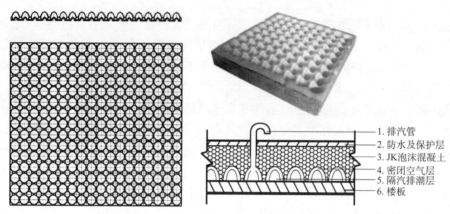

1. 排汽管
2. 防水及保护层
3. JK泡沫混凝土
4. 密闭空气层
5. 隔汽排潮层
6. 楼板

图1-20　沈阳金凯公司的泡沫混凝土屋面做法

③地面保温隔热。地面保温隔热主要适用于地暖工程，主要分为预制和现浇两种工艺。预制主要是在工厂生产泡沫混凝土板，在现场铺装；现浇主要是通过专用机械将发泡剂制备成泡沫，并加入搅拌好的水泥浆中，经搅拌制成低密度的泡沫混凝土浆料，并浇筑到地面，经自然养护形成具有规定的密度等级、强度等级和规定的导热系数的构造层（图1-21）。

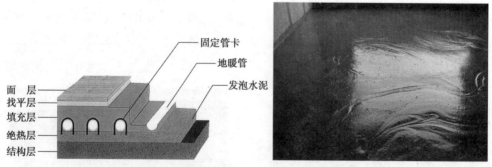

面　层
找平层
填充层
绝热层
结构层

固定管卡
地暖管
发泡水泥

图1-21　泡沫混凝土地暖的结构及施工

（2）土木工程

泡沫混凝土在土木工程中的应用是近年来发展很快的领域，因土木工程用量大，很受重视，其应用范围还将日益扩大。

①回填工程。泡沫混凝土回填工程在发达国家应用得比较普遍，我国的泡沫混凝土回填应用，出现了起步快、后劲大的特点。报废矿井的采空区回填、报废地下设施、沉陷等地下空间的低成本回填等工程相继出现（图1-22）。

(a)   (b)

图 1-22　泡沫混凝土回填工程

②地基工程。主要用于补偿地基、机场跑道、抗冻地基、运动跑道的泡沫混凝土填充。其中机场跑道阻滞系统是一个高附加值、高技术含量的泡沫混凝土产品（图 1-23），过去国际上只有美国能生产，我国黄龙机场进口美国产品耗资 1 亿元左右。

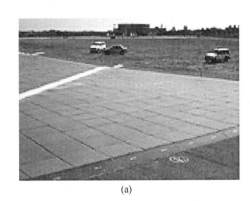

(a)   (b)

图 1-23　机场跑道阻滞系统

③挡土墙工程。泡沫混凝土挡土墙工程在国外用量很大，在我国近年来已有些示范工程。泡沫混凝土挡土墙工程主要用于公路护坡、路基、引桥、地基、河岸和港口的挡土墙。

④环境工程。在国外泡沫混凝土在环境工程中主要用于垃圾灭菌无害化覆盖、生态植草泡沫混凝土地面、沙区蓄水覆盖等。

（3）工业应用

泡沫混凝土在工业应用方面较早的是管道保温，近年来在工业很多领域中都得到了应用，且应用范围日益扩大。

①管道保温。泡沫混凝土在管道保温的耐热方面优于聚氨酯等材料，虽说保温效率不如聚氨酯材料，但成本远低于聚氨酯，其保温效率可通过结构设计解决。目前主要用于生产管道保温外壳或管道保温喷涂层，在蒸汽管道、供热管道等方面已取得良好的应用效果。

②化工工程。带有连通孔隙的泡沫混凝土具有很好的过滤作用，作为化工工程的滤质材料非常适宜（图 1-24、图 1-25）。作为填充材料，泡沫混凝土还可用于化工储罐底角

的浇筑等。

图 1-24 泡沫陶瓷

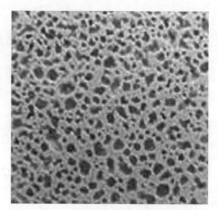

图 1-25 连通孔较多的泡沫混凝土

③耐火工程。泡沫混凝土作为耐火保温隔热材料在工程中应用具有重要的价值。可以显著提高其附加值，但用于耐火保温隔热工程的泡沫混凝土材料必须具有很好的耐高温性能，笔者早在 1995 年就用铝酸盐水泥制作了耐高温的泡沫混凝土，并测试了高温性能。耐火泡沫混凝土主要用于窑炉现浇保温层、喷涂保温层、泡沫混凝土耐火砖等。

④陶瓷工业。混凝土材料在国际上有低技术陶瓷之称，同种工艺制作的高性能泡沫混凝土人工石可以实现泡沫陶瓷的功能，而且具有很好的热工性能。

（4）园林景观

泡沫混凝土在园林景观方面的应用是一个新兴的领域，许多配套技术尚待开发，但是发展的势头非常好。

①景观造型。景观造型需要大量的填充材料，假山石的制作、起伏变化的坡地效应都可以通过泡沫混凝土来实现。泡沫混凝土具有成型快、易加工的特点。此外许多细微的制品也非常有趣，如盆景用的微型景观材料等（图 1-26）。

②漂浮材料。泡沫混凝土很容易制作轻质的水上漂浮制品，如飘浮景观、飘浮植物、飘浮假山等。

③彩色泡沫混凝土装饰园艺陶粒、发泡的仿木材料、无土栽培的轻质材料等都是泡沫混凝土用武之地。

图 1-27 是泡沫混凝土材料的主要用途，该图源于混凝土材料的主要用途，详细分解一下，可以归纳以下几个方面：建筑工程的屋面保温、市政工程的河道护坡、基础工程的回填、住宅工程的外墙外保温和地暖绝热层、乡镇建设的整体节能房屋、环境景观的假山和园艺材料、环境

图 1-26 假山造型

治理的生态植草泡沫混凝土地面、农田水利、水电工程、铁路工程、公路工程的基础填充、国防工程的特殊保温隔热、机场建设的跑道阻滞系统。可见，泡沫混凝土的进一步深入开发和拓展，在国民经济的各领域有着广阔的前景。

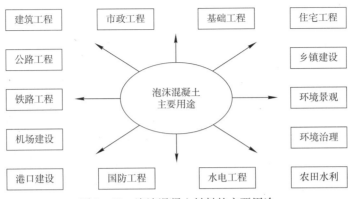

图1-27 泡沫混凝土材料的主要用途

1.4 泡沫混凝土相关的标准与规范

在泡沫混凝土的材料科学研究和工程技术应用过程中，标准和规范起到了指导性的技术文件的作用，有利于规范市场、促进技术进步，尤其是技术规程，为泡沫混凝土新技术的工程应用提供了依据，使之做到技术先进、安全适用、经济合理、保证质量。

收录最新版本的泡沫混凝土技术相关的标准和规范如下：水泥相关标准和规范见表1-1，泡沫混凝土外加剂及掺合料相关标准见表1-2，泡沫混凝土轻骨料相关标准和规范见表1-3，水和脱模剂的相关标准见表1-4，泡沫混凝土常用技术标准和规范见表1-5。

水泥材料相关标准 表1-1

序号	标准号	标准名称
1	GB 175-2007	通用硅酸盐水泥
2	GB 201-2000	铝酸盐水泥
3	GB 20472-2006	硫铝酸盐水泥
4	GB/T 2015-2005	白色硅酸盐水泥
5	JC 933-2003	快硬硫铝酸盐水泥、快硬铁铝酸盐水泥
6	GB/T 208-1994	水泥密度测定方法
7	GB/T 176-2008	水泥化学分析方法
8	GB/T 750-1992	水泥压蒸安定性试验方法
9	GB/T 1345-2005	水泥细度检验方法（80μm筛筛析法）
10	GB/T 1346-2011	水泥标准稠度用水量、凝结时间、安定性检验方法
11	GB/T 2419-2005	水泥胶砂流动度测定方法
12	GB/T 4131-1997	水泥的命名、定义和术语
13	GB/T 8074-2008	水泥比表面积测定方法（勃氏法）
14	GB 12573-2008	水泥取样方法
15	GB/T 12959-2008	水泥水化热测定方法
16	GB/T 12960-2007	水泥组分的定量测定
17	GB/T 17671-1999	水泥胶砂强度检验方法（ISO法）
18	JC/T 2038-2010	α型高强石膏

泡沫混凝土外加剂及掺合料相关标准　　　　　　　　表1-2

序号	标准号	标准名称
1	GB/T 8075-2005	混凝土外加剂定义、分类、命名与术语
2	GB 807-2008	混凝土外加剂
3	GB 50119-2003	混凝土外加剂应用技术规范
4	GB/T8077-2000	混凝土外加剂匀质性试验方法
5	GB 18588-2001	混凝土外加剂中释放氨的限量
6	JC 474-2008	砂浆、混凝土防水剂
7	JC 475-2004	混凝土防冻剂
8	JC 477-2005	喷射混凝土用速凝剂
9	JG/T 223-2007	聚羧酸系高性能减水剂
10	JC/T 902-2012	建筑表面用有机硅防水剂
11	JC/T 2199-2013	泡沫混凝土用泡沫剂
12	GB/T 18736-2002	高强高性能混凝土用矿物外加剂
13	GB/T 18046-2008	用于水泥和混凝土中的粒化高炉矿渣粉
14	GB/T 1596-2005	用于水泥和混凝土中的粉煤灰

泡沫混凝土轻骨料相关标准　　　　　　　　表1-3

序号	标准号	标准名称
1	GB 2841-1981	天然轻骨料
2	JC/T 1042-2007	膨胀玻化微珠
3	JC/T 209-1996	膨胀珍珠岩
4	GB/T 17431-1998	轻骨料及其试验方法
5	JGJ 51-2002	轻骨料混凝土技术规程

水和脱模剂相关标准　　　　　　　　表1-4

序号	标准号	标准名称
1	JGJ 63-2006	混凝土用水标准
2	GB/T 5750-2006	生活饮用水标准检验方法
3	JC/T 949-2005	混凝土制品用脱模剂

泡沫混凝土相关技术标准　　　　　　　　表1-5

序号	标准号	标准名称
1	GB 50574-2010	墙体材料应用统一技术规范
2	GB 50176-93	民用建筑热工设计规范
3	GB 50411-2007	建筑节能工程施工质量验收规范
4	GB 8624-2006	建筑材料及制品燃烧性能分级
5	GB/T 8170-2008	数值修约规则与极限数值的表示和判定

序号	标准号	标准名称
6	GB 50107－2010	混凝土强度检验评定标准
7	GB/T 50082－2009	普通混凝土长期性能和耐久性能试验方法标准
8	GB/T 11969－2008	蒸压加气混凝土性能试验方法
9	JGJ 26－2010	严寒和寒冷地区居住建筑节能设计标准
10	JGJ 144－2004	外墙外保温工程技术规程
11	JG/T 266－2011	泡沫混凝土
12	JGJ 51－2002	轻骨料混凝土技术规程
13	JC/T 1062－2007	泡沫混凝土砌块
14	CECS 262：2009 中国工程建设标准化协会标准	发泡水泥绝热层与水泥砂浆填充层地面辐射供暖工程技术规程
15	CECS 249：2008	现浇泡沫轻质土技术规程
16	DB21/T 1476－2011 辽宁省地方标准	居住建筑节能设计标准
17	DB21/T 1477－2006 辽宁省地方标准	公共建筑节能设计标准
18	DB21/T 1684－2008 辽宁省地方标准	地面辐射采暖泡沫混凝土绝热层技术规程
19	DB21/T 1274－2009 辽宁省地方标准	含空气层现浇复合材料保温屋面工程技术规程
20	DGJ32/TJ 104－2010 江苏省地方标准	现浇轻质泡沫混凝土应用技术规程
21	DB21/T 2117－2013 辽宁省地方标准	泡沫混凝土外墙外保温工程技术规程
22	国家建材行业标准，即将出台	水泥基泡沫保温板
23	国家行业标准，即将出台	泡沫混凝土应用技术规程

2 泡沫混凝土的组分

不论是超轻保温型泡沫混凝土、承重保温型泡沫混凝土还是填充型的泡沫混凝土，大多均含有胶凝材料、矿物掺合料、超轻骨料、专用外加剂和（或）其他组分等。工程中只不过是种类和含量随应用的部位和场合变化而已。通常，泡沫混凝土的胶凝材料分为无机胶凝材料和有机胶凝材料。无机胶凝材料包括水泥、石灰、石膏、镁质胶凝材料等，有机胶凝材料包括聚合物乳液、可再分散胶粉和水溶性聚乙烯醇等，有机胶凝材料因掺量不大，可以看作泡沫混凝土的外加剂。外加剂包括发泡剂（如化学发泡的过氧化氢等）、泡沫剂（物理发泡用）、稳泡剂、减水剂、高效减水剂、缓凝高效减水剂、引气型减水剂、早强剂、超早强剂、憎水剂、膨胀剂；增稠材料有纤维素醚、稠化粉等；掺合料有粉煤灰、硅灰、磨细矿渣粉等；超轻骨料主要有聚苯乙烯颗粒、膨胀珍珠岩、玻化微珠等。为防止开裂和增加泡沫混凝土的抗拉强度，掺用一定数量的纤维材料。如天然木质纤维、抗碱玻璃纤维、聚乙烯醇纤维聚丙烯腈纤维、聚丙烯纤维、聚酰胺纤维和聚酯纤维等。

本章除了介绍传统的泡沫混凝土中掺用的原材料，如无机胶凝材料（不同品种的水泥、石灰、石膏）、轻骨料（聚苯颗粒、膨胀珍珠岩、玻化微珠）、矿物掺合料（粉煤灰、矿渣粉、硅灰）外，还将着重介绍泡沫混凝土中的有机胶凝材料（聚合物乳液、可再分散胶粉）、保水增稠材料（纤维素醚、稠化粉）、化学外加剂（发泡剂、泡沫剂、调凝剂、稳泡剂、减水剂、早强剂、憎水剂等）和其他组分（石灰石粉、硅灰石粉、滑石粉、沸石粉等），以及纤维材料。

2.1 胶凝材料

胶凝材料（binding materials）是指能将散粒或块状材料胶结为整体，通过物理、化学作用，由可塑性浆体硬化为坚固的人造石材的材料，称为胶凝材料。

胶凝材料通常分为无机胶凝材料（inorganic binding materials）和有机胶凝材料（organic binding materials）两大类，详见表2-1和表2-2。

无机胶凝材料按照硬化条件又可分为气硬性胶凝材料（air hardening binding materials）和水硬性胶凝材料（hydraulic binding materials），通常为粉末状固体材料，在使用过程中，用水或水溶液拌制成浆体。气硬性胶凝材料只能在空气中凝结、硬化，并增长强度，如石膏、石灰和镁质胶凝材料等；水硬性胶凝材料不仅能在空气中凝结、硬化，而且能在水中继续硬化增长强度，如各种水泥。

有机胶凝材料按其性质和状态通常分为四类，即聚合物乳液、聚合物乳胶粉、水溶性聚合物和液体聚合物。

无机胶凝材料的分类 表 2-1

气硬性胶凝材料		石灰、石膏、镁质胶凝材料、耐酸胶凝材料、水玻璃
水硬性胶凝材料	按用途分	通用水泥：硅酸盐水泥、普通硅酸盐水泥、矿渣硅酸盐水泥、火山灰质硅酸盐水泥、粉煤灰硅酸盐水泥、复合硅酸盐水泥 特性水泥：水工水泥、油井水泥、装饰水泥、耐高温水泥、防辐射水泥
	按组成分	硅酸盐水泥、铝酸盐水泥、硫铝酸盐水泥、铁铝酸盐水泥等
	按性质分	快硬高强水泥、膨胀和自应力水泥、抗硫酸盐水泥、低热水泥等

有机胶凝材料的分类 表 2-2

聚合物乳液	弹性乳液	天然橡胶乳液和合成橡胶乳液，如丁苯橡胶、氯丁橡胶、丁腈橡胶、聚丁二烯橡胶、甲基丙烯酸甲酯-丁二烯乳液等
	热塑性乳液	聚丙烯酸酯、乙烯-醋酸乙烯酯、聚醋酸乙烯酯、聚氯乙烯-偏氯乙烯乳液
	热固性乳液	环氧树脂乳液
	沥青乳液	沥青、橡胶改性沥青、石蜡等
	混合乳液	将几种乳液混合使用，如混合橡胶乳液、混合树脂乳液等
聚合物乳胶粉		聚乙烯聚醋酸乙烯酯、聚苯乙烯-丙烯酸酯、聚丙烯酸酯等
水溶性聚合物（单体）		纤维素衍生物、聚乙烯醇
液体聚合物		环氧树脂、不饱和聚酯树脂等

泡沫混凝土的胶凝材料主要是水泥，因此，有些国家和我国有些地区，把泡沫混凝土称为发泡水泥。水泥是一种水硬性胶凝材料，不仅能在空气中硬化，在水中也能凝结硬化、发展和保持其强度。由于本身的工程性能决定，水泥不仅是工业与民用建筑工程中不可缺少的胶凝、结构材料，而且也广泛用于道路、桥梁、水利、海洋和国防工程中。

水泥按矿物组成可分为硅酸盐水泥、铝酸盐水泥、硫铝酸盐水泥等，其中硅酸盐类水泥使用最多，应用领域最广泛。水泥按性能和用途可分为通用水泥、专用水泥和特性水泥。通用水泥为硅酸盐类水泥，即硅酸盐水泥、普通硅酸盐水泥、复合硅酸盐水泥等。专用水泥为砌筑水泥、道路水泥、防射线水泥和油井水泥等。特种水泥为快硬水泥、无收缩快硬水泥、中热和低热水泥、膨胀水泥和抗硫酸盐水泥等。不同种类的水泥其用途不同，而同一类的水泥，调整其矿物组成可配制成不同品种、不同强度等级的水泥，以满足工程中不同的需要。因此，在泡沫混凝土中，应真正掌握各种水泥的特性和应用技术，以及相应的混凝土外加剂技术，才能根据泡沫混凝土不同的工程要求和环境特点，合理选择使用水泥、合理应用外加剂，逐步过渡到按指定性能设计制造优质的泡沫混凝土，以达到显著的技术经济效果。

2.1.1 硅酸盐水泥

1. 硅酸盐水泥的定义与组成

凡以适当成分的生料烧至部分熔融，所得以硅酸钙为主要成分的硅酸盐水泥熟料，加入 0%~5%的石灰石或粒化高炉矿渣、适量石膏共同磨细制成的水硬性胶凝材料，称为硅酸盐水泥（portland cement），国际上称为波特兰水泥。硅酸盐水泥分两种类型，未掺入石灰石或粒化矿渣混合材的称为Ⅰ型硅酸盐水泥，代号 P·Ⅰ；掺入不超过水泥熟料5%的石灰石或粒化矿渣混合材的称为Ⅱ型硅酸盐水泥，代号 P·Ⅱ。

硅酸盐水泥熟料主要由氧化钙、氧化硅、氧化铝和氧化铁四种氧化物组成（约占水泥熟料的95%）。主要氧化物含量的波动范围分别为：氧化钙（CaO）62%~67%，氧化硅（SiO_2）20%~24%，氧化铝（Al_2O_3）4%~7%，氧化铁（Fe_2O_3）2.5%~6.0%。

硅酸盐水泥的熟料主要矿物组成是：硅酸三钙$3CaO \cdot SiO_2$（C_3S）、硅酸二钙$2CaO \cdot SiO_2$（C_2S）、铝酸三钙$3CaO \cdot Al_2O_3$（C_3A）、铁铝酸四钙$4CaO \cdot Al_2O_3 \cdot Fe_2O_3$（$C_4AF$）。此外，硅酸盐水泥熟料中还含有少量的游离氧化钙（$f-CaO$）、方镁石（MgO）、含钙矿物和玻璃体。

硅酸盐水泥的熟料中的硅酸三钙和硅酸二钙被称为硅酸盐矿物，一般占水泥熟料总量的75%左右；铝酸三钙和铁铝酸四钙被称为溶剂性矿物，一般占水泥熟料总量的18%~25%。水泥熟料矿物组成的赋存状态如下：

（1）硅酸三钙　硅酸三钙是硅酸盐水泥熟料的主要矿物，其含量在45%~65%，它对水泥的性质具有重要的影响。硅酸三钙可由氧化钙和二氧化硅在高温下通过固相反应生成，也可由硅酸二钙和氧化钙反应生成。其含量通常为水泥熟料总量的50%左右，有时甚至高达60%以上。硅酸三钙为白色固体。纯硅酸三钙只在1250~2065℃温度范围内稳定，在2065℃以上熔融为氧化钙和液相，在1250℃以下分解为硅酸二钙和氧化钙。在急冷条件下，硅酸三钙的分解速度较慢，使其可在常温下以介稳态存在。显微镜下观察，硅酸三钙并不是以纯的形式存在，其矿物中总含有少量其他氧化物，如氧化镁、氧化铝等形成固溶体，称为阿利特（Alite）或A矿。

硅酸三钙加水调和后，与水迅速发生反应，通常粒径在40~50μm的硅酸三钙颗粒加水后水化28d，可完成70%左右。因此，硅酸三钙的强度发展快，硅酸三钙含量高的水泥早期强度高，且强度增长率较大，28d抗压强度可达到它一年抗压强度的70%~80%。它的28d或一年的抗压强度在水泥的四大矿物中最高。

硅酸三钙水化反应式如下：

$$2(3CaO \cdot SiO_2) + 6H_2O = 3CaO \cdot 2SiO_2 \cdot 3H_2O + 3Ca(OH)_2$$

水化过程中放出一定的热量，生产的水化硅酸钙几乎不溶于水，立即以胶体微粒析出，并逐渐凝聚成凝胶体。水化硅酸钙的尺寸很小，相当于胶体物质，其组成并不是固定的，且较难精确区分，因此，统称为C-S-H凝胶或C-S-H。水化生成的氢氧化钙在溶液中的浓度很快达到饱和，呈六方晶体析出。

（2）硅酸二钙　硅酸二钙在硅酸盐水泥熟料中的含量一般在15%~30%，固溶体中含有少量Al、Fe、K、Na、Ti、V等氧化物。固熔有少量氧化物的硅酸二钙称为贝利特（Belite），简称B矿。

贝利特的水化较慢，通常条件下28d仅水化20%左右。该矿物的凝结硬化也比较缓慢。因此，早期强度比较低。但在28d以后强度增长较快，一年后甚至可以超过阿利特。水泥工业中通过粉磨增加比表面积，能够明显提高其早期抗压强度。贝利特的优点是水化热低，抗水性好，因此，大体积混凝土用的低热水泥中，贝利特的含量很高。在深油井水泥或侵蚀性大的工程中，提高水泥中贝利特的含量，降低阿利特的含量非常有利。

硅酸二钙水化反应式如下：

$$2(2CaO \cdot SiO_2) + 4H_2O = 3CaO \cdot 2SiO_2 \cdot 3H_2O + Ca(OH)_2$$

硅酸二钙的水化与硅酸三钙极为相似，只是水化速度缓慢而已。

（3）中间相 填充在阿利特和贝利特之间的物质通称为中间相，包括铝酸盐、铁酸盐，组成不定的玻璃体和含碱化合物。游离氧化钙、方镁石虽然有时会呈包裹体形式存在于阿利特和贝利特中，但通常分布在中间相里。

①铝酸钙。熟料中的铝酸钙主要是铝酸三钙（C_3A），有时还可能有七铝酸十二钙（$C_{12}A_7$）。在反光显微镜下，由于其反光力弱，呈暗灰色，一般称为黑色中间相。铝酸三钙在水泥熟料中的含量为 7% ~ 15%。纯 C_3A 为无色晶体，密度为 $3.04g/cm^3$。在掺氟化钙（萤石）作为矿化剂的熟料中可能存在 $C_{12}A_7 \cdot CaF_2$。

铝酸三钙水化迅速，放热量大，凝结很快，如不掺石膏等缓凝剂，易使水泥速凝。铝酸三钙的硬化也非常快。它的强度在 3d 内就大部分发挥出来了，因此，早期强度较高，但强度的绝对值不高，后期强度几乎不再增长，甚至出现强度倒缩。铝酸三钙的干缩变形大，抗硫酸盐性能差，制造抗硫酸盐水泥和大体积工程用水泥时，铝酸三钙的含量应控制在较低的水平。

铝酸三钙的水化反应式如下：
$$3CaO \cdot Al_2O_3 + Ca(OH)_2 + 12H_2O = 4CaO \cdot Al_2O_3 \cdot 13H_2O$$

水化生成的水化铝酸四钙为六方片状结晶，在饱和氢氧化钙溶液中，还能与氢氧化钙反应，生成六方晶体的水化铝酸四钙。

在有石膏存在的条件下，水化铝酸钙与石膏立即反应，反应式如下：
$$4CaO \cdot Al_2O_3 \cdot 13H_2O + 3(CaSO_4 \cdot 2H_2O) + 14H_2O = 3CaO \cdot Al_2O_3 \cdot 3CaSO_4 \cdot 32H_2O + Ca(OH)_2$$

生成的高硫型水化硫铝酸钙（$3CaO \cdot Al_2O_3 \cdot 3CaSO_4 \cdot 32H_2O$）也称钙矾石，是难溶于水的针状晶体。石膏耗尽时，部分钙矾石将转变为单硫型水化硫铝酸钙晶体，反应式如下：
$$3CaO \cdot Al_2O_3 \cdot 3CaSO_4 \cdot 32H_2O + 3CaO \cdot Al_2O_3 + 4H_2O = 3(3CaO \cdot Al_2O_3 \cdot CaSO_4 \cdot 12H_2O)$$

②铁相固溶体。熟料中含铁相比较复杂，其化学组成为一系列连续固溶体，也就是 $C_8A_3F - C_2F$（或 $C_6A_2F - C_6AF_2$）之间的系列固溶体。在一般的硅酸盐水泥熟料中，因成分接近于铁铝酸四钙，所以，常用 C_4AF 来代表铁相固溶体。实际上，其具体组成随该相的 Al_2O_3/F_2O_3 比而有差异。例如，有可能含 C_6A_2F 或 $- C_6AF_2$。铁铝酸四钙又称作才利特（Celite）或 C 矿。

铁铝酸四钙的水化速度在早期介于铝酸三钙与硅酸三钙之间，但随后低于硅酸三钙。它的早期强度类似于铝酸三钙，而后期还能不断增长，类似于硅酸二钙。才利特的抗冲击性能和抗硫酸盐性能较好，水化热较铝酸三钙低。在制造道路水泥、抗硫酸盐水泥和大体积工程的水泥时，适当提高才利特的含量是有利的。

铁铝酸四钙的水化反应式如下：
$$4CaO \cdot Al_2O_3 \cdot Fe_2O_3 + 7H_2O = 3CaO \cdot Al_2O_3 \cdot 6H_2O + CaO \cdot Fe_2O_3 \cdot H_2O$$

③玻璃体。玻璃体的质点排列无序，组成也不固定。玻璃体的主要成分为 Al_2O_3、Fe_2O_3 和 CaO，也有少量的 MgO 和碱（K_2O 和 Na_2O）等。

④游离氧化钙。游离氧化钙是指熟料经高温煅烧未被吸收、以游离状态存在的氧化钙，又称游离石灰（Free lime 或 f-CaO）。游离氧化钙水化生成氢氧化钙时，体积膨胀 97.9%，在硬化后的水泥浆中随着游离氧化钙含量的增加，首先是抗拉、抗折强度降低，进而 3d 以后的抗压强度倒缩，严重时产生不均匀变形，引起水泥体积安定性不良。游离

氧化钙因其生成条件不同可有不同的形状，其危害程度也不同。经高温煅烧而未化合的游离钙（或称一次游离钙），包裹在熟料矿物中，结构比较致密，水化很慢，通常要在加水3d后反应才比较明显。未经高温煅烧的游离钙，结构比较疏松，遇水反应快，对水泥安定性危害较轻。

⑤方镁石。方镁石是呈游离状态的氧化镁晶体。方镁石比游离氧化钙更难水化，需几个月甚至几年才明显。水化生成氢氧化镁时，体积膨胀达1.8倍，可使硬化水泥浆结构破坏。方镁石的膨胀程度与其含量、晶体尺寸有关。

2. 硅酸盐水泥的水化

由于硅酸盐水泥是由多种矿物共同存在的体系，有些矿物遇水后迅速发生水化反应，即C_3A立即发生反应，C_3S和C_4AF也很快水化，而C_2S则较慢。水泥加水后，水泥颗粒表面立即开始溶解、水化，几分钟后水化生成的钙矾石针状晶体、无定型的水化硅酸钙以及氢氧化钙或水化铝酸钙等六方板状晶体。钙矾石的不断生成，液相中的石膏逐渐耗尽，于是，单硫型的水化铝酸钙出现，石膏的不足，体系中还有剩余的C_3A和C_4AF，则生成单硫型水化物和$C_4（A，F）H_{13}$的固溶体，甚至单独的$C_4（A，F）H_{13}$。

硅酸盐水泥的水化过程非常复杂，水泥的水化实质上是在少量水中进行的，各种矿物之间要相互影响，有时还将伴随着二次反应。通常，水泥的水化作用基本上是在$Ca（OH）_2$和$CaSO_4$的饱和溶液中进行的。因此，硅酸盐水泥的水化产物主要是：氢氧化钙、水化硅酸钙、碱度较高的含水铝酸钙和含水铁酸钙以及水化硫铝酸钙等。

硅酸盐水泥的水化过程放出较多的热量，水化反应放出的热量称为水化热，水化热对冬期施工则有利于水泥的水化和凝结硬化，但对于大体积混凝土工程，水化热集中将引起混凝土内部与表面较大的温差，导致混凝土裂缝的产生。另外，水泥的水化速度也是水泥的一个重要的性能。影响水泥水化速度的主要因素有水泥熟料的矿物组成与结构、水化温度、水泥的细度、水灰比及外加剂的类型和作用等。

3. 硅酸盐水泥的凝结和硬化

硅酸盐水泥的凝结和硬化是一个连续的、复杂的物理化学变化的过程，从整体来看，凝结和硬化是同一过程的不同阶段，凝结标志着水泥浆失去流动性而具有一定的塑性强度，硬化是指凝结的水泥浆体随着水化的进一步进行，开始产生明显的强度并逐渐发展成为坚硬的水泥石的过程。也可称为赋予水泥浆结构具有一定的机械强度的过程。

如图2-1（a）所示，水泥加水拌合后，水泥颗粒分散在水中，水泥颗粒的表面立即发生水化反应，生成相应的水化物也立即溶于水中。一般在几分钟内，然后，水泥颗粒暴露出新的表面，水化继续进行，并生成新的水化产物。由于水化产物的溶解度不大，使水泥颗粒周围的溶液很快成为水化物的饱和溶液。该阶段称为初始反应期。

如图2-1（b）所示，水泥继续水化，在饱和溶液中生成的水化产物不能再溶解，当溶液达到过饱和后，先后析出水化硅酸钙凝胶、水化硫铝酸钙、水化铝酸钙和氢氧化钙晶体等。这些水化产物包裹在未水化的水泥颗粒表面，形成水化物膜层，由于凝胶体不能溶解于水，水化硫铝酸钙针状晶体难溶于水，水分不易进入其内部，使水泥水化反应缓慢。该阶段称为静止期。

如图2-1（c）所示，水泥继续水化，水化物膜层不断增厚、破裂和扩展，使水泥颗粒相互连接形成网状结构。游离水分减少，水泥浆逐渐变稠，黏度增高，开始失去塑性，并未产生强度，此时称为初凝。水泥继续水化，生成的水化产物不断地填充网状结构中的空隙，使结构逐渐紧密，直至水泥浆完全失去塑性，并逐渐产生强度，此时处于终凝，该阶段称为凝结期。

如图 2-1（d）所示，终凝后开始硬化，随着时间的增加，强度不断增长，最终成为坚硬的人造石。该阶段为硬化期。水泥进入硬化期后，在有水的情况下，水化反应仍继续进行，但水化速度受扩散影响，逐步减慢，水化产物的总量随时间延长而逐渐增加。结构进一步致密，强度进一步提高，水泥石在 3~7d 内强度增长非常快，28d 内增长较快，28d 后相对增长缓慢。

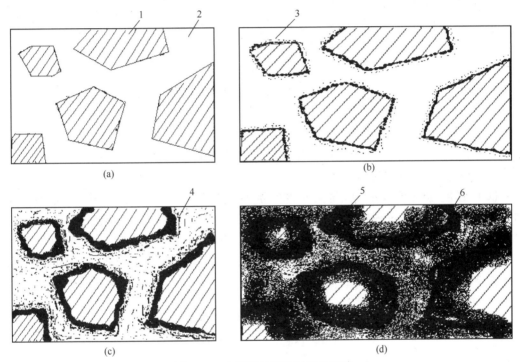

图 2-1　水泥凝结硬化过程示意图

1—水泥颗粒；2—水分；3—凝胶；4—晶体；5—未水化水泥颗粒；6—毛细孔

影响硅酸盐水泥凝结硬化的主要因素为水泥熟料的矿物组成、水灰比、水泥细度、养护时间、石膏掺量、温度和湿度。

4. 硅酸盐水泥的性能

（1）密度和堆积密度　硅酸盐水泥的密度和堆积密度对于砂浆及混凝土的配合比设计和水泥的储运具有重要的作用。硅酸盐水泥的密度一般为 $3.1~3.2g/cm^3$ 之间。硅酸盐水泥的松散堆积密度一般在 $800~1300kg/m^3$ 之间，而紧密状态的堆积密度一般在 $1400~1300kg/m^3$ 之间。

（2）细度　细度是指水泥颗粒的粗细程度，水泥的细度直接影响其水化速度、放热量和强度等重要指标。颗粒越细，其比表面积越大，与水接触反应的表面积也越大，水化反应速度快而且比较完全，凝结硬化快，早期强度高。但水泥颗粒过细，不仅凝结硬化时收缩大、易产生裂缝，而且粉磨过程的能耗高，成本也高，保存过程中活性损失也快。水泥颗粒过粗,不利于水泥活性的发挥。硅酸盐水泥的细度为比表面积大于 $300m^2/kg$。

(3)标准稠度用水量 标准稠度用水量是指水泥浆达到规定的标准稠度时,所需要的用水量,是检验水泥性质的准备性指标。国家标准规定用标准稠度测定仪检验水泥的标准稠度用水量。硅酸盐水泥的标准稠度用水量一般在 24%～30%。水泥的矿物组成和水泥的细度对该项指标影响比较明显。

(4)凝结时间 水泥加水拌合后,由可塑性状态发展到固体状态,所需要的时间称为凝结时间。凝结时间分为初凝和终凝。初凝时间为从水泥加水至水泥开始失去塑性所需的时间;终凝时间为从水泥加水至水泥浆完全失去塑性所需的时间;国家标准规定硅酸盐水泥的初凝时间不得早于45min,终凝时间不得迟于6.5h。

水泥凝结时间在砂浆施工中具有重要的作用,凝结时间不宜过早,目的是有足够的时间进行施工操作。终凝时间不宜过迟,主要是为了使水泥尽快凝结硬化,减少水分蒸发,有利于下一道工序的进行。

(5)体积安定性 体积安定性是指水泥在凝结硬化过程中体积变化的均匀性。当水泥浆体在凝结硬化过程中发生了不均匀的体积变化,将会导致水泥石膨胀开裂、翘曲,即安定性不良。安定性不良的水泥将降低工程质量,甚至引起严重的工程事故。

水泥安定性不良的原因是熟料中含有过量的游离氧化钙(f-CaO)或游离氧化镁(f-MgO),或生产水泥时掺入的石膏过量所致。

(6)强度与强度等级 强度是水泥的重要力学性能指标,也是划分强度等级的依据。水泥强度等级是按规定龄期的抗压强度和抗折强度来划分。硅酸盐水泥的强度等级划分为 42.5、42.5R、52.5、52.5R、62.5、62.5R。其中,R 型水泥为早强型,主要是 3d 强度较同强度等级水泥高。硅酸盐水泥各强度等级水泥各龄期的强度不得低于表 2-3。

硅酸盐水泥各龄期的强度要求 表 2-3

强度等级	抗压强度（MPa）		抗折强度（MPa）	
	3d	28d	3d	28d
42.5	17.0	42.5	3.5	6.5
42.5R	22.0	42.5	4.0	6.5
52.5	23.0	52.5	4.0	7.0
52.5R	27.0	52.5	5.0	7.0
62.5	28.0	62.5	5.0	8.0
62.5R	32.0	62.5	5.5	8.0

(7)水化热 水泥在水化反应时放出的热量为水化热。水泥的水化热大部分在水化早期放出(3～7d)。硅酸盐水泥 1～3d 内放出的热量为总热量的 50%,7d 为 75%,3 个月为 90%。水化热与水泥的矿物组成关系很大,不同的水泥品种,水化热的大小也不同。水化热对冬期施工和寒冷地区施工有利,冬期施工可优先使用硅酸盐水泥。但对大体积混凝土施工却很不利,混凝土内外温差大将直接导致温度应力裂缝。因此,建造大坝时常采用中低热水泥。

（8）碱含量 碱含量是指水泥中碱性氧化物 K_2O 和 Na_2O 的含量。用碱含量占水泥质量的百分数表示。水泥中碱含量按 $K_2O + 0.658Na_2O$ 计算值来表示。当水泥的碱含量较高时，骨料中又含有活性 SiO_2，就会发生碱骨料反应。但水泥用量较大时仍然要注意碱骨料反应。按国家标准规定，水泥中的（$K_2O + 0.658Na_2O$）含量不超过 0.6%，则不会发生碱骨料反应。但水泥用量较大时仍然要注意碱骨料反应。

2.1.2 其他通用水泥的特性及应用

1. 普通硅酸盐水泥

凡由硅酸盐水泥熟料，6%～15%的混合材，适量石膏共同磨细的水硬性胶凝材料，称为普通硅酸盐水泥，简称普通水泥，代号为 P·O。掺活性混合材时，最大掺量不得超过水泥质量15%，其中允许不超过水泥质量5%的窑灰或不超过水泥质量10%的非活性混合材来代替，掺非活性混合材时，最大掺量不得超过水泥质量的10%。普通水泥与硅酸盐水泥性质区别在于：

（1）细度 普通水泥的细度检验，用80μm的方孔筛，所得筛余量不得超过10%为合格。

（2）凝结时间 初凝时间不得早于45min，终凝时间不得迟于10h。

（3）强度等级 强度以3d和28d的抗折、抗压强度，将普通水泥划分为32.5、42.5、52.5级三个强度等级。按3d强度分为普通型和早强型。

2. 矿渣硅酸盐水泥、火山灰硅酸盐水泥和粉煤灰硅酸盐水泥

凡由硅酸盐水泥熟料和粒化高炉矿渣，适量石膏磨细制成的水硬性胶凝材料，称为矿渣硅酸盐水泥，简称矿渣水泥，代号为 P·S。水泥中粒化高炉矿渣掺加量按质量百分比计为20%～70%。

标准规定允许石灰石、窑灰、粉煤灰和火山灰混合材料中的一种材料代替矿渣，代替数量不得超过水泥质量的8%。替代后矿渣掺量不得少于20%。

凡由硅酸盐水泥熟料和火山灰质混合材料，适量石膏磨细制成的水硬性胶凝材料，称为火山灰质硅酸盐水泥，简称火山灰水泥，代号为 P·P。水泥中火山灰质混合材料掺加量按质量百分比计为20%～50%。

凡由硅酸盐水泥熟料和粉煤灰、适量石膏磨细制成的水硬性胶凝材料，称为粉煤灰硅酸盐水泥，简称粉煤灰水泥，代号为 P·F。水泥中粉煤灰掺加量按质量百分比计为20%～40%。

三种水泥的各龄期的强度值见表2-4。

矿渣水泥、火山灰水泥和粉煤灰水泥各龄期的强度要求　　　　表2-4

强度等级	抗压强度（MPa）		抗折强度（MPa）	
	3d	28d	3d	28d
32.5	10.0	32.5	2.5	5.5
32.5R	15.0	32.5	3.5	5.5
42.5	15.0	42.5	3.5	6.5
42.5R	19.0	42.5	4.0	6.5
52.5	21.0	52.5	4.0	7.0
52.5R	23.0	52.5	4.5	7.0

3. 复合硅酸盐水泥

凡由硅酸盐水泥熟料、两种或两种以上规定的混合材，适量石膏磨细制成的水硬性胶凝材料，称为复合硅酸盐水泥，简称复合水泥，代号为 P·C。水泥中混合材总掺量按质量百分比应大于 15%，但不超过 50%。水泥中允许用不超过 8% 的窑灰代替部分混合材；掺矿渣时，混合材掺量不得与矿渣水泥重复。

复合水泥和普通水泥各龄期的强度值见表 2-5。

复合水泥和普通水泥各龄期的强度要求   表 2-5

强度等级	抗压强度（MPa）		抗折强度（MPa）	
	3d	28d	3d	28d
32.5	11.0	32.5	2.5	5.5
32.5R	16.0	32.5	3.5	5.5
42.5	16.0	42.5	3.5	6.5
42.5R	21.0	42.5	4.0	6.5
52.5	22.0	52.5	4.0	7.0
52.5R	26.0	52.5	4.5	7.0

4. 通用水泥

几种通用水泥的特性及应用见表 2-6。

几种通用水泥的特性及应用   表 2-6

名称	硅酸盐水泥	普通水泥	矿渣水泥	火山灰水泥	粉煤灰水泥	复合水泥
主要特性	1. 早强强度高 2. 水化热高 3. 抗冻性好 4. 耐热性差 5. 耐腐蚀性差 6. 干缩性较小	1. 早期强度高 2. 水化热较高 3. 抗冻性较好 4. 耐热性较差 5. 耐腐蚀性较差 6. 干缩性较小	1. 早强低，后期强度增长较快 2. 水化热较低 3. 耐热性较好 4. 耐腐蚀性好 5. 抗冻性较差 6. 干缩性较大 7. 抗渗性差 8. 抗碳化能力差	1. 耐热性较差 2. 抗渗性较好 其他性能同矿渣水泥	1. 耐热性较差 2. 抗裂性好 其他性能同矿渣水泥	早期强度高 其他性能同矿渣水泥
适用范围	地上、地下和水中的混凝土、钢筋混凝土、高强混凝土、预应力混凝土和有早强要求的混凝土工程；受冻融循环的混凝土工程；有耐磨要求的混凝土工程	与硅酸盐水泥基本相同	1. 大体积混凝土工程 2. 有耐热要求的混凝土工程 3. 耐腐蚀要求较高的混凝土工程 4. 蒸汽养护的构件 5. 一般地上、地下和水中的混凝土和钢筋混凝土工程	1. 地上、地下大体积混凝土工程 2. 有抗渗要求的混凝土工程 3. 有耐腐蚀要求的混凝土工程 4. 蒸汽养护的构件 5. 一般的混凝土和钢筋混凝土工程	1. 地上、地下大体积混凝土工程 2. 抗裂性要求较高构件 3. 有耐腐蚀要求的混凝土工程 4. 蒸汽养护的构件 5. 一般混凝土工程	可参照矿渣水泥、火山灰水泥、粉煤灰水泥，但其性能受所用混合材的影响，因此，应针对工程的要求加以选用

名称	硅酸盐水泥	普通水泥	矿渣水泥	火山灰水泥	粉煤灰水泥	复合水泥
不宜应用范围	1. 大体积混凝土工程 2. 受化学及海水侵蚀的混凝土工程 3. 耐热混凝土	同硅酸盐水泥	1. 早期强度要求较高的混凝土工程 2. 有抗冻要求的混凝土工程	1. 早期强度要求较高的混凝土工程 2. 有抗冻要求的混凝土工程 3. 干燥环境的混凝土工程 4. 耐磨性要求高的混凝土工程	1. 早期强度要求较高的混凝土工程 2. 有抗冻要求的混凝土工程 3. 耐磨性要求高的混凝土工程	

2.1.3 硫铝酸盐水泥和铁铝酸盐水泥

1. 硫铝酸盐水泥

将铝质原料（如铝矾土）、石灰质原料（如石灰石）和石膏适量配合，煅烧成以无水硫铝酸钙为主的熟料，掺适量石膏共同磨细，即可制得硫铝酸盐水泥。20世纪70年代，在中国发明了硫铝酸盐水泥。80年代又首创了铁铝酸盐水泥的工业生产。如果说，我们把硅酸盐水泥系列产品通称为第一系列水泥，把铝酸盐水泥系列产品通称第二系列水泥。那么，我们可以把硫铝酸盐水泥和铁铝酸盐水泥以及它们派生的其他水泥品种通称为第三系列水泥。该系列水泥的矿物组成特征是含有大量的 C_4A_3S 矿物。以此与其他系列水泥相区别，并构成了第三系列水泥的早强、高强、高抗渗、高抗冻、耐蚀、低碱和生产能耗低等基本特点。第三系列水泥在我国已得到广泛应用。

硫铝酸盐水泥（sulphoaluminate cement）：以适当成分的生料，经煅烧所得以无水硫铝酸钙和硅酸二钙为主要矿物成分的水泥熟料，掺加不同量的石灰石、适量石膏共同磨细制成，具有水硬性的胶凝材料。硫铝酸盐水泥分为快硬硫铝酸盐水泥、低碱硫铝酸盐水泥、自应力硫铝酸盐水泥。

硫铝酸盐水泥的主要矿物组成为 C_4A_3S 和 $\beta-C_2S$，根据配料和煅烧温度的不同，还可能存在 $C_{12}A_7$、CA 或少量的 C_2F、$CaSO_4$ 和 CaS。硫铝酸盐水泥的矿物组成可在很大范围内波动，通常其化学成分如下：

CaO　　40% ~44%；　　　SiO_2　　8% ~12%；
Al_2O_3　18% ~22%；　　Fe_2O_3　6% ~10%；
SO_3　　12% ~16%。

其矿物组成大致范围为：

C_4A_3S　36% ~44%；　　$\beta-C_2S$　23% ~34%；
C_2F　　10% ~17%；　　$CaSO_4$　12% ~17%。

现行国家标准《硫铝酸盐水泥》（GB 20472-2006）规定，硫铝酸盐水泥根据石膏的掺入量和混合材的不同，分为3个品种。

（1）快硬硫铝酸盐水泥（rapid-hardening sulphoaluminate cement）　代号为 R·SAC。由适当成分的硫铝酸盐水泥熟料和少量石灰石、适量石膏共同磨细制成的，具有早期强度高的水硬性胶凝材料，其中，石灰石掺加量应不大于水泥质量的15%。以3d抗压强度分为 42.5、52.5、62.5、72.5 级四个强度等级。

（2）低碱度硫铝酸盐水泥（low alkalinity sulphoaluminate cement） 代号为 L·SAC。由适当成分的硫铝酸盐水泥熟料和较多量石灰石、适量石膏共同磨细制成的，具有碱度低的水硬性胶凝材料，其中，石灰石掺加量应不大于水泥质量的 15%～35%。低碱度硫铝酸盐水泥主要用于制作玻璃纤维增强水泥制品，用于配有钢纤维、钢筋、钢丝网、钢埋件等混凝土制品和结构时，所用钢材应为不锈钢。以 7d 抗压强度分为 32.5、42.5、52.5 级三个强度等级。

（3）自应力硫铝酸盐水泥（self stressing sulphoaluminate cement） 由适当成分的硫铝酸盐水泥熟料加入适量石膏共同磨细制成的具有膨胀性的水硬性胶凝材料。以 28d 自应力值分为 3.0、3.5、4.0、4.5 级四个自应力等级。

硫铝酸盐水泥的物理性能、碱度和碱含量应符合表 2-7 规定。

硫铝酸盐水泥的物理性能、碱度和碱含量 表 2-7

项目		指标		
		快硬硫铝酸盐水泥	低碱度硫铝酸盐水泥	自应力硫铝酸盐水泥
比表面积（m^2/kg） ≥		350	400	370
凝结时间[a]（min）	初凝 ≥	25		40
	终凝 ≤	180		240
耐碱度 pH 值 ≤		—	10.5	—
28d 自由膨胀率（%）		—	0.00～0.15	—
自由膨胀率（%）	7d ≤	—	—	1.30
	28d ≤	—	—	1.75
水泥中碱含量（$Na_2O + 0.658 \times K_2O$）（%）＜		—	—	0.50
28d 自应力增进率（MPa/d） ≤		—	—	0.010

[a] 用户要求时，可以变动。

硫铝酸盐水泥中 C_4A_3S 的水化反应如下：

石膏较多时：$C_4A_3S + 2CSH_2 + 36H = 2AH_3 + C_3A \cdot 3CSH_{32}$

石膏较少时：$C_4A_3S + 21H = 3AH_3 + C_3A \cdot 3CSH_{12}$

石膏很少时：首先生成钙矾石，后来生成低硫型硫铝酸钙。

水泥中的 $\beta - C_2S$ 在低温煅烧（1250～1350℃）时形成活性较高，水化较快，能较早地生成 C-S-H（I）凝胶，水泥的早期强度是由于早期大量的钙矾石，同时由于 CA、$C_{12}A_7$ 和 C_4A_3S 在水化过程中析出 Al（OH）$_3$ 胶体，以及 $\beta - C_2S$ 形成的 C-S-H（I）凝胶体填充于水化硫铝酸钙的晶体骨架中，使硬化体结构致密，促进了强度的进一步发展，$\beta - C_2S$ 形成的 C-S-H（I）保证了水化后期强度的增加。该水泥早期强度发展快，后期强度发展缓慢，但不倒缩。尤其制成的泡沫混凝土也有同样的规律。

快硬硫铝酸盐水泥的强度指标要求见表 2-8。

快硬硫铝酸盐水泥的强度等级 表 2-8

强度等级	抗压强度（MPa）			抗折强度（MPa）		
	1d	3d	28d	1d	3d	28d
42.5	30.0	42.5	45.0	6.0	6.5	7.0
52.5	40.0	52.5	55.0	6.5	7.0	7.5
62.5	50.0	62.5	65.0	7.0	7.5	8.0
72.5	55.0	72.5	75.0	7.5	8.0	8.5

低碱度硫铝酸盐水泥的强度指标要求见表 2-9。

低碱度硫铝酸盐水泥的强度等级 表 2-9

强度等级	抗压强度（MPa）		抗折强度（MPa）	
	1d	7d	1d	7d
32.5	25.0	32.5	3.5	5.0
42.5	30.0	42.5	4.0	5.5
52.5	40.0	52.5	4.5	6.0

自应力硫铝酸盐水泥所有自应力等级的水泥强度 7d 不小于 32.5MPa，28d 不小于 42.5MPa。自应力硫铝酸盐水泥各级别各龄期自应力值应符合表 2-10 的要求。

低碱度硫铝酸盐水泥的强度等级（MPa） 表 2-10

级别	7d	28d	
	≥	≥	≥
3.0	2.0	3.0	4.0
3.5	2.5	3.5	4.5
4.0	3.0	4.0	5.0
4.5	3.5	4.5	5.5

2. 铁铝酸盐水泥

铁铝酸盐水泥（ferro-sulphoaluminate cement）是以适当成分的生料，经煅烧所得以铁相、无水硫铝酸钙和硅酸二钙为主要矿物成分的水泥熟料，掺加不同量的石灰石、适量石膏共同磨细制成，具有水硬性的胶凝材料。铁铝酸盐水泥分为快硬铁铝酸盐水泥、膨胀铁铝酸盐水泥、自应力铁铝酸盐水泥。

铁铝酸盐水泥与硫铝酸盐水泥同出一辙，也有人称之为高铁硫铝酸盐水泥。它的开发成功是继硫铝酸盐水泥之后的又一突出成果，是硫铝酸盐水泥的重大发展。与硫铝酸盐水泥相比，它具有更为广阔的原料资源和独特的性能。该项成果于 1985 年通过鉴定，1987年获国家发明二等奖。

根据石膏掺入量不同，铁铝酸盐水泥主要有三个品种。

（1）快硬铁铝酸盐水泥（rapid-hardening ferro-sulphoaluminate cement），代号为 R·FAC。以适当成分的生料，经煅烧所得以铁相、无水硫铝酸钙和硅酸二钙为主要矿物成分的熟料，加入适量石灰石和石膏，磨细制成的早期强度高的水硬性胶凝材料，称为快硬铁铝酸盐水泥。比表面积不小于 $350m^2/kg$，初凝时间不小于 25min，终凝不迟于 180min，以 3d 抗压强度分为 42.5、52.5、62.5、72.5 级四个等级。快硬铁铝酸盐水泥的强度指标要求见表 2-11。

快硬铁铝酸盐水泥的强度等级

表 2-11

强度等级	抗压强度（MPa）			抗折强度（MPa）		
	1d	3d	28d	1d	3d	28d
42.5	33.0	42.5	45.0	6.0	6.5	7.0
52.5	42.0	52.5	55.0	6.5	7.0	7.5
62.5	50.0	62.5	65.0	7.0	7.5	8.0
72.5	56.0	72.5	75.0	7.5	8.0	8.5

（2）膨胀铁铝酸盐水泥（expansive ferro-sulphoaluminate cement），代号为 E·FAC。以适当成分的生料，经煅烧所得以铁相、无水硫铝酸钙和硅酸二钙为主要矿物成分的熟料，加入适量石灰石和石膏，磨细制成的具有可调膨胀性能的水硬性胶凝材料，称为膨胀铁铝酸盐水泥。以水泥自由膨胀率值划分，分为微膨胀铁铝酸盐水泥和膨胀铁铝酸盐水泥。比表面积不小于 $400m^2/kg$，初凝时间不小于 30min，终凝不迟于 180min，两种水泥都以 28d 抗压强度定一个强度等级 52.5 级。各龄期的强度值规定见表 2-12。微膨胀水泥净浆试体 1d 自由膨胀率不得小于 0.05%；28d 自由膨胀率不得大于 0.50%。膨胀水泥净浆试体 1d 自由膨胀率不得小于 0.10%；28d 自由膨胀率不得大于 1.00%。

膨胀铁铝酸盐水泥的强度

表 2-12

分类	抗压强度（MPa）			抗折强度（MPa）		
	1d	3d	28d	1d	3d	28d
微膨胀水泥	31.5	41.0	52.5	4.9	5.9	6.9
膨胀水泥	27.5	39.0	52.5	4.4	5.4	6.4

（3）自应力铁铝酸盐水泥（self-stressing ferro-sulphoaluminate cement），代号为 S·FAC。以适当成分的生料，经煅烧所得以铁相、无水硫铝酸钙和硅酸二钙为主要矿物成分的熟料，加入适量二水石膏，磨细制成的强膨胀性水硬性胶凝材料，称为自应力铁铝酸盐水泥。比表面积不小于 $370m^2/kg$，初凝时间不小于 40min，终凝不迟于 240min，游离氧化钙不大于 0.3%，自由膨胀率 7d 不大于 1.5%，28d 不大于 2.0%。以 1:2 胶砂 28d 抗压强度定 37.5 级一个强度等级。7d 抗压强度不得低于 27.0MPa，28d 抗压强度不得低于 37.5MPa，以 1:2 胶砂 28d 自应力值划分，定为 60、45、35 级三个级别。自应力值规定见表 2-13。

自应力铁铝酸盐水泥膨胀值　　　　　　　　　　　表 2-13

级别	抗压强度（MPa）	
	7d	28d
60	4.4	6.0
45	3.4	4.5
35	2.5	3.5

铁铝酸盐水泥与硫铝酸盐水泥的主要熟料矿物均为 C_4A_3S、$\beta-C_2S$ 和 C_4AF。该水泥具有快硬、高强特点，其低温性能与快硬硫铝酸盐水泥相似，具有很好的耐硫酸盐侵蚀的性能。但两类水泥熟料还是有着较大的差异，因此，铁铝酸盐水泥在性能方面与硫铝酸盐水泥也有许多不同之处。硫铝酸盐水泥水化过程中液相碱度比较低，对玻璃纤维的腐蚀作用小。铁铝酸盐水泥水化过程中液相的碱度较高，水化产物中除凝胶体的铝胶外，还有大量的铁胶。这些水化产物的特征使得铁铝酸盐水泥具有表面不起砂、抗海水冲刷和抗腐蚀性能好等优点。

2.1.4 铝酸盐水泥与白水泥

1. 铝酸盐水泥

按现行国家标准《铝酸盐水泥》（GB/T 201-2000）的规定。凡以石灰石和铝矾土为原料，经高温煅烧所得以铝酸钙（约50%）为主的熟料，磨细制成的水硬性胶凝材料，称为铝酸盐水泥或高铝水泥，代号为 CA。铝酸盐水泥按 Al_2O_3 的含量分为四类：

CA-50　　$50\% \leqslant Al_2O_3 < 60\%$；

CA-60　　$60\% \leqslant Al_2O_3 < 68\%$；

CA-70　　$68\% \leqslant Al_2O_3 < 77\%$；

CA-80　　$77\% \leqslant Al_2O_3$。

与硅酸盐水泥、硫铝酸盐水泥、铁铝酸盐水泥等相比，铝酸盐水泥耐高温性能最佳，因此，常用来制备耐火材料，在砂浆领域多用于耐高温的特种砂浆。

铝酸盐水泥的主要矿物组成为铝酸一钙（CA）、铝酸二钙（CA_2）、七铝酸十二钙（$C_{12}A_7$）、钙黄长石（C_2AS），此外，还有少量其他矿物如 CA_6、CF_2、MA、CT 等，除 CF_2 有弱的胶凝性外，均不具有胶凝性。CA_6 具有较高的耐热性。

CA 是铝酸盐水泥的主要矿物，有很高的水硬活性，凝结时间正常，硬化迅速，是铝酸盐水泥强度的主要来源。CA 含量高的水泥，强度发展主要集中在早期，后期强度增长率就不显著。

CA_2 水化硬化较慢，早期强度低，但后期强度可以不断增高。在氧化钙含量较低的高铝水泥中，CA_2 的含量较多，它将影响到铝酸盐水泥的快硬性能，但耐热性高。

$C_{12}A_7$ 水化极快，凝结极快，但强度不如 CA 高，水泥中含有较多 $C_{12}A_7$ 时，水泥出现快凝，强度降低，耐热性下降。

铝酸盐水泥矿物中铝酸一钙（CA）、铝酸二钙（CA_2）和七铝酸十二钙（$C_{12}A_7$）的水化产物基本相似，与温度关系很大，在环境温度小于20℃时，主要生成 CAH_{10}；在环境温度 20~30℃ 时，转变为 C_2AH_8 和 Al（OH）$_3$ 凝胶；温度大于30℃则转变为 C_3AH_6 和

Al（OH）$_3$凝胶。结晶的C_2AS水化很慢。

铝酸盐水泥的水化硬化过程主要是属于六方晶系的CAH_{10}和C_2AH_8结晶所形成的片状和针状晶体，互相交错搭接，而形成的坚强的结晶合生体，Al（OH）$_3$凝胶又填充于骨架的空隙，结合水量大，因此，孔隙率低，结构致密，故使水泥获得较高的机械强度。但是，铝酸盐水泥的长期强度会出现倒缩现象。经过1～2年，尤其是在湿热环境下强度会明显下降。甚至引起工程的破坏。其主要原因是由于六方晶系的CAH_{10}（密度1.75g/cm^3）和C_2AH_8（密度1.95g/cm^3）都是介稳相，会逐渐转变成立方晶系的C_3AH_6（密度2.50g/cm^3）稳定相，晶型转化的速度随温度的提高而加快。在晶型转变时，放出大量的游离水，使孔隙率增加，强度下降。

现行国家标准《铝酸盐水泥》（GB 201-2000）对其技术性能要求如下：

（1）细度 比表面积不小于300m^2/kg或通过0.045mm筛筛余不大于20%。

（2）凝结时间 CA-50、CA-70、CA-80初凝不得早于30min，CA-60初凝不得早于60min；CA-50、CA-70、CA-80终凝不得迟于6h，CA-60终凝不得迟于18h。

（3）强度 水泥各龄期强度值应大于表2-14的要求。

铝酸盐水泥各龄期的强度 表2-14

水泥类型	抗压强度（MPa）				抗折强度（MPa）			
	6h	1d	3d	28d	6h	1d	3d	28d
CA-50	20	40	50	—	3.0	5.5	6.5	—
CA-60	—	20	45	85	—	2.5	5.0	10.0
CA-70	—	30	40	—	—	5.0	6.0	—
CA-80	—	25	30	—	—	4.0	5.0	—

铝酸盐水泥一般初凝为2～4h，终凝为3～5h，具有早强快硬的特点，1d强度可达最高强度的80%以上，后期强度增长不显著；水化热高且水化放热集中，24h内放出水化热总量的70%～80%，而硅酸盐水泥在24h内仅放出水化热总量的25%～50%。铝酸盐水泥抗硫酸盐腐蚀性强，耐热性好，能耐1300～1400℃的高温。

在泡沫混凝土中，铝酸盐水泥常常作为具有快硬要求的组分，调整料浆的稠度和提高坯体的早期强度。也有直接将铝酸盐水泥作为耐火泡沫混凝土的胶凝材料。

2. 白水泥

凡以适当成分的生料烧制部分熔融，得到以硅酸钙为主要成分，氧化铁含量很小的白色水泥熟料，加入适量石膏，共同磨细制成的水硬性胶凝材料称为白色硅酸盐水泥，简称白水泥。现行国家标准《白色硅酸盐水泥》（GB/T 2015-2005）规定。以氧化铁含量少的硅酸盐水泥熟料、适量石膏及本标准规定的混合材料，磨细制成的水硬性胶凝材料称为白色硅酸盐水泥，简称白水泥，代号P·W。磨制水泥时，允许加入不超过水泥质量5%的石灰石或窑灰作为混合料。

通常硅酸盐水泥熟料的颜色主要是由氧化铁引起的，随着水泥熟料中氧化铁的含量不同，水泥熟料的颜色也不同。当氧化铁含量在3%～4%时，熟料呈暗灰色；氧化铁含量在

0.45% ~ 0.70% 时，熟料呈淡绿色；进一步使氧化铁含量降低至 0.35% ~ 0.40% 时，熟料即呈白色（略带淡绿色）。因此，白色硅酸盐水泥的生产主要是降低熟料中氧化铁的含量。世界各国在生产白色硅酸盐水泥时，熟料中氧化铁含量都控制在 0.50% 以下。此外，氧化锰、氧化铬、氧化钛等着色氧化物也会对白水泥的颜色产生显著影响，故也不宜存在或只允许含有微量的上述氧化物。

白水泥的石灰质原料多采用较纯的石灰石或白垩，黏土质原料采用高岭土、叶蜡石或含铁低的砂质黏土等，校正性原料采用瓷石或石英石。为了保证白色硅酸盐水泥的白度，在煅烧、粉磨和运输时均应防止着色物质混入。燃料采用天然气、柴油和重油等，粉磨时磨机内和研磨体采用花岗石、高强陶瓷、刚玉和瓷球等。

白水泥的生产工艺、矿物组成、性质与硅酸盐水泥基本相同，其强度等级分为 32.5、42.5、52.5 级三个强度等级，各龄期的强度指标见表 2 - 15。白水泥的白度用白度仪测定，按白度划分为特级、一级、二级和三级 4 个等级，其白度分别为 86%、84%、80% 和 75%。

白色硅酸盐水泥各龄期的强度　　　　　　　　　　　　表 2 - 15

强度等级	抗压强度（MPa）		抗折强度（MPa）	
	3d	28d	3d	28d
32.5	14.0	32.5	3.0	6.0
42.5	18.0	42.5	3.5	6.5
52.5	23.0	52.5	4.0	7.0

白水泥粉磨过程中加入颜料可以制成彩色水泥，通常采用碱性颜料，常用的颜料有氧化铁（红、黄、黑、褐色）、二氧化锰（黑、褐色）、氧化铬（绿色）、赭石（赭色）和炭黑（黑色）等。

在泡沫混凝土中，白水泥主要用于制作彩色装饰泡沫混凝土，也可以用彩色水泥制备彩色泡沫混凝土，目前，已有彩色硅酸盐水泥的行业标准，即《彩色硅酸盐水泥》（JC/T 870 - 2000）。

2.1.5 石灰

石灰既是古老的又是现代的建筑材料，其原料来源丰富，生产工艺简单，能耗低，成本低，使用方便，被广泛应用于建筑工程。

1. 石灰的原料

制造石灰的原材料是含 $CaCO_3$ 为主的天然岩石，即石灰石等。石灰石是一种沉积岩，它的形成是由含 $CaCO_3$ 成分的细小生物残骸沉入海底，形成由贝壳、甲壳、骨骼等组成的岩层，经过相当年后，岩层逐渐致密而成为坚硬的岩石（图 2 - 2）。因此，石灰石的化学成分、矿物组成以及物理性质变动极大，常用的原料是石灰石、白云石和白垩。除天然原材料外，还可以利用一些化学工业的废弃物，如用碳化钙（CaC）制取乙炔所产生的电石渣，其主要成分是 $Ca(OH)_2$。此外，用氨碱法制碱的残渣，其主要成分是 $CaCO_3$，都可以用来制备生石灰（图 2 - 3）。

图 2-2　天然石灰石

图 2-3　巩义安琪公司的现代化石灰窑

2. 石灰的煅烧

石灰是石灰石、白云石、白垩等含 $CaCO_3$ 的原料，经煅烧而得到的块状产品，称为生石灰，生石灰的主要成分是氧化钙（CaO），煅烧过程中碳酸钙分解要吸收热量，其反应式如下：

$$CaCO_3 \xrightarrow{900℃} CaO + CO_2 \uparrow$$

理论上 $CaCO_3$ 在 898℃ 分解为 CaO 和 CO_2，但由于杂质的存在和块状煅烧工艺，为了使石灰石更好地分解，煅烧温度一般高达 1000～1100℃，煅烧温度的高低，对石灰质量有很大的影响。温度太低或煅烧时间不足，$CaCO_3$ 分解不充分，则产生欠火石灰；若煅烧温度过高或煅烧时间过长，则产生过火石灰。根据化学反应方程式计算，正常煅烧的石灰石平均分解出 44% 的 CO_2 气体，而得到的生石灰外观体积与石灰石相比只缩小了 10%～15%，因此，煅烧良好的石灰，质轻色匀，密度约为 3200kg/m³，堆积密度约为 800～1000kg/m³。

按 MgO 含量的多少，生石灰又分为钙质石灰和镁质石灰，当 CaO 含量小于或等于 5% 时，称为钙质石灰，当含量大于 5% 时，称为镁质石灰。生石灰的结构及其物理特性，对其与水的反应能力有着显著的影响。与石膏、水泥胶凝材料相比，由于石灰特有的结构及其物理化学性质，在水化反应方面显示出许多特点，其中，特别是 CaO 激烈的放热和显著的体积膨胀。

根据成品的加工工艺不同，除了块状生石灰外，石灰可加工成磨细生石灰、熟石灰粉、石灰浆等。磨细生石灰是将生石灰磨成细粉，不经消解，直接使用，其细度为通过 0.08mm 方孔筛筛余量不大于 15%；熟石灰粉是将生石灰用适量的水消化而得到的粉末，密度约 2100kg/m³，松散状态下的堆积密度约为 400～450kg/m³；石灰浆是用较多的水将石灰拌合而成的膏体，堆积密度约为 1300～1400kg/m³。如果多加水，可制成石灰乳和石灰水。

3. 石灰的熟化和硬化

生石灰在使用之前，一般要加水熟化，其主要成分变为 Ca（OH）₂。化学反应式为

$$CaO + H_2O \longrightarrow Ca(OH)_2 + 64.9kJ$$

石灰熟化过程中，反应迅速，放出大量的热（是半水石膏的 10 倍），使温度升高，体积增大。煅烧良好且 CaO 含量高的生石灰熟化较快，放热量和体积增大也较多。

石灰的硬化是指石灰浆体的干燥、结晶、碳化三个交错进行的作用形成 $CaCO_3$ 结晶结构网的结果。硬化过程的特点是体积收缩大。结晶作用是石灰浆在使用过程中，因游离水分逐渐蒸发和被砌体吸收，引起液相过饱和度增大，使 $Ca(OH)_2$ 逐渐析出结晶，促进石灰浆体的硬化。碳化作用是 $Ca(OH)_2$ 与空气中 CO_2 的作用，生成不溶解于水的 $CaCO_3$ 结晶，析出的水分则逐渐被蒸发，其反应式如下：

$$Ca(OH)_2 + CO_2 + nH_2O \longrightarrow CaCO_3 + (n+1)H_2O$$

该过程称为碳化，由上式可知，$Ca(OH)_2$ 与 CO_2 反应只有在水分存在条件下才能发生，$CaCO_3$ 的固相体积比 $Ca(OH)_2$ 大，因此，形成的 $CaCO_3$ 晶体使硬化石灰浆体结构致密，强度提高。碳化是石灰硬化的主要原因。

4. 石灰的特性

石灰具有以下特性：

（1）塑性和保水性好　石灰浆是珠状细颗粒高分散度的胶体，表面附有较厚的水膜，显著降低了石灰颗粒间的摩擦力，因此，具有良好的塑性，施工中易铺摊成均匀的薄层。在水泥砂浆中加入石灰制成混合砂浆，砂浆的塑性也明显提高；由于石灰浆是细颗粒高分散的胶体，不易产生颗粒沉降和离析，因此，石灰浆和石灰水泥砂浆具有良好的保水性。

（2）熟化时放热量大　石灰熟化时伴随着很大的放热量，按化学反应式计算，1kg 生石灰消化反应放热 1159kJ。较大的放热量和体积膨胀大带来早期的不良影响。使用过火石灰时，由于表面覆盖了一层致密的 $CaCO_3$，阻碍了 CaO 与 H_2O 接触而发生的熟化反应，当表层的碳酸钙逐渐溶解后，出现继续熟化，并产生体积膨胀，从而，在宏观上出现结构或砌体开裂或脱落现象。这也是过火石灰的危害。为消除这一危害，石灰浆熟化需要两个星期以上。而使用磨细生石灰，可消除过火石灰的危害，并可提高石灰硬化体的强度。

（3）硬化缓慢　由于石灰硬化过程中伴有碳化作用，碳化是由表及里的，它主要发生在与空气接触的表面，当表层生成致密的 $CaCO_3$ 薄壳后，阻碍了内部水分的蒸发，从而影响了 $Ca(OH)_2$ 结晶的速度，因此，石灰浆硬化是一个较缓慢的过程。

（4）硬化时体积收缩大，硬化后强度低　生石灰熟化的理论加水量仅为 CaO 质量的 32%，为了满足石灰的和易性要求，实际加水量常为 60%~80%。硬化时大量的游离水蒸发，导致内部毛细孔失水紧缩，硬化体结构差，强度低，所以在工程中常配制成石灰砂浆使用，也可在石灰砂浆中加入适量的纤维材料以减少和避免开裂。

（5）耐水性差　石灰是气硬性胶凝材料，硬化后的主要化学成分为 $Ca(OH)_2$，由于其在水中有一定的溶解度，使石灰硬化体遇水后产生溃散，故石灰不宜用于潮湿环境。

镁质石灰的熟化与硬化均较慢，产浆量较少，但硬化后孔隙率较小，强度较高。

5. 石灰的技术指标

根据建筑石灰相关标准《建筑生石灰》（JC/T 479-2013）、《建筑生石灰粉》（JC/T 480-1992）和《建筑消石灰粉》（JC/T 481-1992），建筑石灰分为钙质石灰、镁质石灰及白云石石灰。其分类标准见表 2-16，各类石灰的技术指标见表 2-17。

钙质、镁质石灰分类 表 2－16

品种	氧化镁含量（%）		
	钙质石灰	镁质石灰	白云石消石灰
生石灰	≤5	>5	—
生石灰粉	≤5	>5	—
消石灰粉	<4	4≤ ~ <24	24≤ ~ <30

石灰的技术指标 表 2－17

品种	项目		钙质			镁质			白云石消石灰		
			优等品	一等品	合格品	优等品	一等品	合格品	优等品	一等品	合格品
生石灰	CaO + MgO 含量（%）≥		90	85	80	85	80	75	—	—	—
	未消化残渣含量（5mm 圆孔筛筛余,%）	≤	5	10	15	5	10	15	—	—	—
	CO_2 含量		5	7	9	6	8	10	—	—	—
	产浆量（L/kg）≥		2.8	2.3	2.0	2.8	2.3	2.0	—	—	—
生石灰粉	CaO + MgO 含量（%）≥		85	80	75	80	75	70			
	CO_2 含量	≤	7	9	11	8	10	12			
	细度	0.9mm 筛筛余（%）	0.2	0.5	1.5	0.2	0.5	1.5			
		0.125mm 筛筛余（%）	7	12	18	7	12	18			
消石灰粉	CaO + MgO 含量（%）≥		70	65	60	65	60	55	65	60	55
	游离水（%）		0.4 ~ 2	0.4 ~ 2	0.4 ~ 2	0.4 ~ 2	0.4 ~ 2	0.4 ~ 2	0.4 ~ 2	0.4 ~ 2	0.4 ~ 2
	体积安定性		合格	合格	—	合格	合格	—	合格	合格	—
	细度	0.9mm 筛筛余（%）	0	0	0.5	0	0	0.5	0	0	0.5
		0.125mm 筛筛余（%） ≤	3	10	15	3	10	15	3	10	15

石灰在建筑工程中应用很广，传统的砌筑砂浆大多使用石灰提高其工作性，在现代建筑砂浆中，石灰又是一种成本低廉的原材料，有些砌筑砂浆、自流平砂浆等仍然采用石灰。在加气混凝土和泡沫混凝土工业中，尤其是在蒸压养护的条件下，石灰是水热合成反应过程中的重要的钙质材料来源。

2.1.6 石膏

石膏是一种以硫酸钙为主要成分的无机气硬性胶凝材料。它有着悠久的发展历史，并具有良好的建筑性能，在建筑材料领域中得到广泛的应用。常用的石膏胶凝材料种类有建筑石膏、高强石膏、无水石膏和高温煅烧石膏等。在泡沫混凝土的家族中是一个特殊的品种。石膏泡沫混凝土在建筑节能和轻质装饰制品方面有着良好的发展前景。

1. 石膏的原料

生产石膏的原材料主要是天然二水石膏（$CaSO_4 \cdot 2H_2O$），还有天然无水石膏（$CaSO_4$），以及含 $CaSO_4 \cdot 2H_2O$ 或 $CaSO_4 \cdot 2H_2O$ 与 $CaSO_4$ 混合物的化工副产品，也有脱硫石膏等。

天然二水石膏又称软石膏或生石膏，是以二水硫酸钙（$CaSO_4 \cdot 2H_2O$）为主要成分的矿石。纯净的石膏矿呈无色透明或白色，但天然石膏常含有各种杂质而呈灰色、褐色、黄色、红色和黑色等颜色。

现行国家标准《天然石膏》（GB/T 5483-2008）规定，天然二水石膏和无水石膏（又称硬石膏）按矿物成分含量分级，并应符合表2-18的要求。

石膏的矿物成分　　　　　　　　　　　　表 2-18

% ＼产品名称 级别	石膏（G）$CaSO_4 \cdot 2H_2O$	硬石膏（A）$CaSO_4 + CaSO_4 \cdot 2H_2O$ 且 $CaSO_4/(CaSO_4 + CaSO_4 \cdot 2H_2O)$ ≥0.8 质量比	混合石膏（M）$CaSO_4 + CaSO_4 \cdot 2H_2O$ 且 $CaSO_4/(CaSO_4 + CaSO_4 \cdot 2H_2O)$ <0.8 质量比
特级	≥95		≥95
一级	≥85		
二级	≥75		
三级	≥65		
四级	≥55		

2. 石膏的种类

石膏胶凝材料一般是用二水石膏为原料，在一定条件下进行热加工而制得。二水石膏受热脱水过程中，根据不同条件，会得到各种半水和无水石膏变体，它们的结构和性质都有区别。生产石膏的主要工序是煅烧和磨细。在煅烧二水石膏时，由于加热温度不同，所得石膏的组成与结构不同，其性质也有很大差别。反应式为

$$CaSO_4 \cdot 2H_2O = CaSO_4 \cdot \frac{1}{2}H_2O + 1\frac{1}{2}H_2O$$

生成的半水石膏加水拌合后，能很快地凝结硬化。

石膏属单斜晶系，解理度很高，容易裂开成薄片。将石膏加热至100~200℃，失去部分结晶水，可得到半水石膏。当煅烧温度升到170~200℃时，石膏继续脱水，变成可溶的硬石膏，与水拌合后也能很快地凝结与硬化，当煅烧温度升到200~250℃时，生成的石膏仅残留微量水分，凝结硬化异常缓慢。当煅烧温度升到400℃时，石膏完全失去水分，变成不溶解的硬石膏，不能凝结硬化。当煅烧温度高于800℃时，石膏将分解出部分CaO，称高温煅烧石膏，重新具有凝结及硬化的能力，虽然凝结硬化较慢，但强度及耐磨性较高。

石膏是一种气硬性胶凝材料，具有 α 和 β 两种形态，都呈菱形结晶，但物理性能不同。α 型半水石膏结晶良好、坚实；β 型半水石膏是片状并有裂纹的晶体，结晶很细，比表面积比 α 型半水石膏大得多。

生产石膏制品时，α 型半水石膏比 β 型需水量少，制品有较高的密实度和强度。通常用蒸压釜在饱和蒸汽介质中蒸炼而成的是 α 型半水石膏，也称为高强石膏；用炒锅或回转窑敞开装置煅炼而成的是 β 型半水石膏，亦即建筑石膏。工业副产品化学石膏具有天然石膏同样的性能，不需要过多的加工。半水石膏与水拌合的浆体重新形成二水石膏，在干燥过程中迅速凝结硬化而获得强度，但遇水则软化。

如前所述，β型半水石膏是普通建筑石膏的主要部分，而α型半水石膏是高强度建筑石膏的主要组分。β型半水石膏和α型半水石膏同为石膏胶凝材料，但是它们的宏观特性却相差甚大。如标准稠度需水量，α型半水石膏约为 0.40~0.45，而β型半水石膏则为 0.70~0.85；又如试件的抗压强度，α型半水石膏试件的抗压强度可达 24.0~40.0MPa，而β型半水石膏试件的抗压强度只有 7.0~10.0MPa。它们之间的差别主要表现在以下几个方面：

（1）结晶形态　用扫描电镜观察可以看出，α型半水石膏的结构是致密的、完整的、粗大的原生颗粒，而β型半水石膏的结构则是片状的、不规则的、由细小的单个晶粒组成的次生颗粒。比较致密的α型半水石膏与比较疏松的β型半水石膏之间的差别也表现在它们的密度和折射率两个指标上，见表 2-19。

半水石膏的密度和折射率　　　　　　　　　　表 2-19

类别	密度（kg/m³）	折射率	
		n_g	n_p
α型半水石膏	2730~2750	1.584	1.559
β型半水石膏	2620~2640	1.550	1.556

（2）晶粒分散度　用小角度 X 射线散射法分别测试α型半水石膏和β型半水石膏的内比表面积，并确定晶粒的平均粒径，其结果见表 2-20。

α型半水石膏和β型半水石膏的内比表面积　　　　　　表 2-20

类别	内比表面积（用小角度 X 射线测定）（m²/kg）	晶粒平均粒径（nm）
α型半水石膏	19300	94.0
β型半水石膏	47000	38.8

从表 2-20 可以看出，β型半水石膏的内比表面积要比α型半水石膏的内比表面积要大得多。

（3）水化反应放热　根据试验资料表明，α型半水石膏完全水化为二水石膏时的水化热为（17200±85）J/mol。β型半水石膏的水化热为（19300±85）J/mol，后者比前者大 2100J/mol。

（4）晶形转化温度　差热分析表明，β型半水石膏在 190℃左右有一个吸热峰，在 370℃左右有一个放热峰。而α型半水石膏除了在 190℃左右有一个吸热峰外，它的放热峰不在 370℃左右，而在 230℃左右。研究证明，温度 190℃左右吸热峰表示半水石膏脱水转变成无水石膏Ⅲ。而放热峰 370℃（或 230℃）则表示无水石膏Ⅲ向无水石膏Ⅱ的转变。也就是说α型半水石膏在不断加热时，转变为无水石膏Ⅱ的温度要比β型半水石膏低。

研究证明，β型半水石膏与α型半水石膏在宏观上的差异，主要不是由于微观结构上即原子排列的细致结构上不同，而是由于亚微观结构上即晶粒的形态、大小以及凝集状态等方面的差别。β型半水石膏结晶度较差，常为细小的纤维状或片状聚集体，内比表面积较大；而α型半水石膏结晶比较完整，常呈短柱状，晶粒较粗大，凝集体的内比表面积较小。因此，两者相比，前者水化较快，水化热较高，需水量大，硬化体的强度较低。

无水石膏Ⅲ（α型、β型）又可称为可溶性硬石膏Ⅲ，它们的微观结构与半水石膏相似。无水石膏Ⅲ的晶格中尚残存微量的水，α型半水石膏Ⅲ晶格中残留水分为0.02%～0.05%，而β型无水石膏Ⅲ的晶格中残留的水分为0.6%～0.9%，这些水分类似于沸石水。半水石膏脱水成无水石膏Ⅲ的反应式可逆的，无水石膏Ⅲ很容易吸水成半水石膏。无水石膏Ⅲ在水中的溶解度，在3℃时为11.5g/L，在50℃时为4.8g/L。

无水石膏Ⅱ又称作不溶性硬石膏Ⅱ。它在400～1180℃范围内是一个稳定相。它的晶粒大小、密度和连生程度与热处理温度有关。温度越高晶格越致密，密度一般为2200～3100kg/m³，其在水中的溶解度较小，在3℃时为3.77g/L，当温度为50℃时为1.84g/L。

无水石膏Ⅰ只有在1180℃时才是稳定的，无水石膏Ⅱ向无水石膏Ⅰ的转变是可逆的。

3. 石膏的水化和硬化

（1）半水石膏 半水石膏加水后发生如下反应。

$$CaSO_4 \cdot \frac{1}{2}H_2O + \frac{3}{2}H_2O = CaSO_4 \cdot 2H_2O + 17.1 - 29.26kJ$$

常温条件下半水石膏比二水石膏在水中的溶解度大得多。如20℃时半水石膏的溶解度为8.85g/L，而二水石膏的溶解度仅为2.04g/L。半水石膏的溶解度随温度升高而明显下降，二水石膏的溶解度当温度升高时变化不大。在水溶液介质中，二水石膏转变成半水石膏的温度为97℃。

关于半水石膏的水化硬化机理方面，主要有两种理论：一种是结晶理论（或称溶解沉淀理论），另一种是胶体理论（或称局部化学反应理论）。结晶理论认为半水石膏加水搅拌后，首先是半水石膏溶解于水，很快达到饱和状态；于是，水化生成的溶解度较小的二水石膏以连接的针状晶体的形态从溶液中析出，形成网络结构，使石膏浆体硬化。胶体理论认为半水石膏首先在水中溶解，但在结晶成二水石膏之前，水与固体半水石膏反应形成某种吸附络合物或某种凝胶体。虽然两种理论都得到许多学者支持，但新近的研究者多数支持溶解沉淀理论。

建筑石膏加水搅拌后形成具有流动性的可塑性浆体，逐渐固化成为硬化石膏浆体的过程一般认为其结构变化经历两个阶段，凝聚结构形成阶段和结晶结构网的形成与发展阶段。在凝聚结构形成阶段，石膏浆体中的微粒彼此之间存在一个薄膜，粒子之间通过水膜以范德华分子引力互相作用，仅具有微小的强度，这种结构具有触变复原的特性。在结晶结构网的形成和发展阶段，水化物晶核已大量形成，结晶长大，且晶粒之间互相接触和连生，使整个石膏浆体形成一个结晶结构网，具有较高的强度，并且不再有触变复原的特点。

石膏硬化浆体的结构直接决定其强度和其他特征，而影响石膏硬化浆体结构的因素是多方面的，归纳起来最本质的因素是水化产物溶解度的大小和溶液的过饱和度。过饱和度较高时形成晶核数量多，晶粒细小，结晶接触点多，容易形成结晶结构网。反之，过饱和度较低时形成的晶核数量少，而结晶晶粒较大，接触点少，在同样条件下形成结晶结构网消耗的水化物数量增多。一般认为，当结晶形成条件有利于结构密实时强度会提高；当结构达到一定的密实程度，仍具有晶体定向增长的条件时，晶体定向发育增长，产生内部拉应力，使部分结构破坏，强度降低。另外，结晶接触点的区段，晶格常常产生扭曲和变形，因此，比规则晶体具有较高的溶解度，可见，石膏硬化体的抗水性与其结晶接触点的性质与数量有着很大的关系。溶液过饱和度既是影响水化产物晶核形成的速度和数量以及晶体生长于连生的条件，决定着结晶结构网的形成；又是晶体的定向增长产生结晶应力引起结构破坏的重要因素。规程中控制建筑石膏的质量与细度、养护温度、水胶比以及外加剂的品种与掺量是十分必要的，有利于保证制品的质量。

（2）硬石膏 硬石膏分为天然硬石膏和煅烧硬石膏。无论哪种硬石膏，纯料状态下的水化硬化都很慢。

化学纯的无水硫酸钙（无水石膏Ⅱ）单独水化非常之慢。但加入1%的纯明矾作为活化剂后，其水化速度大大加快。

二水石膏在800~1000℃下煅烧，所得到的高温煅烧石膏磨成细粉即成为硬石膏胶凝材料。煅烧过程中，原料里夹杂的碳酸钙和部分石膏分解产生的氧化钙（约2%~3%）可作为硬石膏的硬化活化剂。高温煅烧石膏的凝结硬化是在活化剂作用下无水石膏转化成二水石膏为前提条件的。

天然硬石膏磨成细粉后，在没有活化剂的条件下也能比较缓慢地水化硬化，在干燥的条件下（室温25~30℃）强度不断发展，28d抗压强度能达到14.3~17.1MPa。经差热分析和X射线分析发现，约有20%的硬石膏水化生成二水石膏，这是由于天然硬石膏往往含有其他成分，尤其是有活化成分，起到活化剂的作用。与此同时，磨细加工过程也能够使部分硬石膏活化。硬石膏在活化剂作用下水化能力增强，强度提高。根据活化剂性质的不同，活化剂分为硫酸盐活化剂（Na_2SO_4、$NaHSO_4$、K_2SO_4、$Al_2(SO_4)_3$、$FeSO_4$及$KAl(SO_4)_2 \cdot 12H_2O$等）和碱性活化剂（石灰2%~5%、煅烧白云石5%~8%、碱性高炉矿渣10%~15%、粉煤灰10%~20%）等。

在活化剂中，$KAl(SO_4)_2$以及煅烧明矾石、明矾和$NaHSO_4$效果较好。从经济性和实用性来看，以煅烧明矾石为优。前苏联学者Л. Л. Будников在解释硬石膏的水化建立时，认为硬石膏具有组成络合物的能力，在有水和盐存在时，硬石膏表面生成不稳定的复杂水化物，然后此水化物又分解为含水盐类和二水石膏。正是这种分解反应生成的二水石膏不断结晶，使石膏浆体硬化。据此可以写出如下反应式。

$$mCa_2SO_4 + 盐 \cdot nH_2O(活化剂) = 盐 \cdot mCa_2SO_4 \cdot nH_2O(复盐)$$

$$盐 \cdot mCa_2SO_4 \cdot nH_2O = 盐 \cdot mCa_2SO_4 \cdot 2H_2O + 盐 \cdot (n-2m)H_2O(活化剂)$$

不稳定的中间产物（盐·$mCa_2SO_4 \cdot nH_2O$）很难直接测定，而对固相反应产物进行X射线分析和电子显微镜观察，证明水化产物只有二水石膏。有人认为活化剂对硬石膏的水化加速作用是因为提高了硬石膏的溶解度和溶解速度，但实际测试资料表明，明矾不仅降低了硬石膏的溶解度，同时也降低了二水石膏的溶解度。事实上纯硬石膏的溶解度很慢，一般要40~60d才能达到平衡溶解度。加入活化剂后，由于活化剂与硬石膏生成不稳定的复盐，分解时生成二水石膏，并反复不断地通过中间水化物（复盐）转变成二水石膏。

当掺有硅酸盐水泥熟料、碱性高炉矿渣和石灰等碱性活化剂时，除上述活化作用外，硫酸盐还可以作为矿渣玻璃体的活性激发剂，反应结果能生成水化硫铝酸钙，使硬石膏浆体的强度进一步提高，抗水性也有所增强。

4. 石膏的特性

建筑石膏是二水石膏在一定温度下加热脱水并磨细制成的，以β型半水石膏为主要矿物组成。如果杂质较少、石膏粉的色泽较白，可作为模型石膏。建筑石膏密度为2500~2800kg/m³，其紧密堆积密度为1000~1200kg/m³，松散堆积密度为800~1000kg/m³。建筑石膏加水搅拌后形成具有流动性的可塑性凝胶体，半水石膏溶解于水中，并与水发生反应生成二水石膏，生成的二水石膏在常温下的溶解度，二水石膏胶体微粒将从溶液中析出，并逐渐使半水石膏全部转化为二水石膏。在整个过程中，浆体中的水分因水化和蒸发逐渐减少，浆体变稠而失去流动性，可塑性同时下降，初凝开始。随着水分的蒸发和水化的继续进行，石膏微粒间的摩擦力和粘结力逐渐增大，浆体完全失去可塑性，开始产生结构强度，终凝到来。随着晶体颗粒的不断长大、连生、交错，浆体逐渐变硬并产生强度，即硬化。初凝时间不小于6min，终凝时间不大于30min。建筑石膏的细度高，水化速度快，但与此同时增加了半水石膏的标准稠度需水量，引起石膏硬化体孔隙率增加，因此，石膏材料与水泥不同，细度的提高并不能大幅度地提高其强度。硬化后的石膏体积略有膨胀，膨胀率约在0.5%~1.0%，在模具中形成平滑饱满的表面，因此，石膏可以不加填充料而单独使用，尤其是作为模型材料具有变形小的优势。

高强石膏是二水石膏在加压蒸汽热处理条件下形成的。半水石膏经干燥磨细制成。高强石膏的密度为$2600~2800kg/m^3$。高强石膏的细度要求为0.8mm筛的筛余量不大于2%，0.2mm筛的筛余量不大于8%。初凝时间不早于3min，终凝时间不早于5min，不迟于30min。由于高强石膏和建筑石膏的凝结硬化速度都很快，因此，常用缓凝剂来调节凝结时间。

石膏泡沫混凝土主要有降低制品密度的纸面石膏板、石膏泡沫砌块、泡沫石膏外墙内保温板、泡沫石膏纤维条板和泡沫石膏装饰材料等（图2-4）。

图2-4 石膏泡沫混凝土砌块

5. 石膏的技术指标

根据国家现行行业标准《α型高强石膏》（JC/T 2038-2010）规定，高强石膏按抗压强度分四个等级。高强石膏的强度技术指标见表2-21。α型高强石膏的其他指标中，细度为0.125mm方孔筛筛余量百分数记，筛余量不大于5%，细度不再做等级区分。初凝时间不应小于6min，终凝时间不大于30min。

因建筑石膏抗压强度低，不适宜制作泡沫混凝土，固相关指标未列出。

高强石膏的性能指标 表2-21

强度等级	抗压强度（MPa）		抗折强度（MPa）	
	2h	烘干强度	2h	烘干强度
α30	12.0	30.0	3.7	7.0
α35	15.0	35.0	4.5	7.5
α40	18.0	40.0	5.2	9.0
α45	20.0	45.0	5.6	11.5

2.1.7 镁质胶凝材料

镁水泥与一般的水泥不同，它是以氧化镁为主要原料，以氯化镁作为调凝剂来实现凝结硬化的。单独使用氧化镁因水化反应过快，以至于没形成有效结构就已固化。轻烧氧化镁的煅烧温度远低于硅酸盐水泥，因此，作为低碳水泥基材料也有其很好的应用前景。

1. 氧化镁的原料

氧化镁是一种碱性氧化物，生产氧化镁的原料十分广泛，目前世界上普遍的生产方法是煅烧菱镁矿和白云石来制得的。因此，人们开始一般将氧化镁又统称为菱苦土，也有人把由菱镁矿煅烧而获得的氧化镁称为轻烧粉。

氧化镁的主要原料是天然菱镁矿，苛性白云石的主要原料是天然的白云石。此外，以含水硅酸镁（$3MgO \cdot 2SiO_2 \cdot 2H_2O$）为主要成分的蛇纹石、冶炼轻质镁合金的熔渣等也可作为制取氧化镁的原料。菱镁矿的主要成分是 $MgCO_3$，并常含有一些氧化硅、黏土、碳酸钙等杂质。菱镁矿分为晶质的和非晶质的，前者晶形结构清楚，具有玻璃光泽，因含杂质不同而有不同的颜色；后者呈瓷土状，一般为白色。它们的密度为 $2.9 \sim 3.3kg/m^3$。我国的菱镁矿储量是极其丰富的，我国有 23 个矿区，分布在辽宁、山东、河北、甘肃、新疆、西藏、四川等地，占世界总储量的 1/3，而且品位高、易开采、杂质少、纯度高。$MgCO_3$ 含量占 96% 以上，铁及其他碳酸盐含量低，辽宁省是我国镁资源大省，目前，已探明的菱镁矿储量约 26 亿 t，菱镁矿的化学成分见表 2-22。

菱镁矿的化学成分（%）

表 2-22

化学成分	SiO_2	Al_2O_3	Fe_2O_3	CaO	MgO	烧失量
辽宁	0.67	0.19	1.01	0.12	46.78	51.39
山东	3.63	3.36	0.60	0.89	45.72	49.20

灰粉是指由白云石煅烧而获得的氧化镁。但是灰粉中的活性氧化镁的含量较少。白云石是碳酸盐与碳酸钙的复盐 [$CaCO_3 \cdot MgCO_3$ 或写成 $CaMg(CO_3)_2$]，常含有一些铁、硅、铝、锰等氧化物，其颜色也随所含杂质而异。比密度为 $2.85 \sim 2.95$。其理论组分应为 $CaCO_3 : MgCO_3 = 1 : 1$，即 $CaCO_3$ 为 30.41%；MgO 为 21.87%；CO_2 为 47.72%。有晶质和非晶质两种类型，在结构上又可分为颗粒的、致密的、板状的鳞状的等数种。在我国，白云石矿较之菱镁矿储量更大，分布也更广，是发展氯氧镁水泥的重要资源。但在天然矿床中，常在白云石与石灰石之间还存在某些过渡组成，一般只有当 $MgCO_3$ 含量大于 25% 时才称为白云石。

2. 氧化镁的煅烧

氧化镁是碳酸镁在煅烧过程中分解而成的。不论是以菱镁矿或白云石以及碱式碳酸镁 [$Mg(OH)_2 \cdot MgCO_3 \cdot 5H_2O$] 等为原料，分解反应均为吸热反应。分解过程中，因分解出二氧化碳与水，所以氧化镁有多孔结构。由于煅烧温度与煅烧时间直接影响原料的分解程度及产物氧化镁的结晶状态，因此宜控制在能使原料充分分解（此时产物体系中的内部孔隙最多），又不至于使氧化镁晶体致密化，即过烧，此时所得产品的活性最好。活性越大，则水化速度就越快。表 2-23 是不同煅烧温度制取的 MgO 的水化速度。

MgO 水化速度与煅烧温度的关系（%）

表 2-23

水化时间（d）	煅烧温度（℃）		
	800	1200	1400
1	75.4	6.49	4.72
3	100.0	23.40	9.27

水化时间（d）	煅烧温度（℃）		
	800	1200	1400
30	—	94.76	32.80
360	—	97.60	—

$MgCO_3$ 一般在 400℃ 开始分解，600~650℃ 分解反应剧烈进行。实际生产时，煅烧温度常控制在 800~850℃。分解 1kg $MgCO_3$ 所需热量约为 14.4×10^5 J。

在生产灰粉时，应使白云石矿中的 $MgCO_3$ 充分分解而又避免其中的 $CaCO_3$ 分解，一般煅烧温度宜控制在 600~750℃。这时所得的镁质胶凝材料主要是活性氧化镁和惰性的 $CaCO_3$。在上述温度范围内，白云石的分解按下列两步进行，首先是复盐的分解，紧接着是碳酸镁的分解。

$$MgCO_3 \cdot CaCO_3 = MgCO_3 + CaCO_3$$

$$MgCO_3 = MgO + CO_2$$

在生产白云石作为镁质胶凝材料时，要避免温度过高，因为过高的煅烧温度会生成 CaO 而对镁质胶凝材料的性能产生不良影响。试验研究工作指出：只要控制好白云石的煅烧温度和二氧化碳的分压力，上述的目的是完全可以实现的。经研究表明，二氧化碳的压力在 1atm 时，白云石煅烧过程的失重情况来看，如果二氧化碳气体压力保持在 1atm，温度控制在 540~900℃ 范围内，就不会有 CaO 产生。如果二氧化碳气体的压力低于 1atm，温度要向低的方面转移，如果这时再保持 900℃ 的温度，白云石中就可能发生 $CaCO_3$ 分解并生成 CaO。

3. 氧化镁的活性及其影响因素

氧化镁的活性是指 MgO 与 $MgCl_2$ 水溶液混合后具有发生水化反应的能力。活性氧化镁的定义是指有活性的、游离态的氧化镁，不包括 Mg(OH)$_2$ 在内。氧化镁的活性对氯氧镁水泥的性能有着决定性的作用。活性不仅决定氧化镁的水化反应速度，而且影响着镁水泥制品的耐水性能。提高镁水泥制品的耐水性重要的手段就是建立一个合适的 MgO 和 $MgCl_2$ 水溶液的配合比。若用百分之百的活性 MgO 来制作镁水泥制品，不仅价格昂贵而且不可行，产品性能也会事与愿违。用活性 MgO 含量适中的轻烧粉来配制镁水泥，才是可靠的。MgO 的活性、含量太高或太低，都是不恰当的。氧化镁活性是衡量氧化镁品质的一项重要指标。

要正确掌握配合比，首先要掌握轻烧 MgO 粉中活性 MgO 的含量，同时也应掌握卤片中 $MgCl_2$ 的含量。不过，掌握卤片中的 $MgCl_2$ 含量相对而言要容易些。因为在一批卤片中，只要检测一次含量就可以了，因为 $MgCl_2$ 含量不随时间而变化，而轻烧粉中的活性 MgO 的含量是随着时间而下降的，而且又很难用分析方法及时、定量地检测出来。决定 MgO 活性大小的条件如下：

（1）原料的成分　包括 MgO 的含量及 MgO 的活性。

（2）煅烧时间和温度　MgO 的结构及水化活性与煅烧温度有很大关系。致密的天然方镁石的水化反应活性是非常小的，只有将其磨至相当细的时候，才能在室温下开始与水缓慢作用。但是在 450~700℃ 煅烧并经磨细到一定细度的 MgO，在常温下，数分钟内就可完全水化。又如，在1000℃煅烧的白云石，在常温下为了水化其中95%的MgO，所需时间为1800h。这是由于氧化镁的水化反应活性决定于其内部结构。当其他条件相同时，MgO的结构又主要决定于原料在分解过程中的煅烧温度与煅烧时间。在保证原料能充分分解，即当煅烧温度较低，则所得产物的晶格较大，并且在晶粒之间存在着较大的空隙和相应的庞大的内比表面积。这时它们与水反应的表面积大，反应速度快。如果提高煅烧温度或延长煅烧时间，则晶格的尺寸减小，结晶粒子之间也逐渐密实，那就大大延缓了它的水化反应。

格拉森（D. R. Glasson）曾经列举了Mg（OH）$_2$与$MgCO_3$经不同的煅烧温度制成的MgO，其晶格常数随煅烧温度变化的情况表示用$MgCO_3$和Mg（OH）$_2$为原料，经越高煅烧温度制成的MgO晶格常数的越小。方镁石的晶格常数$a = 0.420nm$，而在400℃煅烧所得MgO晶格常数增大为$0.424 \sim 0.425nm$。

MgO晶粒间的空隙及其相应的内比表面积也是随煅烧温度而变。当煅烧温度为400℃左右时，MgO的分散度最大，其内比表面积值可达$180m^2/g$。高于这个温度时，MgO的分散度随之降低，在1000℃时所得的比表面积每克只占十几平方米，比400℃煅烧的小很多。

斯米尔诺夫等人的研究同样证实了上述观点，并得到了非常相近的数据。表2-24表明随着煅烧温度的提高，MgO的内比表面积显著减少的变化规律，当温度大于1000℃时，重结晶的速度加快，分散度急剧降低。

MgO的比表面积与Mg（OH）$_2$烧成制度的分散度 　　　　表2-24

编号	煅烧温度（℃）	煅烧时间（h）	比表面积（m^2/g）
1	450	5	126
2	680	4	32
3	1000	2	15
4	1300	3	3

国内外的许多研究结果表明，煅烧MgO的活性随所用原料、煅烧温度及煅烧时间而异，其中影响最大的因素是煅烧温度当达到$MgCO_3$分解温度后，随着煅烧温度的上升，MgO活性随之下降。

（3）存放时间　存放时间以不超过3个月为妥，是从生产日期开始算起，放置过久，MgO活性降低较多，甚至结块失效不能使用，但是也有的人认为存放期以不超过6个月为佳，包装最好用密封包装。

（4）环境条件　环境条件是指贮运过程中的条件，即使在干燥空气中贮运，活性MgO也会吸收空气中二氧化碳，造成MgO的质量下降，活性降低。当有水分、水蒸气存在时就会有如下反应：

$$MgO + H_2O + CO_2 = MgCO_3 + Mg(OH)_2$$

该反应使MgO的活性大大降低。研究表明，轻烧粉在大气中贮存一个月，制品的抗压强度下降15%～25%；轻烧粉在大气中贮存两个月，制品的抗压强度下降25%～30%。因此，轻烧粉的贮运过程中，密封防潮是必需的，即要防水又要防止空气中的二氧化碳作用。

（5）杂质含量　轻烧粉中的 Fe_2O_3 含量高对后期强度产生不利影响，当含量达到 0.5% 时，制品经一个月的强度下降 12%，因此在装饰镁水泥制品生产时，对于 Fe_2O_3 的颜料也当慎用。

在 MgO 中，镁的存在形式有三种：MgO、$MgCO_3$、$Mg(OH)_2$。MgO 又分活性 MgO 和过烧 MgO 之分。如果活性 MgO 进一步受到煅烧时，比表面积变小，活性降低，用在镁水泥中，有时 MgO 全部固化了，这种过烧 MgO 才慢慢开始反应，并且生成有害的 $Mg(OH)_2$。因此，过烧 MgO 的含量以不超过 3% 为宜。在制备镁水泥的过程中，发现 MgO 的活性不是越大越好，活性过大易生成更多的 $Mg(OH)_2$，阻止了反应的继续，而且镁水泥的耐水性也差；活性过小，反应速度必然太慢，影响了制品的质量；只在活性适中的 MgO，制成的镁水泥的耐水性才好。确定 MgO 的活性，主要看反应产物是否以 5·1·8 相 $[5Mg(OH)_2·2MgCl_2·8H_2O]$ 为主，而且是否能稳定存在。MgO 的活性太大，镁水泥的反应产物 5·1·8 相在空气中不稳定；MgO 活性太小，镁水泥的反应产物 5·1·8 相易转变成 3·1·8 相 $[3Mg(OH)_2·MgCl_2·8H_2O]$，又造成不稳定的因素。

镁质胶凝材料生产和现场制备泡沫混凝土所采用的轻烧 MgO 的原料应符合国家建材行业标准《镁质胶凝材料用原料》（JC/T 449－2008）。标准对轻烧氧化镁的技术要求见表 2-25 和表 2-26。

JC/T 449 对轻烧氧化镁的化学组成的要求　　　　　　　　　　表 2-25

级别	优等品	一等品	合格品
氧化镁（MgO）（%）不小于	80	75	70
游离氧化钙（CaO）（%）不大于	2	2	2
烧失量（%）不大于	8	10	12

JC/T 449 对轻烧氧化镁的物理性能的要求　　　　　　　　　　表 2-26

等级	凝结时间		细度 0.08 方孔筛	安定性	抗折强度（MPa）不低于		抗压强度（MPa）不低于	
	初凝（min）不小于	终凝（h）不大于	筛余（%）不大于		1d	3d	1d	3d
优等品	40	7	合格	15	5.0	7.0	25.0	30.0
一等品	40	7	合格	15	4.0	6.0	20.0	25.0
合格品	40	7	合格	20	3.0	5.0	15.0	20.0

4. 影响氧化镁化学组成的因素

（1）产地的不同　MgO 的化学成分随着产地的不同，化学成分也存在着差异，不同产地的氧化镁主要化学组成见表 2-27。

（2）烧失量　烧失量过大，即过烧 MgO 含量过高，势必造成有效 MgO 减少，而且易使镁水泥固化反应滞后，最终影响制品的质量。矿石中镁都是以碳酸镁的形式存在的，它不能与 $MgCl_2$ 生成氯氧镁水泥。

不同产地氧化镁的主要化学组成　　　　　表 2 – 27

产地	烧失量	SiO_2	Al_2O_3	Fe_2O_3	CaO	MgO
辽宁海城矿	6. 79	6. 19	1. 63	0. 50	1. 38	83. 26
辽宁海城镁矿公司	8. 66	1. 29	0. 37	0. 60	2. 05	86. 60
辽宁大石桥耐火材料厂	5. 08	6. 21	0. 87	0. 53	1. 76	85. 39
山东莱州滑石粉矿	15. 15	3. 71	1. 62	2. 04	1. 55	75. 93
山东莱州城西建材厂	13. 38	3. 89	1. 50	2. 10	1. 21	76. 89

（3）包装不合格　MgO 的包装首先应考虑防湿和漏气。所以应采取双层包装，即内层用密封性的塑料袋，外层用牢固的编织袋。因为刚生产出来的 MgO 活性较高，为保持其活性应尽量不与空气接触，否则一方面受水分影响，受潮结块，使 MgO 失去胶凝性，降低了镁水泥制品的强度和结构稳定，造成返卤等；另一方面，由于与空气接触，受到二氧化碳的影响，再加上水分的存在就会生成碳酸镁和 $Mg(OH)_2$，使强度下降，并使 MgO 的活性降低。

（4）煅烧温度和煅烧时间　煅烧温度过高，高温煅烧时间过长都会带来影响。

（5）贮存时间　刚生产的 MgO 活性最大，存放的时间越短越好；否则，将使制品质量下降，甚至结块无法使用。所以 MgO 有效存入时间应不超过 3 个月。

5. 氯化镁

（1）氯化镁的主要来源及标准　氯化镁在我国又是一项储量丰富的资源，目前氯化镁在我国有两个主要来源。

①卤片。它是我国广大沿海地区盐场生产海盐时的副产品，是黄色片状物。氯化镁含量为 45% 左右。众所周知，我国有海岸线一万多公里，氯化镁的产量是非常丰富的，是取之不尽的资源，特别是天津的塘沽、汉沽等地区的卤片质量更佳。

②卤块。它是青海湖的产品，为白色颗粒状或块状，$MgCl_2$ 含量为 44% ~ 45%。我国的青海湖位于沿海较远的西部内陆地区，有着大量光卤石（$KCl \cdot MgCl_2 \cdot 6H_2O$），是钾和镁的天然资源宝库。若将这些光卤中钾提取之后，不但可以生产钾肥，还可以得到 19 亿 t 氯镁石（$MgCl_2 \cdot 6H_2O$），这又是 $MgCl_2$ 的重要来源，也是生产 MgO 的宝贵资源。卤块和卤片的化学成分见表 2 – 28。

卤块和卤片的化学成分（%）　　　　　表 2 – 28

名称	产地	$MgCl_2$	KCl	NaCl	$CaCl_2$	$MgSO_4$	不溶物
卤块	青海察尔汗盐湖	45. 81	0. 02	0. 13	0. 03	0. 05	0. 27
卤片	天津塘沽盐场	45. 63	0. 27	0. 97	0. 81		1. 77

用于氯氧镁水泥调和剂的 $MgCl_2$ 中的 KCl、NaCl 含量不宜过大，两者总含量不应大于 6%，否则将影响镁水泥的性能，容易产生泛霜现象，同时也是制品在潮湿气候条件下返卤的根源。Ca^+ 与 Cl^- 的含量也将直接影响制品的稳定性与泛霜性。

虽然 $MgCl_2$ 在空气中具有很大吸湿性，但是在卤片或卤块中的含量比较稳定。在 JC/T 449 – 2000 镁质胶凝材料原料标准中，$MgCl_2$ 的质量规定：

①氯化镁（$MgCl_2$）含量≥43%；

②钙离子（Ca^+）含量≤0.7%；

③碱金属氯化物（以 Cl^- 计）≤1.2%。

（2）氯化镁的作用　如果使用活性大的 MgO，其水化速度快，其强度的发展也较快，但是其结构强度的最终值较很低。产生这种情况的原因显然与 MgO 的溶解的过饱和度特别高有关。实验证明，经一般煅烧温度（600~860℃）所得的 MgO，在常温下水化时，其最大浓度为 1.8~1.0g/L。而其水化产物 $Mg(OH)_2$ 在常温下的平衡溶解度为 0.01g/L 左右，所以其相对过饱和度是较大的。因为过大的过饱和度会产生大的结晶应力，使形成的结晶结构网受到破坏。这里就产生了两个问题。一是由于 MgO 的溶解度本来就比较小，如果提高煅烧温度降低其比表面积，则其溶解速度与溶解度更低，其水化过程就很慢。虽然经过很长时间的硬化，浆体可以得到较高的强度，但是很长的时间硬化周期对生产是很不合算的。二是如果 MgO 的内比表面积大，虽然可以相应地增大 MgO 的溶解速度和溶解度，加快水化过程，但是其过饱和度太大，会产生很大的结晶应力，并导致结构的破坏。而使用 $MgCl_2$ 溶液代替水，就加速 MgO 的溶解和通过提高水化产物的溶解度或者迅速形成复盐降低体系的过饱度。

6. 氯化镁水泥的反应机制

MgO 在 $MgCl_2$ 溶液中的水化反应可用水化放热速率 q（J/f·MgO·h）随时间的变化来描述。根据研究结果，镁水泥水化的动力学过程与变通硅酸盐水泥基本相似，即 MgO 与 $MgCl_2$ 溶液拌合后，立即发生急剧反应，放出热量，出现水化过程中的第一个放热高峰，在这个阶段的时间很短，仅为 5~10min，接着有一个反应速率缓慢的阶段，这个过程一般要持续几个小时，然后反应重新加快，出了第二个放热高峰，最后，反应速率随时间而下降并逐渐趋于稳定。因此，可将镁水泥水化过程分为诱导前期、诱导期、加速期和减速稳定期四个阶段。

在镁水泥水化过程中，MgO 的活性及分散程度以及 MgO 与 $MgCl_2$ 和 H_2O 的比例关系是影响水化过程与水化产物的重要因素。

在以 $MgO-MgCl_2-H_2O$ 为主要三元体系中，有哪些化合物是否能长期稳定，这是关系到镁水泥性质及应用前景的关键问题，百余年来一直受到人们的关注。C. R. Bury 等人于 1932 年发表了他们在研究 $MgO-MgCl_2-H_2O$ 体系中所得到的三元化合物 $3Mg(OH)_2·MgCl_2·8H_2O$，简称 3·1·8 相或 3 相。1976 年和 1980 年，Sorrell 等人首次用 X 射线衍射分析（XRD）确定了固相中除了 3·1·8 相外，还有 $5Mg(OH)_2·MgCl_2·8H_2O$，简称 5·1·8 相或 5 相和 $Mg(OH)_2$。并指出了 3 相和 5 相是该体系中两面三种主要的晶体相。国内外许多研究的结果表明，在镁水泥凝固初期的水化相有 5·1·8 相、3·1·8 相、$Mg(OH)_2$。证明了是镁水泥的基础。所以欲配制性能良好的镁水泥，除了充分注意 MgO 的活性外，选择 MgO、$MgCl_2$、H_2O 的三者之间的恰当比例也是非常重要的。

5·1·8 相和 3·1·8 相的形成机制：

①以 MgO、Mg^{2+}、Cl^- 和 H_2O 为初始反应物：

5·1·8 相：$5MgO + Mg^{2+} + 2Cl^- + 13H_2O = 2Mg_3Cl(OH)_5·4H_2O$

3·1·8 相：$3MgO + Mg^{2+} + 2Cl^- + 11H_2O = 2Mg_2Cl(OH)_3·4H_2O$

$Mg(OH)_2$ 相：$MgO + H_2O = Mg(OH)_2$

②以 Mg^{2+}、Cl^-、OH^- 和 H_2O 为初始反应物:

$5 \cdot 1 \cdot 8$ 相: $3Mg^{2+} + Cl^- + 5OH^- + 4H_2O = Mg_3Cl(OH)_5 \cdot 4H_2O$

$3 \cdot 1 \cdot 8$ 相: $2Mg^{2+} + Cl^- + 3OH^- + 4H_2O = Mg_2Cl(OH)_3 \cdot 4H_2O$

$Mg(OH)_2$ 相: $Mg^{2+}_+ 2OH^- = Mg(OH)_2$

③以 $Mg(OH)_2$、Mg^{2+}、Cl^- 和 H_2O 为初始反应物:

$5 \cdot 1 \cdot 8$ 相: $5Mg(OH)_2 + Mg^{2+} + 2Cl^- + 8H_2O = 2Mg_3Cl(OH)_5 \cdot 4H_2O$

$3 \cdot 1 \cdot 8$ 相: $3Mg(OH)_2 + Mg^{2+} + 2Cl^- + 8H_2O = 2Mg_2Cl(OH)_3 \cdot 4H_2O$

④$5 \cdot 1 \cdot 8$ 相向 $3 \cdot 1 \cdot 8$ 相的转变:

$Mg_3Cl(OH)_5 \cdot 4H_2O = Mg_2Cl(OH)_3 \cdot 4H_2O + Mg(OH)_2$

2.2 掺合料

2.2.1 掺合料定义与分类

在混凝土拌合物制备时,为了节约水泥,改善混凝土性能,调节混凝土强度等级而加入的天然或人造的矿物材料,统称为混凝土掺合料。

用于混凝土中的掺合料可分为两大类:非活性矿物掺合料和活性矿物掺合料。

①非活性矿物掺合料。非活性矿物掺合料一般与水泥组分不发生化学反应,或化学作用很小,如磨细石英砂、石灰石,或活性指标达不到要求的矿渣等材料。

②活性矿物掺合料。活性矿物掺合料虽然本身不硬化或硬化很慢,但能与水泥水化生成的 $Ca(OH)_2$ 发生化学反应,生成具有水硬性的胶凝材料。如粒化高炉矿渣粉、硅灰、粉煤灰以及其他火山灰质材料等。

有的掺合料具有火山灰活性(粉煤灰)、有的具有胶凝性(粒化高炉矿渣粉),而有的材料既有火山灰活性又有胶凝性(高钙粉煤灰)。P. K. Mehta 根据材料的火山灰活性和胶凝性对其分类如下:

(1) 具有胶凝性和火山灰活性的材料 主要有粒化高炉矿渣粉和高钙粉煤灰。

①粒化高炉矿渣粉。其化学和矿物组成绝大部分为含钙、镁、铝、硅的硅酸盐玻璃体,还可能存在少量黄长石晶体。其颗粒特征在未经加工处理前,尺寸与砂相当,含水量 $10\% \sim 15\%$。使用前,需要干燥并磨细至颗粒尺寸小于 $45\mu m$(比表面积 $500m^2/kg$),颗粒表面比较粗糙。

②高钙粉煤灰。其化学和矿物组成绝大部分为含钙、镁、铝、硅的硅酸盐玻璃体,存在少量的晶体,一般为石英和 C_3A;也可以含有游离氧化钙和方镁石;若煤中含碳量较高,还可能含有 CS 和 C_4A_3S。未燃尽的碳通常在 2% 以下。其颗粒特征呈粉末状,其中 $10\% \sim 15\%$ 的颗粒粒径在 $45\mu m$ 以上(一般比表面积在 $300 \sim 400m^2/kg$)。大多数颗粒呈实心球状颗粒,粒径小于 $20\mu m$。颗粒表面通常比较光滑,但不如低钙粉煤灰那样洁净。

(2) 高火山灰活性材料 主要有硅灰和稻壳灰。

①硅灰。其化学和矿物组成基本上是由非晶态的纯二氧化硅组成,其颗粒特征为超细粉,由平均粒径 $0.1\mu m$ 的实心小球组成(通过氮吸附测定其比表面积为 $20m^2/g$)。

②稻壳灰。其化学和矿物组成基本上是由非晶态的纯二氧化硅组成,其颗粒特征一般

情况下粒径小于 $45\mu m$，但高度多孔（通过氮吸附测定其比表面积为 $40 \sim 60m^2/g$）。

（3）普通火山灰活性材料　主要有低钙粉煤灰和天然矿物。

①低钙粉煤灰。其化学和矿物组成绝大部分为含铝、铁和碱的玻璃体，同时也存在少量的结晶物质，一般包括石英、富铝红柱石、硅线石、赤铁矿和磁铁矿。其颗粒特征呈粉末状，其中 $15\% \sim 30\%$ 的颗粒粒径在 $45\mu m$ 以上（一般比表面积在 $200 \sim 300m^2/kg$），大多数颗粒呈实心球状颗粒，平均粒径 $20\mu m$。

②天然矿物。其化学和矿物组成除了铝硅酸盐玻璃外，还含有石英、长石和云母的天然火山灰材料。其颗粒特征可能含有煤胞和整球，颗粒大多数被磨细至 $45\mu m$ 以下，表面粗糙。

（4）低活性火山灰材料　主要有缓慢冷却的高炉矿渣、炉底灰、炉渣、田间焚烧所得的稻壳灰。其化学和矿物组成一般为结晶的硅酸盐材料，只含有少量的非晶态物质。这些物质必须被磨至极细的颗粒，才能使其表现出一定的火山灰活性，其颗粒表面粗糙。按其来源可分为天然材料和工业副产物。

1）天然材料。在作为火山灰使用时必须进行处理，其主要步骤为：粉碎、磨细和粒度分级。有时还必须经过热处理来活化。

除了硅藻土之外，所有的天然火山灰材料均来源于火山岩及其矿物。在火山喷发时，主要由铝硅酸盐组成的岩浆快速冷却，形成无序结构的玻璃或玻璃体物质。由于岩浆冷却凝固的同时有气体产生，因此，会使形成的固相物质常常具有多孔的结构和较高的比表面积，这提高了其化学活性。同时，含有无序结构的铝硅酸盐暴露在碱性溶液中不稳定。因此，表现出火山灰活性。

天然火山灰材料中很少仅含有一种活性组分，根据其基本活性组分，可划分为火山玻璃、火山凝灰岩、煅烧黏土或煅烧页岩以及硅藻土。

①火山玻璃。希腊的 Santorini 土、意大利的 Bacoli 火山灰以及日本的白洲火山灰属于这一类材料。该类火山灰材料能与石灰发生反应的主要原因是其含有未发生转变的铝硅酸盐玻璃相。扫描电镜下可以看到浮石状和多孔状的结构，这就使得材料具有较高的比表面积和活性，通常情况下，少量的非活性的结晶矿物会镶嵌在玻璃相的基体中，这些物质通常有石英、长石和云母等。

②火山凝灰岩。在意大利，火山灰在很早以前被用于罗马万神殿的混凝土圆形屋顶和墙体的建造。德国的 Rheinland Bavaria 的火山灰则是火山凝灰岩的典型代表，这种物质是由火山玻璃经过水化热转变形成的产物。沸石型的凝灰岩具有密实的结构，其强度很高通常抗压强度会达到 $10 \sim 30MPa$。该物质被磨细后，沸石矿物具有相当高的火山灰活性，并表现出与火山玻璃相类似的胶凝特性。

③煅烧黏土或煅烧页岩。一般火山玻璃和火山凝灰岩不需要通过热处理来增强其火山灰性质。但是黏土和页岩在与石灰混合时却并不会表现出明显的活性，除非是通过热处理的方式破坏掉黏土矿物中存在的结晶相结构。在这一过程中，需要 $600 \sim 900℃$ 的温度。材料的火山灰活性主要是由热处理得到的黏土中无序或无定形的铝硅酸盐结构提供的。

④硅藻土。硅藻土与其他天然火山灰不同，它最主要的特征来源于有机物质。硅藻是一种细小的水生植物，其细胞臂由二氧化硅组成，硅藻土是一类含水的无定形二氧化硅，它是通过多种细小的水生海藻的细胞壁慢慢腐败变质形成的。硅藻土在与石灰混合时，具有很高的活性，但是，它们多孔的微观结构会使水泥的需水量提高，这对于混凝土的强度

和耐久性不利。另外，硅藻土常常会含有大量的黏土，为增加火山灰活性，一般要对其进行热处理活化。

2）工业副产物。燃煤电厂的粉煤灰、炼铁或有色金属工业产生的高炉矿渣、硅铁合金产生的硅灰、稻米加工厂的稻壳灰等都可以作为混凝土的优质掺合料。

①粉煤灰。在现代化热电厂煤粉的燃烧过程中，当煤经过高温区时，挥发性物质和碳会被烧掉，而大部分的矿物杂质如黏土、石英和长石等，在高温下熔融，熔融物质被送到低温区时，冷却成为玻璃体的球形颗粒，大多数的细小颗粒会随着高温气流一起上升，成为飞灰（fly ash，即粉煤灰），这些粉体材料可以通过旋风分离器、电收尘器、过滤袋进行回收利用。

②硅灰。硅灰也称气相沉积二氧化硅、微细二氧化硅，也称为硅粉。它是硅金属和硅铁合金工业中，通过感应式电弧冶炼时的副产品，在2000℃以上的高温下，石英还原成硅，同时放出 SiO 气体，这一气体在低温区会被继续氧化凝聚成细小的球形颗粒。这些颗粒是由非晶态的二氧化硅组成。可以用袋式收尘器从排出的烟气中收集，得到平均粒径大约在 $0.1\mu m$，比表面积在 $15\sim25m^2/g$ 范围的颗粒，SiO_2 的含量在 $85\%\sim95\%$。但是，生产含硅量 50% 的硅铁合金时，其副产品中 SiO_2 的含量要低得多。

③稻壳灰。稻谷在脱皮的过程中所脱出的壳，也叫做稻皮。其体积很大，一般每生产1t 稻米就要产生大约 200kg 的稻壳，焚烧后可以产生 40kg 的稻壳灰。在开放空间和工业炉中燃烧或未加控制的燃烧所得到的稻壳灰中会含有比例很大的、不具有活性的晶体二氧化硅，这类物质包括有方石英和磷石英，通常情况下只有将其磨成很细的颗粒尺寸时才会表现出火山灰活性。另一方面，通过控制燃烧可以获得一种具有更高火山灰活性的物质。

2.2.2 硅灰

硅灰（silica fume）有时也称硅粉。它是铁合金厂在冶炼硅铁合金或工业硅生产时，通过烟道排出的硅蒸气氧化后，经收尘器收集而得到的无定形二氧化硅为主要成分的产品。

由于它是一种从烟尘中收集到的很轻的飞灰，所以硅灰对环境造成极大污染，但硅灰又是一种具有广泛应用前景的有利资源。目前硅灰的开发和利用已受到国内外的关注。大量研究资料表明，硅灰主要是大量用于水泥及混凝土掺合料，用来改善水泥及混凝土的性能，配制出具有高强、高耐久性、低热、耐磨、耐冲刷、防水、抗冻、耐化学腐蚀的高性能混凝土，用以满足当代混凝土工程的需要。此外，硅灰还可以进一步加工提纯成白炭黑，用作油漆、涂料及印刷中的矿物质填充料或悬浮剂。还可用于橡胶、树脂及其他高分子材料填充物。如在 100 份丁苯橡胶中掺入 50～100 份硅灰代替炭黑，可使橡胶的延伸性、抗拉强度和抗撕裂性能有所提高。也有的国家将硅灰用于生产耐火材料，如在耐火材料组分中，加入 5% 的硅灰，其硅砖的技术性能可达 M200 的标准，当加入 7% 的硅灰后，可以使硅砖的牌号提高到 M250～M300，并使成本降低，生产效率得到提高。硅灰还可作胶粘剂使用与铬矿粉混合造球，用于冶炼铬铁合金。

挪威埃肯集团（Elkem）的非斯卡工厂（Fiskaa Plant）距今已有 90 多年的历史，在1947 年就开始进行硅灰的生产技术、粉尘处理、分级和应用方面的研究，是全世界收集硅灰最早的企业。

20 世纪 50 年代，有人在混凝土中进行了硅灰掺合料的特性试验。但由于当时混凝土外加剂，尤其是高效减水剂尚未问世，无法解决不宜分散和黏度高两大问题，无法进行商业运作，工程中没有应用。

真正在水泥混凝土中的应用可以追溯到20世纪70年代，伴随着混凝土高效减水剂的出现，挪威和丹麦等国开始了硅灰用于混凝土的研究，并取得了成功。尤其是在挪威颁布了严格的环境保护法。要求在挪威收集所有的硅灰，与此同时，出现了硅灰排放的问题，必须开发硅灰的用途。

1980年，美国得克萨斯商业大楼建造中，曾使用硅灰掺入混凝土中，水胶比为0.32，混凝土28d的强度大于100MPa。1982年，挪威在保护输气管线不受海浪冲击的水中混凝土桥梁使用了硅灰。该工程使用硅灰是为了减少桥体总体尺寸，以减少海浪冲击。同时，设计高强度混凝土，改善混凝土抗氯离子渗透性能，混凝土设计强度为C65，实际强度为77~84MPa，其水胶比为0.36，硅灰掺量为8%，应用了10000m³的混凝土（图2-5）。

图2-5 挪威埃肯集团（Elkem）的非斯卡工厂

1. 硅灰的特性

硅灰的生成是在炼硅铁合金或合金硅时，石英在电炉中被高温还原为SiO和Si后，约有10%~15%的硅化为蒸气进入烟道，硅蒸气在烟道中随气流上升，与空气中的氧结合成为SiO_2。通过回收硅灰的收尘装置，回收硅灰（图2-6）。其反应为：

$$SiO_2 + C = SiO + CO$$
$$2SiO + O_2 = 2SiO_2$$
$$2SiO = Si + SiO_2$$

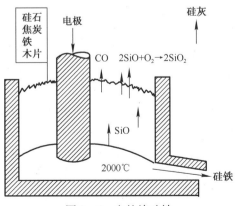

图2-6 电炉炼硅铁

硅灰一般为青灰色或银白色，在电子显微镜下观察，硅灰的形状为非结晶的球形颗粒，表面光滑。硅灰的单位体积质量为 150 ~ 250kg/m³，是水泥的 1/4 ~ 1/5，非常轻，运输效率低。所以要用人工的方法进行处理，以提高运输效率。硅灰的产品类型有以下三种：

（1）原状硅灰　直接收尘得到的产品，松散体积密度为 150 ~ 300kg/m³。一般采用小袋包装，由于其松散体积密度小，运输效率低。原状硅灰不适应气力输送或螺旋输送，因为松散、轻质的微小硅灰颗粒极易吸附在管道壁上和成拱而产生堵塞。

（2）增密硅灰　在气流作用下，使原状硅灰颗粒滚动聚集成由范德华力凝聚的小颗粒团，从而将硅灰的松散体积密度提高到 500 ~ 750kg/m³。增密硅灰适用于搅拌站的普通粉料输送、称量设备，其颗粒团凝聚力较弱，在混凝土搅拌过程中非常容易松开与分散。

（3）硅灰料浆　将硅灰与水在高功率的搅拌器中混合，形成固体含量为 42% ~ 60% 的悬浮颗粒浆体。料浆形态的硅灰可以非常容易地快速分散在混凝土中，但硅灰的料浆体系并不是很稳定的，应用前必须先搅拌均匀。

加拿大、挪威等大量生产硅灰的国家，开发了加密硅灰，采用油轮、特殊拖车、集装箱等进行运输，加拿大的 St. Eustache 工厂已经使用专门的拖车来运输。硅灰超细粉末易在空气中扩散，因此，运输机器、收集槽和筒仓等应为全封闭构造，这样可使硅灰不向周围环境扩散（图 2-7）。

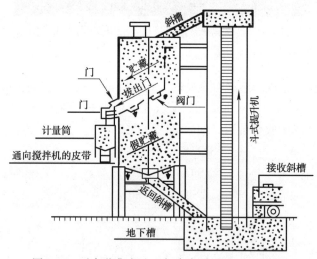

图 2-7　硅灰收集方法（加拿大 St. Eustache 工厂）

硅灰中 86% ~ 96% 是球状体，如图 2-8 所示。它的灰粒直径为 1μm 以下，平均粒径在 0.1μm 左右。不足矿渣和粉煤灰的百分之一。部分粒子聚集成片状或球状的粒子团。在粒子团中粒子与粒子或粒子团与粒子团之间，也并非紧密接触堆积，而是被吸附的空气层所填充，因而硅灰的密度虽为 2.2g/cm³，而容重却只有 0.18 ~ 0.23g/cm³，其中空隙率高达 90% 以上，计算表明，硅灰粒子与粒子间的净距离为 0.13μm，与硅灰粒子自身的平均粒径十分接近。尽管同是球体颗粒，硅灰粉末的压缩能力比其他几种混合材均小。硅灰的粒度分布取决于生产硅铁制品的制造方法以及电气炉的操作条件等。

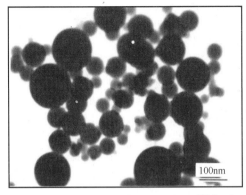

图 2 - 8 硅灰的形貌

硅灰是高温汽化的 SiO 沉积变成 SiO_2，因此，化学成分不仅取决于原料，如硅砂、石英石、铁和铬，而且还与煤和电极的质量有关。一般硅灰中的 SiO_2 含量都在 85% 以上，成分波动不大。国外生产硅灰量较大的国家对硅灰的化学成分分析情况见表 2 - 29。

硅灰化学成分的范围（%）　　　　　　　　　　　　　　　　　表 2 - 29

化学成分	澳大利亚	美国 15 个加工厂		挪威		
		最小值	最大值	硅铁合金	硅钢片	标准值
SiO_2	88.60	63.6	96.00	86 ~ 92	94 ~ 98	87 ~ 94
Al_2O_3	2.44	0.10	5.45	0.2 ~ 0.6	0.1 ~ 0.4	0.6 ~ 1.4
Fe_2O_3	2.56	0.10	12.20	0.1 ~ 1.0	0.02 ~ 0.15	0.5 ~ 2.0
C	3.00	1.75	10.00	0.3 ~ 0.8	0.2 ~ 2.0	0.8 ~ 2.0

硅灰的其他成分为 $CaO < 0.12\%$，$TiO_2 < 0.1\%$，$P_2O_5 < 0.07\%$，碱 $< 1\%$，S 0.1% ~ 0.2%。

硅灰与混凝土的其他掺合料相比，SiO_2 的含量大得多，但是这种 SiO_2 与石英中的 SiO_2 不同。在显微结构上，硅灰中的 SiO_2 是非晶质，属于无定性结构，具有化学不稳定性，所以硅灰是一种高活性的火山灰质材料。而石英中的 SiO_2 则是一种结晶型的硅氧四面体，没有化学活性，所以不能作为火山质材料使用。硅灰很细，用透气法测得硅灰的比表面积为 $3.4 ~ 4.7m^2/g$，用氮气吸附法测试，一般为 $18 ~ 22m^2/g$。

现行国家标准《高强高性能混凝土用矿物外加剂》（GB/T 18736 - 2002）对硅灰矿物外加剂规定了一系列技术要求。见表 2 - 30。

硅灰矿物外加剂的技术要求　　　　　　　　　　　　　　　表 2 - 30

烧失量（%）≤	Cl^-（%）≤	SiO_2（%）≥	比表面（m^2/kg）≥	含水率（%）≤	需水量比（%）≤	活性指数 28d（%）≥
6	0.02	85	15000	3.0	125	85

2. 硅灰的活性与水化

由于硅灰微小的颗粒，使得它具有较大的表面能，它与饱和的 Ca（OH）$_2$ 溶液混合

$5 \sim 15 \mathrm{min}$ 后，硅灰颗粒表面上即沉积着一层高硅的水化物，$30 \mathrm{min}$ 内硅灰迅速溶解。溶液中的 SiO_2 浓度可达 $(5 \sim 6) \times 10^{-6}$，随着水化物的形成，逐渐降到 $(1 \sim 2) \times 10^{-6}$。

硅灰与 $Ca(OH)_2$ 饱和溶液的反应受比表面积、颗粒尺寸分布的影响，由 SiO_2 结构的微应变引起的表面能也有影响。与矿渣和粉煤灰相比，水化产物 $C-S-H$ 的 C/S 比较低。C/S 比小于 0.8 的 $C-S-H$ 被认为是不可能存在的，如果 $Ca(OH)_2$ 量不足，已生成的 $C-S-H$ 会发生分解，放出 $Ca(OH)_2$ 并形成另一种 $C-S-H$。SiO_2 过量，C/S 比大于 0.8 的 $C-S-H$ 可与 SiO_2 共存。

掺硅灰的砂浆强度与基准砂浆强度的比值（包括抗折、抗压强度），称为火山灰活性指数。活性指数越大，火山灰活性越好。由于硅灰主要含极细的无定形的氧化硅，所以在氢氧化钙碱性激发剂的作用下，无定形的氧化硅便很快与氢氧化钙反应生成水化硅酸钙。硅灰对氢氧化钙的吸收又促使水泥矿物的进一步水化，从而使整个胶凝体系的强度增长较不掺硅灰时显著提高。

3. 硅灰的用途

硅灰与高效减水剂复合使用具有广阔的应用前景。目前主要有以下用途。

（1）高强高性能混凝土　在硅灰用于混凝土工程之前，配制高强混凝土都是通过增大水泥用量、加压成型、蒸压养护等。当硅灰和高效减水剂共同进入混凝土工程后，配制 C100 强度等级的混凝土已经没有什么技术障碍了。掺入 5%～15% 的硅灰，采用常规的工艺即可实现预期目标。硅灰是极细的球状颗粒，掺入混凝土后可明显增加混凝土的黏稠度，防止离析，改善可泵性，可用于自密实混凝土的配制。硅灰还可以制造具有高耐久性特征的高性能混凝土。

（2）高抗冲磨的混凝土　水工混凝土中的泄水建筑物由于经常受到含砂水流的冲击和磨蚀，混凝土表层易遭受损坏。采用掺硅灰的混凝土可以成倍提高混凝土的抗冲磨性能。

（3）配制低回弹喷射混凝土　普通喷射混凝土回弹量大，甚至达到 30% 以上，造成混凝土原材料的很大浪费，影响混凝土的质量，也影响施工进度。混凝土掺入 3%～5% 的硅灰，可以显著地降低混凝土的回弹率，最好的达到 5%。

（4）高耐化学腐蚀的混凝土　混凝土的耐化学腐蚀能力较差，掺用硅灰后，混凝土的结构致密，水化产物填充的孔隙，抗渗能力成倍提高，混凝土的抗腐蚀能力也成倍提高。日本学者做过配筋混凝土加入膨胀剂和硅灰后，抗渗透能力提高 1000 倍，最后被用于密封核废料或放射性物质。

（5）抑制碱-骨料反应　硅灰具有极高的火山灰活性，掺入硅灰后，混凝土中的氢氧化钙含量大幅度减少，消耗了胶体中的 OH^-，使 KOH、NaOH 浓度降低，从而抑制了碱-骨料反应。

（6）泡沫混凝土本体相的高强化　硅灰在泡沫混凝土中有益于提高料浆的黏度，改善和易性和稳泡，同时可以显著提高泡沫混凝土本体相的强度，可以实现同体积密度下的高强度，也可以用于制备超轻泡沫混凝土，改善外墙外保温系统中泡沫混凝土的导热系数。

2.2.3　粉煤灰

粉煤灰是燃煤发电站锅炉中粉煤充分燃烧后所产生的粉尘，即通常所说的飞灰。因原煤中灰分含量不同，它的质量约占原煤质量的 10%～35%。我国燃煤发电站始于 20 世纪30 年代，当时粉煤灰作为一种废料不经任何处理就排入大气，20 世纪 50 年代初，有关部门开始着手于粉煤灰的综合利用研究，1979 年利用率达到 10.5%，至 1989 年已达 26%，但利用量仍远远跟不上排放量的增长，致使粉煤灰堆积量越来越大，浪费了宝贵的可耕地资源，而且严重污染环境。

早在 20 世纪 50 年代，人们已经发现粉煤灰是一种具有活性的火山灰材料，它能够降低混凝土材料初期水化热，减少干缩，改善和易性，增加后期强度及抗渗及抗硫酸盐性能。优质粉煤灰在混凝土中的合理使用，不但能部分代替水泥，节约工程造价，而且由于其特有的性能，可以很有效地用于有各种使用要求的混凝土中，改善和提高混凝土功能的巨大潜力，它不但可以更好地节约资源和能源，而且可以作为功能组分出现在高功能混凝土中，为现代混凝土技术作出更大贡献。在低碳经济高度重视的今天，粉煤灰资源化应用意义更为深远。

粉煤灰作为水泥混凝土掺合料的应用研究可以追溯到 20 世纪 30 年代，美国学者 Payis R E 等着手进行了粉煤灰在混凝土中应用的研究。1948～1953 年，美国垦务局在建造蒙大拿州的峨马坝工程时，大量应用了芝加哥的粉煤灰，取得了预期的改善混凝土性能和节约水泥的优良效果。此后，许多国家在大坝混凝土工程中广泛应用粉煤灰。我国 1958 年在上海的地下工程中采用了粉煤灰混凝土，1959 年的三门峡水利枢纽工程中也大量利用了粉煤灰。近 20 年来，我国在粉煤灰混凝土应用技术方面取得重大成就，尤其是近年来的粉煤灰高性能混凝土的研究取得突破性的进展。1991 年，日本三菱重工在世界上首次采用气流磨对粉煤灰进行了超细化加工，加工后的超细粉煤灰的细度及活性与硅灰十分接近，在 1992 年度日本高强混凝土专业委员会的研究报告中，报道了用该种超细粉煤灰配制 110MPa 超高强混凝土的实验结果。

1996 年，笔者在主持的国家自然科学基金项目"超细粉煤灰分形特征及其应用机理研究"（59678053）时，首次用振动磨将粉煤灰超细加工至比表面积 1105m²/kg，并在沈阳泰丰特种混凝土公司配制了 98.9MPa 的超高强泵送混凝土、低离析泵送混凝土、超细粉煤灰水泥基灌浆材料、水下抗分离混凝土、低回弹高强喷射混凝土等。用风选超细粉煤灰配制了高抗渗混凝土。此后，我国东南大学孙伟教授、重庆大学蒲心诚教授、中南大学周士琼教授、清华大学冯乃谦教授先后用风选超细粉煤灰和磨细粉煤灰配制了高性能混凝土。

1. 粉煤灰的基本性质

（1）粉煤灰的形成及颗粒分析　粉煤灰是煤粉燃烧后剩余的灰分。它的成分和性质与煤种、燃烧方法、燃烧设备、锅炉负荷以及粉煤灰的收集方法等因素有关。在锅炉中，煤粉与高速气流混合在一起，喷入炉膛的燃烧带中，煤粉颗粒中的有机物充分燃烧，同时含水的矿物质如黏土、石膏等——脱水，碳酸盐中二氧化碳与硫化物中二氧化硫和三氧化硫以气体形式排出，部分碱在高温下也要挥发。煤粉中较细的粒子随气流掠过燃烧区，立即熔融，到了炉膛外面，受到骤冷，就将熔融时由于表面张力作用而形成的圆珠。另有一些微珠，团聚在一起或粘连在一起，就形成鱼卵状的复珠和粘连体。其他来不及完全熔融的粗灰最终成为渣状的多孔玻璃体。在冷却过程中也有一些冷却比较缓慢而再结晶的矿物在颗粒表面上生成的结晶矿物和化合物，以及独自存在的未熔融石英等矿物。

从扫描电子显微镜中可以看出各种颗粒形貌如下（图 2 - 9）。

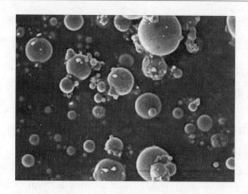

图2-9 粉煤灰的形貌

图2-10 混凝土中的粉煤灰颗粒

①空心微珠（漂珠）：外观呈白色、球形、中空，多为单个球体，能漂在水上，其物相主要为非晶态的玻璃相和析晶的莫来石。

②厚壁及实心微珠（沉珠）：其形态与空心微珠相近，但珠壁密实无孔，沉于水底，强度高，对混凝土有重要贡献，其物相主要是玻璃相和莫来石。

③铁珠：呈黑色、球状，具弱金属光泽。

④碳粒：黑色，为蜂窝状和多孔状。

⑤不规则多孔体：大多由似球非球的各种浑圆度不同的粘连体颗粒组成。

分选灰的颗粒组成如表2-31。

分选灰的颗粒组成   表2-31

颗粒组成	漂珠	厚壁及实心微珠	铁珠	碳粒	不规则多孔体	石英	其他
含量（%）	0.5~1	38~45	4~5	5~7	38~40	3~5	2
粒径（μm）	20~100	5~100	1~100	30~200	30~200		

由于粉煤灰的颗粒大多呈圆球状，在混凝土中能起到润滑作用，可显著改善混凝土的工作性（图2-10），同时在满足混凝土强度要求下可代替部分水泥以降低水化热。

（2）粉煤灰的物理性质及品质要求

①外观和颜色。粉煤灰的外观类似水泥。颜色因组成、细度不同变化很大。低钙粉煤灰随组分中碳的含量变化，颜色可由乳白色变到灰黑色。高钙粉煤灰因大量氧化钙的存在，一般呈浅黄色。在商品粉煤灰的质量评定和生产控制中，粉煤灰的颜色是一项重要指标。因为颜色可以反映含碳量的多少和细度，所以颜色也就成为粉煤灰质量控制的基本指标之一。

粉煤灰颜色试验是根据国际通用的蒙色尔/罗维朋（Munsell/Lovibond）色彩系统所规定的标准，用色泽测试仪来测定的。在这种试验方法中，粉煤灰的颜色被由白至黑分为11个指数。在各国的粉煤灰标准规范中，一般并列出对颜色要求的品质指标，但是英国"准"标准性质的ABC81/841，为了质量评定和生产控制的需要，规定合格粉煤灰的颜色指数不得大于7.0。国产粉煤灰的颜色指数往往大于此值。

②相对密度和容量。粉煤灰的相对密度是指没有空隙状态下单位体积粉煤灰的质量。粉煤灰中各种颗粒的相对密度为 0.4~4g/cm³ 不等，变化极大。因此，由李氏比重瓶法测出的

相对密度只是混合颗粒的平均相对密度。国产粉煤灰的相对密度大多介于 $1.8 \sim 2.4 g/cm^3$，约为硅酸盐水泥的三分之二。在粉煤灰中，如果密实的颗粒占优时，相对密度就偏高；相反，空心、多孔颗粒增多时，相对密度自然偏低。在实际应用中，如果相对密度发生变化，则表明粉煤灰的质量也发生了变化，因此粉煤灰的相对密度指标对粉煤灰质量评定和生产控制有重要实用意义。此外，对粉煤灰混凝土配合比设计计算来说，相对密度也是必须测定的重要技术参数。

低钙粉煤灰松散体积密度变化范围为 $600 \sim 1000 kg/m^3$，振实体积密度为 $1000 \sim 1400 kg/m^3$，高钙粉煤灰较之略大 $10\% \sim 30\%$。湿粉煤灰随含水量的增加，压实容重有所增加；最佳含水量时，达到最大压实容重；含水量超过此值，则压实容重又趋下降。低钙粉煤灰的最佳含水范围为 $15\% \sim 35\%$，最大压实容重可达 $1700 kg/m^3$。

③细度和比表面积。粉煤灰中颗粒粒径为 $0.5 \sim 300 \mu m$。这一范围与水泥相近，但其中大部分颗粒要比水泥细得多。如玻璃微珠粒径为 $0.5 \sim 100 \mu m$，大部分在 $45 \mu m$ 以下，平均粒径为 $100 \sim 130 \mu m$，但漂珠往往大于 $45 \mu m$。海绵状颗粒粒径（含碳粒）范围为 $10 \sim 300 \mu m$，大部分在 $45 \mu m$ 以上。

目前，国内外大量试验都证明，以 $45 \mu m$ 标准筛测定粉煤灰细度比较合理。因此，国际现行的粉煤灰标准规范多以 $45 \mu m$ 筛余百分数为细度标准。其测定方法，国外大多为湿筛试验法。我国 GB1596-2005 粉煤灰标准中，采用气流筛测定 $45 \mu m$ 筛余量为细度指标，并规定 Ⅰ 级灰不大于 12%，Ⅱ 级灰不大于 20%，Ⅲ 级灰不大于 45%。

关于粉煤灰细度指标，另一种国际上常用的方法是比表面积测定法。各国通常是用勃氏法，用此方法所测定粉煤灰比表面积的变化范围，一般为 $170 \sim 640 m^2/kg$。我国则用类似的测定水泥比表面积的透气试验法。国内电厂粉煤灰比表面积的变化范围为 $80 \sim 550 m^2/kg$，一般为 $160 \sim 350 m^2/kg$。

④需水量比。与其他品种的火山灰材料比，粉煤灰具有明显的优越性，就是在混凝土中掺加粉煤灰，不但不会增加混凝土用水量，反而可能降低用水量。

近年来，粉煤灰需水量比这项品质指标，越来越受到使用部门的重视。在混凝土基本组分中，除胶凝材料是活性组分外，如今还认识到水也是一种活性组分，因为水分不仅参与水泥的水化反应以及粉煤灰的火山灰反应，而且混凝土中的多余水分，形成胶凝孔、毛细孔及其他孔隙，是影响混凝土结构和性能的最敏感的因素。

国际上现行的粉煤灰标准规范都采用水泥砂浆的跳桌流动度试验来测定需水量，测定需水量比，即在跳桌流动度相等的条件下，粉煤灰水泥砂浆需水量与不掺粉煤灰的水泥砂浆需水量之比。根据实际经验，粉煤灰的需水量比指标在 105% 以下，粉煤灰混凝土的用水量如与基准混凝土的用水量相同，则新拌混凝土仍有可能达到与基准混凝土工作性指标相等的水平；需水量比在 100% 左右，掺加粉煤灰就可能在一定条件下开始取得减水效果；需水量比在 95% 以下，则能比较容易地确保减少原来混凝土的用水量。如果粉煤灰需水量比超过 105%，那么在粉煤灰混凝土配合比设计中就不得不增加用水量。

⑤火山灰活性指数。火山活性是指在常温下与石灰起化学反应，生成具有胶凝性能的水化产物的性能。粉煤灰是由多种不同性状的颗粒混合堆积的粒群，并不是每种颗粒都具有火山灰活性，其中只有硅酸盐或铝硅酸盐玻璃体的微细颗粒，才能在碱性溶液中显示出火山灰反应的性质。粉煤灰中的活性颗粒，主要是玻璃微珠和海绵状玻璃体。至于结晶

体,如石英,在常温下火山灰性质就不够明显;而莫来石则是惰性成分;富铁微珠,活性较低甚至惰性;碳粒则不是火山灰物质。一般说,玻璃体与结晶体比值越高,粉煤灰的活性也越好。

评定粉煤灰火山灰活性的方法中,常见的有强度试验法,石灰吸收法和溶出度法。从目前情况看,后两种试验法所得结果都不能与粉煤灰在混凝土中的使用性质发生较好的联系,相对来说,比较适宜的是强度试验法。粉煤灰的火山灰活性应该是粉煤灰材料本身结构的属性,而不是组成、成分、物理性质或化学性质的属性。但活性与其物理特性、化学组成等有一定联系,而最主要的是由粉煤灰的内部结构及表面特征来决定。因此,强度试验法亦不能正确反映其活性,只是相对而言较为接近。

我国 GB 1596-2005 粉煤灰标准规范中对于用作水泥混合材料的粉煤灰,规定粉煤灰水泥砂浆的三个月抗压强度比不低于 115%。

⑥安定性和干缩性。粉煤灰品质指标中安定性指标也是一个与化学性质有关的物理指标。测定粉煤灰安定性的目的主要是避免粉煤灰中有害的化学成分影响混凝土的耐久性。其试验方法往往与水泥安定性的试验方法相同。ASTMC618 规定,蒸压后试件的膨胀和收缩值不超过 0.8%,但也有不少国家对安定性指标不作规定。ASTM 标准中对粉煤灰的碱反应作为非强制性指标,还规定 14d 龄期砂浆试件干缩增加率不大于 0.03%。

⑦均匀性。粉煤灰用作胶凝材料组分时,均匀性是十分重要的指标,但目前仅有美国等少数国家的标准规范对其作出了规定。ASTM 标准规定,粉煤灰 10 个试样的细度和密度测定结果的平均值之间的最大差值,即单个试样 $45\mu m$ 筛余最大变化范围不超过细度平均值的 5%,单个试样密度也不超过平均值的 5%。ASTM 标准还规定了非强制性的粉煤灰对引起作用影响的均匀性,即对于引气混凝土产生砂浆体积 18% 含气量时,所需的引气剂用量的变化范围不大于 10 个试样平均值的 20%。

⑧粉煤灰的其他物理性质。粉煤灰的其他重要物理性质见表 2-32。

粉煤灰的某些物理性质 表 2-32

堆积密度 (g/cm³)			压缩度 (%)	安息角 (°)	凝聚性	分散性	流动性指数	喷射性指数
松散的	紧密的	动态的						
0.75~0.97	1.19~1.35	0.92~1.02	28.4~39.5	41.2~45.0	1.12~4.81	42.1~70	44~56	67.5~86.5

(3) 粉煤灰的化学性质及品质要求

①SiO_2,Al_2O_3 和 Fe_2O_3 含量。粉煤灰的主要化学成分为 SiO_2 和 Al_2O_3,两者总含量一般可占 60% 以上。有些原煤中黄铁矿含量很高,致使粉煤灰中 Fe_2O_3 含量较高。美国、印度、韩国等国家和地区的粉煤灰标准规范中,对低钙粉煤灰中 $SiO_2 + Al_2O_3 + Fe_2O_3$ 的含量都规定为不小于 70%。我国粉煤灰中 $SiO_2 + Al_2O_3 + Fe_2O_3$ 的含量都大于 70%,故有关标准规范中对此不作规定。

②CaO 含量。粉煤灰因其 CaO 含量的高低可分为低钙型粉煤灰和高钙型粉煤灰,一般以 CaO 含量 8% 以上者为高钙粉煤灰。在低钙粉煤灰中,CaO 绝大部分结合于玻璃相中;在高钙粉煤灰中,CaO 除大部分被结合外,还有一部分是游离的。对粉煤灰中的 CaO,过去常认为是次要成分,近年来才开始认识到它的重要性。在低钙粉煤灰中,CaO 含量不

多，但是与 CaO 结合的富钙玻璃微珠活性仍较高。至于"死烧"状态的游离 CaO，则具有有利于激发活性和不利于安定性的双重作用，因此有些国家规范对 CaO 的百分比含量也加以限制。

③烧失量。粉煤灰中未燃尽的碳可按烧失量指标来估量。由于碳的稳定性不好，所以碳粒一向被认为是对混凝土有害的物质。现在，通过大量研究工作，已证实粉煤灰中的碳粒体积是比较安定的，也不会对混凝土中的钢筋有害。但由于一般碳粒具有疏松多孔结构，在塑性成型过程中需要吸收大量的水分，提高了标准稠度需水量，固结后留下了大量孔隙，从而降低了制品强度，特别是降低了制品的抗渗及抗冻效果。并且由于一般碳粒粒径较粗，在制品中成为微集料，但它本身的抗压强度又很低，同时也没有化学活性，不能与其他胶凝材料反应生成与活性骨料粘结那样牢固的骨架结构。另外，在化学性质上，碳粒为惰性物料，它的存在就意味着活性材料组分的减少。在严寒地区的泡沫混凝土中不能使用烧失量高的粉煤灰。国家标准《用于水泥和混凝土中的粉煤灰》（GB/T 1596－2005）规定粉煤灰的烧失量，Ⅰ级不大于 5%，Ⅱ级不大于 8%，Ⅲ级不大于 15%。一般说来，用于钢筋混凝土的粉煤灰烧失量应不大于 8%，这样国内许多地方的粉煤灰达不到这个要求。

④SiO_3、MgO 和有效碱含量。通常情况下，粉煤灰中的 SiO_3、MgO 和有效碱都被认为是对混凝土有害的物质，一般其含量不大，故危害的程度也不高。而且硫酸盐、有效碱等物质在一定条件下也会产生一些有益作用。但是为了绝对保证用于混凝土中的粉煤灰质量起见，各国规范均对此类物质的含量加以限制。我国 GB/T 1596－2005 规定 SiO_3 含量不大于 3%，对 MgO 和有效碱含量未作限制。

⑤含水量。粉煤灰中水分的存在往往使活性降低，产生一定的粘附力，易于结团，影响干粉煤灰的包装运输、贮存和应用。因此一般的规范都将它限制在 3% 以下，我国规范规定的最大值为 1%。

粉煤灰中的化学成分比较复杂，但除以上提及成分外含量均不高，对混凝土影响不大，一般可予忽略。

表 2－33 为中国、美国和日本粉煤灰化学成分的变化范围。

各国粉煤灰化学成分变化范围（%）　　　　　　　　　　表 2－33

化学成分	中国	美国	日本
SiO_2	40～60	10～70	52.9
Al_2O_3	17～35	8～38	27.2
Fe_2O_3	2～15	2～50	4.8
CaO	1～10	0.5～30	5.4
MgO	0.5～2	0.3～8	1.5
SO_3	0.1～2	0.1～30	0.9
Na_2O 及 K_2O	0.5～4	1.4～16	—
烧失量	1～26	0.3～30	2.6

2. 粉煤灰的作用机理

粉煤灰颗粒微细，含有大量的玻璃体微珠，粉煤灰在泡沫混凝土中的作用机理与在一般混凝土中一样，发挥三种效应，即活性效应、形态效应和微粒填充效应。

（1）活性效应。铝硅质材料本身不具有或只具有很弱的胶凝性，即粉煤灰具有潜在的活性，在水存在的条件下与CaO化合，能够生成水硬性的固体，也称为火山灰活性。低钙粉煤灰从化学组成来看是一种比较典型的火山灰质材料，粉煤灰在应用中的作用机理主要表现在火山灰的性质方面。高钙粉煤灰因为含有比较多的硫酸钙、石灰、C_3A、C_2S 等矿物相，本身就可以水化硬化。湿排灰的活性显著降低。

当火山灰质粉煤灰与石灰和水混合后，水化产物在粉煤灰颗粒表面集中形成一层膜，这层膜主要由无定形的 Ca（OH）$_2$ 和 C-S-H（水化硅酸钙）凝胶组成，随凝胶的逐渐密实将形成硬化壳体，如果混合物的水适量，最终混合物将硬化，并具有强度。粉煤灰的水化速度与氧化钙含量关系很大。因此，高钙粉煤灰加水后能有比较强烈的水化反应，而低钙粉煤灰这种水化反应则比较弱。

（2）形态效应。粉煤灰中含有大量的玻璃微珠，呈球形（见图 2-9），因此，在水泥中可以减少其内部的摩擦阻力，提高水泥基材料浆的工作性。

（3）微粒填充效应。粉煤灰粒径大多小于 0.045mm，尤其是一级粉煤灰，总体上比水泥还细，因此，可以充填在水泥凝胶体中的毛细孔和气孔之中，使水泥凝胶体的结构更加密实。

3. 粉煤灰的性能指标

粉煤灰在建筑材料生产和土木建筑工程中应用非常广泛。它主要用于水泥生产的混合材、砂浆及混凝土的矿物掺合料。与水泥、砂浆和混凝土相关的粉煤灰性能指标方面，我国自 1991 年就形成国家标准，2005 年修订的国家标准《用于水泥和混凝土中的粉煤灰》（GB/T 1596-2005）中粉煤灰的技术要求见表 2-34。

粉煤灰的技术要求　　　　　　　　　　表 2-34

项目		技术要求		
		Ⅰ级	Ⅱ级	Ⅲ级
细度（45μm 方孔筛筛余）（%） ≤	F 类粉煤灰	12.0	25.0	45.0
	C 类粉煤灰			
需水量比（%） ≤	F 类粉煤灰	95	105	115
	C 类粉煤灰			
烧失量（%） ≤	F 类粉煤灰	5.0	8.0	15.0
	C 类粉煤灰			
含水量/% ≤	F 类粉煤灰	1.0		
	C 类粉煤灰			
三氧化硫（%） ≤	F 类粉煤灰	3.0		
	C 类粉煤灰			
游离氧化钙（%） ≤	F 类粉煤灰	1.0		
	C 类粉煤灰	4.0		
安定性（雷氏夹沸煮后增加距离）（mm） ≤	C 类粉煤灰	5.0		

4. 粉煤灰对混凝土性能的影响

（1）对新拌混凝土性能的影响

①工作性。众所周知，对于有泌水和离析倾向的混凝土，加入细分散颗粒可以通过减少空隙的尺寸和体积来提高混凝土的工作性。粉煤灰的细度越大，改善新拌混凝土的黏聚性和流动性所需的粉煤灰量就越少。

新拌混凝土的工作性受浆体的体积、水灰比、配合比设计、骨料的级配、形状、空隙率等的影响。掺用粉煤灰对新拌混凝土的明显好处是增大浆体的体积。用粉煤灰取代等质量的水泥，粉煤灰的体积要比水泥增大约30%左右。在设计混凝土配合比时，根据强度的要求，粉煤灰按质量超量取代水泥时，多加的粉煤灰增大了粉体含量，大量的浆体填充了集料间的孔隙，包裹并润滑了集料颗粒，从而使新拌混凝土具有更好的黏聚性和可塑性。粉煤灰的球状颗粒可以减少浆体与集料间的界面摩擦，在集料的接触点处起到球轴承效果，从而改善新拌混凝土的工作性。

②泌水性。粉煤灰可以补偿细集料中细屑的不足，中断砂浆基体中泌水渠道的连续性，同时粉煤灰作为水泥的取代材料在同样的稠度下会使混凝土的用水量有不同程度的降低，因而掺用粉煤灰对防止新拌混凝土的泌水量是有利的。粉煤灰混凝土的总泌水率比普通混凝土的泌水率小，此外，粉煤灰混凝土不易发生离析，有利于改善混凝土施工时的均匀性、混凝土密实性和提高混凝土的耐久性。

③流动性和泵送性。在混凝土中掺入优质粉煤灰，由于粉煤灰颗粒形貌上的优异特性，可减少用水量或增加坍落度和减小坍落度损失。在混凝土砂浆中以超量取代法掺入磨细粉煤灰可以降低砂率，减少新拌混凝土屈服值和混凝土与输送管壁之间的摩擦阻力，在不增加需水量的条件下提高混凝土的流动性和黏聚性，从而提高泵送性。

④凝结时间。一般情况下，掺低钙粉煤灰能延长新拌混凝土的凝结时间。但掺高钙粉煤灰可能使凝结时间延长，也可能缩短或没有明显影响。粉煤灰的掺量越大、气温越低，缓凝时间越长。这对热天施工以及一些要求缓凝的混凝土工程来说较为有利，且对混凝土工作性能无影响。

⑤均匀性。国内外工程经验都表明，只要保证充分的搅拌时间，粉煤灰混凝土的均匀性比基准混凝土更好。这是由于粉煤灰能改善新拌混凝土的黏聚性和结构稳定性，在运输、浇捣等过程中避免发生严重的离析现象，特别是对泵送混凝土的结构稳定有显著效果。

⑥引气。新拌混凝土的含气量一般在3%以内，与水泥的细度、骨料形状、级配以及振捣密实的程度有关。当混凝土中掺入粉煤灰时，由于细屑组分的影响使混凝土中空气含量减少1%左右。此外，含碳量高的粉煤灰常常吸附引气剂，使其掺量增大几倍。

（2）对硬化中混凝土性能的影响

①早期强度。即使在水泥中粉煤灰的早期活性也较低，因此，粉煤灰混凝土早期强度较低。其原因是部分水泥被粉煤灰所取代，硬化混凝土中水化产物数量减少。加上粉煤灰颗粒的活性组分化学反应迟缓，颗粒周围的水膜层间隙尚未填实，较大的孔隙和敞开的毛细孔较多，结构密实性较差。图2-11为混凝土中水化7d粉煤灰颗粒，其表面还是很光滑的。与其对比的是图2-12，混凝土中水化8d后，粉煤灰颗粒上布满了水化产物。近年来，随着粉煤灰混凝土的技术进步，不仅为提高早期强度提出了系统的技术措施，而且发

现实际应用中的真实混凝土，其早期强度也并非很差，只要断面尺寸足够大的粉煤灰混凝土，早期强度并不低于基准混凝土。

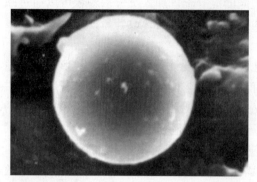

图 2-11　混凝土中水化 7d 的粉煤灰

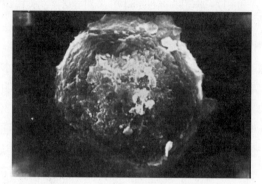

图 2-12　混凝土中水化 8d 的粉煤灰

②水化热。混凝土中水泥的水化反应是放热反应，水化过程中 1g 硅酸盐水泥的总放热量高达 502J，大体积混凝土在浇筑后大约 3d 的时间可以达到最高温度，而大体积混凝土中的热量又不易散失，温差收缩足以使混凝土结构产生严重的开裂。由于混凝土中的粉煤灰取代了部分水泥，可以降低混凝土的水化温升。例如，按质量计以粉煤灰取代 30% 的水泥时，可使因水化热导致的绝热温升降低 15% 左右。近年来，建筑工程的超厚底板混凝土日益增多，沈阳恒龙地产的最大厚度达到 11.2m。不掺用粉煤灰和矿渣粉无法满足工程对温差的严格要求。

③养护温度和湿度。试验证明，养护温度超过 20℃ 就能够较好地发挥粉煤灰的效应，因此，在温度较高的地区推广粉煤灰混凝土比较有利。另外，粉煤灰早期的潮湿养护十分重要，只有在保证足够水化的条件下，才能使水泥中的 Ca（OH）$_2$ 与粉煤灰发生反应。粉煤灰混凝土须至少 7d 的潮湿养护，否则对早期强度的影响比普通混凝土更为敏感。

对于北方寒冷地区预制粉煤灰混凝土构件，采用蒸汽养护较为合适。而且普通水泥混凝土在蒸汽养护条件下硬化，生成较多的氢氧化钙结晶，会导致后期强度发展不良，而蒸汽养护的粉煤灰混凝土在相当长的时间内，强度仍有相当明显的持续增长。

（3）对硬化混凝土性能的影响

①抗压强度。混凝土的抗压强度主要取决于水灰比。对掺与不掺粉煤灰的混凝土，如果二者的早期强度相同，则粉煤灰混凝土的后期强度将高于未掺粉煤灰的。粉煤灰对混凝土的强度有三重影响：减小用水量，增大胶结料含量和通过长期火山灰效应，掺粉煤灰的混凝土 28d 强度与普通混凝土大致相当，而 90d 或更长龄期则高于普通混凝土。当水泥用量不变时，增大粉煤灰掺量，各龄期强度都增大。当粉煤灰的掺量为水泥的 120% 时强度提高最大，而当粉煤灰的掺量提高到水泥的 160% 左右时，强度则稍微降低。如果混凝土拌合物中胶结料的体积保持不变且水泥部分由粉煤灰取代，则强度会随粉煤灰的增多而降低。

当原材料和环境条件一定时，掺粉煤灰混凝土的强度增长主要决定于粉煤灰的火山灰效应，即粉煤灰中玻璃态的活性 SiO_2、Al_2O_3 与混凝土的水泥浆体中的 Ca（OH）$_2$ 作用生成碱度较小的二次水化硅酸钙、水化硅酸钙的速度和数量。一些研究者认为：粉煤灰在混凝土中当 Ca（OH）$_2$ 薄膜覆盖在粉煤灰颗粒表面上时，就开始发生火山灰效应。但由于在

Ca（OH）$_2$薄膜与粉煤灰颗粒表面之间存在着水解层，钙离子要通过水解层与粉煤灰的活性组分反应，反应产物在层内逐渐聚集，水解层未被火山灰反应产物充满到某种程度时，不会使强度有较大增长，随着水解层被反应产物充满，粉煤灰颗粒和水泥水化产物之间逐步形成牢固联系，从而导致混凝土强度、不透水性和耐磨性的增长，这就是掺粉煤灰的混凝土早期强度较低，后期强度增长较多的主要原因。

②弹性模量。影响混凝土抗压强度的粉煤灰性能也影响混凝土的弹性模量，但程度小些。和抗压强度一样，与不掺粉煤灰的混凝土相比，弹性模量在早龄期强度时较低，在最大强度时较高。

③干缩性。混凝土的干缩是水泥浆的体积份数、水灰比、骨料类型等的函数。因为掺加粉煤灰通常会增大水泥浆的体积，所以，如果用水量保持不变，则干缩可能会略有增大，但如果用水量因掺加粉煤灰而减小，则由于浆体增大的收缩可以得到补偿。掺粉煤灰对大体积混凝土的收缩几何没有影响。

④抗渗性。混凝土中粉煤灰的火山灰反应生成水化硅酸钙，可以填充混凝土中的孔隙，堵塞毛细孔。此外，粉煤灰可改善混凝土的和易性、均匀性，提高整体密实度。从工程上来讲，降低混凝土内部温升、减少裂缝、抵抗化学侵蚀都对混凝土抗渗有利。

⑤抗冻性。正确设计的粉煤灰混凝土，若具有充分的气泡组织，将比不掺粉煤灰的混凝土含水量小，渗透性低，假定所用粗骨料坚固，而且在饱水受冻前已充分水化硬化，掺与不掺粉煤灰的混凝土其抗冻性大致相当。混凝土本身的强度决定其抗冻性，粉煤灰混凝土早龄期强度较低，毛细孔较多，因而其抗冻性一般较差。但如掺用优质的粉煤灰超量取代水泥时，混凝土中粉煤灰的总火山灰效应增加，混凝土的早期强度提高，其抗冻性相应增加。此外，对混凝土进行引气，可提高其抗冻性。

⑥碳化。混凝土中掺进粉煤灰会增大混凝土的碳化速度，这是由于用粉煤灰取代水泥后，混凝土中的水泥比例减小，水泥水化时析出的 Ca（OH）$_2$ 的数量也随之减少，加之粉煤灰的火山灰效应也消耗了一定量的 Ca（OH）$_2$，早龄期时混凝土的强度低，毛细孔隙较多，CO$_2$ 容易进入混凝土中等原因所致。随着龄期延长，火山灰反应不断增强，达到一定龄期时，粉煤灰混凝土抗渗性的提高将会弥补碱度低的不足，使其碳化速度达到同龄期基准混凝土水平甚至更低。

⑦碱—骨料反应。碱—骨料反应是骨料中的活性氧化硅和水泥中的碱发生反应生成吸水产物，体积增大，导致混凝土的膨胀和开裂。当向混凝土中掺加粉煤灰时，粉煤灰和水泥中的碱的反应，能够防止这种过度的膨胀，从而抑制混凝土中的碱—集料反应。

⑧抗硫酸盐能力。硫酸盐侵蚀是较常见的对混凝土的化学侵蚀，它包括两个方面：一是可溶性 Ca（OH）$_2$ 与硫酸盐作用生成 CaSO$_4$，引起石膏膨胀；二是水泥矿物中的铝酸钙与石膏反应生成钙矾石，即水化硫铝酸钙引起膨胀破坏。粉煤灰中的活性 SiO$_2$ 能够与混凝土中的 Ca（OH）$_2$ 反应生成二次水化硅酸钙，从而在化学上稳定 Ca（OH）$_2$，在结构密实度上提高抗渗能力。此外，粉煤灰还能够降低胶结基体中铝酸钙的数量，因而也提高了混凝土的抗硫酸盐能力。

⑨抗氯化物能力。氯化物能与 Ca（OH）$_2$ 反应，生成可溶性物质，导致混凝土孔隙增加，强度降低。而且，氯离子可破坏钢筋表面的钝化膜，使之锈蚀。粉煤灰效应所产生的对毛细孔细化和堵截作用，能有效地防止氯离子的侵蚀。

2.2.4 矿渣

1. 概述

高炉矿渣是炼铁时的副产品。在高炉中，放入铁矿石、石灰石及燃料（焦炭）。从高炉顶部吹入氧气，使焦炭燃烧，产生还原气体（CO）使铁矿还原并熔融，由于矿渣密度比铁小，浮于铁水的表面，两者分离，熔化的矿渣在高温状态迅速水淬，成为粒状的固体后排出，便得到了水淬矿渣。矿渣的水硬性和成分决定于高炉取出时熔融物的冷却方法。在炼铁炉中，将处于1500℃左右的高温熔融状态矿渣定期取出冷却。由于冷却方法不同，性能也不同。所以有"徐冷矿渣"和"急冷矿渣"之分。前者是使熔融状态的矿渣在缓慢冷却过程中形成晶态，一般为块状，其化学结构稳定。因此，"徐冷"矿渣几乎没有水硬性；经水淬急冷的矿渣，玻璃体含量多，结构处于高能量状态，不稳定，具有潜在的化学能，但需磨细才能充分发挥其潜在的活性（图2-13、图2-14）。根据冶炼生铁的种类，矿渣可分为铸铁矿渣、炼钢生铁矿渣、特种生铁矿渣（如锰矿渣、镁矿渣）。

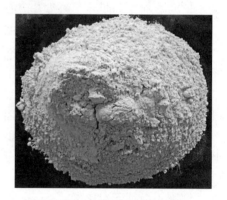

图2-13　鞍钢磨细矿渣粉的克虏伯公司立式磨图　　　图2-14　加工后的磨细矿渣粉

水泥基材料中高炉矿渣的利用可以追溯到1774年用高炉矿渣粉末和消石灰制作复合砂浆。此后，利用简单的磨细技术将高炉矿渣加工成高炉矿渣粉末的技术不断进步，这种水硬性材料迅速发展起来。1865年，德国将矿渣-石灰水泥进行首次商业应用。1889年，在法国这种矿渣水泥被用于巴黎地铁建设。1892年，德国首次记载了波特兰高炉矿渣水泥的制造方法，而在美国最早盛行矿渣水泥是在1896年。但直到1950年，高炉矿渣微粉末的生产才受到广泛的瞩目。南非、澳大利亚、英国、日本、加拿大及美国等国家已在矿渣的生产与应用方面进行了大量的研究工作。超细矿渣粉的应用是在20世纪90年代初，日本高强混凝土专业委员会在研究100MPa以上强度等级的混凝土时，将矿渣磨细为400、600、800m^2/kg，并配制了120MPa的超高强混凝土。近年来，我国在超细矿渣粉配制高强、高性能混凝土方面进行了大量的研究。近三十年来，我国钢铁工业得到了迅速发展，在钢铁产业中，每炼1t生铁，就会产生大约300kg的水淬高炉矿渣，因此，我国的矿渣排放量相当大。仅鞍钢鲅鱼圈厂区，每年就产生300万t以上的矿渣。目前，矿渣已成为一种贵重的资源，尤其是超细的矿渣微粉末的广泛应用，进一步满足了高性能要求的制品，许多研究成果已证明，利用矿渣微粉末作为混凝土的掺合料，其比表面积约6000cm^2/g以上，产品具有新的特性。因此，矿渣微粉末高强混凝土的开发受到了极大的重视。

2. 矿渣的化学组成及水硬性

矿渣的化学组成，取决于炼铁高炉中所用的铁矿石和石灰石的成分。矿渣的主要氧化物是 SiO_2、Al_2O_3、CaO 和 MgO 这四种成分，约占全部氧化物的95%以上，表2-35列出了矿渣的化学成分，由表中矿渣的化学成分与普通硅酸盐水泥对比，可看出它与普通硅酸盐水泥的化学成分很相似。

矿渣与普通水泥的化学成分（%）　　　　表2-35

品种	SiO_2	Al_2O_3	CaO	MgO	TiO_2	FeO	Fe_2O_3	MnO	FS	SO_3	Na_2O	K_2O	碱度	玻璃化率
矿渣	33.7	14.4	41.7	6.4	1.1	0.37	—	0.50	0.98	—	0.26	0.31	1.86	98.1
水泥	21.8	5.1	63.8	1.7	0.34	—	3.0	0.16	—	2.0	0.32	0.50	—	—

（1）矿渣中的各氧化物的作用

①氧化钙。矿渣中的氧化钙在熔体冷却过程中能与氧化硅和氧化铝结合成具有水硬性的硅酸钙和铝酸钙，因此，对矿渣的活性有利。但是，氧化钙含量较高时，矿渣熔点升高、熔体黏度降低，冷却时析晶能力增加，在慢冷时易发生 $\beta-C_2S$ 向 $\gamma-C_2S$ 的转变，反而使矿渣活性降低。

②氧化硅。就生成胶凝性组分而言，矿渣中的 SiO_2 含量相对于 CaO、Al_2O_3 含量已经过多，SiO_2 含量高时，矿渣熔体的黏度比较大，冷却时，易形成低碱性硅酸钙和高硅玻璃体，使矿渣活性下降。

③氧化铝。氧化铝在矿渣中一般形成铝酸钙或铝硅酸钙玻璃体，对矿渣的活性有利。因此，矿渣中 Al_2O_3 含量高，矿渣的活性就高。

④氧化镁。矿渣中的氧化镁一般都以稳定性化合物或玻璃态化合物存在，对水泥体积安定性不会发生不良影响。MgO 的存在可以降低矿渣熔体的黏度，有利于提高矿渣的粒化质量，增加矿渣的活性。因此，一般将矿渣中的氧化镁看成对矿渣活性有利的组成。

⑤氧化亚锰。矿渣中的氧化亚锰含量一般不超过1%～3%。冶炼生铁时加入锰矿是为了使铁脱硫。MnO 含量较低时，对矿渣活性影响不显著；但含量超过4%～5%时，矿渣活性会下降。标准规定粒化高炉矿渣中锰化合物的含量以氧化锰计不得超过4%。但冶炼锰铁的高炉矿渣，锰化合物的含量可以放宽到不超过15%。

⑥氧化钛。矿渣中的氧化钛以钙钛石（CT）存在。CT是一种惰性矿物，因此，TiO_2 含量一般不超过2%；当用钛磁铁矿时，则矿渣中 TiO_2 含量可高达20%～30%，活性很低。我国标准规定，矿渣中含量不超过10%。

⑦氧化铁和氧化亚铁。当炼铁高炉运转正常时，排出的矿渣中氧化铁和氧化亚铁含量很低，一般不超过1%～3%，对矿渣活性无显著影响。

⑧硫化钙。矿渣中的硫化钙与水作用，能生成 $Ca(OH)_2$，对矿渣自身产生碱性激发作用，因此，为有利组分。

⑨其他。根据所用原料及冶炼生铁种类不同，矿渣还可能含有少量其他化合物，如氟化物（以氟计，不得超过2%）、P_2O_5（含量过多会影响水泥的凝结）、Na_2O、K_2O、V_2O_5 等。一般情况下，含量很少，对矿渣质量影响不大。

矿渣的主要矿物成分是钙铝黄长石（$2CaO \cdot Al_2O_3 \cdot SiO_2$）和镁黄长石（$2CaO \cdot MgO \cdot$

SiO_2）的固熔体以及 $\beta - 2CaO \cdot Si_2O$。

硅酸盐矿渣水泥与水所形成的水化产物与硅酸盐水泥与水形成的水化产物基本相同，都是硅酸钙水化物（CSH）。CaO、Al_2O_3 和 SiO_2 三元成分体系中（三元相图），矿渣处于硅酸盐水泥 C_3S、矿渣 C_2S 的位置，两者基本属于相同的区域。

矿渣与水混合后，生成与硅酸盐水泥水化物类似的凝胶状物质，成为致密的水泥浆。其早期水化，要比硅酸盐水泥的水化迟缓，因此，为了加速反应性必须加入激发剂，碱和石膏分别可以作为矿渣的碱性激发剂和硫酸盐激发剂。激发剂与矿渣中的活性氧化硅、氢氧化钙和活性氧化铝发生二次水化反应，生成水化硅酸钙、水化铝酸钙、水化硫酸钙或水化硫铁酸钙，有时还可能形成水化铝硅酸钙等水化产物。

由于游离的 OH^- 的作用，矿渣水化一般是从链结构中脱离出来。为了维持水化活性，还需外加 OH^-，因为矿渣本身所析出的氢氧化钙较少，Ca^{2+} 和 OH^- 不够，也需要在矿渣表面上形成合适的水化物，形成条件及水化物结晶度主要取决于 OH^- 浓度，当 SO_4^{2-} 存在，液相中 pH 要达到 12 以上，能形成含铝的结晶良好的水化物，这就是硬化现象。它与普通水泥具有相同的水化反应性质。矿渣水泥就是利用水淬矿渣的这种性质而配制的。

研究表明，矿渣与水混合后，Ca^{2+} 和 Al^{3+} 首先溶解在溶液中，掺矿渣的硅酸盐水泥的水化反应是早期氢氧化钙液相中的反应，以及氢氧化钙发生的第二阶段的反应。随着温度上升，氢氧化钙的溶解性增加。它促进了矿渣的早期反应，由于这一原因，矿渣水泥中的碱比硅酸盐水泥中的碱能起到更有效的作用。硅酸盐矿渣水泥的水化形成的水泥浆结构，使其具有的强度可供特殊使用。

（2）决定矿渣及矿渣硅酸盐水泥水硬性的主要因素

①矿渣的化学成分。

②反应体系中的碱量。

③矿渣中的玻璃体系。

④矿渣和硅酸盐水泥的细度。

⑤水化早期所表现出的温度。

矿渣的活性与其化学成分有很大关系，各钢铁企业的高炉矿渣虽然化学成分大致相同，但每种矿渣的氧化物含量并不一致，其活性也不同。因此，矿渣有碱性、酸性和中性之分。水淬矿渣的质量评价方法，是通过矿渣中碱性氧化物和酸性氧化物含量的比值来区分的，通过计算碱度 M [计算方法见式（2-1）]，区分矿渣的碱度水平。$M > 1$ 为碱性矿渣；$M < 1$ 为酸性矿渣；$M = 1$ 为中性矿渣。其 M 值越大，其活性就越好。因此，制备泡沫混凝土应选碱性矿渣掺合料。矿渣的质量也可以通过 X 射线法、显微镜法测定其结晶化率，计算玻璃化程度来进行判断。玻璃化率为 1-结晶化率的百分数。

$$M = \frac{(M_{CaO} + M_{MgO} + M_{Al_2O_3})\%}{M_{SiO_2}\%} \qquad (2-1)$$

矿渣的质量也可用质量系数 K 来评价矿渣质量。

$$K = \frac{(M_{CaO} + M_{MgO} + M_{Al_2O_3})\%}{(M_{SiO_2} + M_{MnO} + M_{TiO_2})\%} \qquad (2-2)$$

日本标准规定，式（2-1）计算的粒化高炉矿渣的碱度应在 1.4 以上，这与水泥原料的碱度值基本相同。水淬矿渣的碱度以及玻璃化率大，则水化性能好，适宜于用作矿渣水泥的掺合料。但水淬矿渣只根据这两方面的因素来评价其水硬性是不能完全说明问题的。

目前，日本生产的矿渣碱度大约在 1.75~1.95 的范围内，我国水淬矿渣的碱度都在 1.8 以上，玻璃化率在 98% 以上，作为矿渣水泥的原料，其质量是完全符合要求的。

3. 矿渣的物理性质

矿渣是带棱角、形状不规则的砂状物质，它的应用是作为混合料与硅酸盐水泥熟料共同磨细或单独磨细。单独磨细时将磨到比表面积为 300~600m²/kg，按照矿渣水泥的质量要求而定，当矿渣粒径磨到 40μm 时，其水硬活性提高，所以矿渣比硅酸盐水泥磨得更细些（图 2-15、图 2-16）。

图 2-15　激光粒度分析仪

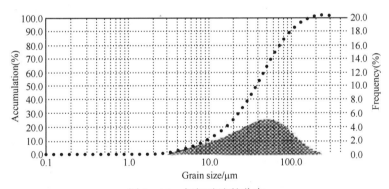

图 2-16　超细矿渣的分布

一般规定高炉矿渣微粉末的细度在 275m²/kg 以上，通常在 340~450m²/kg 范围内，日本也有细度达到 800m²/kg 的超细微粉末。体积密度的标准值在 2.8g/cm³ 以上，一般应在 2.90~2.95g/cm³ 范围内。

高炉矿渣微粉末所表现出的强度大小均受到细度、碱度、玻璃化率以及含量的影响。式（2-3）是通过活性度指数进行了有关规定，它可以用其他指标来定量表示出强度的大小。这个标准值，说明是矿渣的强度明显不低于不掺矿渣的强度。在龄期 7d、28d 和 91d 时，各目的标准值都应达到 55%、75% 和 95% 以上。

$$SAI = \frac{各龄期试验用砂浆的抗压强度}{各龄期使用标准水泥的砂浆的抗压强度} \times 100\% \qquad (2-3)$$

用于做活度指数试验的砂浆，用标准水泥（普通水泥）或者把它与矿渣等量混合在一起形成胶凝材料。细骨料用标准砂和硅砂混合后形成一定粒度的物质。使用水灰比为0.50（或者水胶比），水泥（结合材）砂比2.5，制备成砂浆。

另外，高炉矿渣的使用对稠度没有损害，由此规定与试验的砂浆流动值相比，使用标准水泥的砂浆流动值应达到95%以上。

4. 矿渣对混凝土性能的影响

（1）新拌混凝土

矿渣粉对水泥的初凝和终凝时间有些影响，一般有所缓凝，但幅度不大。在新拌混凝土中，当坍落度一定，取代率相同时，矿渣的细度越大，需水量越偏低。在水胶比相同的情况下，超细矿渣对水泥的取代率越大，单位用水量越低。主要原因是矿渣微粒表面比较平滑致密。

此外，矿渣粉末的细度还与砂浆流动值有关，这个实验是在水泥体积=（水泥＋矿渣）体积的条件下进行的。细度越大，其流动值越小。矿渣水泥的流变特性研究发现，矿渣掺量大的水泥，其砂浆与混凝土的屈服值会降低。超细矿渣的细度及取代率增大，为得到相同的含气量，需要引气剂的量也应增加，但泌水量有所降低。

（2）硬化混凝土的性质

①强度。在相同配合比、强度等级与自然养护条件下，掺矿渣制备的泡沫混凝土的早期强度比普通的泡沫混凝土低，但28d以后强度增长显著高于普通的泡沫混凝土。矿渣细度的变化也对强度有影响，矿渣细度大，水化活性高，混凝土的早期强度有较大的增长。

②干燥收缩及徐变。在养护时间较短、水化不充分能形成控制的情况下，一般干燥收缩较大。干燥收缩5周左右，矿渣的置换率与细度大时，收缩稍有增大，但以后差别不大。在非常潮湿的养护条件及细度大的情况下，混凝土强度较高，而徐变较小。

③抗冻性。混凝土的抗冻性，一般来讲是受含气量的性质和混凝土中毛细管孔隙的程度支配的。掺超细矿渣的多孔性受潮湿养护程度的支配。所以对提高抗冻性来说，早期的潮湿养护成为极端重要的因素。在14d和28d的冻融循环试验中，养护时间较短的一方在进行了反复的冻融循环之后，具有较好的相对动弹性模量。可以认为在充分水化14d后，对混凝土的抗冻性有利，即掺超细矿渣的混凝土水化能充分地进行。

④碳化。混凝土的碳化是因为混凝土具有多孔性，它可以向空气中扩散二氧化碳。多孔性的程度，受矿渣粉水泥取代率和潮湿养护程度的支配，同时也受到超细矿渣与水进行水化反应的影响。此外，超细矿渣的使用会使氧化钙减少，因为矿渣和水所生成的氢氧化钙被大量地消耗掉，所以掺加超细矿渣混凝土的化学碳化很容易实现，因而，注意早期的潮湿养护，尽快生成早期密实的混凝土结构，具有很好的结果。

⑤化学侵蚀性。混凝土抗化学侵蚀的强弱，主要表现在抗酸性溶液的侵蚀和抵抗硫酸盐产生的破坏方面。矿渣粉能够吸收水泥水化生成的氢氧化钙晶体，改善了混凝土界面结构。因此，含矿渣粉的水泥浆体的抗渗能力明显优于普通水泥浆体。矿渣粉具有较强的吸附氯离子的能力，因此，能有效地阻止氯离子扩散，提高了混凝土的抗氯离子能力。掺矿渣粉的水泥基材料的耐硫酸盐侵蚀性主要取决于水泥基材料的抗渗性和水泥中铝酸盐的含量和碱度。掺矿渣粉的水泥基材料中铝酸盐和碱度都比较低，且具有很高的抗渗性，因此，掺矿渣粉的水泥基材料的耐硫酸盐侵蚀性得到大大改善。当水泥中掺入矿渣粉的比率超过50%时，对硫酸盐侵蚀有更大的抵抗性，主要

是掺入超细矿渣后，结构致密，水密性较高。因此，这种水泥抵抗软水、海水和硫酸盐腐蚀能力较强。

⑥碱-集料反应的抑制。矿渣粉对水泥基材料的碱集料反应具有很好的抑制作用，一般认为抑制水泥基材料碱骨料反应的效果与矿渣粉取代水泥的百分率。矿渣粉的水泥取代率越大，其膨胀性越小。试验表明，当水泥中纯碱含量为1%时，矿渣粉的水泥取代为40%以上，效果最好，抑制碱骨料反应的矿渣粉最佳含量在40%~65%。

掺入矿渣对碱集料反应抑制机理，是掺矿渣粉后的水化反应形成碱度较低的C-S-H凝胶，并通过吸附作用和固溶，将碱离子固定下来，这样使孔隙溶液中碱离子的浓度下降，同时，由于C-S-H填满了硬化水泥石的空隙，形成了更致密的结构并抑制了孔隙溶液的迁移，碱离子的吸附作用，使矿渣粉与Ca(OH)$_2$进一步反应，孔隙溶液中剩余的OH$^-$离子的浓度变得更低。掺矿渣有助于降低碱集料反应，至于矿渣粉的细度是否对碱集料反应有所影响，还没有明确的结论。但一般也可以认为细度大对抑制碱集料反应有利。

5. 矿渣粉的性能指标

现行国家标准《用于水泥和混凝土中的粒化高炉矿渣粉》（GB 18046-2008）中给出了水泥混凝土中用矿渣粉的相关技术要求，详见表2-36。

矿渣粉的技术要求 表2-36

项目		级别		
		S105	S95	S75
密度（g/cm^3） ≥		2.8		
比表面积（m^2/kg） ≥		500	400	300
活性指数（%） ≥	7d	95	75	55
	28d	105	95	75
流动度比（%） ≥		95		
含水量（质量分数）（%） ≤		1.0		
三氧化硫（质量分数）（%） ≤		4.0		
氯离子（质量分数）（%） ≤		0.06		
烧失量（质量分数）（%） ≤		3.0		
玻璃体含量（质量分数）（%） ≤		80		
放射性		合格		

2.2.5 沸石粉

1. 概述

天然沸石是建筑材料的重要矿物资源。我国的天然沸石贮量大、分布广。1972年在我国的浙江省缙云县发现有工业价值的沸石矿以后，在河南、山东、河北、黑龙江和内蒙古等地也都陆续发现了沸石矿床。目前，在我国的21个省区内已发现120多处的沸石矿床。代表矿有：河北省赤城县独石口沸石矿，此沸石矿面积大约5km^2，总共有8层矿，总厚180余m，可以露天开采，矿石中以中、高品位的斜发沸石为主，储量约4亿t左右。由于属火山沉积的矿床，故矿层稳定，规模大，品位较高，是国内应用、试验成果较多的矿区之一。黑龙江海林市沸石矿也是国内用于水泥工业最早，效果最好，开发规模最大的沸石矿点。其矿层共三层，并以斜发沸石为主，含量为 65% 左右，是我国大于亿吨的矿床。

天然沸石作为水泥掺合料的应用已有近百年的历史。早在 1912 年，美国修建长达 240 英里的洛杉矶渡槽时就使用了掺加沸石的水泥，当时，蒙诺利特水泥厂采用了 100 万 t 加利福尼亚蒂哈查比附近的沸石凝灰岩代替 25% 以上的水泥熟料，配制了火山灰波特兰水泥，并断定，制作混凝土时与纯波特兰水泥具有同样的强度和良好的性能。直到 20 世纪 50 年代才知道当时采用的材料是斜发沸石岩。这种沸石岩在美国西部十分丰富，作为火山灰原料用于大坝坝体结构、公路和水槽。前苏联的诺沃罗西斯克水泥厂，自 1913 年以来就一直采用克里米亚卡拉达格的凝灰岩作为水泥的混合材，1973 年，前苏联的科学家对克里米亚凝灰岩进行综合的矿物学等方面的研究，才知道它的主要造岩矿物是丝光沸石。目前，美国、俄罗斯、意大利、德国等国家都把沸石用于水泥生产。例如，在前南斯拉夫北部的采列附近，每月开采数千吨沸石凝灰岩作为水泥活性掺合料。但对沸石矿物在水泥中的活性所引起的特殊反应仍未完全了解，只推测，似乎是水泥基材料在水化硬化时所产生的过剩氢氧化钙与沸石中高含量的硅结合或中和，差不多或与轻质凝灰岩粉末或粉煤灰所引起的作用相同。世界上其他各国虽同样利用沸石凝灰岩作为水泥的活性掺合料，可用户们对这些材料的矿物成分并不是很清楚。

我国利用沸石岩作水泥掺合料的研究也已开展多年，许多高等院校、研究院以及一些水泥厂等都进行过这方面的研究。1978 年 3 月起，清华大学就开展了沸石岩水泥掺合料的研究，此后，廉慧珍教授、冯乃谦教授在沸石材料的活性特征、在高性能混凝土中的作用机理等方面进行了大量的研究。冯乃谦教授用超细沸石粉体材料开发了 F 矿粉高性能混凝土掺合料。以天然沸石粉等量取代混凝土中部分水泥，与对比的基准混凝土相比，拌合物的均匀性更好，硬化后的抗渗能力增强，耐久性提高。

2. 沸石的种类及结构特性

（1）沸石的种类

天然沸石是指以沸石为主要造岩矿物的岩石。沸石是具有架状构造的含水硅铝酸盐矿物。主要含有 Na、Ca、K 等金属离子及少量的 Sr、Ba、Mg 等离子。沸石的化学组成通常以下式表示：

$$(Na,\ K)_x(Mg,\ Ca,\ Sr,\ Ba)_y\{Al(x+2y)\cdot Si[n-(x+2y)]O_{2n}\}mH_2O$$

式中，Al 的个数等于阳离子总价电子数；O 的个数等于（Al+Si）×2；n 是硅铝总个数。

目前，天然沸石的种类有 38 种。沸石种类繁多，但并不是所有沸石都具有工业价值，在建材方面有广泛应用的主要是斜发沸石和丝光沸石等。

（2）沸石结构的一般特征

①沸石是架状构造硅酸盐中的一族矿物，结构比较复杂，主要由三维硅（铝）氧格架组成，其基本单元是硅氧四面体，如图 2-17 所示。Si 离子位于四面体的中心，四个 O 离子位于四面体的四个角顶，以 [SiO₄] 表示。其中 Si-O 离子间的距离为 0.16nm，O-O 离子间的距离约为 0.26nm。硅氧四面体中的硅

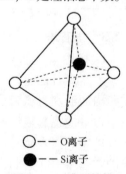

○──── O离子
●──── Si离子
图 2-17　沸石结构

离子可被铝离子置换，而形成铝氧四面体［AlO_4］。在［AlO_4］四面体中，$Al-O$ 离子间的距离约为 0.175A，$O-O$ 离子间的距离约为 0.286nm。

②$Si-O$ 四面体通过四个顶角彼此连接，构成硅氧四面体群。群体中每一个 $Si-O$ 四面体中，Si 与 O 之比为 1:2。Si 离子是四价的，所以群体中的电价为零。若其中部分硅被铝离子置换时，铝是正三价的，在铝氧四面体中，有一个氧离子的负一价得不到中和，而出现负电荷。为了平衡这些负电荷，金属阳离子就相应进入［AlO_4］中，而这些进入［AlO_4］中的金属阳离子是可以为其他金属离子置换的。一般沸石中的硅为铝所置换的数量是变化的，故硅铝比不同，所以，金属离子的含量也不同。这样，通过硅氧四面体和铝氧四面体的角顶相互连接，形成各种形状的、三元的硅（或铝）氧格架—沸石结构。

③硅或铝氧四面体由于连接方式不同，在沸石结构中形成很多空腔和孔道，它们可以是一维、二维的和三维的。通常，沸石的空腔和孔道被水所填充，通过加热可以将这些水分除去，而不破坏它们的结构，这种水称为沸石水。

3. 斜发沸石和丝光沸石的矿物特性

（1）斜发沸石

斜发沸石的单位晶胞式为：（Na_4，K_4）（Al_8，Si_4O）O_{96}·$24H_2O$。前面括号内为可交换的阳离子。从式中可知，铝和碱的比常等于 1；$Si/Al = 5$，（$Al+Si$）$/O = 1/2$。斜发沸石属单斜晶系，晶体常呈板状或片状。粒径一般在 0.02~0.05mm，颜色为白色或淡黄色，有玻璃光泽，硬度 4~5，相对密度 2.16g/cm^3。斜发沸石对铵离子的吸收容量是 218mg/100mg。根据这个数值可以计算天然沸石中的沸石含量。斜发沸石对阳离子的交换性能的顺序如下：

$$Cs^+ > Rb^+ > NH_4^+ > K^+ > Na^+ > Li^+，Ba^{++} > Sr^{++} > Ca^{++} > Mg^{++}$$

斜发沸石在加热过程中，300℃ 时失重明显，至 1000℃ 失重约 12.5%。热差分析表明，125~300℃ 时吸附水的脱水而形成吸热峰，300℃ 至 1000℃ 时，由于结晶水的脱水和结晶结构的变化而产生的吸热曲线。如加热至 800℃，恒温 12h，结构破坏，变成无定型体。凝灰盐中常可发现斜发沸石，凝灰岩的沉积环境多种多样，如海洋、近海、泻湖、淡水湖及陆相等。主要是能通过间隙溶液与火山玻璃蚀变而形成。

（2）丝光沸石

丝光沸石的单位晶胞式为：Na_8［$Al_8Si_{40}O_{96}$］$24H_2O$，有时含有金属阳离子 Ca 和 K。其中的含量关系为：Na，Ca > K；$Si/Al = 4.17~5.0$，属斜方晶系。丝光沸石的结晶多呈纤维状、毛发状，集合体呈束状。其大小一般在 0.01~0.03mm，白色，丝绢光泽，相对密度 2.12g/cm^3。折射率为：$N_g = 1.477~1.487$，$N_m = 1.475~1.485$，$N_p = 1.472~1.483$。二轴晶正（或负）光性。热重分析：连续，14%。热差分析：吸热峰 250~300℃；放热峰大于 1000℃。热稳定性好，加热至 750℃ 时，持续 12h，晶体的大部分仍能保持原有的结构。当加热到 850℃ 时，持续 12h，其结构才被破坏。同时，耐酸性强，用 pH 值为 3.6 的 NH_4Cl 溶液在温度 100℃ 下处理 4h，其结构仍不变。同样，在 100℃ 用 15% 的 NaOH 溶液处理时，则其结构完全破坏。丝光沸石对阳离子的吸附容量为 223mg 当量/100g。对阳离子的交换顺序与斜发沸石相同。丝光沸石常与斜发沸石共生，说明它们的生成条件相似，但丝光沸石的生成温度比斜发沸石稍高。与丝光沸石结构相似的还有镁碱沸石、环晶沸石等。图 2-18 为斜发沸石的矿物照片，图 2-19 为丝光沸石的矿物照片。

图 2-18 斜发沸石矿物的照片

图 2-19 丝光沸石的矿物照片

4. 沸石的化学成分与活性

沸石的主要化学成分为 SiO_2 和 Al_2O_3，其中可溶性硅及铝的含量不低于 10% 和 8%，高活性沸石粉的化学成分见表 2-37。

沸石粉的化学成分（%）   表 2-37

产地	SiO_2	Al_2O_3	Fe_2O_3	FeO	CaO	MgO	K_2O	Na_2O
河北	66.63	13.28	2.38	0.34	3.28	1.35	2.48	1.40
安徽	69.00	8.63	1.91	—	3.14	—	—	—

沸石粉的相对密度为 $2.2 \sim 2.4 g/cm^3$，堆积密度为 $700 \sim 800 kg/m^3$。沸石粉的细度一般控制在 0.08mm 方孔筛的筛余量不大于 12%。其相应的平均粒径为 $5.0 \sim 6.5 \mu m$。沸石粉与粉煤灰、矿渣粉和硅灰等材料不同，沸石是一种天然的、多孔的微晶物质，具有很大的比表面积。

沸石与火山玻璃不同，它是一种晶态物质，比玻璃具有更强的反应能。我国的几个沸石矿样品的石灰吸收值高于一般凝灰岩和其他玻璃质混合材料。天然沸石中的斜发沸石或丝光沸石，30d 的石灰吸收值均比火山玻璃高，而且大于国家规定的标准值 $3 \sim 4$ 倍。

通过热处理，可使天然沸石变成玻璃态，如将沸石含量改为 84% 的嫩江沸石，以 $500 \sim 600℃$ 焙烧，恒温半小时后水淬，经 XRD 试验证明沸石结构也完全破坏，在衍射图上出现很宽的非晶态干涉区，如果把未处理的晶态沸石与加热处理后的晶态沸石按 0:1、1:3、1:1、3:1 及 1:0 配制成混合物，分别可得到沸石含量为 84%、63%、42%、25% 及 0% 的样品，再分别以 5%、10%、15%、20% 和 30% 掺入硅酸盐水泥中，沸石细度过 4900 孔筛，水灰比为 0.35，制成立方体试件，经标准养护 28d，测抗压强度，试验结果发现，当以 $5\% \sim 10\%$ 的沸石取代相应的水泥时，其强度均比对比的基准试件强度高，而且全部是原状的天然沸石粉的增强效果最好。另外，嫩江沸石的晶态与非晶态比值为 3:1 时，对水泥的取代量可达 $10\% \sim 20\%$，强度达最佳值。

沸石的一个重要性能是可以进行可逆的阳离子交换，用这种方法可以改变沸石骨架中的阳离子种类，使得某种离子占全部离子的 50% 以上，将交换前的天然沸石分别以 10% 掺入硅酸盐水泥中，配制成水泥标准试件，测定其 3d、7d、28d 的抗压和抗折强度，其结果见表 2-38 所示。由表 2-38 可看出，纯水泥的实际强度是 32.1MPa，以 10% 不同阳离子的天然沸石取代相应的水泥后，28d 龄期的抗压强度要比基准水泥高。Ca^{2+} 的沸石最高（44.3MPa），比基准水泥提高 38%。即使是最低的天然沸石原料，也比基准水泥提高

22%。另外，不同阳离子的含量对强度也有影响，以天然沸石原样及 K^+ 的天然沸石效果偏低，而 NH_4^+、Ca^{2+} 及 Na^+ 的天然沸石，其增强效果差别不明显。

不同阳离子的嫩江天然斜发沸石水泥强度　　　　　表 2-38

阳离子种类	3d 强度（MPa）		7d 强度（MPa）		28d 强度（MPa）		附注
	抗折	抗压	抗折	抗压	抗折	抗压	
沸石原样	4.0	15.3	5.4	24.9	7.9	39.2	纯水泥实际强度32.1
NH_4	3.7	14.1	5.2	24.9	7.7	44.2	沸石水 9.90%
Ca^{2+}	4.2	16.6	5.7	27.6	8.0	44.3	沸石水 7.78%
Na^+	4.6	18.7	5.4	28.2	7.5	42.0	沸石水 6.83%
K^+	4.3	17.2	5.7	27.0	7.8	39.5	沸石水 4.32%

天然沸石细度的变化，将对其活性有较大的影响。表 2-39 反映出独石口的斜发沸石磨细通过分别 100 目、200 目、260 目和 360 目，分别取代水泥 20% 和 40%，配制成标准试件，测试其 7d 和 28d 的强度。从表 2-39 可以看出，随着天然沸石的细度增大，水泥石 28d 强度相应提高，如掺入 20% 的 100 目沸石粉的抗压强度为 26.9MPa，170 目的为 27.4MPa，260 目的为 29.7MPa，360 目的为 33.7MPa。同样，当掺入量为 40% 时也有类似的结果。说明细度对天然沸石的化学反应活性影响较大。

不同细度的沸石水泥强度　　　　　表 2-39

细度		100 目		170 目		260 目		360 目	
掺量（%）		20	40	20	40	20	40	20	40
强度（MPa）	7d	8.29	5.62	7.93	6.72	8.49	6.98	8.75	8.57
	28d	26.9	20.8	27.4	22.6	29.7	24.6	33.7	28.3

若将不同的矿物质掺合料，通过与饱和的 $Ca(OH)_2$ 溶液反应，测定其 SiO_2 和 Al_2O_3 的全溶量和可溶率，就可以比较不同掺合料和石灰的反应活性，见表 2-40。

不同矿物质掺合料的活性分析　　　　　表 2-40

试样名称	28d 抗压强度（MPa）	SiO_2（%）			Al_2O_3（%）		
		全量	可溶	可溶率	全量	可溶	可溶率
嫩江斜发石灰	62.9	60.90	11.16	18.3	18.62	8.29	44.5
非晶嫩江沸石	59.3	63.80	6.83	10.7	8.41	7.57	99.0
缙云丝光沸石	54.8	68.96	9.94	14.4	10.22	3.13	30.0
油页岩灰	52.3	54.25	10.66	19.6	13.06	9.29	71.0
火山渣	38.3	46.70	4.65	10.3	12.06	11.41	94.1
粉煤灰	32.3	45.50	1.67	3.7	15.13	4.09	17.0
沸腾炉灰	59.1	34.7	4.33	12.5	12.1	6.25	51.7
矿渣	46.8	30.30	4.86	16	18.24	5.47	30.0

注：28d 的标准抗压强度，是以 10% 试样掺入硅酸盐水泥后试件的抗压强度。

由此可以看出，对不同矿物质掺合料，以 10% 取代相应的水泥，其 28d 标准强度与活性 SiO_2 和 Al_2O_3 的量没有明显的相关性。所以矿物质掺合料在水泥中的活性，不仅与石灰反应的化学性能有关，还与物理状态有关。另外，天然沸石经非晶化处理后活性 Al_2O_3 的量大幅提高，但强度并没有提高，这也说明天然沸石的化学反应活性与非晶态的处理无关。

综上所述，由于沸石的特殊结构，天然沸石的化学反应活性与其结构密切相关。沸石含量高，则结晶态物质含量高，内表面积大，当取代部分水泥后，可以提供水泥水化更大的空间；同时，沸石的可溶 SiO_2 与 Al_2O_3 与水泥水化过程中提供的 $Ca(OH)_2$ 发生二次反应，生成 $C-S-H$ 凝胶及水化铝酸钙，使水泥石密度提高，强度增加。这种二次水化反应过程与沸石粉的细度有关。细度大则活性高，强度也高。

沸石粉的火山灰活性由其活性氧化硅及活性氧化铝的含量决定，活性氧化硅及活性氧化铝能参与胶凝材料的水化和凝结硬化过程。且能与水泥水化时所析出的游离氢氧化钙反应，生成水化硅酸钙及水化铝酸钙，促进水泥水化反应的进程，增加了水化产物，从而提高了水泥基材料的密实度。同时，由于沸石粉具有特殊的格架状结构，内部充满孔径大小不一的空腔和孔道，具有较大开放性，当掺入水泥基材料中后，表现出一定的亲水性，使水分子吸入其空腔和孔道，从而降低其泌水性。

5. 沸石粉的技术指标

沸石粉的活性与沸石含量有关，沸石含量以吸铵值表示。为确定沸石含量，可以采用铵离子交换试验测定其吸铵值，吸铵值是目前测定沸石岩中沸石含量的主要依据。沸石中的碱金属和碱土金属很容易被铵离子交换，因此，吸铵值是沸石特有的理化性能。斜发沸石的沸石含量约为 94%，其理论吸铵值为 213~218mmol/100g；丝光沸石的沸石含量约为 97%，其理论吸铵值为 223mmol/100g。但是，掺入沸石粉的水泥胶砂 28d 强度试验表明，强度与吸铵值之间没有直接的相关关系。按照吸铵值的大小将沸石分级，沸石粉的吸铵值与沸石含量的关系见表 2-41。吸铵值越大，表示沸石的含量越高。我国大多数沸石矿区的沸石含量在 50% 以上。活性氧化硅和活性氧化铝的含量测定可采用清华大学发明的化学分析法进行。

不同矿物质掺合料的活性分析　　　　　　　　　　　表 2-41

吸铵值（mmol/100g）	130	100	90
相当于沸石含量（%）	60	48	45

沸石粉的性能技术指标可参照现行国家标准《高强高性能混凝土用矿物外加剂》（GB 18736-2002），详见表 2-42。

沸石粉的技术指标　　　　　　　　　　　表 2-42

试验项目			沸石粉	
			I	II
化学性能	Cl（%）	≤	0.02	
	吸铵值（mmol/100g）	≥	130	100
物理性能	比表面积（m²/kg）	≥	700	500
胶砂性能	需水量比（%）	≤	110	115
	活性指数（28d）（%）	≥	90	85

2.2.6 偏高岭土

1. 概述

偏高岭土是一种高活性的火山灰质材料,它的使用历史可以追溯到 1962 年巴西把它掺入混凝土中兴建 Jupia 大坝。偏高岭土中 SiO_2 和 Al_2O_3 含量较高,特别是 Al_2O_3。它在水泥混凝土中的作用机理与硅灰及其他火山灰相似。除了偏高岭土微粉的填充效应和对硅酸盐水泥的加速水化作用外,主要是活性 SiO_2 和 Al_2O_3 与 $Ca(OH)_2$ 作用生成 C-S-H 凝胶和水化铝酸钙(C_4AH_{13}、C_3AH_6)、水化硫铝酸钙(C_2ASH_3)。由于其极高的火山灰活性,故有超级火山灰之称。高岭土在水泥混凝土行业的应用是高岭土在 600~800℃ 条件下脱水除杂制得偏高岭土来作为掺合料。目前,偏高岭土(MK)作为一种高性能混凝土的新的矿物掺合料,广泛应用于实际生产当中。

在 20 世纪 80 年代,国际上开始进行了许多相关试验,发现偏高岭土消耗氢氧化钙特别快,并把它用来保护增强纤维水泥基复合材料中的玻璃纤维。20 世纪 90 年代中后期研究力度不断增大,主要集中于将其作为矿物掺合料对水泥及混凝土性能的影响上,包括提高抗硫酸盐性,有效抑制碱集料反应的膨胀,还有消除彩色混凝土的粉化等。近几年来,由于偏高岭土的特殊性能和远低于硅灰的价格,以及高性能混凝土的迅速发展,在国际上重新引起高度重视,相关研究论文骤然剧增。其中有代表性的有 B. B. Sabir、S. Wild、J. Bai 回顾了关于偏高岭土作为高火山灰活性的掺合料取代水泥,用于砂浆、混凝土和阻挡有害废弃物和其他污染物的工程应用中;W. Sha、G. B. Pereira 用微观热力学来跟踪不同掺量取代水泥的偏高岭土掺入后水泥基材料的水化反应,并提出了化学计量学的方法;E. Moulin、P. Blanc、D. Sorrentino 对掺入偏高岭土的水泥参数进行了研究,如硫酸盐总含量和氢氧钙石组分的性质,流变学特性及硬化后的性能;D. D. Vu、P. Stroeven、V. B. Bui 在研究中发现,用偏高岭土取代 20% 水泥的砂浆和混凝土,其性能并不降低;K. A. Gruber 等人研究了通过煅烧高龄土质黏土的性质,及其使用后显著降低氯离子扩散系数和孔隙溶液碱性,同时,不妨碍钢筋的钝化;W. Aquino、D. A. Lange、J. Olek 研究了硅灰和高活性偏高岭土对碱集料反应产物的化学影响;J. J. Brooks、M. A. Megat Johari 研究了偏高岭土对混凝土徐变和收缩的影响,研究表明,偏高岭土在高掺量条件下(15%),混凝土的徐变和收缩都会减少;V. Bindiganavile、N. Banthia 研究了利用硅粉混合物和高活性偏高岭土来降低喷射混凝土的回弹率;Michael A. 等人作了偏高岭土与硅灰的对比研究,结果表明,过去只能用硅灰配制高性能混凝土的领域,现在可以用高活性偏高岭土来代替了,且在某些性能上,高活性偏高岭土甚至优于硅灰。同样以 10% 掺入,其强度与硅灰相近或高于它,而气孔率更低,更加密实;同时,在达到相同工作性时需水量也低于硅灰。以 5%~10% 取代水泥可以很好地提高其强度及抗渗性能,同时其价格远低于硅灰,可以有效地降低高性能混凝土的成本。也有将其制成胶凝材料制品的研究。例如,前苏联曾用偏高岭土研制了一种水泥,该水泥耐磨性好,强度高,并具有一定的膨胀性能;美国于 1987 年研究开发了一种用碱激发的高强快干水泥,又称 Pyrament。该水泥做成的混凝土 4h 的抗压强度可达 18MPa 以上,1 个月可达到 82.8MPa;芬兰采用碱激活剂($NaOH + Na_2CO_3$)及木质磺酸素,生产出一种"F 胶凝材料";日本也将偏高岭土用于制备胶凝材料。地聚合物材料(Geopolymeric materials)是近年来国际上研究非常活跃的材料之一。它是以偏高岭土、碱激活剂为主要原料,采用适当的工艺处理,通过化学反应得到的具有与陶瓷性能相似的一种新材料。法国的 Davidovits 曾研究了用 NaOH 或 KOH 与偏高岭土制备沸石类矿物的反应，并制造出了高早强矿物胶凝材料，申请了专利，将其称为"地质聚合物"。此外，国内外只是偏重于研究偏高岭土对硅酸盐水泥的影响机制，而偏高岭土对其他品种水泥影响的研究尚处于初级阶段，没有形成相应的理论。偏高岭土应用研究的前景如此广阔，将必然得到越来越多的材料工作者的关注。

国内有关偏高岭土研究的起步很晚，近几年偏高岭土作为矿物掺合料研究的发展很快。许多研究表明，偏高岭土活性甚至高于硅灰，硅灰的导入使混凝土的自收缩会增加，偏高岭土混凝土有补偿收缩的微膨胀性能，偏高岭土有较好的工作性，能改善混凝土的可塑性，增强结合性，减少泌水，加速水泥的水化，早期强度高，后期强度不断增长，提高混凝土的综合性能，偏高岭土可以用于混凝土路面和机场跑道的修补，是一种理想的修补材料。

2. 高岭土基本性质

偏高岭土（Metakaolin，MK）是由高岭土（$Al_2O_3 \cdot 2SiO_2 \cdot 2H_2O$，$AS_2H_2$）在适当温度下脱水形成的产物。高岭土（$Al_2O_3 \cdot 2SiO_2 \cdot 2H_2O$）是一种用途广泛的矿物原料，矿物结构呈层状，由范德华键结合在一起，OH^- 在其中结合得较为牢固。高岭土是以高岭石为主要矿物成分的黏土质矿物，高岭石属于层状硅酸盐矿物。

高岭石的基本性质如下：

（1）高岭石的化学成分。高岭石的理想化学式为 $Al_2Si_2O_6(OH)_2$，相应的理论化学成分（%）为：SiO_2：46.54，Al_2O_3：39.50，H_2O：13.96。SiO_2/Al_2O_3 的摩尔比为 2:1。高岭岩（土）的烧失量指标主要是高岭石、其他黏土矿物结构水的脱失逸出以及碳质，其他有机质的烧失和混入物的分解所致。纯洁的高岭岩（土）的烧失量通常接近高岭石水的理论值，即 11%~15%，而含杂质量大的高岭岩（土）的烧失量就会有所增大，一般在18%以上。

（2）高岭石的晶体结构。高岭石的晶体结构是由 SiO^- 四面体片层和一层 Al－（O，OH）八面体组成。在实际的高岭石结构中，Si－O 四面体片和 Al－（O，OH）八面体片的大小不相适应，四面体片的四面必须经过轻度的相对转动和翘曲才能与"变型"的"氢氧铝片"相匹置。高岭石中结构层的堆积不是平衡叠置，而是相邻的结构层沿 U 轴相互错开 1/3a，并存在不同角度的旋转，从而形成高岭石 $1T_c$、1M、$2M_1$、（迪开石）、$2M_2$（珍珠陶石）等不同多型，其中 1M 多型少见。

（3）高岭石的物理性质。纯净高岭石为白色，因含杂质可染成其他不同颜色。集合体光泽暗淡或呈蜡状光泽。具 {001} 极完全解理，硬度 2.0~3.5，相对密度 2.60~2.63g/cm^3。高岭石状致密结合体（称为高岭土），具粗糙感，干燥时具吸水性，湿态具可塑性，但加水不膨胀。阴离子交换能力差，只能在颗粒边缘产生由于破键而引起的微量交换。因此，交换量容量随粒度的减小而增大，一般阴离子交换容量为 1~10mmol/100g。

3. 高岭土制备、结构与活性

偏高岭土（metakaolin）是高岭土（kaolinite）在适当温度下脱水形成的无水硅酸铝。高岭土属于层状硅酸盐结构，层与层之间由范德华力结合，OH^- 在其中结合得较牢固。它在空气中受热时会发生结构变化：大约 600℃时高岭土的层状结构因脱水而破坏，生成偏高岭土。反应式如下：

$$2Al_2Si_2O_5(OH)_4 \longrightarrow 2Al_2Si_2O_7 + 4H_2O$$

高岭土在 500~600℃下煅烧生产偏高岭土，偏高岭土中有大量无定形二氧化硅和氧化铝，原子排列不规则，呈热力学介稳状态，在适当激发下具有胶凝性。温度升至925℃以上，偏高岭土开始结晶，转化为莫来石和方石英，失去水化活性。从理论上讲，当高岭石煅烧至其中的 OH 完全脱去，偏高岭石结构无序程度最大又无新的结晶相形成时活性最高。但实际对高岭土的热处理过程，很难得到完全理想结构。

高岭土经过煅烧后，结构发生了很大的变化，高岭土结构中的 6 配位铝绝大部分转化成具有反应活性的 4 配位铝，绝大部分的矿物结晶也发生了转变。图 2-20 为高岭土 XRD 衍射图。高岭石（主要特征峰：$d=7.25$，4.48，3.59，2.35）是高岭土的主要成分，且含量较高。高岭土经过煅烧后，所有的结晶峰消失，形成了结晶度很差的相，衍射图呈现弥散的馒头状，见图 2-21。

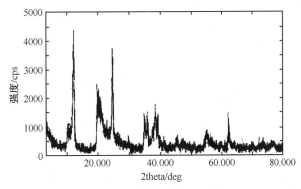

图 2-20 高岭土的 XRD 图

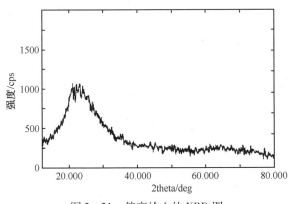

图 2-21 偏高岭土的 XRD 图

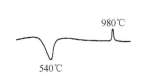

图 2-22 偏高岭土差热曲线

关于偏高岭土的煅烧温度，卢教授进了大量的研究。在不同煅烧温度和保温时间下煅烧高岭土，根据产物火山灰活性指数和掺入水泥胶砂强度试验，得出以 750℃温度煅烧高岭土所获得的偏高岭土活性最好。He 等从 TG/DTA 分析中发现高岭石在 650℃时完成脱水，确定高岭土的最佳热处理温度为 650℃。用石灰-偏高岭土试件进行火山灰活性试验，表明在此温度下焙烧所得高岭土具有较高活性。陈益兰等研究表明，经 700~800℃热处理得到的偏高岭土，结晶度很低，有相当高的水化活性。高岭土的差热分析曲线见图 2-22。

为了使高岭土煅烧后既具有高的化学活性，又保持原有的片状结构，宜在较低温度下（600～850℃）煅烧。

4. 偏高岭土在水泥中的水化及作用机理

偏高岭土是一种高活性火山灰材料，在水泥水化产物 Ca（OH）$_2$ 的作用下发生火山灰反应，生成的水化产物与水泥类似，起辅助胶凝材料的作用，是优质的活性矿物掺合料。

A. S. Taha 等人研究偏高岭土、石灰、石膏及水的反应，结果表明当石膏掺量为 5% ～ 10% 时，生成 C_2ASH_8，强度随石膏掺量增加而增加。当石膏掺量为 15% ～20% 时，阻止了 C_2ASH_8 的形成，使钙钒石含量增加。M. Murate 等研究了偏高岭土作为混凝土矿物掺合料时水化发应，是偏高岭土、氢氧化钙与水的反应。随着偏高岭土 $Al_2O_3 \cdot 2SiO_2$（简式 AS_2）与 Ca（OH）$_2$（简式 CH）比率和反应温度的不同，会生成不同的水化产物，包括托勃莫来石（CSH-I）、水化钙铝黄长石（C_2ASH_8）及少量水化铝酸钙 C_4AH_{13}。不同 AS_2/CH 比率下的反应式如下：

$$AS_2/CH = 0.5，AS_2 + 6CH + 9H \longrightarrow C_4AH_{13} + 2CSH$$
$$AS_2/CH = 0.6，AS_2 + 5CH + 3H \longrightarrow C_3AH_6 + 2CSH$$
$$AS_2/CH = 1.0，AS_2 + 3CH + 6H \longrightarrow C_2ASH_8 + CSH$$

偏高岭土之所以能提高混凝土的强度及其他性能，主要在于它加速水泥水化反应及其填充效应和火山灰效应。S. Wild 等人认为加速水泥水化是它能大幅度提高混凝土强度的重要原因，填充效应居次，火山灰效应则发生在 7～14d 之间。

偏高岭土的作用机理主要有以下三个方面：

（1）加速水泥水化效应 偏高岭土是介稳态的无定形硅铝化合物，在碱激发下，硅铝化合物由解聚到再聚合，形成一种硅铝酸盐网络结构。偏高岭土掺入混凝土中，其活性 Al_2O_3 与 SiO_2 迅速与水泥水化生成的 Ca（OH）$_2$ 起反应，促进水泥的水化反应进行。

（2）填充效应 混凝土可视为连续级配的颗粒堆积体系，粗集料的间隙由细集料填充，细集料的间隙由水泥颗粒填充，水泥颗粒之间的间隙则要更细的颗粒来填充。细磨的偏高岭土在混凝土中可起这种细颗粒的作用。同时，水化反应生成具有填充效应的水化硅酸钙及水化硫铝酸钙，优化了混凝土内部孔结构，降低了孔隙率并减小了孔径，使混凝土形成密实充填结构和细观层次自紧密堆积体系，从而有效地改善了混凝土的力学性能及耐久性。

（3）火山灰效应 偏高岭土的加入能改善混凝土中浆体与集料间的界面结构。混凝土中浆体与集料间的界面区由于富集 Ca（OH）$_2$ 晶体而成为薄弱环节。偏高岭土有大量断裂的化学键，表面能很大，迅速吸收部分 Ca（OH）$_2$ 产生二次水化反应，促进 AFt 和 C-S-H 凝胶生成，从而改善了界面区 Ca（OH）$_2$ 的取向度，降低了它的含量，减小了它的晶粒尺寸。这不仅有利于混凝土力学性能的提高，也改善耐久性。

2.2.7 其他掺合料

1. 碳酸钙粉

作为水泥基材料的非活性掺合料，可以使用一定数量的石灰石。尤其是磨细的石灰石粉，可使混凝土的各种性能得到改善，这主要是由于石灰石粉和水泥体之间的紧密结合所致，这种结合性的改善是由于石灰石粉表面具有粘附力，使水泥体有机械附着作用，同时，水泥与石灰石之间产生化学反应。国外已有研究指出，使用碎石灰石比其他骨料更能改进混凝土的抗压强度。掺入石灰石粉的混凝土在水灰比较差时，抗压强度还是比砾石混凝土高。因此，有人建议使用石灰石碎石和石灰石砂配制混凝土。我国在使用石灰石粉作为混凝土矿物掺合料方面也进行了不少试验，并且在工程中应用特别成功。

硅酸钙粉来源于石灰岩矿石。石灰岩的矿物成分主要为方解石，伴有白云岩、菱镁矿和其他碳酸盐矿物，还混有其他一些杂质。其中的镁呈白云石及菱镁矿出现，氧化硅为游离状的石英、石髓及蛋白石分布在岩石内，氧化铝同氧化硅化合成硅酸铝（黏土、长石、云母）；铁的化合物呈碳酸盐（菱镁矿）、硫铁矿（黄铁矿）、游离的氧化物（磁铁矿、赤铁矿）及氢氧化物（含水针铁矿）存在。此外，还有海绿石，个别类型的石灰岩还有煤、地沥青等有机质和石膏有机质和石膏、硬石膏等硫酸盐，以及磷和钙的化合物，碱金属化合物以及锶、钡、钛和氟等化合物。

各家生产方式不同，碳酸钙粉分为轻质碳酸钙、重质碳酸钙和活性碳酸钙。

（1）重质碳酸钙是用机械方法直接破碎和粉磨的天然石灰石、大理石、方解石、白垩和贝壳等制成。由于重质碳酸钙的沉降体积比轻质碳酸钙的沉降体积小，因此，称为重质碳酸钙。

（2）轻质碳酸钙又称沉淀碳酸钙，简称轻钙。它是将石灰石等原料煅烧生成石灰和二氧化碳，再加水消化石灰生成石灰乳，然后，通入二氧化碳使石灰乳碳化生成碳酸钙沉淀，最后经过脱水、干燥和粉碎而制成。或者先用碳酸钠和氯化钙进行复分解反应，生成碳酸钙沉淀，然后经脱水、干燥和粉碎而制成。由于轻质碳酸钙的沉降体积大，约为 $2.4 \sim 2.8\mathrm{mL/g}$，因此被称为轻质碳酸钙。

（3）活性碳酸钙又称改性碳酸钙、表面处理碳酸钙、胶质碳酸钙，简称活钙。活性碳酸钙是用表面改性剂对轻质碳酸钙或重质碳酸钙进行表面处理而制得的。由于经表面活性剂改性后的碳酸钙一般都具有补强作用，即所谓"活性"，所以习惯上把改性碳酸钙都称为活性碳酸钙。

碳酸钙粉是一种粉体商品，根据碳酸钙粉体平均粒径的大小，可以将碳酸钙分为微粒碳酸钙（$d>5\mu\mathrm{m}$）、微粉碳酸钙（$1\mu\mathrm{m}<d\leq5\mu\mathrm{m}$）、微细碳酸钙（$0.1\mu\mathrm{m}<d\leq1\mu\mathrm{m}$）、超细碳酸钙（$0.02\mu\mathrm{m}<d\leq0.1\mu\mathrm{m}$）和超微细碳酸钙（$d\leq0.02\mu\mathrm{m}$）。

重质碳酸钙粉的生产工艺有以下两种，一种是干法，另一种是湿法。干法生产的产品可广泛用于橡胶、塑料、建材等行业。湿法工艺生产的产品用于造纸行业。由于湿法工艺的重质碳酸钙粉细度非常大，干燥工艺复杂，一般产品是以浆料直接供应造纸厂。干法工艺与湿法工艺相比，生产成本低，用途广泛。干法生产的工艺流程如下：

石灰石 —→ 粉碎 —→ 分级 —→ 旋风分离 —→ 重质碳酸钙

合格的原矿石经粗碎后，进入初级粉碎机得到初碎颗粒，经分级机分级后，小部分作为粗初成品，与少量杂质一起包装后出厂；其余部分进入中级粉碎机继续粉碎，粉碎后分级至高级别的产品，根据客户的要求，生产出进行表面覆盖处理的产品，最后分别经微负压系统进行包装。该技术的关键是高度自动化的分级设备。

利用优质碳酸钙矿物资源开发重质碳酸钙，并开发一些粉碎、分级等高级装置具有很好的应用前景。目前，干法粉碎重质碳酸钙平均粒径可达 $2\sim5\mu\mathrm{m}$，湿法粉碎可达 $0.4\sim0.7\mu\mathrm{m}$，把重质碳酸钙的生产和应用推向了新阶段。现在单系列装置的生产规模达到 30

万 t/年。我国重质碳酸钙的产品通常称为单飞粉、双飞粉、三飞粉和四飞粉。单飞粉用于生产无水氯化钙，是重铬酸钾生产的辅助原料，玻璃及水泥生产的主要原料，也用于其他建筑材料；双飞粉是生产无水氯化钙和玻璃等的主要原料，批墙腻子、橡胶和油漆的白色填料，以及其他建筑材料；三飞粉用作塑料、涂料及油漆的填料；四飞粉用作电线绝缘层的填料、橡胶模压制品以及沥青的填料。

重质碳酸钙的技术质量要求有国家化工行业标准《工业用重质碳酸钙》（HG/T 3249 - 2001），2008 年为进一步按不同制品行业的技术要求，将标准分别修订为四个标准，即《造纸工业用重质碳酸钙》（HG/T 3249.1 - 2008）、《涂料工业用重质碳酸钙》（HG/T 3249.2 - 2008）、《塑料工业用重质碳酸钙》（HG/T 3249.3 - 2008）和《橡胶工业用重质碳酸钙》（HG/T 3249.4 - 2008）。

我国轻质碳酸钙的生产工艺比较成熟。技术指标的标准化已经实现。轻质碳酸钙的生产工艺如下：

石灰煅烧 ⟶ 熟石灰消化 ⟶ 石灰乳碳化 ⟶ 固液分离 ⟶ 干燥 ⟶ 包装

轻质碳酸钙的产品质量标准为国家化工行业标准《普通工业沉淀碳酸钙》，详见表 2 - 43。

轻质碳酸钙的技术要求　　　　　　　　　　　　　　　　　表 2 - 43

项目		技术指标					
		橡胶和塑料用		涂料用		造纸用	
		优等品	一等品	优等品	一等品	优等品	一等品
碳酸钙（CaCO₃）（%） ≥		98.0	97.0	98.0	97.0	98.0	97.0
pH 值（10%悬浮物） ≤		9.0~10.0	9.0~10.5	9.0~10.0	9.0~10.5	9.0~10.0	9.0~10.5
105℃挥发物（%） ≤		0.4	0.5	0.4	0.6	1.0	
盐酸不溶物（%） ≤		0.10	0.20	0.10	0.20	0.10	0.20
沉降体积（mL/g） ≥		2.8	2.4	2.8	2.6	2.8	2.6
锰（Mn）（%） ≤		0.005	0.008	0.006	0.008	0.006	0.008
铁（Fe）（%） ≤		0.05	0.08	0.05	0.08	0.05	0.08
细度（筛余物）（%）≤	125μm	全通过	0.005	全通过	0.005	全通过	0.005
	45μm	0.2	0.4	0.2	0.4	0.2	0.4
白度（度） ≥		94.0	92.0	95.0	93.0	94.0	92.0
吸油值（g/100g） ≤		80	100	—	—	—	—

标准中还有黑点个数、铅、铬、汞、镉和砷的含量等指标，尚未列入本表中。

2. 钢渣粉

钢渣是炼钢排出的渣，一种排放量很大的工业固体废物。按照炼钢的炉型可分为转炉渣、平炉渣和电炉渣。按排放量计算，约为粗钢产量的 15% ~20%。自 20 世纪初期开始研究钢渣的利用，但由于它的成分波动较大，迟迟未能获得实际应用。20 世纪 70 年代初，美国首先把每年排放的 1700 万 t 钢渣全部利用起来。目前，德国的钢渣绝大部分已得到利用。英国、法国的钢渣利用率为 60% 左右，日本为 50% 左右，中国仅为 10% 左右。

随着钢铁工业的发展，钢渣的排放量越来越多。由于钢渣综合利用的研究比较薄弱，未能引起人们的高度重视，使得钢渣成了每一个钢铁企业的沉重包袱，如何将这些废渣变废为宝，作为二次资源开发利用，是摆在冶金行业面前的一个重要问题。近年来，随着低碳经济和节能减排的行业政策不断推进，钢渣已越来越多地应用于交通工程、建材工业等重要行业。如生产水泥中用钢渣代替部分熟料（约20%～30%）生产出的水泥在保证工作性的前提下，强度不但不会下降，而且有明显的提高。钢渣用作粗骨料代替混凝土中的骨料，不仅利废，还可节省水泥，同时混凝土的流动性、耐久性、长期强度均有所提高。

（1）钢渣的主要成分

钢渣主要由钙、铁、硅、镁和少量铝、锰、磷等的氧化物组成。表2－44为某钢铁企业试验选用的钢渣化学成分。

钢渣的化学成分 表2－44

| 试验种类 | 化学成分（%） | | | | | | | | 碱度 |
	SiO_2	Fe_2O_3	Al_2O_3	CaO	MgO	FeO	f-CaO	P_2O_5	
S1#	21.51	2.43	10.56	46.19	6.96	7.34	1.75	—	2.15
S2#	12.39	10.37	3.13	44.46	9.86	9.77	1.29	0.17	3.54
W1#	15.04	6.41	6.69	40.19	10.97	9.07	1.70	0.81	2.54
W2#	11.39	17.53	1.96	42.13	7.57	5.48	2.36	0.26	3.62

钢渣的主要矿物相为硅酸三钙、硅酸二钙、钙镁橄榄石、钙镁蔷薇辉石、铁铝酸钙以及硅、镁、铁、锰、磷的氧化物形成的固熔体，还含有少量游离氧化钙以及金属铁、氟磷灰石等。有的地区因矿石含钛和钒，钢渣中也稍含有这些成分。钢渣中各种成分的含量因炼钢炉型、钢种以及每炉钢冶炼阶段的不同，有较大的差异。钢渣在温度1500～1700℃下形成，高温下呈液态，缓慢冷却后呈块状，一般为深灰、深褐色。有时因所含游离钙、镁氧化物与水或湿气反应转化为氢氧化物，致使渣块体积膨胀而碎裂；有时因所含大量硅酸二钙在冷却过程中（约为675℃时）由β型转变为γ型而碎裂。如以适量水处理液体钢渣，能淬冷成微细粒。水泥基材料用的钢渣为排渣量大且活性较高的转炉钢渣。钢渣成分随着炼钢品种及工艺不同而差异较大。矿物成分中，C_3S含量为40%左右，C_2S含量为16%～20%，RO相为26%～30%，C_2F+CF约1%，f-CaO含量为1%～5%。

（2）钢渣的处理工艺

世界许多国家处理钢渣的通行方法是热泼法，即将液体钢渣泼入专门的处理场，渣层厚度在300mm以下，喷淋适量的水进行冷却，然后进行破碎、筛分和磁选，以回收其中的铁颗粒，最后钢渣碎块进行综合利用。美国伯利恒钢铁公司和中国一些钢厂都采用水力冲渣法使电炉渣、平炉前期渣实现粒化。冲水水压为0.25～0.8MPa，渣和水之比为1∶10以上。该工艺简单，得到的钢渣粒度大多在10mm以下，便于利用。该工艺的缺点是用水量大，须解决水的处理和循环利用问题。1974年以来，日本的新日本钢铁公司采用浅盘（ISC盘）水淬法处理转炉渣。处理方法是将液体钢渣泼入浅盘，渣层厚度约100mm，喷水使渣冷却到500℃左右，固化后将渣倾倒在运渣车上，再度喷水使渣冷却到200℃左右，然后倒入泡渣池，冷却至常温。经过处理的渣，颗粒大多在100mm以下。此法节省处理场地，操作较水力冲渣法安全，周转快，节省投资和设备，对环境的污染程度较轻。近年来，我国钢铁工业采用了闷渣工艺处理钢渣，取得良好的效果。闷渣工艺主要有以下几个特点：

①钢渣粒度小于20mm的量占60%～80%，省去了钢渣热泼工艺的多级破碎设备。

②钢渣分离效果好，大粒级的钢渣铁品位高，金属回收率高，尾渣中金属含量小于1%，减少金属资源的浪费。

③与其他工艺相比，钢渣热闷处理可使尾渣中的游离氧化钙（f-CaO）和游离氧化镁（f-MgO）充分进行消解反应，消除钢渣不稳定因素，使钢渣用于建材和道路工程安全可靠，尾渣的利用率可达100%。

④粉化钢渣中水硬性矿物硅酸二钙、硅酸三钙的溶性不降低，保证钢渣质量。

⑤钢渣粉化后粒度小，用于建材工业不需要破碎，磨细时亦可提高粉磨效率，节省电耗。

（3）钢渣的用途

钢渣的用途因成分而异。美国每年以排渣量的2/3作为炼铁熔剂，直接加入高炉或加入烧结矿，在钢铁厂内部循环使用。钢渣的成分中，除硅无用和磷有害外，钙、铁、镁和锰（共占钢渣总量的80%）都得到利用。但硫、磷含量较高的钢渣作为熔剂，会使高炉炼铁的利用系数降低，焦比增加。法国、德国、加拿大等国都把这类钢渣用作铁路道碴和道路材料。做法是先将加工后的钢渣存放3～6个月，待体积稳定后使用。这类钢渣广泛用于道路路基的垫层、结构层，尤宜用作沥青拌合料的骨料铺筑路面层。钢渣筑路具有强度高、耐磨性、防滑性好，耐久性提高和维护费用低等优点。西欧各国用高磷钢渣作肥料有着悠久的历史。钢渣中的钙、硅、锰以及微量元素均有较好的肥效，可作为渣肥施于酸性土壤。各类钢渣均可作为填坑、填海造地材料。我国目前生产少量的钢渣水泥，多用转炉钢渣掺50%左右高炉粒化渣，10%左右石膏，磨制作无熟料钢渣水泥，或以15%左右水泥熟料代替钢渣磨制少熟料水泥。我国有些地方利用电炉钢渣生产白钢渣水泥。日本、德国利用钢渣作为水泥生料，焙烧铁酸盐水泥，可节约能源。此外，钢渣还可制造砖、瓦等其他建筑材料。

3. 膨润土

膨润土的颗粒粒径是纳米级的，是亿万年前天然形成的，因此，国外把膨润土称为天然纳米材料。膨润土又叫做蒙脱土，是以蒙脱土为主要成分的层状硅铝酸盐。膨润土的层间阳离子种类决定膨润土的类型，层间阳离子为Na时称为钠基膨润土，为Ca时称钙基膨润土，为H时称羟基膨润土（活性白土），为有机阳离子时称为有机膨润土。

膨润土具有很强的吸湿性，能吸附相当于自身体积8～20倍的水而膨胀至30倍。在水介质中能分散成胶体悬浮液，并具有一定的黏滞性、触变性和润滑性，它和泥砂等的掺合物具有可塑性和粘结性，有较强的阳离子交换能力和吸附能力。膨润土素有"万能"黏土之称，广泛应用于冶金、石油、铸造、食品、化工、环保及其他行业。

膨润土为溶胀材料，其溶胀过程将吸收大量的水，使浆体中的自由水减少，导致砂浆流动性降低，流动性损失加快；膨润土为类似蒙脱土的硅酸盐，主要具有柱状结构，因而水解以后，在水泥浆中可形成卡屋结构，增大浆体的稳定性，同时其具特有的滑动效应，在一定程度上提高浆体的滑动性能，增大可泵性。

膨润土在外墙外保温系统专用砂浆的使用过程中需要注意以下问题：

（1）砂浆配合比

在实际施工过程中，砂浆在配制后，须经过一次转贮过程，而且往往需等待泵调整好或其他工序完成以后才开始注浆（约需 0.5～1h），砂浆并不是刚配制好就马上进行施工的。因此为了延长砂浆可泵性的时段，在配制砂浆时可使砂浆初始处于轻微离析状态，使之在经过 0.5h 后不离析，即满足开始注浆时具有良好的可泵性即可。

配合比设计原则：

①膨润土被看作胶凝材料的组分。

②砂浆的设计体积密度不小于 1700kg/m³，以 1750kg/m³ 为参考基础。

③水胶比不大于 0.9。

④砂浆比不大于 0.8。

⑤配合比优化试验。

（2）施工时需注意的问题

工程中必须加膨润土时，无需进行预水化处理，可直接加入到水泥浆体中进行搅拌，简化施工工序。膨润土不管是预水化或未预水化，它对水泥浆体稳定性的积极作用不变。但膨润土预水化足够的时间后，与之混合的水大部分已渗入其结构之中，而称为约束水，自由水减少，不利于流动性的增加；膨润土未经预水化时，虽然其与水相遇后，就开始水解吸水，但这是一个比较慢的过程，其水解时，一定时间内还不能将大量的自由水吸收成为约束水，因而有更多的自由水在砂浆中存在。其砂浆流动性并不一定降低。

4. 硅藻土

硅藻土是一种生物成因的硅质沉积岩。由古代硅藻的遗骸组成，其化学成分主要为 SiO_2，此外还有少量 Al_2O_3、CaO、MgO 及有机杂质等。主要用作吸附剂、助滤剂和脱色剂等。

硅藻土是一种硅质岩石，主要分布在中国、美国、丹麦、法国、俄罗斯、罗马尼亚等国。我国硅藻土储量已探明有 3.2 亿 t，远景储量达 20 多亿 t，主要集中在华东及东北地区，其中规模较大，分布虽广，但优质土仅集中于吉林长白硅藻土矿区，资源尤为丰富，其他矿床大多数为 3～4 级土，由于杂质含量高，不能直接深加工利用。

硅藻土通常呈浅黄色或浅灰色，质软，多孔而轻，工业上常用来作为保温材料、过滤材料、填料、研磨材料、水玻璃原料、脱色剂及硅藻土助滤剂，催化剂载体等。

显微镜下可观察到天然硅藻土的特殊多孔性构造，这种微孔结构是硅藻土具有特征理化性质的原因。由图 2-23（a）可知，该硅藻土为圆盘形为主，硅藻含量很高，高温煅烧前微孔呈封闭状。硅藻土生料和熟料的主要化学成分见表 2-45 和表 2-46。其扫描电镜照片见图 2-23（b），由图中可知，圆盘形的硅藻土经高温煅烧后微孔呈开放状。

硅藻土生料 表 2-45

原料名称	外观	硅藻粒径（μm）	硅藻含量（%）	杂质含量（%）	SiO_2（%）	含水率（%）	松散密度（g/cm³）	筛余量（%）	硅藻形状
硅藻土生料	白色	10	≥90	≤3.0	≥80	6.0	0.38	7.2	圆盘

						硅藻土熟料	表 2 – 46
产品名称	SiO_2（%）	Al_2O_3（%）	Fe_2O_3（%）	CaO（%）	MgO（%）	烧失量（%）	松散密度（g/cm^3）
硅藻土熟料	90.5	4.5	1.5	0.6	0.5	3.0	≤0.55

硅藻土是一种具有生物结构的岩石。主要由80%～90%，有的达90%以上的硅藻壳组成。海水、湖水中的氧化硅的主要消耗者就是硅藻，构成硅藻软泥。在成岩过程中经石化阶段形成硅藻土。

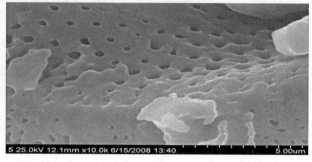

(a)　　　　　　　　　　　　　　　　　　(b)

图 2 – 23　煅烧前后硅藻土 SEM 照片

（a）煅烧前硅藻土 SEM 照片；（b）煅烧后硅藻土照片

硅藻壳由蛋白石组成，硅藻在生长繁衍过程中，吸取水中胶态二氧化硅，并逐步转变为蛋白石。硅藻土中硅藻含量越多，杂质越少，则颜色越白，质越轻。相对密度一般在 $0.4～0.9g/cm^3$，由于硅藻体具有众多的壳体孔洞，使硅藻土具多孔质构造，硅藻土的孔隙度达 90%～92%，吸水性强烈，由于硅藻颗粒细小，使硅藻土细腻、滑润。硅藻土在酸中（HCl、H_2SO_4、HNO_3）不溶解，但溶于 HF 和 KOH。

5. 凹凸棒土

凹凸棒土是指以凹凸棒石为主要组成部分的一种黏土矿，凹凸棒石（attapulgite）又名坡缕石或坡缕缟石（palygorskite），是一种层链状结构的含水富镁铝硅酸盐黏土矿物。其理想分子式为：$Mg_5Si_8O_{20}(OH_2)_4 \cdot 4H_2O$。凹凸棒石呈单斜晶体系，其晶体结构属 2∶1 型黏土矿物，即两层硅氧四面体夹 1 层镁（铝）氧八面体，其四面体与八面体排列方式既类似于角闪石的双链状结构，又类似云母、滑石、高岭石类矿物的层状结构。在每层中，四面体片角顶隔一定距离方向颠倒，形成层链状结合特征。在四面体条带间形成与链平行的通道。据推测，通道横断面约 $3.7nm \times 6.3nm$，通道中被水分子所填充。这些水分子的排列，一部分是平行于纤维轴的沸石水，另一部分是与水镁石片中镁离子配位的结晶石。其晶体结构为针状，和角闪石系石棉十分相似，由细长的中空管组成。

凹凸棒石是凹凸棒石经由选矿提纯、挤压研磨、活化、改性、干燥、粉碎、过筛等工序加工而成的。由于凹凸棒土具有特殊的物理化学性质，在石油、化工、造纸、医药和农业等行业得到了广泛的应用。在建筑领域中，除了作为涂料填充剂、矿棉胶粘剂和防渗材料外，凹凸棒土其他的应用还在开发。改性凹凸棒土用作砂浆保水增稠外加剂的应用研究得到人们的广泛重视。

（1）凹凸棒土的改性

改性凹凸棒土是天然凹凸棒土与表面活性剂复合配制而成的。改性凹凸棒土在偏光显微镜下为无色呈极细的纤维状，集合体常为杂乱无章的缕状；在透射电镜下，呈现出轮廓清晰、形态完整的板束状。黏土状的凹凸棒石晶体一般长 $0.5 \sim 3\mu m$，热液成因的纤维比较粗大，表面往往可见纵向横纹，横切面接近菱形。改性凹凸棒土是经过适当方法的松解后，其针状晶体纤维在一定程度上未受破坏的情况下，形成了像树枝一样错综交叉的束状集合体，具有很大的面积和吸附力，而且很难分散。

（2）改性凹凸棒土的保水增稠作用

①改性凹凸棒土的作用机理。凹凸棒土在经过适当的方法改性松懈后，其针状晶体纤维形成了像树枝一样错综交叉的束状集合体。集合体在砂浆中，能包裹砂子等大颗粒，从而防止砂子在砂浆中的沉淀。改性凹凸棒土的最重要特点之一，就是相当低的浓度下可以形成高黏度的悬浮液。

由于改性凹凸棒土晶具有与轴（110）平行的良好解理，以及呈链状晶体结构和棒状与纤维状的细小晶体外形，使得其在外加压力下（系统剪切力）能够充分地分散，且溶液中晶体受重力影响比受静电影响大，因为在截留液体中形成一种杂乱的纤维网格，这种悬浮液具有非牛顿流体特征。它的性质取决于改性凹凸棒土的质量浓度、剪切力的大小和 pH 改性凹凸棒土在各浓度是触变性的非牛顿流体，随着剪切力的增加，流动性快速增加。这是由于随着剪切力的增加，改性凹凸棒土的晶束破碎，变为针状棒晶，所以流动性好。

总之，加入改性凹凸棒土后砂浆的黏度增加，保水性能显著提高，触变性能变好。

②改性凹凸棒土对新拌砂浆的影响。改性凹凸棒土掺量不大于3%时，可以使砂浆的分层度变小，有利于提高砂浆的工作性能，但是掺量大于4%后，砂浆的工作性能开始变差。因此，改性凹凸棒土掺量应控制在不大于3%为宜。掺入改性凹凸棒土以后，砂浆的保水性能变好，有利于砂浆保持良好的工作性。

2.3　外加剂

2.3.1　概述

随着现代建筑的快速发展，工程中对泡沫混凝土从品种到材料性能提出了更高的要求，如超轻外墙外保温泡沫混凝土、外墙浇筑泡沫混凝土、屋面胶粉聚苯颗粒泡沫混凝土、基础填充泡沫混凝土、机场跑道阻滞泡沫混凝土、地热供暖泡沫混凝土绝热层、矿井采空区回填泡沫混凝土和管道保温泡沫混凝土等。与此同时，在工业化生产和工程施工配套技术方面也提出了更高要求，如稳泡、调凝、早强、速凝、塑化、防沉降、减缩、增粘、防裂、憎水等。从现代水泥基材料的工作性、强度、耐久性几大特性方面也提出了更高的要求，因此，现代工程的泡沫混凝土离不开高性能的复合外加剂。

用于泡沫混凝土的外加剂品种很多，分类方法可以与混凝土外加剂相一致。即按其用途主要分类如下：

（1）改善泡沫混凝土砂浆工作性的外加剂，如高效减水剂、泡沫剂、稳泡剂和增稠剂等。

（2）调节泡沫混凝土料浆凝结时间的外加剂，如缓凝剂、促凝剂和早强剂等。

（3）防止泡沫混凝土沉降和硬化后开裂的外加剂，如保水剂、专用胶等。

（4）其他改性外加剂，如憎水剂、减水剂和减缩剂等。

2.3.2　减水剂

1. 概述

减水剂属于一种表面活性物质，是一种表面活性剂，又称为分散剂（disperser）或塑化剂（plasticizer）。减水剂是指在保持混凝土坍落度基本相同的条件下，能减少拌合用水的外加剂。高效减水剂能够大幅度减少拌合用水。对于泡沫混凝土和专用砂浆等，可定义为在保持一定流动性或一定稠度条件下，能减少拌合用水的外加剂。

近几十年来，全世界混凝土工程技术取得了巨大进步，混凝土拌合物从干硬性到塑性和大流动性；混凝土的强度从中低强度到中高强度，甚至到超高强度；混凝土的综合性能从普通性能到高性能方向发展。在混凝土工程的这些巨大进步中，减水剂技术的进步及其广泛应用和迅速发展起到了决定性的作用。因此，混凝土减水剂技术的创新与发展始终是混凝土外加剂行业发展的重点与热点。

减水剂的发展经历了三个阶段，即以木质素磺酸盐为代表的第一代普通减水剂、以萘磺酸甲醛缩合物和三聚氰胺甲醛树脂磺酸盐为代表的第二代高效减水剂和以聚羧酸盐为代表的第三代高性能减水剂。

自 1935 年美国 E. W. Scripture 研制成功木质素磺酸盐为主要成分的减水剂以来，由于其原材料来源丰富、加工简单、售价较低、性能稳定，在混凝土工程中应用很广泛，在国内外仍是一种主要使用的减水剂。

1938 年，一种成分为萘磺酸盐的水泥分散剂在美国取得专利，这是高效减水剂的前身。但因当时混凝土设计水平较低，尤其是低强度等级的混凝土占主导，完全可以通过调节混凝土用水量达到现场所需的工作性，因此，该类减水剂没能迅速发展起来。1962年，日本花王石碱公司的服部健一博士领导的课题组研制成功了萘系高效减水剂（β—萘磺酸甲醛缩合物的钠盐），为日本迅速发展的高强、超高强混凝土奠定了基础。1963 年，德国研制成功密胺系高效减水剂（三聚氰胺甲醛树脂磺酸盐），为德国泵送混凝土的迅速兴起提供了技术支撑。第二代高效减水剂是 20 世纪混凝土高强化、超流态化的主导外加剂。

20 世纪 80 年代后期，日本、美国、德国等国家开始对聚羧酸系高效减水剂进行了研究开发与工程应用技术研究，并且在 20 世纪 90 年代中期实现工业化应用。推广应用最为成功的国家日本，在商品混凝土中应用的减水剂主要是聚羧酸系高效减水剂和木钙等普通减水剂，萘系等第二代减水剂的用量已经很少。目前，德国的 Degussa 公司、美国的 Grace 公司、日本触媒公司、花王公司、意大利 Basf 公司、韩国 LG 公司已进入中国市场。我国聚羧酸系高效减水剂的研发和制造已经开始起步，并发展十分迅速。聚羧酸系高性能混凝土减水剂是性能上更加优异的现代混凝土外加剂。

（1）减水剂按其减水塑化效果可分为普通减水剂和高效减水剂。

①普通减水剂（water reducing admixture）：在混凝土坍落度基本相同的条件下，能减少拌合用水量的外加剂。普通减水剂的减水率和增强效果较低，《混凝土外加剂》（GB 8076-2008）规定其合格品减水率不小于 5%，一等品减水率不小于 8%；普通减水剂价位相对较低，主要用于配制强度等级不高，减水要求较低的混凝土。混凝土 3d、7d 龄期

的抗压强度应提高 10% 以上，28d 抗压强度应提高 5% 以上。

②高效减水剂（superplasticizer）：在混凝土坍落度基本相同的条件下，能大幅度减少拌合用水量的外加剂。高效减水剂的减水率和增强效果非常显著。主要用于配制强度等级高、减水要求高的流动性混凝土；高效减水剂的减水率可达 20% ~30%。标准规定其一等品减水率不小于 12%，龄期 1d 的抗压强度比不小于 140%，3d 抗压强度比不小于 130%，7d 抗压强度比不小于 125%，28d 抗压强度比不小于 120%。

（2）减水剂按其对水泥凝结时间和混凝土早期强度的影响可分为标准型减水剂、缓凝型减水剂和早强型减水剂。

①标准型减水剂的初凝及终凝时间缩短不大于 90min，延长不超过 120mm。

②缓凝减水剂（set retarding and water reducing admixture）是兼有缓凝和减水功能的外加剂。缓凝型减水剂初凝和终凝延长时间大于 90min，龄期 3d 抗压强度比不小于 100%，7d 抗压强度比不小于 110%，其合格品 28d 抗压强度比不小于 105%。

③早强减水剂（hardening accelerating and water reducing admixture）是兼有早强和减水功能的外加剂。早强型减水剂允许初凝及终凝时间缩短不大于 90min 或延长不超过 120min，其一等品龄期 1d 的抗压强度比不小于 140%，3d 抗压强度比不小于 130%，7d 抗压强度比不小于 115%，28d 抗压强度比不小于 105%；

（3）减水剂按其对混凝土的引气性可分为引气型减水剂和非引气型减水剂。

引气型减水剂（air entraining and water reducing admixture）是兼有引气和减水功能的外加剂。引气型减水剂的混凝土含气量大于 3.0%，非引气型减水剂的混凝土的含气量一等品小于等于 3%。

2. 普通减水剂

（1）普通减水剂种类

我国的普通减水剂以木质素磺酸钙为主，此外还有木质素磺酸钠、木质素磺酸镁、糖蜜减水剂和腐殖酸盐减水剂等。

①木质素是地球上位于纤维素、甲壳素之后存在量为第三位的有机物。主要有效成分是由草本、木本植物造纸浆废液中提取得到的各类木质素衍生物，有木质素磺酸盐、硫酸盐木素、碱木素等。由于原材料来源丰富、加工简单、售价较低、性能稳定，因此，在普通减水剂中作为主要品种，生产和应用量很大。

②腐殖酸减水剂是由草炭、泥煤、褐煤中提炼出来的物质，其主要成分为腐殖酸钠，有的经过磺化处理，成为多磺酸基物质。由于腐殖酸减水剂杂质多，质量不够稳定，产量较少，应用量还不大。

③糖钙减水剂是利用制糖生产过程中提炼食用糖后剩下的残液，经过石灰中和处理调制成的一种粉状或液体状产品。其来源丰富，制备简单，价格较低，故目前应用较多。

（2）普通减水剂性能

①普通减水剂通常具有缓凝性，在各自最佳掺量条件下，缓凝性由强到弱依次为多元醇 > 羟基羧酸盐 > 木质素磺酸盐 > 聚氧乙烯烷基醚。

②引气性大小排序为聚氧乙烯烷基醚 > 木质素磺酸盐 > 多元醇 > 羟基羧酸盐。

③对混凝土增强性能由大到小顺序为木质素磺酸盐（木材类）> 多元醇 > 羟基羧酸盐 > 木质素磺酸盐（非木材类）。

普通减水剂的技术要求在《混凝土外加剂》（GB 8076-2008）中有明确规定，见表2-47。

普通减水剂混凝土技术性能　　　　　　　　　　　　　　　表2-47

等级	减水率/%	含气量/%	泌水率比/%	28d收缩率比/%	凝结时间差/min		抗压强度比/%			对钢筋锈蚀作用
					初凝	终凝	3d	7d	28d	
一等品	≥8	≤3.0	≤95	≤135	−90 ~ +120		115	115	110	应说明对钢筋有无锈蚀危害
合格品	≥5	≤4.0	≤100	≤135			110	110	105	

3. 高效减水剂

与普通减水剂相比，高效减水剂具有能大幅度减少混凝土拌合用水量。在特征方面还有基本不引气，用于配制高强、超高强混凝土和大流动性混凝土。高效减水剂主要有以下几个品种：

（1）萘系高效减水剂

萘系高效减水剂如同发明人服部健一当年描述的是一种萘磺酸甲醛缩合物的钠盐，即芳香族磺酸盐醛类缩合物，属于阴离子表面活性剂。

萘系高效减水剂是以萘经磺化反应生成磺酸衍生物，再用甲醛缩合成具有一定聚合度的缩合物，缩合后再以碱类中和成为磺酸盐，其合成工艺流程如图2-24所示。

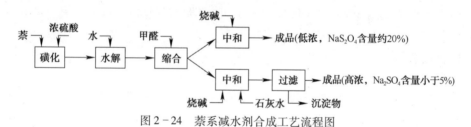

图2-24　萘系减水剂合成工艺流程图

在混凝土中掺入水泥用量0.5% ~ 1.0%的萘系高效减水剂，在保持水泥用量及坍落度相同的条件下，减水率可达到15% ~ 25%，1d、3d混凝土的抗压强度可提高60% ~ 90%，7d混凝土强度提高40% ~ 60%，28d混凝土强度提高20% ~ 50%，长期强度仍有提高。

（2）三聚氰胺系高效减水剂

三聚氰胺系高效减水剂是磺化三聚氰胺甲醛缩合物的钠盐水溶性树脂减水剂的主要代表，属于阴离子系早强、非引气型高效减水剂。它的合成分单体合成、单体磺化和单体缩聚三个阶段。国产的磺化三聚氰胺甲醛树脂减水剂是三聚氰胺、甲醛、亚硫酸钠以1:3:1的摩尔比，在一定反应条件下，经磺化、缩聚而成。其成品的化学结构式如下：

三聚氰胺系减水剂和萘系高效减水剂一样，具有高减水率和显著的增强效果。该类减水剂减水率在15%～30%，具有萘系减水剂一样的增强效果和流态化效果，对蒸汽养护的混凝土制品适应性强；可配制早强、高强混凝土。

（3）氨基磺酸盐类高效减水剂

氨基磺酸盐类减水剂是以氨基芳基磺酸（盐）、酚类化合物和甲醛进行缩合反应的产物，其中酚类化合物包括一元酚（如苯酚）、多元酚或烷基酚（甲酚、乙酚）、双酚（双酚A、双酚B）或以上化合物的亲核取代衍生物。甲醛也可以用其他醛类化合物或能产生醛类的化合物代替，如乙醛、糠醛、三聚甲醛等。

氨基磺酸盐类减水剂属于一种水溶性聚合物树脂，其分子结构为多支链与嵌段混杂的无规则结构。分子大小、支链长短及各种官能团的种类与位置决定了它对水泥颗粒的分散性。氨基磺酸盐类减水剂的特点是分子结构具有多支链，极性强，空间结构大。长支链可以帮助将水化水泥颗粒阻隔在范德华引力的尺寸范围内，形成"空间立体位阻效应"。

氨基磺酸盐类减水剂的化学结构式如下：

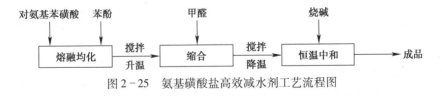

氨基磺酸盐类减水剂的合成主要包括以下三个反应：

①酚类单体与甲醛的加成反应。

②氨基芳基磺化剂与甲醛的加成反应。

③以上两种加成反应产物间的缩聚反应。

氨基磺酸盐系减水剂以氨基苯磺酸和苯酚为聚合单体，在水中与甲醛加热聚合而成。其疏水部分为烷基苯和胺苯，功能基团为磺酸基和羧基。

氨基磺酸盐系减水剂生产工艺相对简单，产品多为30%的液体，也可制备成粉状固体。其制备工艺流程如图2-25所示。

图2-25 氨基磺酸盐高效减水剂工艺流程图

氨基磺酸盐类减水剂的性能如下：

①产品多为棕红色液体，pH值为8～9，含固量在30%～34%。

②减水率高，在胶凝材料中掺入减水剂1%～2.5%，减水率可高达18%～30%，是配制商品混凝土、大流动性混凝土和高强混凝土的理想材料。

③在常温下掺入该类减水剂，混凝土1d抗压强度提高170%～200%；3d强度提高130%～260%；7d抗压强度提高120%～220%；28d抗压强度提高120%～190%；60d抗压强度提高110%～180%。2～5d可达到设计强度的100%。长期抗压强度发展优于聚羧酸减水剂、萘系减水剂和三聚氰胺减水剂，十分适合配制高强、超高强混凝土。

④对各种水泥有较广泛的适应性，对普通硅酸盐水泥、矿渣硅酸盐水泥以及掺不同火

山灰质掺合料的水泥均有良好的适应性，强度发展和坍落度经时变化保持一致。

⑤坍落度损失小，可实现 2h 内无坍落度损失。

⑥耐久性好，掺入氨基磺酸盐类减水剂可显著改善混凝土的抗冻、抗腐蚀、抗碳化、抑制碱骨料反应，材料不含氯离子、氨等有害物质，对空气无污染，对钢筋无锈蚀危害。

（4）聚羧酸系高性能减水剂

聚羧酸系高性能减水剂是近年来技术发展最快的外加剂，目前，羧酸类接枝共聚物已成为世界性的研究热点。主要是利用侧链提供大的空间位阻效应来提高分散能力，是最为引人注目的新型外加剂。环保型聚羧酸盐类高性能减水剂，具有广泛的适应性、极高的减水率、很好的保坍性以及低碱量等，诸多方面的优异性能可以大大提高混凝土的各种性能。它可广泛应用于普通混凝土、泵送混凝土、超流态自密实以及高强高耐久性混凝土当中，尤其在高强高性能混凝土应用中有着优异的性能。

聚羧酸减水剂产品可分为六大类，其中Ⅰ类主要含有 PEO 接枝侧链的羧酸集团；Ⅱ类主链上除了含有羧酸基团外，还有函数基团；Ⅲ类被称为聚醚超塑化剂，其支链很长；Ⅳ类是交联共聚物，具有优异的坍落度保持能力；Ⅴ类主要是马来酸酐和烯丙醇醚的接枝共聚物；Ⅵ类为苯乙烯和马来酸酐共聚物与单甲基聚醚的接枝物。

总体上把聚羧酸类减水剂分为两大类：一类是以马来酸配为主链接枝不同的聚氧乙烯基（EO）或聚氧丙烯基（PO）；另一类是以甲基丙烯酸为主链接枝 EO 或 PO 支链。

英国的 Geoffery Bradley 提出所谓的"目的性构造"一系列高分子材料作为水泥体系的分散剂。为此，聚羧酸减水剂的分子结构设计趋向是在分子主链或侧链上引入强极性基团羧基、磺酸基、聚氧化乙烯基等，使分子具有梳形结构。聚羧酸类减水剂的特点是在主链上带多个活性基团，并且极性很强，侧链带有亲水性的聚醚醚链段，并且链较长，数量多，疏水基的分子链段较短，数量也少。通过极性基与非极性基比例调节引气性。一般非极性基比例不超过 30%。

目前，合成聚羧酸系减水剂所选的单体主要有以下四种：

①不饱和酸，马来酸酐、马来酸和丙烯酸、甲基丙烯酸。

②聚链烯基物质，聚链烯基烃及其含不同官能团的衍生物。

③聚苯乙烯磺酸盐或酯。

④（甲基）丙烯酸。

国内外聚羧酸减水剂的合成方法主要有以下几种：

①开环聚合法。开环聚合法主要适用于以烃烷基（甲基）丙烯酸酯或烯丙醇等带 -OH 的聚合单体为起始剂，在高压釜中环氧乙烷（EO）开环进行聚合，从而得到高分子量的大单体。

②直接酯化法。采用（甲基）丙烯酸与单烷基聚乙二醇直接酯化合成具有聚合活性的大单体最经典的方法。

③酯交换法。酯交换法也是比较传统合成酯的方法。该工艺实质是以有机溶剂作反应介质，这种工艺生产过程中有强刺激性的气味。

④卤化法。在经过反复抽真空、充氮及烘烤的聚合容器中，用叔丁基钾为引发剂，四氢呋喃为溶剂进行环氧乙烷的阴离子聚合。

⑤无溶剂、低真空合成法。由于反应生成的水与（甲基）丙烯酸混溶，在真空条件下，水与（甲基）丙烯酸同时被抽走，但随着反应的进行，（甲基）丙烯酸逐步减少，不利于反应的进行，必须不断加（甲基）丙烯酸以保持醚与酸的合适比例，操作比较烦琐，难以控制。

⑥溶剂接枝法。关键是选择一个低沸点、低用量、无毒、无刺激性气味的溶剂，要求溶剂与甲基丙烯酸不混溶，密度比水小，这样有利于带出反应生成的水分，同时降低体系的黏度，加速反应进行，提高体系的转化率。

表2-48为辽阳科隆精细化工股份有限公司生产的减缩型聚羧酸高性能混凝土外加剂的国内外对比情况。在不饱和单体中引入了PO基团及酰胺基团，在共聚过程中引入具有酰胺基团的第三单体改善其表面活性，乙醇胺加成聚合具有一定聚合度的氨基聚醚，再经酰胺化引入不饱和基团，在烯丙醇醚单体EO链中插入PO基团，使外加剂具有很好的减缩效果，大大降低收缩引起的开裂问题。

辽阳科隆公司的减缩型聚羧酸外加剂的特点   表2-48

序号	国内产品概况	科隆公司产品概况	国外
1	单纯采用具有EO大分子不饱和单体	在不饱和单体中引入了PO基团及酰胺基团	单体中引入聚乙烯亚胺基团
2	在低水灰比的混凝土中难以降低混凝土黏度，难于施工	大幅减低了低水灰比混凝土的黏度，使得超高强度的混凝土的泵送及高强度的预制混凝土施工更加便利	大幅减低了低水灰比混凝土的黏度，使得超高强度的混凝土的泵送及高强度的预制混凝土施工更加便利
3	有减缩效果，但不明显	专业设计减缩效果的外加剂，因此，具有很好的减缩效果，大大降低收缩引起的开裂问题	具有较好的减缩效果，能够减少混凝土的开裂
4	早期强度低于国外大公司产品	可以大大提高混凝土的1d及3d强度	早期强度高
5	—	具有较高的性价比	单吨成本高于科隆产品20%

图2-26为国内常见聚羧酸高性能混凝土外加剂产品的化学结构式，图2-27为辽阳科隆精细化工股份有限公司的产品结构式。相比之下，有着明显的变化。

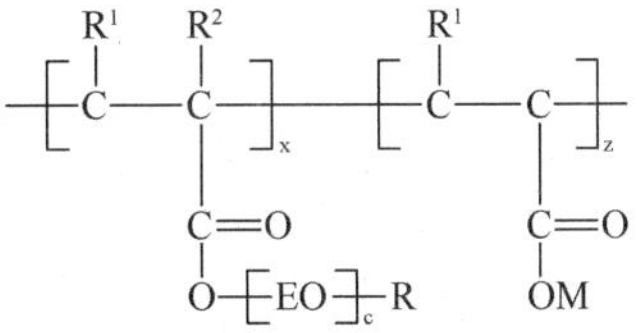

图2-26 国内常见产品的结构式

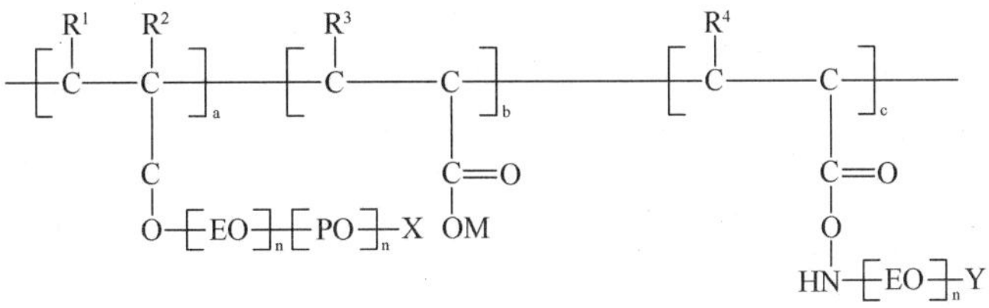

图2-27 科隆减缩型产品的结构式

减缩型的聚羧酸高性能混凝土外加剂具有以下特点：

①减缩抗裂。显著降低混凝土的表面张力，大大改善了混凝土的塑性收缩、自收缩和干燥收缩，避免了因收缩产生裂缝带来的混凝土的耐久性、水密性和美观性问题。

②可施工性能。产品具有极好的保坍性能，同时对混凝土有很好的黏聚性，使混凝土在泵送情况下有很好的和易性，不分层、不离析、不泌水。

③力学性能。产品具有很高的强度增长率，特别较高的早期强度增长率，改善收缩性能和降低混凝土的碳化率。

④耐久性。低碱量、氯离子、硫酸根含量以及其优异的减缩性能可以提高混凝土的耐久性能。

⑤外观质量。产品掺入混凝土中，能让混凝土具有极低的空隙率，能改善混凝土的外观质量。图 2 - 28 为三种不同高效减水剂混凝土的表面效果，其中聚羧酸效果最佳。

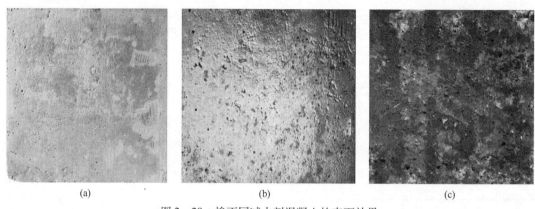

(a)   (b)   (c)

图 2 - 28　掺不同减水剂混凝土的表面效果
（a）聚羧酸减水剂；（b）萘系减水剂；（c）氨基磺酸盐减水剂

（5）脂肪族高效减水剂

脂肪族高效减水剂是丙酮磺化合成的羰基焦醛。憎水基主链为脂肪族烃类，而亲水基主要为 $-SO_3H$、$-COOH$ 和 $-OH$ 等，是一种绿色高效减水剂。不污染环境，不损害人体健康。脂肪族系高效减水剂原材料便宜，工艺简单（合成温度 $80 \sim 100℃$），合成成本相对较低，脂肪族系高效减水剂的引气量较低，不使混凝土过分泌水，对混凝土凝结时间影响较小。由于脂肪族系高效减水剂呈明显的红褐色，掺入混凝土拌合物中易渗色，常受到用户的质疑。试验表明，这种渗色现象并不影响混凝土内在质量和表面性能。脂肪族系高效减水剂目前在高强管桩生产中的应用较多，且在萘系高效减水剂价格高涨时期，其更加受到用户青睐。而其对混凝土塑化增强方面的效果与萘系、密胺系高效减水剂相当。对水泥适用性广，对混凝土增强效果明显，坍落度损失小，低温无硫酸钠结晶现象，广泛用于配制泵送、缓凝、早强、防冻、引气等各类个性化减水剂，也可以与萘系减水剂、氨基减水剂、聚羧酸减水剂复合使用。

常见脂肪族高效减水剂的物理性质：

①外观棕红色的液体。

②固体含量 >35% 。

③体积密度 1.15 ~ 1.2g/cm³ 。

脂肪族高效减水剂的性能特点如下：

①减水率高。掺量 1% ~ 2% ，减水率可达 18% ~ 30% 。在同等强度坍落度条件下，掺脂肪族高效减水剂可节约 25% ~ 30% 的水泥用量。

②早强、增强效果明显。混凝土中掺入脂肪族高效减水剂，3d 可达到设计强度的 60% ~ 70% ，7d 可达到 100% ，28 天比空白混凝土强度提高 30% ~ 40% 。

③高保塑。和其他缓凝剂复合使用（如葡萄糖酸钠、麦芽糊精等），可使混凝土坍落度经时损失大幅减小，60min 基本不损失，90min 损失 10% ~ 20% 。

④对水泥适用性广泛，和易性、黏聚性好。与其他各类外加剂配合适应性良好。

⑤能显著提高强度混凝土的抗冻融，抗渗，抗硫酸盐侵蚀，并全面提高混凝土的其他物理性能。

⑥特别适用以下混凝土工程：流态塑化混凝土，自然养护、蒸养混凝土，抗渗防水混凝土，有耐久性要求抗冻融混凝土，抗硫酸盐侵蚀海工混凝土，以及钢筋、预应力混凝土。

⑦脂肪族高效减水剂无毒，不燃，不腐蚀钢筋，冬季无硫酸钠结晶。

2.3.3 发泡剂

砂浆和混凝土的轻质化首先必须使气泡在材料基体内部分散均匀。获取气泡的方法有两种，一种是化学反应制得气泡，另一种是利用界面活性剂降低液相表面张力，通过专用制泡机或搅拌物理发泡。在化学发泡剂中铝粉占主流，通过化学反应产生氢气，制得气泡。作为物理发泡剂，非离子系、阴离子系和蛋白质系表面活性剂占主导。泡沫混凝土根据其泡沫的制作方法可以分为三种。

（1）预发泡。将表面活性剂为主的泡沫剂液体通过打泡机预先制作气泡，然后混入搅拌的水泥料浆中，可以通过气泡的掺入量自由调整密度，施工性良好，但该方法必须由打泡机调整。

（2）搅拌起泡。表面活性剂系、蛋白系等泡沫剂在搅拌机中搅拌时掺入，是一种通过搅拌物理作用制得气泡的方法。搅拌时间、搅拌速度、使用集料粒径等因素的改变可以调整含气量、工作性好坏，仅通过搅拌机就很容易实现预期的发泡目的。

（3）后发泡。以铝粉为代表的加气剂在搅拌机中掺入混凝土，混合后由化学反应产生气体制取气泡。混凝土的温度、料浆的稠度等可影响发泡时间和发泡量。另外，因硬化时间的关系产生脱泡和比重不一致的现象。

1. 化学发泡剂

化学发泡剂也称为加气剂和发气剂。是混合到水泥基材料中通过化学反应产生气泡的外加剂。粉末颗粒的直径在 50μm 左右的金属粉末材料，铝粉是发气剂的代表，除此之外，过氧化物、次氯酸盐、锌、镉、硫磺、氧化铁、硫化铁等都可成为发气剂。但这些物质因产生气体的性质、反应控制、经济性等方面的原因几乎没有被利用。

另外，为充分发挥发气剂的性能，可以利用反应促进剂，例如，对于铝粉发气剂可以采用氢氧化钠、碳酸钠等碱性物质促进反应。采用过氧化物时，次氯酸钙、过锰酸钾、二氧化锰、蚁酸等可以带来分解促进作用。表 2-49 是发气剂种类和反应方程式的实例。

化学发泡剂种类和反应式　　　　　　　　　表 2 - 49

化学发泡剂种类	化学反应式
①产生氢气 金属铝粉与碱反应，Mg，Zn，Ba，Al 合金也同样可以进行反应，因经济性原因更多使用的是铝粉	$2Al + Ca(OH)_2 + H_2O \longrightarrow CaAl_2O_4 + 3H_2 \uparrow$ $2Al + NaOH + H_2O \longrightarrow 2NaAlO_2 + 3H_2 \uparrow$ （NaOH 作为发泡促进剂掺用）
②产生氧气 过氧化氢与氧化剂反应，也可直接加入水泥中	$CaCl(ClO) + H_2O_2 \longrightarrow CaCl_2 + H_2O + O_2 \uparrow$
③产生乙炔气　电石与水反应	$CaC_2 + 2H_2O \longrightarrow Ca(OH)_2 + C_2H_2 \uparrow$
④产生二氧化碳　碳酸氢钠与盐酸反应	$NaHCO_3 + 2HCl \longrightarrow 2NaCl + H_2O + CO_2 \uparrow$
⑤产生氨气　氯化铵与消石灰反应	$NH_4Cl + Ca(OH)_2 \longrightarrow CaCl_2 + 2H_2O + 2NH_3 \uparrow$

　　化学发泡剂的掺量由泡沫混凝土的密度、用途等决定，相对于水泥用量一般在 0.02% ~ 2% 范围之内。

　　众所周知，铝是很活泼的金属，它能与水反应，置换出水中的氢并生成强氧化铝，由于暴露在空气中的铝粉颗粒表面已经被空气中的氧所氧化，生成惰性的氧化铝保护膜，妨碍了铝与水的接触。泡沫（加气）混凝土料浆中存在一定量的碱性物质，如氢氧化钙，氧化铝可以溶解在碱性溶液中，生成偏铝酸盐。当铝粉表面的氧化膜被溶解后，金属铝继续与水反应，置换出水中的氢，并生成凝胶状氢氧化铝，但是，它也与氧化铝一样，妨碍水与金属铝表面的接触，使反应不能继续进行。但是氢氧化铝同样也能溶解在碱性溶液中，生成偏铝酸盐。这样，在碱性溶液中，铝就可以不断地与水反应，生成氢气，直到金属铝被消耗尽为止。而氢气以近似圆球形的气泡，均匀分布在料浆中，使料浆体积膨胀，硬化后形成多孔结构的硅酸盐制品。铝粉掺量与含气量如图 2-29 所示。

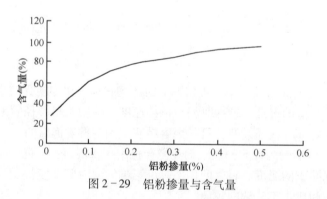

图 2 - 29　铝粉掺量与含气量

　　在加气混凝土块生产工艺的配料过程中，将铝粉膏加入铝粉浆搅拌罐中，经充分搅拌后放入到铝粉浆计量秤中，最后和生石灰、石膏、粉煤灰等原材料一起放入搅拌机中，铝粉膏中的铝粉在加气混凝土料浆中能与碱性物质反应放出氢气，产生气泡，使加气混凝土料浆膨胀形成多孔结构。为了保证加气混凝土的质量，各种原材料应符合生产工艺的要求，因此，加气混凝土往往还需要使用诸如铝粉脱脂剂、气泡稳定剂、调节剂等辅助外加剂。

　　（1）铝粉脱脂剂　通常铝粉是不稳定的，也是不安全的，生产铝粉时常常制备铝粉膏，即把硬脂酸类物质粘附在铝粉表面。脱脂剂的作用就是除去生产铝粉时铝粉表面的硬脂酸，保证生产中铝粉顺利发生化学反应。目前铝粉脱脂剂有两大类，其一，是表面活性物质，如肥皂、合成洗涤剂、磺烷油、拉开粉（二丁基萘磺酸钠）等。这类脱脂剂是通过改变液相的表面张力而吸引硬脂酸分子脱离铝粉表面；其二，是一类能够溶解硬脂酸的有机溶剂，如丙酮、二甲苯、平平加（高级脂肪醇环氧乙烷非离子型缩合物）、净洗剂（主成分为脂肪醇聚氧乙烯醚）等。脱脂剂的掺量一般为铝粉重量的 1% ~ 4%。

（2）稳泡剂　稳泡剂的作用是降低料浆液相的表面张力以稳定气泡，保证整体形成细小、均匀的多孔结构。通常用作气泡稳定剂的物质有可溶性油、氧化石蜡皂、植物表面活性剂、净洗剂等。

①可溶性油。可溶性油是一种皂类表面活性剂，有很强的稳泡作用。常用配比是花生油油酸：三乙醇胺：水 = 1：3：36。

②氧化石蜡皂。石蜡经氧化和皂化便可制得氧化石蜡皂。通常用于气泡稳定剂的氧化石蜡皂是浓度为 10% 的溶液。

③植物表面活性剂。一般用作稳泡剂的植物表面活性剂的主要有皂荚、茶籽饼等。

④净洗剂。净洗剂中落入少量的动物油滴后具有稳定气泡功能，同时还保持它原有的脱脂功能，成为一种同时具有稳泡、脱脂双重功能的外加剂。

（3）调节剂　用于加气混凝土生产中的调节剂能起到调节铝粉发气速度、料浆稠化时间、坯体硬化时间及蒸压时的膨胀程度等作用。常用的调节剂有纯碱、硼砂、水玻璃、烧碱、石膏和三乙醇胺等。

①纯碱。一般每立方米加气混凝土中加入 3 ~ 4kg 纯碱，能起到促进铝粉发气、激发矿渣活性、加速坯体硬化和提高制品强度的作用。

②硼砂。硼砂在加气混凝土中起延缓料浆凝结时间作用，硼砂调节剂的常用掺量为每立方米加气混凝土掺加 0.5kg 左右。

③水玻璃。用于加气混凝土调节剂的水玻璃模数一般为 2 ~ 3.5，密度为 $1.3 ~ 1.6g/cm^3$。水玻璃的作用主要是延缓铝粉的发气时间。掺量通常为每立方米加气混凝土加液体水玻璃 300mL 以下。

④烧碱。烧碱在加气混凝土中的作用类似于纯碱。

⑤石膏。石膏在加气混凝土生产中的作用，除了延缓料浆稠化、协调稠化与发气速度外，还有利于坯体硬化和制品强度提高的作用。在以水泥、石灰、粉煤灰和以水泥、石灰、砂为原材料的加气混凝土中，作为调节剂的石膏掺量有差异，一般前者的石膏掺量是石灰的 10%，而后者仅为 3%。

⑥三乙醇胺。三乙醇胺在加气混凝土中，除了能抑制石灰消解、脱脂外，对发气速度无影响。若与石膏复合使用效果更佳，它的掺量一般为石灰重量的 0.2%。

（4）钢筋防护剂　由于加气混凝土的孔隙率大，抗渗性差，碱度较低，部分加气混凝土构件中内部的钢筋易受侵蚀，因此，对于加气混凝土的构架采用钢筋防护剂是很必要的。常用的钢筋防护剂有沥青硅酸盐钢筋防护剂、有机水乳型防护剂、聚苯乙烯-沥青防护剂、水泥-酪素-胶乳防护剂和水泥-沥青-酚醛树脂防护剂等。

①沥青硅酸盐防护剂。这种防护剂无毒、无污染，原料采用沥青、生石灰、砂粉和甲基硅醇钠，成本低廉。

②有机水乳型钢筋防护剂。这种防护剂的特点是干燥快、无污染、贮存稳定等。它适

宜用于诸如钢筋网片等连续性浸渍、施工和流水作用。

生产过程中使用化学发泡剂应注意以下几方面问题。

①使用化学发泡剂时，必须考虑化学发泡剂种类不同所产生的离子、气体的种类，要注意产生氧和氯离子将会加速钢筋的锈蚀。另外，产生二氧化碳会加速混凝土的碳化。同时发气剂自身有粉尘爆炸和可燃性等性质，必须注意存放库的管理。

②加气混凝土制造时料浆中产生的气体造成体积密度差，向上部移动，必须注意下部体积密度增大的倾向。为防止这一现象发生，有必要复合使用增黏剂、气泡分散剂、整泡剂等助剂。料浆浇注到模具中后，发泡终止时仍显示流动性，脱泡带来体积沉降，相反，如果气体没发完就硬化，气泡形状呈扁平状态，分布也不均匀，这两种原因均造成密度不稳定的倾向。因此，考虑这些因素，调整硬化的时间是非常重要的。

③化学发泡剂是通过化学反应产生气体的，受温度的影响大，使用铝粉时，通常在 $20 \sim 60 min$ 时氢气发气结束，在低温时这一反应非常缓慢，有必要调整掺量等因素。

2. 物理发泡剂

物理发泡剂是由表面活性（表面张力降低）等物理作用导入气泡的，可以引入混凝土 80% 以上的气泡，其品种大致分为合成表面活性剂系、树脂肥皂系、蛋白系，但都包含在表面活性剂中。物理发泡剂是能使其水溶液在机械作用下，产生大量泡沫的表面活性剂或表面活性物质。表面活性剂包括阴离子表面活性剂、阳离子表面活性剂、非离子表面活性剂等，表面活性物质如动物蛋白、植物蛋白、纸浆废液等。

物理发泡剂在我国已有 60 多年的历史。在 20 世纪 50 年代，老一辈工程技术人员开发了松香皂和松香热聚物引气剂，当时，这类物质均可以作为泡沫混凝土的物理发泡剂。这两种发泡剂多年来，在我国建筑界应用非常普遍。这是我国的第一代发泡剂。20 世纪 80 年代，随着我国精细化工的振兴，合成表面活性剂的技术日益成熟，合成表面活性剂类发泡剂得到发展。并取代了相当一部分松香皂和松香热聚物，成为发泡剂的一个主要品种。这是我国第二代发泡剂的发展时期。20 世纪末，韩国、日本、意大利、美国的高性能蛋白型发泡剂进入中国。尤其是韩国的蛋白发泡剂对东北地区的地暖泡沫混凝土行业影响较大。我国的动物蛋白、植物蛋白发泡剂发展迅速，我国进入了第三代发泡剂的时期。近年来，随着泡沫混凝土市场的日益扩大，泡沫混凝土进入了发展的黄金时期，第四代复合型的发泡剂应运而生。

（1）松香树脂类发泡剂

①松香皂发泡剂。松香是由松树采集的松树脂制得，其化学结构复杂，其中含有松香酸类、芳香烃类、芳香醇类、芳香醛类及氧化物等，主要成分是一种松香酸。我国的松香产量目前居世界第二，除自用外还大量出口。松香酸的结构如下：

松香酸中因具有羧基—COOH，遇碱后发生皂化反应而生成松香酸酯，又称为松香皂。其反应式如下：

松香皂类发泡剂制备过程如下：

将松香粉碎至粉状，置于空气中氧化一段时间，至粉状颜色略加深即可。将烧碱（NaOH）配制成一定浓度的溶液，其浓度由皂化系数确定。皂化系数为中和 1kg 松香所需的氢氧化钠的质量，一般皂化系数在 160～180。在有蒸汽夹套的反应釜中进行皂化反应，反应温度控制在 80～100℃。先将碱液加热至沸腾，再徐徐加入粉状松香。当反应物加热水稀释后溶液澄清透明、无浑浊、无沉淀时，可视为皂化完全。其成品为棕色膏状体，含水量约为 22%，pH 值 8～10，表面张力值为 $(2.9\sim3.1)\times10^{-2}\text{N/m}$。

松香皂类发泡剂制备方法简便、价格便宜、性能可靠，因而得到广泛的应用。尤其适用于密度较大的泡沫混凝土生产。它最先由美国研制开发的。我国 20 世纪 50 年代起开始制造松香皂引气剂，主要用来提高混凝土的抗冻性和抗渗性，泡沫混凝土发展之际，它又用作泡沫剂。松香皂类发泡剂的缺点是在使用时需要加热溶解，比较麻烦。

②松香热聚物发泡剂。热聚物发泡剂是世界上出现最早的发泡剂，由美国 1937 年首创，称为"文沙"树脂（Vinso），1938 年获得专利权。最早用于混凝土的引气剂，常用于水工工程。为了满足水工、港口工程的需要，前华北窑业公司于 1948 年从美国购入文沙引气剂样品。1949 年研制成功了以松香热聚物为主要成分的引气剂，用以改善混凝土拌合物的流动性和提高抗冻融能力。产品命名为长城牌引气剂，同年，在天津新港工程中首次应用，收到显著效果。

将松香与苯酚（俗称石炭酸）、硫酸和氢氧化钠以一定比例在反应釜中加热，松香中的羧酸与苯酚中的羟基进行脂化反应：

同时还会发生分子间的缩聚反应：

反应后所形成的大分子再经过氢氧化钠处理。制备反应在 70～80℃温度下进行，反应时间约 6h，所得产品也是膏状体，其性能与松香皂类相似。

（2）合成类发泡剂

属于第二代发泡剂。如前所述，我国在20世纪后期开发了多种合成表面活性剂类发泡剂。目前，我国该类品种的发泡剂仍占50%以上。随着新型发泡剂的不断出现，并逐渐成为主流，但很多新型发泡剂在使用过程中仍然采用合成表面活性剂类发泡剂作稳泡剂。合成表面活性剂系列的物质种类繁多，按表面活性剂的离子性质分为阴离子型、阳离子型、非离子型和两性离子型，由离子状态的体系分类如图2-30所示。

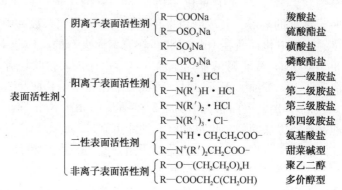

图2-30 离子型表面活性剂的分类与结构（R为疏水性原子团）

在各种合成表面活性剂类发泡剂中，阴离子型发泡剂因发泡快、发泡倍数大很受欢迎。阳离子型发泡剂价格很高，并且对泡沫混凝土的强度有一定的影响，因此应用不多。非离子型发泡剂的发泡倍数一般较小，因此，没有得到广泛的应用。二性离子型发泡剂也是因为成本高，未能普遍应用。

作为泡沫混凝土的发泡剂阴离子型表面活性剂比较多见，其代表性物质为烷基苯磺酸盐。此外，烷基硫酸酯盐、烷基芳香族羟乙基硫酸酯盐、烷基硫酸酯盐与烷基芳香族羟乙基硫酸酯盐或两种以上的混合物等。

表面活性剂的作用原理如下：

溶液中溶质吸附在气-液、液-液或者是液-固界面上，并显著改变其表面性能的特征称作表面活性，通常，表面活性剂是指在水溶液中显示出显著的界面活性的物质。

表面活性剂是分子上具有一个亲水基和憎水基的原子团的化合物，界面活性剂以肥皂为例，具有图2-31那样的结构。表面活性剂加水后，表面活性剂分子中的憎水部分面向空气，而亲水部分指向水中，分子沿一定方向定向吸附。在定向吸附的过程中，自由能小的表面活性剂的憎水基代替了自由能大的水分子，排列在表面。该原子团如图2-32所示定向排列在水、油或空气的界面上，呈一定形状。因此，降低了表面张力，使液相的表面张力比纯水小。表面张力的降低在界面上发生种种现象，即产生气泡、浸透、分散、润湿、乳化、洗涤、润滑等作用。

当其表面张力几乎将到0dyne/cm时，对水泥浆进行搅拌等物理作用，引入空气形成气泡。例外的是即使在表面张力大的情况下，起泡性也良好，但通常是上述降低表面张力得到气泡。加入发泡剂的料浆所得到的气泡难以破灭消失，即泡的稳定性较好。泡的稳定性与产生气泡的液相表面黏度、表面弹性和化学稳定性等有关。气泡是由液体薄膜包围的气体，当发泡剂溶于水中并吸附在气—液界面时，就会形成较为牢固的液膜，并降低溶液的表面张力，增加了液相与空气的接触面，同时，由于发泡剂离子对液膜的保护作用，气泡不易破灭。从热力学角度分析，当产生气泡时，整个体系的气液相界面增加，表面自由焓将增加，处于热力学不稳定状态，气泡趋于缩小或破灭。因此，要生成较多的稳定气泡，必须掺用引气剂。

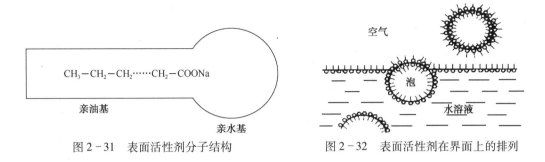

图 2-31　表面活性剂分子结构　　　　图 2-32　表面活性剂在界面上的排列

日本关于发泡剂泡的稳定性的测试采用排水（drainage）、排液或离液百分率时间评价。从气泡 V_1 中排出的液体收入量筒，其量为 V_d，当 $V_d / V_f \times 100 = 50$ 的时间称作 50% 排水时间，该数值是参考数据，实际上，在水泥浆中的气泡性、泡稳定性受到碱稳定性等化学因子、吸附等物理因子的影响，难以判定，有必要通过实施过程中的试验来确认。

主要应用的阴离子表面活性剂介绍如下：

①高级烷基醚硫酸酯盐。将环氧乙烷附加到高级醇中，顺便制成硫酸酯类物质。化学式为 $C_{12}H_{25}O(CH_2CH_2O)_nSO_3Na$（月桂基醚硫酸酯盐）。这种泡沫剂在硬水中气泡性也大，作为主要用途，因为气泡性大，经常被作为洗发粉等的基本材料而广泛使用。

②烷基苯磺酸钠。将长链烷基附加在苯环、磺化后制得。虽然可以得到微细的气泡，但黏度低，容易消泡，因此，与其他种类的泡沫剂复合使用效果良好。

烷基苯磺酸钠是最常用、成本最低、最容易合成的发泡剂，最具代表性的产品是十二烷基苯磺酸钠。该类发泡剂是由苯环行带有一个长链烷基（$CH_3CH_2CH_2\cdots CH_2\cdots$）的烷苯基，经过浓硫酸、发烟硫酸或液体三氧化硫为硫化剂而制得。经研究发现，烷基的碳原子数以接近 12 时最为合适，性能良好。这个烷基不是直链的正构烷基，而是带有支链的含有 12 个碳原子的各种烷基。

工业合成通常采用廉价的丙烯为原料聚合成丙烯四聚体——十二烯，再与苯共聚成十二烷基苯，经发烟硫酸磺化成十二烷基苯磺酸钠，再用碱中和成钠盐。其反应式如下：

$$4H_2C = CH - CH_3 \xrightarrow{H_3PO_4} C_{12}H_{24}$$

$$C_{12}H_{24} + \text{⬡} \xrightarrow{HF 或 AlCl_3} C_{12}H_{25} - \text{⬡}$$

$$C_{12}H_{25} - \text{⬡} + H_2SO_4(或 SO_3) \longrightarrow C_{12}H_{25} - \text{⬡} - SO_3H + H_2O$$

$$C_{12}H_{25} - \text{⬡} - SO_3H + NaOH \longrightarrow C_{12}H_{25} - \text{⬡} - SO_3Na + H_2O$$

该类产品还包括烷基苯酚聚氧乙烯醚（OP）、烷基磺酸盐等。十二烷基苯磺酸钠较易合成，工业上可制成高纯度的产品。烷基苯磺酸钠的外观为白色或淡黄色粉末或片状固体，易溶于水而成半透明的溶液，对碱和稀酸较为稳定，240℃发生分解。烷基苯磺酸钠、的表面张力约为 $2.96 \times 10^{-2} N/m$，具有很高的表面活性，在很低的浓度下也能有很好的发泡能力。它易溶于水并极易起泡，产生的泡沫多，即瞬间起泡，泡沫量大而丰富。但若溶液黏度较低时，泡沫较易消失。

③α-油酸磺酸盐。α-油酸磺酸盐在制造过程中是两种材料的混合物，化学式为

$$R - CH_2 - CHOH - (CH_2)_m SO_3 Na + R - CH \longrightarrow CH - (CH_2)_m SO_3 Na$$

该表面活性剂具有一个特点，即使存在钙盐，其表面活性作用也难以降低。

我国现有的合成表面活性剂类发泡剂大多数不适应 $300 kg/m^3$ 以下的低密度泡沫混凝土，主要原因是大多数合成表面活性剂类发泡剂都是阴离子型的。

阳离子系列表面活性剂将集料表面的电荷中和，同时疏水化作用产生凝聚作用等，降低工作性和降低与水泥的接触，另外，这类物质带有氯离子等酸基，钢筋易生锈，不能实用。

二性界面活性剂对于酸性、碱性两者都产生表面活性作用，作为发泡剂具有优异的性能。

非离子表面活性剂不受离子性影响，表现出应用范围广的发泡性，但气泡能力弱、气泡稳定性不太好，因此，常常与阴离子系列界面活性剂等复合使用。作为非离子型界面活性剂的代表物质为聚乙二醇。

用于混凝土中作为发泡剂的主要是聚乙二醇型非离子表面活性剂。它是由含活泼氢原子的憎水原料同环氧丙烷进行加成反应而制得。

羟基、羧基、氨基和酰胺基中的氢原子，由于它们的化学活性较强，故很容易发生反应。凡是含有上述原子团的憎水性原料，都可以与环氧乙烷反应，生成环氧乙烷加成物，即烷基酚聚氧乙烯醚：

$$C_9H_{19} \!-\!\!\!\bigcirc\!\!\!-\! OH + nCH_2 \!-\! CH_2 \longrightarrow C_9H_{19} \!-\!\!\!\bigcirc\!\!\!-\! O (CH_2CH_2O)_n H$$

壬烷基酚　　　环氧乙烷　　　壬烷基酚环氧乙烷加成物

当参加聚合加成反应的环氧乙烷比例增大时，n 的数目也随之增大，生成的表面活性剂水溶性更好。

烷基酚、脂肪酸、高级脂肪胺或是脂肪酰胺也易于与环氧乙烷进行加成反应制成表面活性剂。

非离子表面活性剂大体有四种类型：醚类、酯类、醚酯类和含氮类。

非离子表面活性剂分子中的低极性基团端没有同性电荷的排斥，彼此之间极易靠拢，因而它们在溶液表面排列时，疏水基团的密度就会增加，相应减少了其他的分子数，溶液的表面张力则降低，表面活性增加，因而有一定的发泡能力。也正是因为它的疏水基团在水溶液表面排列密集，使水溶液所形成的气泡液膜比较坚韧，不易破泡，因此，非离子表面活性剂的泡沫稳定性优于烷基苯磺酸钠等阴离子表面活性剂，但非离子表面活性剂的发泡能力远不如阴离子型。因为使用者重点看发泡能力。

（3）蛋白类发泡剂（第三代发泡剂）

蛋白类发泡剂是目前比较高档的泡沫混凝土发泡剂。其性能良好，发展前景也非常看好，尤其是现浇的泡沫混凝土工程，所占比例越来越大。

蛋白类发泡剂是一类表面活性物质，它们的共同点是泡沫非常稳定，可以很长时间不消泡。此外，发泡倍数也非常好，虽然它的发泡倍数不如阴离子表面活性剂，但也足以满足生产和工程现场的需要。目前，发达国家的泡沫混凝土基本上都使用蛋白类发泡剂。

蛋白类发泡剂按原材料划分，可分为植物蛋白类和动物蛋白类。植物蛋白类发明和应用的比较早，如皂角苷类和茶皂类；动物蛋白类发泡类分为水解动物蹄角类、水解血胶类和水解毛发类三种。

1）植物发泡剂。植物发泡剂中主要是茶皂素发泡剂和皂角苷发泡剂。我国皂角树的资源不如茶树资源丰富，因此，茶皂素发泡剂的量远大于皂角苷发泡剂。

茶皂素又名茶皂甙，是由茶树种子中提取出来的一类醣甙化合物，为一种性能优良的天然非离子型表面活性物质。它可广泛应用于轻工、化工、农药、饲料、养殖、纺织、采油、采矿、建材与高速公路建设等领域，制造乳化剂、洗洁剂、农药助剂、饲料添加剂、蟹虾养殖保护剂、纺织助剂、油田泡沫剂、采矿浮选剂以及加气混凝土稳泡剂与泡沫混凝土发泡剂等。早在1931年，日本就从茶籽中分离出来，1952年才得到茶皂素晶体。我国自20世纪50年代末开始研究，1979年确定了工业化生产工艺技术。

茶皂苷属于三萜类皂角苷，具有苦辛辣味，纯品为白色微细柱状晶体，吸湿性强，对甲基红呈酸性，难溶于无水甲醇、乙醇，不溶于乙醚、丙酮、苯、石油醚等有机溶剂，易溶于含水甲醇、含水乙醇以及冰醋酸、醋酐、吡啶等。茶皂甙溶液中加入盐酸，酸性条件下皂甙沉淀。熔点：224℃。茶皂素具有良好的乳化、分散、发泡、湿润等功能。

茶皂素不易溶于冷水中，在碱性溶液中易溶。它对水的硬度极不敏感，它的起泡能力随浓度的增加而提高。表2-50为茶皂素不同含量时的起泡高度。

茶皂素不同含量时的起泡高度 表2-50

含量（%）	起始高度（mm）	经时5min高度（mm）
0.05	68	65
0.10	86	86
0.25	113	113

茶皂素所产生的泡沫具有优异的稳定性，长时间不消泡，这一特征是合成阴离子表面活性剂或非离子表面活性剂无法达到的。图2-33为不同质量分数的茶皂素泡沫在不同时间的稳泡高度。从图2-33中可以看出，泡沫消散的十分缓慢，稳定性相当好。在120min时，泡沫沉降高度基本上较小；在420min时，质量分数0.01%的下降了36.3%，质量分数0.005%的下降了22.7%，质量分数0.001%的下降了4.4%。

表2-51为茶皂素发泡剂与其他发泡剂的稳泡性对比的结果。由表中可知，茶皂素具有惊人的泡沫稳定性。若采用增泡措施或与发泡能力高的发泡剂复合，将有所突破，表现出很好的发泡和稳泡功能。

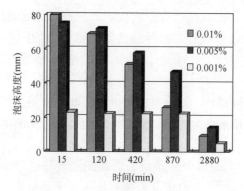

图 2-33 茶皂素的泡沫稳定性

茶皂素与其他泡沫剂的稳泡性对比　　　　　　　　　　　表 2-51

泡沫剂名称	发泡高度（mm）	经时 5min 高度（mm）	经时 10min 高度（mm）
茶皂素	78	77	75
松香皂	130	121	105
烷基苯磺酸	160	135	118
聚乙二醇醚	84	51	30

皂角苷有很多别名，如皂苷、皂素、碱皂体和皂草苷，能形成水溶液或胶体溶液并能形成肥皂状泡沫的植物糖苷统称。是由皂苷元和糖、糖醛酸或其他有机酸组成的。

根据已知皂苷元的分子结构，可以将皂苷分为两大类，一类为甾体皂苷，另一类为三萜皂苷。皂角苷发泡剂的主要成分是三萜皂苷。皂苷多为白色或乳白色无定形粉末，少数为晶体，味苦而辛辣，对黏膜有刺激性。皂苷一般可溶于水、甲醇和稀乙醇，易溶于热水、热甲醇及热乙醇，不溶于乙醚、氯仿及苯。皂苷是很强的表面活性剂，即使高度稀释也能形成皂液。水溶液具有持续产生泡沫的性质，并显示出保护性胶体的性质。可用于作为洗涤剂、乳化剂、发泡剂。

皂角苷是多年生乔木皂角树果实皂角中含有一种味辛刺鼻的提取物。主要成分是三萜皂苷。其结构简式如下：

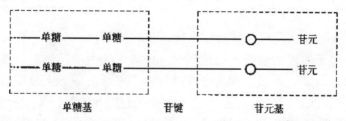

三萜皂苷由单糖基、苷基、苷元基组成。苷元基由两个相连接的苷原组成，一般情况下一个苷原可以连接 3 个或 3 个以上单糖，形成一个较大的五环三萜空间结构。单糖基中有很多羟基能与水分子形成氢键，因而具有很强的亲水性，而苷元基中的苷元是亲油性的憎水基。三萜皂苷属非离子表面活性剂，引气性能好，当其溶于水后，

大分子被吸附在气液界面上，形成两种基团的定向排列，从而降低了气液界面的张力，使新界面的产生变得容易。若用机械方法搅动溶液，就会产生气泡。且由于三萜皂苷分子结构较大，形成的分子膜较厚，气泡壁的弹性和强度较高，气泡能保持相对的稳定。

皂角苷的生产方法是将皂角植物的豆荚或豆粒经榨油后的残渣破碎后经浸泡、过滤，再将浸出液熬成膏状或加工成粉状直接使用或经复合均可。

皂角苷发泡剂的主要性能见表2-52。

皂角苷发泡剂的主要技术性能　　　　　　　表2-52

类型	外观	活性物含量（%）	表面张力（N/m）	水溶性	初始起泡高度（mm）	pH	固含量（%）	相对密度（g/cm³）
Ⅰ型	黄色粉末	≥60	3.286×10^{-2}	溶于水	≥180	5.0~7.0	—	—
Ⅱ型	褐色粉末	≥30					≥50	≥1.14

皂角苷发泡剂不但起泡力较好，而且，它与茶皂素发泡剂相似，具有很好的稳泡性能。有研究表明，其泡沫高度24h仅下降28%，而同时对比的试验观察表明，合成类稳定性好的表面活性剂类发泡剂其泡沫早已完全破灭。皂角苷发泡剂的泡沫下降过程是匀速的。皂角苷发泡剂的泡沫稳定性见表2-53。

皂角苷发泡剂的泡沫稳定性　　　　　　　表2-53

含量（%）	起泡体积（mL）	5min后泡沫体积（mL）	泡沫稳定性（%）	pH
0.40	52	47	90.4	6.89
0.65	61	55	90.2	6.37
0.80	67	61	91.0	6.01
1.30	73	69	94.5	5.49

皂角苷的稳定性优异，因此，它的气泡不易合并和串联，它产生的泡沫和最终在泡沫混凝土内部形成的气孔也是独立的和封闭的，分布均匀，并且不会产生大泡，泡沫的形态和结构也非常理想，由于分子结构大，在气泡表面定向排列后形成的分子间氢键作用力强，液膜黏度大，且韧性好，因此其泡沫稳定细密。

2）动物蛋白发泡剂。我国动物蛋白类发泡剂前几年以进口为主，来自意大利、美国、日本、韩国等发达国家，这几年国产的也越来越多。但总的来看，进口产品的质量仍然高于国产品。但由于国产品的价格相对低一些，还是有一定竞争力的。有些企业的产品目前已赶上进口品，完全可和进口产品媲美。只要在技术上进一步提高和改进，很快国产品将达到进口品的水平。动物蛋白发泡剂的性能和植物蛋白发泡剂不相上下，发泡能力和稳泡性与植物蛋白大体相当。但因其原材料资源不如植物蛋白广泛，因而，总的生产规模及应用量都不如植物蛋白发泡剂。

由于动物蛋白发泡剂特别稳定，最适合生产超轻泡沫混凝土，特别是体积密度150~300kg/m³的外墙外保温用轻质泡沫混凝土板制品。在一般工艺条件下，采用物理发泡的泡沫混凝土生产体积密度600kg/m³以上的制品比较容易，而生产体积密度500kg/m³以下的泡沫混凝土制品比较难，300kg/m³ 以下的制品更难生产，而采用动物蛋白发泡剂，则生产工艺相对简单，很容易实现超轻的泡沫混凝土制品。

因为超轻泡沫混凝土的水泥用量极少，如 150kg/m³ 级的泡沫混凝土，其水泥用量仅有 120 ~ 130kg/m³，每立方米仅有 0.038 ~ 0.041m³。水泥浆至少要发泡至 12 倍的体积。一般发泡剂很容易出现塌陷。而动物蛋白发泡剂即使在水泥用量极少、泡沫剂掺量极高时，也不易消泡和塌陷，浇筑稳定性非常好，它的这一优点，决定了它虽然价格比较高而且发泡倍数略低，但是仍有非常广阔的应用前景。众所周知，作为 A1 级防火保温材料的泡沫混凝土通常在 300kg/m³ 级以下，该材料将成为建筑节能的主导性产品，未来的用量是相当大的。而这种超轻泡沫混凝土的生产，在物理发泡方面离不开动物蛋白发泡剂。

动物蛋白发泡剂主要有水解动物蹄角、水解废动物毛和水解血胶三大类。

①动物蹄角发泡剂是以精选的动物（牛、羊、马、驴等）蹄角的角质蛋白为主要原材料，采取了一定的工艺提取脂肪酸，再加入盐酸、氯化镁等助剂，加温溶解、稀释、过滤、高温脱水而生产的高档表面活性物质。外观为暗褐色液体，杂质含量低，刺激性气味较轻，品质均匀，质量一致性好，具有良好的起泡性和优异的泡沫稳定性，pH 值为 6.5 ~ 7.5。在同样密度下，与用植物性发泡剂制作的发泡水泥相比其密封性和保温性较好，强度高。由于其优异的泡沫稳定性，制备的一次性浇注的泡沫混凝土厚度可以达到 1.5m 以上而不塌陷，因而适合于超轻泡沫混凝土板材和轻质墙板的生产，也适用于特殊的现浇泡沫混凝土。

动物蹄角发泡剂在动物蛋白三种发泡剂中，是性能最好的一种，泡沫稳定性最好，发出的泡沫在放置 24h 时，仍有大部分存留。这主要因为动物角质所形成的气泡液膜十分坚韧、富有弹性，受外力压迫后，可立即恢复原状，不易破裂。所以用它生产的泡沫混凝土气孔，大多是封闭球形，连通孔很少。其主要技术性能见表 2-54。

动物蹄角发泡剂的技术性能　　　　表 2-54

项目	性能	项目	性能
外观	暗褐色液体	挥发有机物含量（g/L）	≤50
pH 值	6.5 ~ 7.5	游离甲醛含量（g/kg）	≤1
密度（g/cm³）	1.1 ± 0.05	苯含量（g/kg）	≤0.2
发泡状态	坚韧半透明	发泡倍数	>25
吸水率	<20	1h 泌水率（mL）	<35
起泡高度（mm）	>150	1h 沉陷距（mm）	<5

②动物毛发泡剂是采用各种的动物的废毛的原料经提取脂肪酸，再加入各种助剂反应而成的表面活性物质。具体工艺是将废动物毛溶入沸腾的氢氧化钠溶液中，用硫酸中和酸化后制得的红棕色液体，也可再经浓缩干燥、粉碎而制成粒状物质。废动物毛发泡剂是相对密度在 1.3 ~ 1.6g/cm³，有焦糊毛发臭味，pH 值 7 ~ 8，在空气中易吸湿潮解，在 170℃高温下易碳化。浓度为 2.5% ~ 3% 时，发泡倍数为 22 倍，泌水量为 3mL，沉陷距为 2cm。原材料为废动物毛（猪毛、马毛、牛毛、鸡毛、驴毛等），也可采用毛制品的下脚料（如地毯毛、毛毡等），要求清洁、干燥。碱采用工业用的氢氧化钠，酸采用浓度在 25% 以上

的工业用硫酸，生产用水为自来水或清洁的淡水。

这种发泡剂和上述动物蹄角发泡剂相比，起泡性能及稳泡性能稍有差异，但差别不是很大，技术性能大体相当，也属于优质的高档发泡剂。与松香树脂类及合成表面活性剂相比，它的起泡能力相对低一些，但泡沫稳定性要比它们好得多。它的最大优点也是稳泡性好，适宜生产超轻泡沫混凝土产品。采用加增泡剂和稳泡剂复合改性后，性能更佳。动物毛资源丰富，所以我国此类发泡剂生产较多，其应用也比动物蹄角类广泛。

废动物毛发泡剂的生产要点如下：

a. 动物毛熬制。将固体氢氧化钠加热用水溶解，配成5%浓度的碱液。按毛碱比（质量比）7:1，把配好的碱液放入容器内，待碱液微沸时加入动物毛，在不断搅拌下熬制22h。

b. 中和酸化。将已熬制的黑色膏状物倾入中和池，加水到温度为35～50℃时，徐徐注入浓度为25%的硫酸，并不断搅拌。用酸度计测得pH在4.15～4.40范围内即达到终点。此时，液面产生白色泡沫，液体由浊变清，发生沉聚现象，即液渣分离。

c. 浓缩。经液渣分离后的滤液为液体泡沫剂，在常温下蒸发至浓度为40%，称浓缩液。

d. 干燥。将浓缩液在140～160℃高温下进行干燥。

e. 粉碎。将已干燥的片状和块状物粉碎成粒状物，装入塑料袋并封口，以防止吸湿潮解。

废动物毛发泡剂的生产工艺流程如图2-34所示。

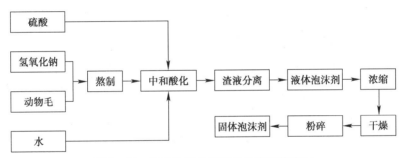

图2-34 废动物毛发泡剂的生产工艺流程

③动物血胶发泡剂是以动物鲜血为原料，血液由四种成分组成：血浆，红细胞，白细胞，血小板。血浆约占血液的55%，是水、糖、脂肪、蛋白质、钾盐和钙盐的混合物，也包含了许多止血必需的血凝块形成的化学物质。血细胞和血小板组成血液的另外45%。血浆相当于结缔组织的细胞间质，是血液的重要组成分，呈淡黄色液体（因含有胆红素）。血浆的化学成分中，水分占90%～92%，溶质以血浆蛋白为主。血浆蛋白是多种蛋白质的总称，用盐析法可将其分为白蛋白、球蛋白和纤维蛋白原三类。动物鲜血先经过水解，然后提纯和浓缩，后加苛性钠、硫酸亚铁和氯化铵等物质反应合成。

（4）复合型发泡剂（第四代发泡剂）

传统的发泡剂只是单一功能的发泡剂，一些发泡剂发泡能力强，稳泡能力却很弱，也有一些发泡剂稳泡能力强，但发泡能力弱，成本也非常高。当然，真正的泡沫混凝土复合外加剂需要有发泡、稳泡、早强、促凝或缓凝、减水、憎水、膨胀、减缩和防裂等功能复合的外加剂。

仅从发泡角度综合分析前述三大类发泡剂，虽然目前应用较广，但是都存在性能不够全面，不能满足实际泡沫混凝土生产需要的弊端，没有一种能完全达到泡沫性能技术要求的。主要表现在松香树脂类起泡力与稳泡性均较低，阴离子表面活性剂虽然起泡力很好但稳泡性太差，蛋白类发泡剂稳定性好却又起泡力低。解决上述单一成分发泡剂性能不佳的唯一方法，就是走复合改性的道路，生产复合型发泡剂。今后的发泡剂多元复合的占主导，其中包括配合一些增黏增稠外加剂和部分使用胶等。

闫振甲先生早就提出了复合的方法和复合的组分。从复合的方法来看主要有：

①互补法。当多元复合时，各元都有各元的优势，可以实现优势互补，把单一成分最欠缺的东西补救起来，使不完善的性能完善起来。例如，甲发泡剂发泡能力强但不稳定，我们可以用稳定性好的发泡剂来帮助它实现稳定；甲发泡剂成本高，可以在不影响性能的前提下以低成本的成分来复合，从而降低它的成本。

②协同法。有时多元复合虽不能互补，但相互间有交互的正作用，即可以协同。复合之后，就可以产生"1+1+1＞3"的协同效应，使发泡剂的使用效果大大增强。协同效应是各种外加剂最常用的技术原理，效果非常明显。当出现两种组分相克时，即交互作用产生负效应，则应慎重对待。

③增效法。有些单一成分的发泡剂在某一方面的效果不好时，可以使用增效成分来加强，使它由劣变优。例如，蛋白型发泡剂普遍发泡能力较低，是它的弱点，我们可以加入增泡剂来加强它的起泡力。各种发泡剂都可以用增效方法来提高它某一方面的性能。

④增加功能法。发泡剂的功能常常是单一的，早春和深秋生产时，需要早强、需要促凝。制备超轻泡沫混凝土时，需要减水增强、需要特殊激发组分增强；某种水泥基材料收缩大时，需要补偿收缩组分、严寒地区的泡沫混凝土工程，需要高抗冻，需要憎水组分。总之，凡是泡沫剂缺乏工业化生产和工程应用的某一方面功能发生需要，完全可以通过复合外加剂增加其功能的方法来解决。例如，有些工程要求泡沫混凝土憎水性，但一般发泡剂均无憎水性，制备的泡沫混凝土吸水率很大。为实现憎水的技术要求，我们在发泡剂中加入有助于发泡，并具备憎水性的外加剂，实现其轻质、憎水的功能。

复合型发泡剂的组分分为基本组分和外掺组分。复合外加剂的基本组分也就是各种单一成分的发泡剂，它可以是一种或多种。其在复合发泡剂中的比例应大于80%，外掺组分不宜大于20%。主要有以下几种组分：

a）增泡组分：主要增强发泡剂的发泡能力，它可以是一种或几种增泡剂。

b）稳泡组分：主要提高泡沫的稳定性，它也可以是一种或数种稳泡剂。

c）功能组分：主要增加发泡剂的各种功能，它可以是一种或几种功能成分，具体种类应根据功能要求来确定。

d）调节组分：主要调节发泡剂的其他性能，使它更符合发泡要求，它可以是一种或多种调节材料。

总之，通过复合完全可以达到人们期望的全面高性能要求。

（5）其他发泡剂

①纸浆废液泡沫剂。造纸厂产生大量的废液，严重污染水源，将废液通过浓缩、净

化、改性处理等工序，可以制作成环保型的发泡剂。

纸浆废液泡沫剂的原料纸浆废液是极其复杂的特殊溶液。其主要成分为无机物30%左右，有机物70%左右，其中木质素占20%～40%。

碱法造纸的纸浆废渣的成分大致为Be′7°～12°，木质素27～40g/L（以百分比计50%左右）。纸浆废液有以下几方面的性质：

a）溶液为碱性，木质素完全溶于溶液，呈亲水胶体而不沉淀。

b）木质素能溶剂化，它的胶体分子带有电核和溶化外壳，构成亲水性基团。

c）具有吸附性。由于木质素分子有极性基团互相排斥和吸引而产生定向排列，构成吸附层。

d）易氧化，能磺化，表面张力比水低，可起泡沫。

为了提高纸浆废液的活性，降低表面张力，使两相界面上的吸附层增厚，加大泡沫倍数，应加入适量的助泡剂，目前使用的助泡剂为硫酸。为了使泡壁具有一定的强度、弹性和塑性，以便获得稳定性好的泡沫剂，应使用合理的稳泡剂。目前我国使用的稳泡剂为生石灰粉。

生产工艺中要求纸浆废液加水稀释到Be′3°～5°，pH为7～8，生石灰粉的细度达到＜20%（4900孔/cm² 筛的筛余量），硫酸要求不含杂质，浓度在98%。

其中工艺参数为Be′3°～5°，pH为1～13，打泡时间为3～4min。纸浆废液泡沫剂的性质如下：

a）泡沫倍数：5～10；

b）沉陷距：0～2min；

c）分泌液：5～10min。

每立方米泡沫剂材料量大致为：纸浆废液约120kg，硫酸约0.12kg，生石灰粉约2.4kg。

②污泥蛋白发泡剂。活性污泥蛋白质发泡剂是近年来新研制的蛋白质类发泡剂的品种，它是用化学方法处理污水处理厂剩余污泥而得到的，污水处理厂剩余污泥主要由微生物、原生动物和藻类等构成，含有大量的蛋白质，提取的活性污泥蛋白质具有优良的发泡性能，可以用于制备泡沫混凝土发泡剂，该泡沫剂可以有效地减轻活性污泥的二次污染，促进废弃资源的再利用。

活性污泥蛋白发泡剂分别配制成浓度分别为1.0%、1.5%、2.0%、3.0%和4.0%的发泡液，其性能见表2-55。

污泥蛋白发泡剂的技术性能　　　　　　表2-55

发泡液浓度（%）	发泡倍数	沉陷距（mm）	泌水率（mL）
1.0	15.6	50	13.0
1.5	21.6	30	8.0
2.0	24.7	18	7.0
3.0	24.3	55	9.5
4.0	27.3	70	10.5

③石油磺酸铝发泡剂。该类发泡剂由煤油作促进剂，由硫酸铝和苛性钠制成，它的起泡性和稳泡性一般，总体发泡效果不如松香皂。

④TH-IV合成高分子水泥发泡剂。该类发泡剂主要原料为德国直接进口，添加了增泡、稳泡组分制成。产品无色无味，发泡倍数高，用量节省，降低成本。主要应用于地暖隔热层等发泡混凝土工程。其性能指标见表2-56。

TH-IV合成高分子水泥发泡剂的性能指标性　　　　　　　表2-56

指标	项目	指标要求
理化指标	外观	清澈透明液体
	pH值	7±0.5
	密度（20℃条件下）	1.1±0.05
	挥发性有机化合物，g/L	≤50
环保指标	游离甲醛，g/kg	≤1
	苯，g/kg	≤0.2
	甲苯+二甲苯，g/kg	≤10

⑤丙烯酸环氧酯发泡剂。早在2006年闫振甲先生就把该类发泡剂和磷酯发泡剂列入泡沫混凝土的发泡剂。它是以丙烯酸、环氧树脂为主要原料，合成丙烯酸环氧酯树脂，然后辅以其他化工原料，通过改性而制成。它的外观为棕褐色黏性液体，pH为10左右。

该发泡剂主要组分保持着原有的丙烯酸环氧酯的长链结构，经改性处理后，分子主链上的部分憎水基团改变为亲水基团。因基团性能的改变，使之溶于水后降低了液相的表面张力，发泡剂起泡能力比较强。该发泡剂分子仍保持长链大分子结构，有助于提高气泡的弹性和强度，所以泡沫的稳定性较好。该发泡剂在泡沫混凝土中具有良好的气孔结构，气泡孔径很小，在10~250μm，气孔分布均匀，且多为球形封闭孔。表2-57为该类发泡剂的技术性能。

丙烯酸环氧酯发泡剂技术性能　　　　　　　表2-57

性能	指标	性能	指标
外观	棕褐色液体	pH值	10±1
固含量（%）	20±2	黏度（mPa·s）	5.67
相对密度（g/cm³）	1.10±0.02	表面张力（N/m）	3.692×10^{-2}

⑥磷酸酯类发泡剂。磷酸脂类发泡剂属于阴离子表面活性剂。磷酸酯的发泡力与烷基链长短有关。$C_7 \sim C_9$ 醇磷酸酯的发泡力，比 $C_{10} \sim C_{18}$ 醇磷酸酯高，但后者泡沫稳定性较好，详见表2-58。

混合磷酸酯的泡沫性质（1%水溶液）　　　　　　　表2-58

样品	$C_7 \sim C_9$ 醇磷酸酯				$C_{10} \sim C_{18}$ 醇磷酸酯			
	钾盐	钠盐	单酯	双酯	钾盐	钠盐	单酯	双酯
初始高度（mm）	410	390	420	375	124	101	97	119
10min后	280	303	308	280	105	85	80	101
稳定性	0.58	0.77	0.73	0.73	0.85	0.83	0.82	0.84

与其他表面活性剂相比,磷酸酯的发泡力低于磺酸盐和硫酸盐。以苯酚或壬基酚为原料的发泡力较好。表2-59列出了某些单烷基磷酸酯的泡沫数据,从表中数据可以看出,磷酸酯的二钠盐的发泡力低于一钠盐,其原因是二钠盐的表面张力大,一钠盐的表面张力小。

某些单烷基磷酸酯的泡沫数据   表2-59

样品	浓度（mol/L）	泡沫高度（mm）	稳定性（%）	泡沫密度（g/cm³）
C_{10} MAP 一钠	0.005	44	52.3	0.046
C_{12} MAP 一钠	0.005	213	87.8	0.117
C_{12} MAP 二钠	0.005	0	—	—
C_{14} MAP 一钠	0.005	195	86.2	0.139
C_{14} MAP 二钠	0.005	200	83.0	0.130
C_{16} MAP 一钠	0.005	50	74.0	0.040
C_{14} 皂	0.005	249	85.1	0.161

2.3.4 调凝剂和早强剂

调凝剂包括促凝剂和缓凝剂,用来调节泡沫混凝土的凝结硬化速度。早强剂是一种加速水泥水化硬化,提高泡沫混凝土早期强度的外加剂。

（1）促凝剂

泡沫混凝土促凝剂是指加入泡沫混凝土后可以缩短凝胶时间并促进其早期强度的外加剂。促凝剂主要种类有无机物和水溶性有机物。无机物包括氯盐类（如氯化钙、氯化钠、氯化钾、氯化铝和三氯化铁）、硫酸盐类（硫酸钠、硫酸钾等）、碳酸盐类（碳酸钠、碳酸锂等）以及硝酸盐、亚硝酸盐等。水溶性有机物包括三乙醇胺（TEA）、三异丙醇胺（TP）、甲酸盐（如甲酸钙）和乙酸盐等。此外,上述材料的复合外加剂具有更好的促凝效果。

①氯化钙相对于其他外加剂来说是应用历史比较早的促凝剂。它对水泥的促凝作用主要是氯化钙可以与水泥矿物溶解出的 Al_2O_3 和 CaO 结合,迅速生成水化氯铝酸钙等矿物,加速了水泥中 C_3A 和 C_3S 矿物的水化。但值得注意的是,氯盐对钢筋的锈蚀问题,在有钢筋的情况下应慎重使用。

②甲酸钙 Ca（HCOO）$_2$ 掺入水泥中能加速水泥的水化,有显著的促凝早强作用,其效果与 $CaCl_2$ 相近,属无氯型促凝剂和早强剂。可显著提高混凝土的早期强度,后期强度不降低,具有很好的防冻融性,可以负温施工。但甲酸钙的促凝效果不如氯化钙。

③碳酸锂是泡沫混凝土的有效促凝剂,尤其是对于快硬硫铝酸盐水泥、铝酸盐水泥、硅酸盐水泥与硫铝酸盐水泥二元复合水泥、硅酸盐水泥、硫铝酸盐水泥和铝酸盐水泥三元复合水泥系统,效果更为明显。它可以加快系统的凝结硬化,提高早强和最终强度。由于碳酸锂微溶于水,因此,采用较细的颗粒尺寸（典型的为200目以下）是十分重要的。碳酸锂的掺量通常很小。

（2）缓凝剂

泡沫混凝土缓凝剂主要用来调节泡沫混凝土的可工作时间和凝结稠化时间。缓凝剂是一种能延迟水泥水化反应，从而延缓混凝土凝结的物质。缓凝剂主要有木质素磺酸盐（纸浆废液、木钠、木钙等）及其衍生物、羟基羧酸及盐（如酒石酸、酒石酸钾钠、柠檬酸及其盐等）、糖类（如葡萄糖酸、葡萄糖酸盐、蔗糖化钙等）、多羟基碳水化合物（如多元醇）。以及无机盐缓凝剂（如磷酸盐、硼酸盐、硫酸亚铁、氧化锌和锌盐等）和其他缓凝剂（包括某些有机酸及盐、胺盐及衍生物）。

水泥的凝结时间与水泥矿物的水化速度、水泥-水胶体体系的凝聚过程以及加水量有关。因此，凡是能改变水泥矿物水化速度、水泥-水胶体体系的凝聚过程以及拌合水量的外加剂都可以作为调凝剂使用。一般来说，有机表面活性剂都能吸附于水泥矿物表面，起阻止水泥矿物水化的作用，并且因表面活性剂的亲水基团能吸附大量水分子，使扩散层水膜增厚，因此都能起缓凝作用；有些无机化合物（如 $CaSO_4 \cdot 2H_2O$）能与水泥水化产物生成复盐，吸附在水泥矿物表面，同样能阻止水泥矿物水化，亦能起缓凝作用。

对于羟基羧酸类缓凝剂，主要是水泥颗粒中 C_3A（铝酸三钙）成分吸附羟基羧酸分子，使它们难以较快生成钙矾石结晶，而起到缓凝作用。对于磷酸盐类缓凝剂，其溶于水中生成离子，被水泥颗粒吸附生成溶解度很小的磷酸盐薄层，使 C_3A 的水化和钙矾石形成被延缓。

常见缓凝剂对水泥凝结时间的影响见表 2-60。

几种缓凝剂对水泥凝结时间的影响　　　　　　　　表 2-60

缓凝剂品种	掺量	凝结时间	
		初凝	终凝
	0	3:10	5:10
酒石酸	0.2%	7:40	12:10
酒石酸	0.3%	9:40	18:10
酒石酸钾钠	0.3%	10:30	13:10
枸橼酸钠	0.1%	2:10	10:30
柠檬酸三胺	0.3%	14:40	—
磷酸二氢胺	0.3%	6:10	8:10
二聚磷酸钠	0.1%	5:45	11:40
双酮山梨糖	0.1%	4:10	6:40
葡萄糖	0.16%	4:20	7:30
糖蜜缓凝剂	0.35%	6:00	7:30

（3）早强剂

早强剂是一种能够提高混凝土早期强度而对其后期强度无显著影响的外加剂。其作用是增加水泥和水的反应初速度，缩短水泥的凝结、硬化时间，促进混凝土早期强度的增长。早强剂可分为无机物和有机物两大类。无机早强剂主要是一些盐类，如氯化钠、硫酸铝、亚硝酸钠等；有机早强剂常用的有三乙醇胺、甲醇、尿素等。

早强剂除可单独掺用外，也可与其他品种早强剂复合使用，既提高了早期效率，也能降低成本。如氯化钠0.5%加三乙醇胺0.05%复合；亚硝酸钠加二水石膏2%和三乙醇胺0.05%复合等。复合早强剂在配制过程中，必须严格控制配方，充分搅拌，使各组分分布均匀，以免产生不良效果。

目前使用的大多数早强剂对国内绝大多数品种水泥均有早强作用，其早期强度在103%～180%的范围内，仅对少数品种水泥效果不佳。就水泥熟料矿物组成来看，其早期效果主要与熟料中硅酸三钙和铝酸三钙的含量多少有关系，矿渣的早强最好，火山灰次之，而煤矸石最差；混合材掺量越多，其2d的增强率越低，而其28d的增强率却越高。

为了使早强剂能充分发挥作用，以及使工程质量更好，在使用早强剂以前，应当进行水泥与早强剂适应性试验，以找到适用的早强剂、使用的水泥和早强剂的最佳掺量。

①氯化钙能与水泥中的铝酸三钙作用生成氯铝酸钙（$3CaO \cdot Al_2O_3 \cdot 3CaCl_2 \cdot 32H_2O$)，并能与硅酸三钙水化析出的氢氧化钙作用生成氯化钙 [$3Ca(OH)_2 \cdot CaCl_2 \cdot 12H_2O$ 和 $Ca(OH)_2 \cdot CaCl_2 \cdot H_2O$]。这些复盐均是不溶于水及 $CaCl_2$ 溶液的，因而能从水泥—水系统的碱度，使硅酸三钙的水化反应易于进行，相应地亦可提高水泥的早期强度。

②氯化钠掺入混凝土或砂浆中有降低冰点及一定的早强促凝作用。

③氯化锂负温条件下对快硬硫铝酸盐水泥具有很好的早强效果。

④硫酸钠单独或与其他外加剂复合可作为泡沫混凝土的早强剂。宜用于矿渣水泥，不但早强效果好，而且28d强度亦有提高。而对于某些硅酸盐水泥当掺量大于1.5%时，28d后的强度要降低10%～20%。

⑤在水泥水化过程中掺入生石膏3%～4%（按无水计）可起到缓凝作用，其机理是与铝酸三钙水化物生成的水化硫铝酸钙对提高水泥石的强度和致密性是极为有利的。

⑥三乙醇胺是较重要的早强剂。三乙醇胺又称三羟乙基胺（简称TEA）。其分子式为 $C_6H_{15}O_3N$，相对分子量为149.19，可以看作氨分子中的3个H被 CH_2CH_2OH 取代后的产物。

三乙醇胺是一种表面活性剂，在掺入混凝土中后，能促使水泥水化生成胶体的活泼性加强，有加剧吸附、润湿及微粒分散作用，因此对混凝土有加快强度发展与提高混凝土强度的作用。又由于它能使胶体粒子膨胀，因而对周围产生压力，阻塞毛细管通路，增加了混凝土的密实性及抗渗性。掺入水泥量0.02%～0.10%的三乙醇胺可使水泥石—混凝土的2～28d以后的抗压强度提高。水泥的凝结时间延迟1～3h。因此，常与其他促凝剂复合使用。

2.3.5 憎水剂

泡沫混凝土的憎水性是近年来在外墙外保温工程中的防火隔离带和泡沫混凝土外墙外保温工程提出的新要求。在外墙外保温系统中憎水剂是不可缺少的外加剂。作为优质的憎水剂通常有机材料比较多。主要有以下几种。

（1）脂肪酸金属盐类

泡沫混凝土中掺入脂肪酸类物质后，与水泥水化反应生成的氢氧化钙结合，成为具有憎水性的脂肪酸钙。而且，脂肪酸盐及高级脂肪酸酯本身就是憎水性强的物质，这些憎水物质在毛细孔中，减少了砂浆中的毛细孔的吸水作用。其代表产品为硬脂酸钙和硬脂酸锌等。这些产品的单位成本比较低，但主要的缺点是搅拌需要的时间比较长。

（2）石蜡乳胶与沥青乳胶

石蜡和沥青都是强憎水物质，它们的防水剂产品大多数为乳胶型的物质。主剂为憎水性的微粒，与活性剂共同搅拌加水乳化，形成悬浊状后使用。通过充填硬化水泥浆中的毛细管间隙等空隙部分和憎水作用，提高泡沫混凝土的憎水性。

一般乳油液型的憎水剂的品种和乳化方法的不同，给混凝土的强度和初期体积变化等方面带来不良影响。

（3）树脂乳胶及橡胶乳胶

树脂乳胶及橡胶乳胶系列憎水材料包括：天然橡胶、合成橡胶胶乳、热可塑性树脂乳液、热硬化性树脂乳液等。与石蜡、沥青系列防水剂一样，树脂乳胶与橡胶乳胶也具有充填空隙的作用，同时，具有在混凝土中形成高分子薄膜的作用。

一般用于憎水剂的树脂乳胶和橡胶乳胶，要求具备良好的化学稳定性；对水泥的水化反应无副作用；橡胶及树脂本身具有优良的耐水性、耐碱性等。

（4）水溶性树脂

该类防水剂的代表性物质为聚乙烯酸和甲基纤维素。水溶性树脂掺入水泥砂浆后，减少了水灰比，改善了工作性，使砂浆更为密实，同时，保水性好，避免了泌水带来的水密性降低的危害。

该类外加剂的作用机理主要有以下几个方面：

①减少有害孔。利用憎水剂具有一定的减水、塑化作用和降低表面张力的作用，可减少泡沫混凝土中易于渗水的有害孔隙，同时，使泡沫混凝土均匀、密实，抗渗水能力提高。

②切断毛细管通路。憎水剂中有形成胶体或其他填充毛细孔的组分，在水泥混凝土硬化后，留在毛细孔中，切断毛细孔通路，使水难以进入混凝土中，从而达到防水目的。

③隔断毛细孔。防水剂中的引气组分在混凝土中产生部分微小均匀的封闭气泡，隔断毛细管通路，提高了混凝土的抗渗性。

④憎水作用。使混凝土由亲水性变为憎水性。防水剂中有活性憎水组分，加入混凝土后能在毛细管壁上形成憎水层，使毛细管的吸附作用减弱，降低了混凝土的吸水性。这种憎水作用对于防止水蒸气和无压力水进入混凝土是有效的，但对于防止压力水的渗透效果不明显。

⑤从水化物研究结果来看，掺入外加剂后，形成晶体的新水化产物很少，有的憎水剂形成的新产物很可能是胶体。

（5）有机硅类憎水剂

一般市场上可以购买到不同品种的有机硅憎水剂。有机硅憎水剂主要分为硅烷类和甲基硅醇钠。

①硅烷类憎水剂的活性组分分为硅烷（单体）、硅氧烷（低聚物）和硅树脂（聚合物），它们的化学结构如图 2-35 所示。硅烷类憎水剂在高碱环境下与水泥的水化产物形成高度持久的结合，从而提供长期的憎水效果。硅烷类有机硅憎水剂不仅可以内掺，而且

在表面涂覆憎水效果十分优异。因此，在许多高性能混凝土的工程中，采取高性能混凝土和表面涂覆有机硅憎水剂来实现其高耐久性。

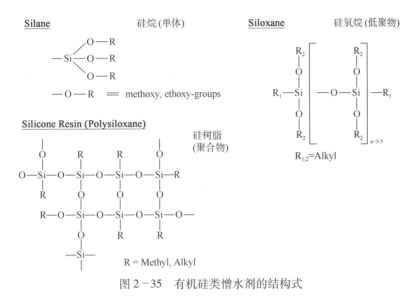

图 2－35　有机硅类憎水剂的结构式

有机硅防水剂是由工业生产甲基氯硅烷的副产品高沸点馏分（简称高沸物）为主要原料，主要成分如下：

$$CH_3HSiCl_2 、 —Si—Si—、 —Si—O—Si—、 —Si—CH_2—Si—$$

②甲基硅醇钠是经水解、醇化、聚合等反应生成的一种以有机硅化合物为有效成分的一种能够有效地降低混凝土的吸水性和在静水压下的透水性的液体防水剂。成品防水剂呈无色或淡黄色。憎水剂通过在硅酸盐基材表面和毛细孔内壁形成憎水的硅树脂网络，使基材的表面张力发生变化，增大了基材和水的接触角，以阻止毛细孔对水的吸收作用，达到防水和提高混凝土耐久性的目的。图 2－36 反映出憎水处理前后材料的表面状况，由该图可知，憎水与否大不一样。因此，泡沫混凝土的憎水是非常必要的。

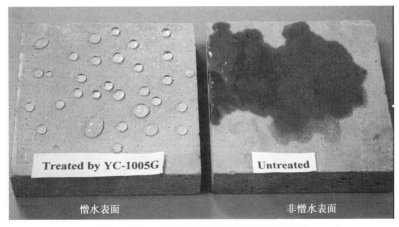

图 2－36　增水处理前后材料表面的状况

（6）特殊的具有憎水效果的可再分散胶粉

国际上一些专业生产可再分散胶粉的大公司推出了具有憎水效果的可再分散胶粉。该胶粉还具有改善砂浆及泡沫混凝土的粘结性、内聚性和柔性。美国国民淀粉公司易来泰 Elotex 开发的硅烷基粉末添加剂 SEAL80 可以满足以下五项要求：①应为粉末状产品；②具有良好的拌合性能；③使砂浆整体产生憎水性并维持长期作用效果；④对表面的粘结强度没有负面影响；⑤对环境友好。该胶粉比一些如硬脂酸钙类的憎水剂易于同水泥浆均匀拌合。

硅烷基粉末添加剂 SEAL80 是采用易溶于水的保护胶体和抗结块剂通过喷雾干燥，将硅烷包裹后得到的粉末状硅烷基产品。当水泥与水拌合后，水泥中的硅烷基粉末添加剂 SEAL80 保护胶体外壳迅速溶解于水，并释放出包裹的硅烷，使其再分散到拌合水中。在水泥水化后的高碱性环境下，硅烷中亲水的有机官能团水解形成高反应活性的硅烷醇基团，硅烷醇基团继续同水泥水化产物中的羟基基团进行不可逆反应，形成化学结合，从而使通过交联作用连接在一起的硅烷牢固地固定在水泥浆中孔壁的表面。由于憎水的有机官能团朝向孔壁的外侧，使得孔隙的表面获得了憎水性，由此为泡沫混凝土带来了整体的憎水效果。

2.4 聚合物乳液与聚合物乳胶粉

聚合物改性水泥基材料是指在水泥中加入了分散在水中或可以在水中分散的聚合物材料。聚合物改性水泥早在 20 世纪 20 年代就开始了。Creson 于 1923 年第一个获得该方面的专利，这个英国专利是关于水泥填充天然橡胶胶乳用作铺路材料。1939 年，Rodwell 提出用合成树脂乳液生产聚合物改性水泥基材料的专利，20 世纪 40 年代，陆续提出了一些其他乳液改性水泥基材料的专利，而且用聚乙酸乙烯酯改性混凝土和砂浆已获得了实际应用。而后，聚合物改性水泥基材料得到了快速发展，获得了越来越广泛的应用。

用于水泥混凝土改性的聚合物有四类，即水溶性聚合物、聚合物乳液（或分散体）、可再分散的聚合物胶粉和液体聚合物，如图 2－37 所示。

泡沫混凝土对聚合物的一般要求如下：

①对水泥无负面影响。

②对水泥水化过程中释放的高活性离子（如 Ca^{2+} 和 Al^{3+}）有很好的稳定性。

③有很好的机械稳定性，例如在计量、输送和搅拌时的高剪切作用下不会破乳。

④有很好的储存稳定性。

⑤在混凝土或砂浆中能形成与水泥水化产物和轻骨料有良好的粘结力的膜层，且最低成膜温度要低。

⑥所形成的聚合物膜应有极好的耐水性、耐碱性和耐候性。

2.4.1 聚合物乳液

乳液是一个多相共存的体系，含有非常小（直径 0.05~5μm）的聚合物粒子均匀地分散在水中。通常是将聚合物单体在水中进行乳液聚合而获得的。该体系都有一个最低值的稳定度，这个稳定度可因有表面活性物质或保护胶的加入而大大增强。一般把乳液的小液滴称为分散相或内相，其余的相称为连续相或外相。乳液不只是两种液体的混合物体系，有时有两种不互溶或部分互溶的液体，同时还有固体颗粒存在。乳液不同于真溶液或悬浮液，也不完全同于真正的胶体溶液。

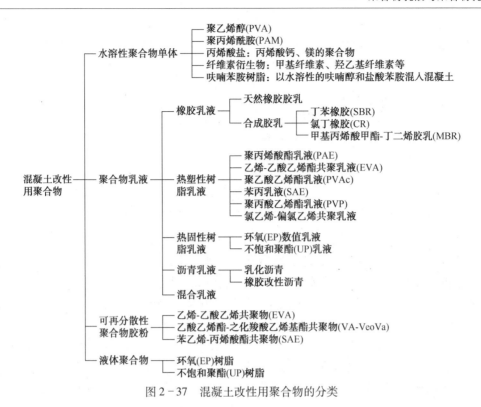

图 2-37 混凝土改性用聚合物的分类

乳液聚合的原材料及配比见表 2-61。

聚合物乳液的乳化聚合原料组成

表 2-61

乳液类型	原料	质量组成（%）
乙烯醋酸盐，同聚和共聚乳液	乙烯醋酸盐	70.0 ~ 100.0
	共聚单体（丁基丙烯酸盐、乙烯、多种酸的乙烯酯）	0.0 ~ 30.0
	部分水解的乙烯醇	6.0
	碳酸氢钠	0.3
	过氧化氢 H_2O_2（35%）	0.7
	甲酸次硫酸钠	0.5
	水	80.0
丙烯酸共聚乳液	乙基丙烯酸盐	98.0
	甲基羧酸	2.0
	非离子表面活性剂	6.0
	阴离子表面活性剂	0.3
	甲酸次硫酸钠	0.1
	苛性钠	0.2
	过氧化物	0.1
	水	100.0

续表

乳液类型	原料	质量组成（%）
苯乙烯-丁二烯共聚乳液	苯乙烯	64.0
	丁二烯	35.0
	甲基羧酸	1.0
	非离子表面活性剂	7.0
	阴离子表面活性剂	0.1
	过硫酸铵	0.2
	水	105.0

天然橡胶乳液与环氧树脂乳液不按该种聚合方式制备。天然橡胶乳液首先取自一种名为 He Vea brasoliensis 的橡胶树，然后浓缩到含有所要求的总固体含量即可。环氧树脂乳液是经过掺加表面活性剂后，在水中将环氧树脂乳化而制备。

聚合物乳液是一种以聚合物为分散相的乳液，其聚合物粒子的大小、流变性能、电性质、成膜性、光学性能、稳定性、粘结性、黏度及表面张力等都具有一定的特殊性。这些性质的变化来源于制备方法及应用的技术条件。乳液制备时所用的表面活性剂种类决定了聚合物乳液中聚合物粒子所带电荷的种类。通常分为三类：阳离子型（带正电荷）、阴离子型（带负电荷）、非离子型（不带电荷）。一般聚合物乳液是两种或两种以上单体的共聚体系，其总固体含量包括聚合物、乳化剂、稳定剂等，质量占到40%～50%。

目前，建筑工程用的乳液大多数是非交联型的热塑性乳液。通常按其单体成分分类。其主要品种有：醋酸乙烯均聚物乳液（俗称白乳胶-PVAC 乳液）；醋酸乙烯-顺丁烯二酸酯共聚物乳液；醋酸乙烯-乙烯共聚物乳液（VAE 乳液）；醋酸乙烯-叔碳酸乙烯共聚物乳液（PVAC-VEOVA 乳液）；醋酸乙烯-丙烯酸共聚物乳液（醋丙乳液、乙丙乳液）；醋酸乙烯-氯乙烯-丙烯酸共聚物乳液（氯醋丙乳液）；纯丙烯酸共聚物乳液（纯丙乳液）；苯乙烯-丙烯酸共聚物乳液（苯丙乳液）；氯乙烯-偏氯乙烯共聚物乳液（氯偏乳液）；丁二烯-苯乙烯共聚物乳液（丁苯乳液）；硅氧烷-丙烯酸共聚物乳液（硅丙乳液）。此外，还有一类为无机高分子热固性（交联）乳液，即聚硅氧烷乳液（硅树脂乳液）。

在泡沫混凝土工程中，聚合物乳液常常用来处理超轻泡沫混凝土的表面，以达到提高表面强度、改善泡沫混凝土韧性和显著降低泡沫混凝土吸水率的效应。在泡沫混凝土中加入憎水剂可显著改善泡沫混凝土的吸水率，但有的乳液引起泡沫混凝土料浆的缓凝，影响早期的稳泡，造成塌陷等问题，因此，应通过复合外加剂的方式实现乳液憎水的功能。

在泡沫混凝土和配套砂浆中，聚合物一旦在材料内部和表面成膜，由于高分子分子间作用力主要为范德华力，在无机材料表面、空隙中形成高分子网状结构，对无机材料的内聚力、弹性模量、水化程度、气孔分布、凝结时间、抗压强度、抗折强度、透气率、耐热性、耐水耐冻性、耐酸碱性、尺寸变化、粘结性能、离子渗透、耐盐腐蚀性、施工性、流变性能、变形能力、抗渗性、抗裂性、耐油性、介电性能、蠕变、抗冲击性、材料的用途及材料的性价比都有不同程度的提高或改变。由于乳液的差别较大，工程中应根据需要，合理地选择乳液和相应的添加剂。

聚合物的性能指标有固体含量、pH 值、凝固物含量、黏度、稳定性、密度、粒径、最低成膜温度和表面张力等。

（1）固体含量

固体含量是一个非常重要的指标，涉及聚合物用量的计算和水灰比的计算。非挥发物的含量测定方法通常是称取一定质量的乳液，在一定温度下干燥至恒重，经计算得出。

（2）稳定性

乳液的稳定性是指乳液受到机械作用、化学介质、温度变化等作用时，不发生破乳凝聚的能力，乳液的稳定性包括机械稳定性、化学介质稳定性和热稳定性。

①机械稳定性。将乳液置于机械作用下，例如离心力或高速搅拌作用，然后测定经过机械作用后产生的凝固物含量。

②化学稳定性。一般通过向乳液中滴加多价离子的方法来评价乳液的化学稳定性。一种方法是将规定浓度的离子加入乳液，经过一段时间后，以乳液是否破乳来评价乳液的稳定性。另一种方法是不断滴加一段浓度的离子溶液，直到出现凝固物（破乳）为止，以所消耗的离子溶液数量来表示乳液的化学稳定性。

③热稳定性。将乳液在规定温度下放置一定的时间，然后测定其他的性能。例如，将乳液经过两次冻融循环，然后测定凝固物质的含量，以此作为冻融稳定性的指标。

（3）最低成膜温度

乳液中的聚合物粒子有足够的活动性相互凝聚成为连续薄膜的最低温度被定义为最低成膜温度。乳液的最低成膜温度并不等于聚合物的玻璃化温度。另外，最低成膜温度与聚合物的力学性能之间存在一定的关联，一般成膜温度高，则聚合物的强度较高，聚合物表现比较强硬。

（4）粒径

乳液中聚合物粒子的大小可以用光学显微镜、离心方法、激光粒度分析等方法来测定。粒径通常表现出一定的分布，分布可以在 50～5000nm。因而，常常用平均粒径来评价，大多数乳液的平均粒径为 100～500nm。

（5）pH 值

聚合物乳液的 pH 值依据乳液品种的不同而不同，通常，用于水泥改性的丁苯橡胶乳液的 pH 值为 10～11，丙烯酸乳液的 pH 值为 7～9，乙酸乙酯及其共聚物乳液的 pH 值为4～6。

（6）黏度

黏度是一种表征液体流动性的指标。聚合物乳液的黏度可以用不同的方法进行测定，其中，最常见的方法是用旋转黏度计进行测试。固体含量对黏度有一定的影响，对同一种乳液，固体含量越高，则黏度越高。

2.4.2 可再分散乳胶粉

可再分散聚合物乳胶粉在工程中被称为可再分散乳胶粉。可再分散乳胶粉是高分子聚合物乳液经喷雾干燥而成的粉状热塑性树脂，主要用来提高砂浆内聚力、黏聚力与柔韧性。几千年来，建筑砂浆都是在现场拌合，由于乳液在存放过程中发生变质，加上不利于大批量生产、运输、存放和应用，商品砂浆的工厂化生产，要求粉状的聚合物胶粉。可再分散胶粉的研究始于 1934 年德国的 I. G. Farbenindus AC 公司的聚醋酸乙烯类可再分散乳胶粉和日本的粉末乳胶。第二次世界大战后劳动力和建筑资源严重缺乏，迫使欧洲尤其是德国采用各种粉体建材来提高建设效率，20世纪50年代后期，德国的赫斯特公司和瓦克化学公司开始可再分散乳胶粉的工业化生产。当时，可再分散乳胶粉也主要为聚醋酸乙烯类型，主要用于木工胶、墙面底漆和水泥系胶材等。但是由于PVAc胶粉的最低成膜温度高、耐水性差、耐碱性差等性能的局限，其使用受到较大的限制。

随着VAE乳液和VA/VeoVa等乳液的工业化成功，20世纪60年代，最低成膜温度为0℃、具有较好耐水性和耐碱性的可再分散乳胶粉被开发出来，之后，在欧洲得到广泛的推广应用，使用的范围也逐渐扩展到各种结构和非结构建筑胶粘剂、干混砂浆改性、墙体保温及饰面系统、墙体抹平胶和密封灰膏、粉末涂料、建筑腻子的领域。德国聚合物可再分散胶粉产品的问世，带来了新兴工业的振兴，商品砂浆的产业遍及全球发达国家。近年来，发展中国家建筑业的不断增长，商品砂浆中应用可再分散胶粉技术的普及和提高已成为共识。在泡沫混凝土行业，专业化生产发泡水泥胶结料企业用可再分散乳胶粉生产。

1. 可再分散乳胶粉的组成

可再分散乳胶粉通常为白色粉状（图2-38），但少数也有其他颜色，其主要成分如下：

①聚合物树脂。聚合物树脂位于胶粉颗粒的核心部分，也是可再分散乳胶粉发挥作用的主要成分，例如，聚醋酸乙烯酯/乙烯树脂。

②添加剂（内）。与树脂在一起发挥对树脂改性的作用，例如，降低树脂成膜温度的增塑剂（通常聚醋酸乙烯酯/乙烯共聚树脂不需要添加增塑剂），实际上并非每一种胶粉都有添加剂的组分。

③保护胶体。在可再分散乳胶粉的表面包裹的一层亲水性的材料，绝大多数可再分散乳胶粉的保护胶体为聚乙烯醇。

④添加剂（外）。为进一步扩展可再分散乳胶粉的性能，另外添加的材料，如添加高性能的减水剂在某些自流平砂浆用胶粉中，与内掺的外加剂一样，一般不是每种可再分散乳胶粉都含有该类添加剂。

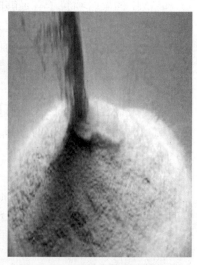

图2-38　可再分散乳胶粉外观

⑤抗结块剂。采用细矿物质填料，主要作用是防止胶粉在贮存和运输过程中结块，使胶粉像水一样从包装袋或槽车中倾倒出来。

2. 可再分散乳胶粉的种类

目前市场应用的可再分散胶粉主要有以下几种：醋酸乙烯酯与乙烯共聚乳胶粉（VAc/E）、乙烯与氯乙烯及月桂酸乙烯酯三元共聚乳胶粉（E/VC/VL）、醋酸乙烯酯与乙烯及高级脂肪酸乙烯酯三元共聚乳胶粉（VAc/E/VeoVa）、醋酸乙烯酯与丙烯酸酯及高级脂肪酸乙烯酯三元共聚乳胶粉（VAc/A/VeoVa）、醋酸乙烯酯均聚乳胶粉（PVAc）、苯乙烯与丁二烯共聚乳胶粉（SBR）、其他二元与三元共聚乳胶粉、其他加入功能性添加剂的配方胶粉、其他加入功能性添加剂与一种以上乳胶粉的配方胶粉。

前三种可再分散乳胶粉在全球市场上占有绝大多数份额（超过80%）。尤其是醋酸乙烯酯与乙烯共聚乳胶粉在全球占有领先地位，它的技术特征明显，性价比高。并有着长期的砂浆用可再分散胶粉应用经验。醋酸乙烯酯与乙烯共聚乳胶粉之所以应用最为广泛，其主要原因如下：①醋酸乙烯酯与乙烯共聚树脂易于同保护胶体（聚乙烯醇）结合。②醋酸乙烯酯与乙烯共聚树脂可以满足砂浆所有要求的流变性能要求（即所需的施工性能）。③醋酸乙烯酯与乙烯共聚树脂与其他单体的多聚树脂具有低有机挥发物（VOC）与低刺激性气味。④醋酸乙烯酯与乙烯共聚树脂具有优良的抗紫外线以及良好的耐热与长期稳定性。⑤醋酸乙烯酯与乙烯共聚树脂具有高抗皂化性能。⑥醋酸乙烯酯与乙烯共聚树脂具有最宽范围的玻璃化温度（T_g）范围。⑦醋酸乙烯酯与乙烯共聚树脂具有相对优良的综合粘结性能与柔性。

3. 可再分散乳胶粉的基本物理性质

作为高分子聚合物热塑性树脂，可再分散乳胶粉的主要物理性质取决于树脂本身的性质，以典型的醋酸乙烯酯与乙烯共聚树脂为例，其基本物理性质如下：

（1）外观：白色粉末。

（2）含固量：（99±1）%。

（3）灰分：（10±2）%。

（4）体积密度：（490±50）g/L。

（5）保护胶体：聚乙烯醇。

（6）粒径：大于400μm的，≤4%。

（7）主要胶粒分布：1~7μm。

（8）最低成膜温度：0℃。

（9）成膜外观：透明，弹性。

（10）pH值（分散后50%含固量乳液）：7~8（20℃）。

（11）自行燃烧：225℃（样品体积400cm³）。

4. 可再分散乳胶粉在泡沫混凝土砂浆中的作用

（1）泡沫混凝土板及现浇泡沫混凝土

1）对泡沫混凝土料浆的作用如下：

①改善料浆的稠度有利于稳泡。

②提高料浆保水性能，以确保泡沫混凝土中水泥的水化。

③提高泡沫混凝土料浆的工作性。

2）对硬化泡沫混凝土的作用如下：

①提高泡沫混凝土的强度。

②改善泡沫混凝土的柔性。

③降低泡沫混凝土的吸水率。

④抗碳化等耐久性提高。

⑤良好的水蒸气透过性。

（2）外墙保温体系用砂浆

1）对新拌砂浆的作用如下：

①延长可工作时间。

②提高保水性能，以确保砂浆中水泥的水化。

③提高砂浆的工作性。

2）对硬化砂浆的作用如下：

①与墙体基材和泡沫混凝土保温板的粘结性增强。

②赋予砂浆优异的柔性和抗冲击性。

③良好的憎水性。

④良好的耐候性。

⑤极佳的水蒸气透过性。

5. 可再分散乳胶粉在泡沫混凝土中的作用机理

可再分散乳胶粉与无机胶凝材料、活性掺合料、惰性填料和外加剂经物理混合制备成泡沫混凝土。当泡沫混凝土原料在现场加水搅拌时，在亲水性的保护胶体和搅拌机的机械剪切力作用下，胶粉颗粒分散在水中，可再分散乳胶粉在水中分散所需要的时间非常短暂，却能够迅速成膜，足以证明可再分散乳胶粉在水中分散之快。胶粉的组分不同，对泡沫混凝土的流动性以及各种施工性能产生影响，即胶粉在分散时对水的亲和性、胶粉分散后不同的黏度、对砂浆含气量以及气泡分布的影响，胶粉与其他添加剂的相互作用等，使不同的乳胶粉分别具有增加流动性、触变性和增加黏度等作用。

可再分散乳胶粉改善泡沫混凝土的工作性主要机理是：乳胶粉的稳泡作用，提高了泡沫混凝土的气泡体积，与此同时，起到润滑的作用，乳胶粉分散时保护胶体对水的亲和以及随后泡沫混凝土黏稠度的增加，提高了泡沫混凝土在现浇施工过程中的黏聚力，不至于因扰动破泡，因此，泡沫混凝土的工作性大大改善。

在泡沫混凝土外墙外保温专用砂浆中，含有可再分散乳胶粉分散液的湿砂浆施工在作业面上后，随着基面对水分的吸收、水化反应的消耗和向空气中的挥发，水分逐渐减少，树脂颗粒逐渐靠近、界面逐渐模糊，树脂逐渐相互融合，最终聚合成膜。这一过程主要发生在砂浆的孔隙以及无机材料的表面。聚合物成膜过程分三个阶段。首先，在初始乳液中，聚合物颗粒以布朗运动的形式自由移动。随着水分的蒸发，颗粒移动受到越来越多的限制，水与空气的表面张力促使它们逐渐排列在一起；其次，颗粒开始相互接触，这时网络状的水分通过毛细管蒸发，颗粒表面的高表面张力引起乳胶球体变形，使它们相互融合在一起，剩余的水分填充在孔隙中，膜大致形成。最后，聚合物分子扩散形成真正的连续膜。在成膜过程中，孤立的可移动的乳胶颗粒固结为新的薄膜相。

在泡沫混凝土体系中较高的碱性环境下，液相中可再分散乳胶粉的保护胶体聚乙烯醇组分逐渐被水泥水化生成的碱所皂化，同时，石英材料的吸附作用使得聚乙烯醇逐渐从体系中分离，没有了亲水性保护胶体，本身不溶于水的，由可再分散乳胶粉一次分散所成的膜，可以在干条件下，甚至在长期浸水的条件下发挥作用。当可再分散乳胶粉应用在非碱性材料体系中，如石膏类材料或仅有填料的体系中，因聚乙烯醇仍有部分存在于最终形成的聚合物膜中，影响到其耐水性，但该体系不用于长期浸水的部位，以及聚合物自身仍有一定的特有的机械性能，可再分散乳胶粉仍然能够在该体系中应用。

随着最终聚合物薄膜的形成，在硬化后的泡沫混凝土中形成了由无机与有机胶粘剂构成的体系，即水硬性的胶凝材料构成脆硬的骨架，可再分散乳胶粉在间隙与固体表面成膜构成的柔韧性连接，形成柔性网络。由于乳胶粉形成的高分子树脂薄膜的拉伸强度通常高出水泥基材料一个数量级以上，使得硬化后泡沫混凝土的抗拉强度得以增强，内聚力得以提高。由于聚合物的柔性，变形能力远高于水泥石刚性结构，砂浆的变形能力得以提高，分散内外应力的作用得到大幅度提高，从而显著提高了砂浆的抗裂与抗外力的能力。

随着可再分散乳胶粉掺量的进一步提高，整个体系向塑料方向发展，在高可再分散乳胶粉掺量的条件下，固化后的泡沫混凝土中的聚合物相逐渐超过无机水化产物相，这时泡沫混凝土产生质的变化，成为弹性体，同时，水泥的水化产物变成一种填料。分布于界面上的聚合物膜又起到粘结性的作用，因此，采用可再分散乳胶粉改性后的泡沫混凝土其抗拉强度、弹性、柔性和封闭性均有提高。

可再分散乳胶粉对泡沫混凝土破坏强度的改善主要原因如下：当施加作用力时，由于柔性和弹性的改善，会使微裂缝推迟，直到达到更高的应力时才形成，此外，互相交织的聚合物区域对微裂缝合并成贯穿裂缝具有一定的阻碍作用，因此，可再分散乳胶粉提升了泡沫混凝土的破坏应力和破坏应变。

综合其作用机理如下：

（1）可再分散乳胶粉分散后成膜，并作为有机胶粘剂发挥其增强作用。

（2）保护胶体被泡沫混凝土吸收，使其体系中可再分散乳胶粉的成膜稳定。

（3）成膜后的聚合物树脂作为增强材料分布于整个泡沫混凝土体系中，增加了泡沫混凝土的内聚力。

（4）对于新拌砂浆，可再分散乳胶粉可以提高泡沫混凝土的稳泡能力，改善流动性，增强保水性。

（5）对于硬化后的泡沫混凝土，可再分散乳胶粉可以提高拉伸强度，增强抗弯抗折强度，减少弹性模量，提高可变形性，提高内聚强度，降低碳化深度，减少材料的吸水性，使材料具有极佳的憎水性。

2.5 保水增稠材料

2.5.1 化学性质

（1）基本组成。保水增稠材料中最有效的是水溶性高分子材料，主要有非离子性的纤维素系和丙烯酸系两种，主要作用使溶解在水泥和水的液相中，增强水泥浆体的黏性和保水性。在泡沫混凝土中起到稳泡，防止塌陷的作用。

作为保水增稠的水溶性高分子材料，主要有非离子系列的水溶性纤维素醚和丙烯酸系列的两种材料。

①作为非离子系列的水溶性纤维素醚，具有 OH 基、亲水性好，通常使用羟乙基纤维素（HEC）、羟乙基甲基纤维素（HEMC）、羟丙基甲基纤维素（HPMC）。纤维素醚的化学结构式如图 2-39 所示，羟丙基甲基纤维素醚产品的照片如图 2-40 所示。尽管这些材料由于聚合度、相对分子质量、置换基的种类不同，显示的水溶性的黏度有很大的差异，但是，产品之间无很大差异。这些水溶性纤维素醚在混凝土这样的 pH 值较高的液相中溶解速度快，在混凝土中，不会发生与水泥组分之间的化学反应，也没有胶体化、分解等化

学变化。

②丙烯酸系列的外加剂的主要成分为聚丙烯酰胺共聚物，其化学结构式见图2-41，羟丙基甲基纤维素醚产品的照片见图2-42。

（2）化学稳定性。水溶性高分子材料对碱是稳定的。没发现与水泥等反应生成异常产物。因此，保水增稠材料的水溶液在较宽的 pH 值范围内是比较稳定的（pH 3～12）。

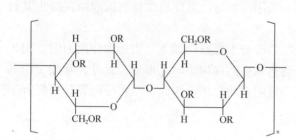

式中n为聚合度，R为—H 或 $+CH_2-CH(CH_3)O+_xH$

图2-39　纤维素醚结构式

图2-40　羟丙基甲基纤维素醚

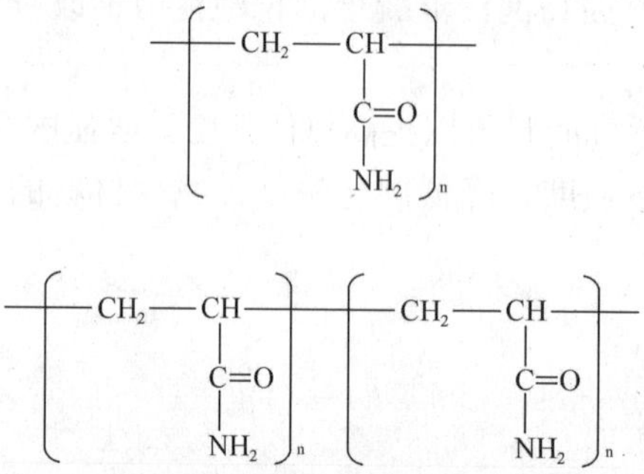

图2-41　聚丙烯酰胺及其部分加水分解物的结构式

图2-42　聚丙烯酰胺产品图

（3）热稳定性。水溶性高分子材料的热分解温度（炭化温度）在 250～300℃。对热是比较稳定的。

（4）对流化剂的相容性。纤维素系和丙烯酸系保水增稠材料对减水剂均有很好的相容性，减水剂品种不同，其流化效果、气泡含量、凝结时间等有所差异。例如，纤维素系列的外加剂与萘磺酸盐系硫化剂复合使用时，掺量不同其相互作用带来黏度增大、流动性降低的可能性。纤维素系保水增稠材料适宜于三聚氰胺磺酸盐系外加剂，而丙烯酸系保水增稠材料与萘系、三聚氰胺系和聚羧酸系外加剂均有很好的相容性。

构成保水增稠材料的水溶性高分子材料见表2-62。由表2-62可以看出，构成保水增稠材料的来源是非常广泛的。

保水增稠的水溶性高分子材料　　　　表 2 - 62

构成	材料	
保水增稠水溶性高分子材料	纤维素系	甲基纤维素（MC）
		乙基纤维素（EC）
		羟乙基纤维素（HEC）
		羟丙基纤维素（HPC）
		羟乙基甲基纤维素（HEMC）
		羟丙基甲基纤维素（HPMC）
		羟丁基甲基纤维素（HBMC）
		羟乙基乙基纤维素（HEEC）
		羧甲级纤维素（CMC）
	丙烯酸系	聚丙烯酰胺
		丙烯酸钠
		聚丙烯酰胺与丙烯酸钠共聚物
		聚丙烯酰胺部分加水分解物
	其他	聚乙烯醇
		聚氧化乙烯
		海藻酸钠
		酪蛋白
		库尔橡胶
		朝鲜银杏草

2.5.2　物理性质

（1）保水增稠材料的性质。纤维素系和丙烯酸系的保水增稠材料均为白色或淡黄色的粉体（见图 2 - 41 和图 2 - 43），对水的溶解性良好，列举两种保水增稠材料的性质参见表2 - 63。

主要保水增稠材料的物性　　　　表 2 - 63

品种	类型	外观	密度（g/cm³）	表观密度（g/cm³）	水溶液黏度（cPs）
纤维素类	MC	白色粉末	1.20 ~ 1.35	0.20 ~ 0.60	1500 ~ 4000
	HEC	白色淡黄粉末	1.12 ~ 1.40	0.30 ~ 0.75	700 ~ 3100
丙烯酸类		白色粒状粉末	1.29 ~ 1.39	0.50 ~ 0.67	1000 ~ 1300

（2）溶解性。纤维素系列的保水增稠材料虽说有完全溶解时的时间差，但都具有易溶于水的性质。与一般的水溶性高分子一样，保水增稠材料粉体直接投入到水中，立即出现团状物，即表面的迅速溶解阻碍了水向内部扩散，形成难溶的胶团。但如果与其他无机粉末（如水泥、集料等）预先混合分散，保水增稠材料颗粒之间有距离，就难以发生前面的成团现象，从而迅速溶解。也有不使其成团，在水中分散，通过表面处理缓慢溶解，即先在水中分散后溶解的处理方法。

丙烯酸系与一般的水溶性高分子一样，完全溶解于水，通过调整粒度使其难以成团。施工时与纤维素系一样，预先将外加剂与无机粉末混合使其分散后，加水迅速溶解而不起团。

保水增稠材料水溶液的温度与黏度的关系，作为纤维素系列甲基纤维素与羟乙基纤维素一样，随着温度的增高，其黏度下降，当温度还原时，黏度也迅速还原，该性质与水溶性高分子水溶液的特性一样。丙烯酸系保水增稠材料也具有同样的特性。

纤维素系和丙烯酸系外加剂水溶液的浓度与黏度的关系是随着浓度的增加，黏度急剧增大。pH 与黏度的关系是在 4 ~ 13 的范围内，黏度基本稳定。

外加剂分散液的溶解时间与温度、pH 之间的关系如下：为防止打团，对纤维素系采取表面处理，水分子与外加剂分子的亲水基的接触延缓，其结果造成溶解缓慢，很容易使保水增稠材料分子很好地分散在水中。在溶解初期 40min 时，黏度几乎不增加，溶解非常缓慢。水分子与保水增稠材料分子会合的速度受外加剂分散液的 pH 和温度的影响。pH 和温度越高，水分子与保水增稠材料分子的会合越快，溶解也越快。因此，该分散液在混凝土中均匀搅拌时，会迅速溶解呈现出高黏性。

丙烯酸系外加剂与水接触后迅速进入湿润状态，显示出黏性，在碱性范围内，pH 值不影响溶解速度，而温度越高，溶解越快。

（3）安全性。保水增稠材料毒性小、安全性高。日本在《水下不分散混凝土设计施工指南》中，对该类外加剂的安全性是通过鼹鼠或老鼠经口投入后的急性毒性试验加以判断。LD50（老鼠经口投入吸收）的值在 2000mg/kg 以上，事实上是无害的。纤维素系和丙烯酸系经毒性试验，其 LD50 值在 3000mg/kg 以上。从该类材料的使用状况来看，对人的摄取量和水中流失量都是微量的，因此，保水增稠材料的安全性是极高的。此外，纤维素系和丙烯酸系水溶性高分子衍生物中，有的还在冰激凌、鱼糕和饮料中使用，众所周知是安全性高的化合物。

2.5.3　作用效果与机理

纤维素系和丙烯酸系都是有机高分子，具有水溶性和高黏性这样的共同特征。其水溶性高分子给予新拌泡沫混凝土、新拌砂浆和新拌混凝土的效果主要有以下三个方面：

（1）保水增稠，防止材料离析和分散。

（2）稳泡和抑制泌水。

（3）自流平的效果。

水溶性高分子类保水增稠材料是通过氢结合将搅拌水的一部分拉向周围，并在搅拌水中使分子分散。残留的水（自由水）被封闭在分子分散的高分子网络中，其自由流动受到阻碍，其结果水的屈服值提高。因水为连续层水泥颗粒处于被屈服值高（高黏性）的水包围的状态，所以，即使与外界的水接触也不分散，具有显著的保护泡沫稳定不被破裂的特性。水的屈服值高，在水泥颗粒间隙形成的细管中不能流动，因此，泡沫混凝土材料没有泌水。由于不产生泌水，作为颗粒之间润滑剂的水也不能早期失去，泡沫混凝土浆料具有很高的流动性，可用于泡沫混凝土的泵送和现浇。

日本的古泽晴彦通过砂浆试验研究发现该类材料的作用效果是水溶性高分子的增黏作用和润滑作用（保水作用）。表 2 - 64 为水溶性高分子材料特性与作用机理。

水溶性高分子材料特性与作用机理　　　　表 2－64

分子量	分子量低	分子量高
掺量少	保水性　　　　　　　小 增黏性　　　　　　　小 分子数　　　　　　　中	保水性　　　　　　　小 增黏性　　　　　　　中 分子数　　　　　　　中
掺量多	保水性　　　　　　　大 增黏性　　　　　　　中 分子数　　　　　　　多	保水性　　　　　　　小 增黏性　　　　　　　中 分子数　　　　　　　中

　　表 2－65 为效果与作用机理的关系。增黏作用取决于分子之间的缠绕程度，同一掺量条件下，单一分子越长（分子量大）分子间的缠绕能力越大，增黏效果越强；在同一分子量下，单位体积内的分子数越多（掺量大），分子之间的缠绕越大，增黏效果也越强。另一方面，可以认为外加剂自身或与水泥颗粒一边形成复合体，一边吸水，抑制了水的移动并带来了润滑作用。增黏作用取决于分子量和掺量，润滑作用取决于掺量。

效果与作用机理的关系　　　　表 2－65

掺加水溶性高分子带来的效果	效果与作用机理	依存的指标
显著地增稠效果	水溶性高分子的掺入使控制移动的水量增加（保水作用）	水溶性高分子的掺量
保水能力	水溶性高分子的掺入使控制移动的水量增加（保水作用）	水溶性高分子的掺量
自流平性能	润滑作用的增加 （流动性能增加）	水溶性高分子的掺量
	增黏作用增加 （流动性能降低）	水溶性高分子的分子量 水溶性高分子的掺量
作业性降低	增黏作用增加	水溶性高分子的分子量 水溶性高分子的掺量

2.5.4　纤维素醚

　　纤维素醚是碱纤维素与醚化剂在一定条件下反应生成的一系列产物的总称。碱纤维素被不同的醚化剂取代得到的纤维素醚也不同。按其取代基电离性能的不同，纤维素醚可分为离子型（如羧甲基纤维素醚，代号 CMC）和非离子型（如甲基纤维素醚，代号 MC）两大类。按其含取代基的种类，纤维素醚可分为单醚（如甲基纤维素醚 MC）和混合醚（如羟乙基羧甲基纤维素醚，HECMC）。按其溶解的溶剂不同，纤维素醚可分为水溶性（如羧甲基纤维素醚 CMC）和有机溶剂性（如乙基纤维素醚 EC）。

常见的纤维素醚品种见表 2－66。

常见的纤维素醚　　　　　　　　　　表 2－66

品种	简称	取代率	醚化剂	溶解溶剂
羧甲基纤维素	CMC	0.4～1.4	一氧醋酸	水
羧甲基羟乙基纤维素	CMHEC	0.7～1.0	一氧醋酸，环氧乙烷	水
甲基纤维素	MC	1.5～2.4	氯甲烷	水
羟乙基纤维素	HEC	1.3～3.0	环氧乙烷	水
羟乙基甲基纤维素	HEMC	1.5～2.0	环氧乙烷，氯甲烷	水
羟丙基纤维素	HPC	2.5～3.5	环氧丙烷	水
羟丙基甲基纤维素	HPMC	1.5～2.0	环氧乙烷	水
乙基纤维素	EC	2.3～2.6	一氯乙烷	有机溶剂
乙基羟乙基纤维素	EHEC	2.4～2.8	一氯乙烷，环氧乙烷	有机溶剂
氰乙基纤维素	CEC	2.6～2.8	丙烯腈	有机溶剂

纤维素醚类材料的生产主要采用天然纤维通过碱溶、接枝反应（醚化）、水洗、干燥、研磨等工序加工而成。天然纤维主要有棉花纤维、杉树纤维、榉木纤维等，它们的聚合度直接影响产品的最终黏度。

纤维素醚分子的化学结构与纤维素非常相似，在醚化过程中，一个独立的无水葡萄糖单元中的三个自由 OH 基团被取代，原始纤维素分子之间的紧密结合减弱了，纤维素变成了水溶性物质，其生产原理是先从棉花或木材中提取纤维素，然后加入氢氧化钠，经化学反应转化成碱性纤维素，碱性纤维素在醚化剂的作用下生成纤维素醚。不同醚化剂可把碱性纤维素醚化成各类纤维素醚。

纤维素醚作为改善砂浆流变性能的外加剂，主要有以下功能：①增加砂浆的稠度，防止泌水、离析，使砂浆的可塑性和均匀性得到有效的改善。②具有一定的引气作用，可以在砂浆中引入独立的、稳定的、均匀分布的微小气泡，改善砂浆的和易性。③具有很好的保水作用，有助于防止薄层砂浆早期失水，从而保证了水泥组分有更多的水化硬化时间。

1. 甲基纤维素

甲基纤维素（MC）是一种无毒、无味的白色粉末，能溶解于冷水，形成透明的黏稠溶液。具有增稠、粘合、分散、乳化、成膜、悬浮、吸附、胶凝、表面活性、保持水分和保护胶体等特性。可广泛应用于建筑材料、涂料工业、合成树脂、陶瓷、医药、食品、纺织、农业、化妆品、烟草等行业。以赫克力士天普化工有限公司的甲基纤维素为例，介绍用于建筑类产品的规格，详细情况见表 2－67。

2. 羟丙基甲基纤维素

羟丙基甲基纤维素（Hypromellose，Cellulose）别名羟丙甲纤维素。纤维素羟丙基甲基醚选用高度纯净的棉纤维素作为原料，在碱性条件下经专门醚化而制得，全过程在自动化监控下完成，不含任何动物器官和油脂等活性成分。为非离子型纤维素醚，外观为白色的粉末，无嗅无味。溶于水和适当比例的乙醇/水、丙醇/水、二氯乙烷等，在乙醚、丙酮、无水乙醇不溶，在冷水中溶胀成澄清或微浊的胶体溶液。水溶液具有表面活性，透明度高、性能稳定。HPMC 具有热凝胶性质，产品水溶液加热后形成凝胶析出，冷却后又溶解，不同规格的产品凝胶温度不同。溶解度随黏度而变化，黏度越低，溶解度越大，不同规格的 HPMC 其性质有一定差异，HPMC 在水中溶解不受 pH 值影响。颗粒度：100 目筛通过率大于 100%。堆密度为 0.25 ~ 0.70g/cm^3（通常 0.4g/cm^3 左右），密度为 1.26 ~ 1.31g/cm^3。变色温度为 180 ~ 200℃，碳化温度为 280 ~ 300℃。甲氧基值为 19.0% ~ 30.0%，羟丙基值为 4% ~ 12%。黏度（22℃，2%）为 5 ~ 200000mPa·s。凝胶温度（0.2%）50 ~ 90℃。HPMC 具有增稠能力和排盐性、pH 稳定性、保水性、尺寸稳定性、优良的成膜性以及广泛的耐酶性、分散性和粘结性等特点。

建筑用甲基纤维素醚规格

表 2 - 67

品种		MC
甲氧基	含量（%）	27.0 ~ 32.0
	取代率	1.7 ~ 1.9
水分（Wt %）		≤5.0
灰分（Wt %）		≤1.0
pH		5.0 ~ 7.5
外观		乳白色颗粒粉末或白色颗粒粉末
细度		80 目、100 目、120 目
黏度规格		黏度范围（mPa·s）
5		3 ~ 9
25		20 ~ 30
50		40 ~ 60
100		80 ~ 120
400		300 ~ 500
800		700 ~ 900
1500		1200 ~ 2000
4000		3500 ~ 4500
8000		7000 ~ 9000

赫克力士天普化工有限公司的羟丙基甲基纤维素的性能见表 2 - 68。

2.5.5 聚丙烯酰胺

聚丙烯酰胺（Polyacrylamide，PAM）为水溶性高分子聚合物，不溶于大多数有机溶剂，具有良好的絮凝性，可以降低液体之间的摩擦阻力，按离子特性分可分为非离子、阴离子、阳离子和两性型四种类型。

（1）阴离子聚丙烯酰胺（APAM）是水溶性的高分子聚合物，主要用于各种工业废水的絮凝沉降、沉淀澄清处理，如钢铁厂废水、电镀厂废水、冶金废水、洗煤、废水等污水处理、污泥脱水等。还可用于饮用水澄清和净化处理。由于其分子链中含有一定数量的极性基团，它能通过吸附水中悬浮的固体粒子，使粒子间架桥或通过电荷中和使粒子凝聚形成大的絮凝物，故可加速悬浮液中粒子的沉降，有非常明显的加快溶液澄清、促进过滤等效果。

建筑用甲基纤维素醚规格

表 2 - 68

品种		HPMC			
		HF	HG	HJ	HK
甲氧基	含量（%）	27.0 ~ 30.0	28.0 ~ 30.0	16.5 ~ 20.0	19.0 ~ 24.0
	取代率	1.7 ~ 1.9	1.8 ~ 2.0	1.1 ~ 1.6	1.1 ~ 1.6
羟丙氧基	含量（%）	4.0 ~ 7.5	7.5 ~ 12.0	23.0 ~ 32.0	4.0 ~ 12.0
	取代率	0.1 ~ 0.2	0.2 ~ 0.3	0.7 ~ 1.0	0.1 ~ 0.3
水分（Wt,%）		≤5.0			
灰分（Wt,%）		≤1.0			
pH		5.0 ~ 7.5			
外观		乳白色颗粒粉末或白色颗粒粉末			
细度		80目、100目、120目			
黏度规格		黏度范围（mPa·s）			
50		40 ~ 60			
100		75 ~ 130			
400		300 ~ 500			
800		650 ~ 1000			
1500		1200 ~ 1800			
2500		2000 ~ 3000			
4M		3500 ~ 5000			
7M		6000 ~ 8000			
10M		8000 ~ 12000			
15M		12000 ~ 18000			
25M		21000 ~ 29000			
40M		34000 ~ 46000			
55M		46000 ~ 63000			
70M		≥60000			

（2）阳离子聚丙烯酰胺（CPAM）外观为白色粉粒，离子度从 20% ~ 55% 水溶解性好，能以任意比例溶解于水，且不溶于有机溶剂。呈高聚合物电解质的特性，适用于带阴电荷及富含有机物的废水处理。适用于印染、造纸、食品、建筑、冶金、选矿、煤粉、油田、水产加工与发酵等行业有机胶体含量较高的废水处理，特别适用于城市污水、城市污泥、造纸污泥及其他工业污泥的脱水处理。

（3）非离子聚丙烯酰胺系列产品是具有高分子量的低离子度的线性高聚物。由于其具有特殊的基团，便赋予它具有絮凝、分散、增稠、粘结、成膜、凝胶、稳定胶体的作用。用作污水处理剂时，当悬浮性污水显酸性时，采用非离子聚丙烯酰胺作絮凝剂较为合适。这时 PAM 起吸附架桥作用，使悬浮的粒子产生絮凝沉淀，达到净化污水的目的。也可用于自来水的净化，尤其是和无机絮凝剂配合使用，在水处理中效果最佳。

（4）两性离子聚丙烯酰胺是由乙烯酰胺和乙烯基阳离子单体丙烯酰胺单体水解共聚而

成。经红外线光谱分析，该产品链上不但有丙烯酰胺水解后的羧基阴电荷，而且还有乙烯基阳电荷。因此，构成了分子链上既有阳电荷，又有阴电荷的两性离子不规则聚合物。

两性离子聚丙烯酰胺因分子内含阳离子基和阴离子基，它除具备了一般阳离子絮凝剂的使用特点外，还表现了更优异的性能。此类絮凝剂可在大范围的 pH 值内使用，具有更高的滤水量，较低的滤饼含水率，也可用于强酸浸提矿石或从含金属的酸性催化剂中回收有价值的金属。两性离子型绝非阴离子型、阳离子型的混合。如果把阳离子聚丙烯酰胺与阴离子聚丙烯酰胺配合使用，则会发生反应产生沉淀，所以两性离子产品最为理想。聚丙烯酰胺的技术指标见表 2-69。

聚丙烯酰胺技术指标   表 2-69

项目型号	外观	分子量（万）	固含量（%）	离子度或水解度（%）	残余单体（%）	使用范围
阴离子型	白色颗粒或粉末	300~2200	≥88	水解度 10~35	≤0.2	水的 pH 值为中性或碱性
阳离子型	白色颗粒	500~1200	≥88	离子度 5~80	≤0.2	带式机离心式压滤机
非离子型	白色颗粒	200~1500	≥88	水解度 0~5	≤0.2	水的 pH 值为中性或碱性
两性离子型	白色颗粒	500~1200	≥88	离子度 5~50	≤0.2	带式机离心式压滤机

聚丙烯酰胺的具体增稠保水作用原理如下：

①絮凝作用原理：PAM 用于絮凝时，与被絮凝物种类表面性质，特别是动电位，黏度、浊度及悬浮液的 pH 值有关，颗粒表面的动电位是颗粒阻聚的原因，加入表面电荷相反的 PAM，能使动电位降低而凝聚。

②吸附架桥：PAM 分子链固定在不同的颗粒表面上，各颗粒之间形成聚合物的桥，使颗粒形成聚集体而沉降。

③表面吸附：PAM 分子上的极性基团颗粒的各种吸附。

④增强作用：PAM 分子链与分散相通过各种机械、物理、化学等作用，将分散相牵连在一起，形成网状，从而起增强作用。

2.5.6 淀粉醚

淀粉醚也是流变改性剂或增稠剂的一种，淀粉是天然植物（如玉米、木薯）中提取的多糖化合物，淀粉醚是将其醚化以后的产品。淀粉醚可以显著增加浆料的稠度，同时，需水量和屈服值也略有增加。

淀粉醚也称为醚化淀粉。醚化淀粉是淀粉分子中的羟基与反应活性物质反应生成的淀粉取代基醚，包括羟烷基淀粉、羧甲基淀粉、阳离子淀粉等。由于淀粉的醚化作用提高了黏度稳定性，且在强碱性条件下醚键不易发生水解，因此，醚化淀粉在许多工业领域中得以应用。羧甲基淀粉（CMS）是阴离子型的天然产物的变性体，是能溶于冷水的天然高分子聚电解质醚。目前 CMS 已广泛应用于食品、医药、石油、日用化工、纺织以及造纸和胶粘剂、涂料工业。早在石油工业中，CMS 作为泥浆降失水剂得到广泛应用。在泡沫混凝土料浆中，淀粉醚具有同样的效果。淀粉醚的技术指标见表 2-70。

淀粉醚的技术指标 表 2-70

pH 值	呈碱性（5% 的水溶液）
溶解性	能在冷水中溶解
细度	小于 500μm
黏度	400~1200mPa·s（5% 的水溶液）
与其他材料相容性	与其他建材外加剂有好的相容性

淀粉醚的主要功能如下：

（1）非常好的快速增稠能力，中等黏度，有较高的保水性。

（2）用量小，极低的添加量即能达到很高的效果。

（3）提高材料自身的抗下垂能力。

（4）有很好的润滑性，能改善材料的操作性能，使操作更滑爽。

2.6 纤维

传统的水泥混凝土存在着三大缺陷。

（1）抗拉强度低，远远低于它的抗压强度，仅为 1/10 左右。

（2）抗冲击能力差，是典型的脆性材料。

（3）抗裂能力差，构件中存在大量的干缩裂纹和温度裂纹，这些裂纹将随着时间的推移而不断变化与发展，微细的裂纹终究会发展成较大的贯穿裂缝。

在传统混凝土中加入纤维可以显著提高混凝土的抗拉强度、韧性、抗裂、抗疲劳等性能。泡沫混凝土中掺用纤维增强材料是从用于 EPS、XPS 和 PU 外墙外保温系统用超轻泡沫混凝土防火隔离带开始的，目前，泡沫混凝土外墙外保温系统同样也离不开纤维材料。

人类使用生物纤维已有几千年的历史，而合成纤维则是 20 世纪初发展起来的。其应用领域日益扩大，在建筑领域中应用的非常广泛。提高了混凝土结构的抗拉强度、抗剪强度、抗折强度和抗裂、抗渗、抗冲击、抗疲劳、抗爆裂等性能。满足现代建筑技术对水泥构件和制品的高强度、高韧性、高阻裂、高耐久、高性能、高品质方面的要求。

纤维的分类比较简单，有金属纤维和非金属纤维之分，有无机纤维和有机纤维之分，有天然纤维和人造纤维之分等。

2.6.1 天然纤维

将纤维在砂浆和混凝土中作抗裂增强材料并非现代人的发明，在古代，我们的祖先将天然纤维作为某些无机胶凝材料的增强材料。例如，用植物纤维和石灰浆混合来修建庙宇殿堂，用麻丝和泥巴来塑造雕像，用麦秆短节和黄泥来修建房屋，用人和动物的毛发来修补炉膛，用纸浆纤维和石灰、石膏来粉刷墙面及制作各种石膏制品等。把纤维加入水泥基材之中，制成纤维增强水泥基复合材料是近几十年的事。

（1）木质纤维（Methyl Cellulose）

木质纤维是天然可再生木材经过化学处理、机械法加工得到的有机絮状纤维物质，无毒、无味、无污染、无放射性。一般木质纤维取自于冷杉或山毛榉等纤维强劲的树种，它是天然材料，吸水而不溶于水，掺入砂浆中可提高柔性，有增稠、抗裂、和易性好、低收缩、抗垂等功效。

木质纤维广泛用于混凝土砂浆、石膏制品、木浆海绵、沥青道路等领域，对防止涂层开裂、提高保水性、提高生产的稳定性和施工的工作性、增加强度、增强对表面的附着力等有良好的效果。其技术作用主要是触变、防护、吸收、载体和填充剂。

由于木质纤维结构的毛细管作用，将系统内部的水分迅速地传输到浆料表面和界面，使得浆料内部的水分均匀分布，明显减少结皮现象。并使得粘结强度和表面强度明显提高，这个机理也由于干燥过程中张力的减少而明显起到抗裂的作用（图2-43）。木质纤维尺寸稳定性和热稳定性在保温材料中起到了很好的保温抗裂作用。

木质纤维的特性主要有以下几个方面：

①木质纤维不溶于水、弱酸和碱性溶液，pH值呈中性，可提高系统抗腐蚀性。

②木质纤维密度小、比表面积大，具有优良的保温、隔热、隔声、绝缘和透气性能，热膨胀均匀，不起壳，不开裂，有更高的湿膜强度及覆盖效果。

③木质纤维具有优良的柔韧性及分散性，混合后形成三维网状结构，增强了系统的支撑力和耐久力，能提高系统的稳定性、强度、密实度和均匀度。

④木质纤维的结构黏性，使加工好的预制浆料（干湿料）的均匀性保持原状稳定，并减少系统的收缩和膨胀，使施工或预制件的精度大大提高。

⑤木质纤维具有很强的防冻和防热能力，当温度达到150℃能隔热数天；当高达200℃能隔热数十小时；当超过220℃也能隔热数小时。

（2）石棉纤维

石棉是天然纤维状的硅质矿物的统称，是一种被广泛应用于建材防火板的硅酸盐类天然矿物纤维（图2-44）。岩石受动力变质条件产生。石棉纤维是指蛇纹岩及角闪石系的无机矿物纤维，基本成分是水合硅酸镁（$3MgO \cdot 3SiO_2 \cdot 2H_2O$）。石棉纤维的特点是耐热、不燃、耐水、耐酸、耐化学腐蚀。石棉纤维的类型有30余种，但工业上使用最多的有3种，即温石棉、青石棉、铁石棉。石棉有致癌性，在石棉粉尘严重的环境中有感染癌型间皮瘤和肺癌的可能性，因此，在操作时应注意防护。用作胶粘剂粘接时耐高温和阻燃增强填充剂。

图2-43 木纤维的照片

图2-44 石棉纤维照片

1）石棉的特性主要有以下几个方面：

①表观密度和体积密度都较小。表观密度平均为 $2.75g/cm^3$，体积密度为 $1600 \sim 2200kg/m^3$，是很好的轻质材料。

②导热性低。导热系数为 $0.198 \sim 0.244W/(m \cdot K)$。

③导电率低。其寿命比铸铁管长，机械强度高，能承受较大压力，是一种较好的电绝缘材料。

④容易切削加工。用钉子也能很好地将其制品凿通，这点与木材性质相似。

⑤化学性质稳定。虽不耐酸，但在矿物水中比混凝土管耐久。

2）石棉纤维的用途如下：

①石棉纤维可以织成纱、线、绳、布、盘根等，作为传动、保温、隔热、绝缘、密封等部件的材料或衬料，在建筑上主要用来制成石棉板，石棉纸防火板，保温管和窑垫以及保温、防热、绝缘、隔声、密封等材料。

②石棉纤维可与水泥混合制成石棉水泥瓦、板、屋顶板、石棉管等石棉水泥制品。

③石棉和沥青掺合可以制成石棉沥青制品，如石棉沥青板、布（油毡）、纸、砖以及液态的石棉漆、嵌填水泥路面及膨胀裂缝用的油灰等。

④国防上石棉与酚醛、聚丙烯等塑料粘合，可以制成火箭抗烧蚀材料、飞机机翼、油箱、火箭尾部喷嘴管以及鱼雷高速发射器，船舶、汽车以及飞机、坦克、舰船中的隔声、隔热材料，石棉与各种橡胶混合压模后，还可做成液体火箭发动机连接件的密封材料。

（3）硅灰石（wollastonite）

硅灰石成分 $Ca_3(Si_3O_9)$，属三斜晶系。通常呈片状、放射状或纤维状集合体。白色微带灰色，玻璃光泽，解理面上珍珠光泽。硬度 $4.5 \sim 5.0$。解理平行 ｛100｝ 完全，平行 ｛001｝ 中等，两组解理面交角为 $74°$。密度 $2.78 \sim 2.91g/cm^3$。主要产于酸性侵入岩与石灰岩的接触变质带，为构成矽卡岩的主要矿物成分。此外，还见于某些深变质岩中。

目前，我国的硅灰石产量和出口量均居世界第一位。产品出口到日本、韩国及东南亚等亚洲国家和德国、西班牙等欧洲国家。

建材级硅灰石粉是一种无毒、无味、无放射性的纤维状材料，逐渐取代了对人体健康有害的石棉，成为环保建材的重要原料。硅灰石经过特殊加工工艺处理后，仍能保持其独特的针状结构，掺硅灰石针状粉的硅钙板、防火板等材料的抗冲击性、抗折强度、耐磨性均大大提高。

在陶瓷原料中加入适量的硅灰石粉，可以大幅度降低烧成温度，缩短烧成时间，实现低温快速一次烧成。大量节约燃料，明显降低产品成本；同时提高产品的机械性能，减少产品的裂缝和翘曲，增加釉面光泽，提高胚体强度，尤其是快速降温不易开裂，提高了产品的合格率。

涂料级硅灰石粉具有一种良好的补强性，既可以提高涂料的韧性和耐用性，又可以保持涂料表面平整和良好的光泽度。而且提高了抗洗刷和抗风化性能，具有抗腐蚀能力。可以得到高质量颜色明亮的涂料，并具有良好的均涂性和抗老化性能。使涂料可以得到更好的机械强度，增加耐久性，增强粘附力和抗腐蚀性能。硅灰石粉的白度非常高，可以部分代替钛白粉，使涂料具有良好的覆盖率、附着力（图 $2-45$、图 $2-46$）。

图 2-45　硅灰石粉

图 2-46　硅灰石的形貌

2.6.2　人造无机纤维

1. 抗碱玻璃纤维

玻璃纤维（glass fiber）是一种性能优异的无机非金属材料，种类繁多，优点是绝缘性好、耐热性强、抗腐蚀性好和机械强度高，缺点是性脆，耐磨性较差。它是以玻璃球或废旧玻璃为原料经高温熔制、拉丝、络纱、织布等工艺制造成的，其单丝的直径为几个微米到二十几个微米。每束纤维原丝都由数百根甚至上千根单丝组成。玻璃纤维通常用作复合材料中的增强材料，电绝缘材料和绝热保温材料，电路基板等国民经济各个领域。

普通玻璃纤维不能抵抗水泥材料的高碱性（pH > 12.5）的侵蚀，不能用作水泥基材料的抗裂和增强材料。主要原因是硅酸盐水泥水化生成的 $Ca(OH)_2$ 与普通玻璃纤维中的 SiO_2 发生化学反应，生成水化硅酸钙，这一反应是不可逆的，直至作为普通玻璃纤维骨架的 SiO_2 被完全破坏，纤维的强度完全丧失。抗碱玻璃纤维是在普通玻璃纤维的生产过程中加入 16% 以上的氧化锆（ZrO_2），以提高玻璃纤维的抗碱性。

抗碱玻纤是英国建筑研究所于 20 世纪 70 年代初研制成功的。1971 年转由皮尔金顿兄弟公司进行商业性生产，品名为"Cem-Fil"，并向世界上其他国家出售专利。随着抗碱玻纤的发展和商品化。玻纤增强水泥（GRC）材料在世界各国的建筑领域上广泛使用。我国在抗碱玻纤低碱水泥方面的研究有独到之处，大大延长了 GRC 的使用寿命。

玻璃纤维的成分是保证其耐久性的前提，含有氧化锆的玻璃纤维能有效地提高玻璃纤维的耐碱性，有研究者证明，玻璃中 Na_2O/ZrO_2 比值在 1.0 ~ 1.2 能获得良好的耐碱性，减少比值，对提高耐碱性的效果不明显，而增大比值，耐碱性则会急剧下降。通常无碱玻璃碱金属氧化物含量最小，中碱其次，耐碱玻纤中金属氧化物含量最多，约为14.5% 的 ZrO_2 和 6% 的 TiO_2。普通玻纤多指中碱玻纤，其主要化学成分是 SiO_2，SiO_2 具有很好的耐酸性能，但却不耐碱。加入 ZrO_2 后耐久性显著提高，但由于 ZrO_2 是一种难熔物质，熔化温度在 1600℃ 以上，锆含量越多，玻璃熔制越困难，技术上的要求也越高。

现行国家标准《耐碱玻璃纤维无捻粗纱》（GB/T 572-2002）规定，L 型 ZrO_2 含量为（14.5% ±0.8%），TiO_2 含量为（6.0% ±0.5%），H 型 ZrO_2 含量为 ≥16.0%。建筑行业标准《胶粉聚苯颗粒外墙外保温系统》（JG 158-2004）规定的耐碱网布性能指标见表 2-71。

耐碱网布性能指标 表 2-71

项目		单位	指标
外观		—	合格
长度、宽度		m	50~100, 0.9~1.2
网孔中心距	普通型	mm	4×4
	加强型		6×6
单位面积质量	普通型	g/m²	≥160
	加强型		≥500
断裂强力（经、纬向）	普通型	N/50mm	≥1250
	加强型		≥3000
耐碱强力保留率（经、纬向）		%	≥90
断裂伸长率（经、纬向）		%	≤5
涂塑量	普通型	g/m²	≥20
	加强型		
玻璃成分		%	ZrO_2：(14.5±0.8) TiO_2：(6.0±0.5)

表 2-72 反映出玻纤网格布因碱溶液浓度、温度不同，其耐碱承受能力不同，在高温（5% NaOH）条件下，耐碱性下降最大，而在水泥净浆环境下，耐碱保留率最高。

耐碱网格布 表 2-72

溶液类型		5% NaOH (80℃, 6h)	混合溶液 (80℃, 6h)	水泥净浆 (80℃, 4h)	5% NaOH (常温 28d)	混合溶液 (常温 28d)	水泥净浆 (常温 28d)
原强度 (N)	经	1480	1480	1480	1480	1480	1480
	纬	1384	1384	1384	1384	1384	1384
耐碱后强度 (N)	经	1015	1070	1413	1133	1115	1432
	纬	900	1043	1281	1065	1112	1211
保留率 (%)	经	68.6	72.3	95.5	76.6	75.4	96.2
	纬	65.0	75.4	92.6	77.0	80.4	90.4

2. 玄武岩纤维

玄武岩纤维（Basalt Fibre）是以纯天然玄武岩矿石为原料，将矿石破碎后放入池窑中，经 1450~1500℃的高温熔融后，通过喷丝板拉伸成连续纤维。由于玄武岩熔化过程中没有硼和其他碱金属氧化物排出，使玄武岩连续纤维的制造过程对环境无害，无工业垃圾，不向大气排放有害气体，因此玄武岩纤维又是一种新型的环保纤维。玄武岩纤维与其他玻璃纤维和无机非金属纤维一样，是一种优质的纤维增强材料。表 2-73 是玄武岩纤维与几种玻璃纤维成分的比较。

由表 2-73 可以看出，SiO_2 是玄武岩纤维最主要的成分，占 45%~60%，被称为网络形成物，它保持了纤维的化学稳定性和机械强度；Al_2O_3 的含量也较高，占 12%~19%，提高了纤维的化学稳定性、热稳定性和机械强度，为提高复合材料的力学性能打下良好的基础；CaO 的含量为 6% ~ 12%，对提高纤维硬度和机械强度都是有利的；Fe_2O_3 和 FeO 的含量在 5% ~ 15%，含铁量高，使纤维呈古铜色；另外，玄武岩纤维中还含有 Na_2O、K_2O、MgO 和 TiO_2 等成分，对提高纤维的防水性和耐腐蚀性有重要作用。

玄武岩纤维与 C 玻璃纤维、E 玻璃纤维、S 玻璃纤维成分的比较 　　　表 2-73

化学成分	玄武岩纤维（wt%）	玄武岩纤维（乌克兰）（wt%）	C 玻璃纤维（wt%）	E 玻璃纤维（wt%）	S 玻璃纤维（wt%）
SiO_2	51.6	52.43	65.7 ~ 67.7	52.0 ~ 53.4	65.0
Al_2O_3	14.6 ~ 18.3	18.33	—	13.5 ~ 14.5	25.0
B_2O_3	—	—	5.4 ~ 6.4	8.0 ~ 9.0	—
CaO	5.9 ~ 9.4	7.68	3.5 ~ 4.5	18.5 ~ 19.5	—
MgO	3.0 ~ 5.3	4.04	3.6 ~ 4.4	3.6 ~ 4.4	10.0
$Na_2O + K_2O$	3.6 ~ 5.2	3.95	13 ~ 14	0 ~ 1	—
TiO_2	0.8 ~ 2.25	1.19	—	0 ~ 0.5	—
$Fe_2O_3 + FeO$	9.0 ~ 14.0	10.53	—	0 ~ 0.6	—
F_2	—	—	—	0 ~ 0.5	—
其他	0.09 ~ 0.13	—	—	—	—

玄武岩是一种高性能的火山岩组分，这种特殊的硅酸盐，使玄武岩纤维具有优良的耐化学性，特别具有耐碱性的优点。因此，玄武岩纤维是替代聚丙烯（PP）、聚丙烯腈（PAN）用于增强水泥混凝土的优良材料；也是替代聚酯纤维、木质素纤维等用于沥青混凝土极具竞争力的产品，可以提高沥青混凝土的高温稳定性、低温抗裂性和抗疲劳性等。

图 2-47 是上海俄金玄武岩纤维公司生产的玄武岩纤维。一种是短切玄武岩纤维，纤维长度为 6mm，单纤直径为 13μm；另外一种是玄武岩纤维网格布。

(a) 　　　　　　　　　　　　　　(b)

图 2-47 玄武岩纤维

(a) 短切玄武岩纤维；(b) 玄武岩纤维网格布

玄武岩纤维与其他纤维技术指标对比见表 2-74。

玄武岩纤维和其他纤维技术指标对比　　　　　表 2－74

性能	连续玄武岩纤维	E 玻璃纤维	S 玻璃纤维	碳纤维	芳纶纤维
密度（g/cm³）	2.65	2.54~2.57	2.54	1.78	1.45
抗拉强度（MPa）	4100~4840	3100~3800	4020~4650	3500~6000	2900~3400
弹性模量（GPa）	93.1~110	72.5~75.5	83~86	230~600	70~140
断裂延伸率（%）	3.1	4.7	5.3	1.5~2.0	2.8~3.6
最高工作温度（℃）	650	380	300	500	250

2.6.3 有机纤维

有机纤维包括天然有机纤维和有机聚合物制成的纤维。本部分重点讲述有机聚合物制成的纤维。

1. 聚丙烯纤维

聚丙烯纤维也称丙纶纤维或称 PP 纤维，聚丙烯纤维的分子式为 H（C_3H_6）$_n$H，是化纤中最轻的一种。生产聚丙烯纤维的原料还只限于等规聚丙烯，其等规度为 97%~98%，不能低于 96%，平均分子量为 180000~300000，结晶度在 65% 以上，热分解温度为 350~380℃，熔点为 158~176℃，并有较好的机械性能。

聚丙烯纤维是利用定向聚合得到的等规聚丙烯为原料，经熔融挤压法，进行纺丝而制成的合成纤维。因为原料来源丰富，生产工艺简单，所以，其产品相对比其他合成纤维价格低廉。近年来聚丙烯纤维在合成纤维中发展得非常快，是建筑用合成纤维的重要品种。聚丙烯纤维具有质轻、强度高、耐腐蚀性能好、电绝缘性能好、回弹性好，以及抗微生物、不霉、不蛀等优点。但丙烯酸纤维耐热性和耐老化性能不佳。

聚丙烯纤维产品有长丝（包括加弹丝、复合丝、吹捻纱和膨体纱等）、短纤维、异形丝、鬃丝、切割丝、膜裂丝、喷射丝等。

水泥基材料常用的聚丙烯纤维如图 2－48 所示。水泥基材料掺入聚丙烯纤维后效果如下：

（1）有效提高砂浆、混凝土的抗裂能力。同普通砂浆/混凝土相比，如加入体积掺量 0.1%（约 0.9kg/cm³）的单丝纤维，砂浆/混凝土的抗裂能力提高 70%。

（2）大大提高混凝土的抗渗性能。0.9kg/cm³ 掺量的聚丙烯束状单丝纤维混凝土比普通混凝土的抗渗能力提高了 60%~70%。

（3）显著提高混凝土的抗冲击性能和耐磨性能。聚丙烯纤维虽然刚度较低，传递荷载的能力差，但能吸收冲击能量，有效减小裂隙，增强介质材料连续性，减小了冲击波被阻断引

图 2－48　聚丙烯纤维的形貌

起的局部应力集中现象，因而能大大提高混凝土抗冲击性能和韧性。

（4）提高混凝土的抗冻性能。在混凝土中加入聚丙烯纤维，可以缓解温度变化而引起的混凝土内部应力的作用，阻止温度裂缝的扩展；在混凝土中加入聚丙烯纤维可作为一种

有效的混凝土温差补偿抗裂手段。

（5）提高混凝土制品的质量，有效保持制品边、角、表面的完整性，使制品内的钢筋不受腐蚀。

聚丙烯纤维的力学性能见表 2 - 75。

聚丙烯纤维的力学性能　　　　表 2 - 75

纤维类型	密度 （g/cm³）	单丝直径 （μm）	长度 （mm）	抗拉强度 （MPa）	杨氏模量 （GPa）	极限延伸率 （%）
丙纶膜裂纤维	0.90 ~ 0.91	48 ~ 62	19 ~ 50	480 ~ 660	3.5 ~ 4.8	15 ~ 20
丙纶单丝纤维	0.91	26 ~ 62	19	300 ~ 520	3.5	15 ~ 18

2. 聚乙烯醇纤维

聚乙烯醇纤维也称维纶纤维（vinylon）或 PVA 纤维，分子式如下：

$$\left[CH_2—CH—CH_2\right]_n$$
$$\qquad\quad OH$$

聚乙烯醇纤维在 20 世纪 30 年代由德国制成，但当时的产品不耐热水，主要用于外科手术缝线。1939 年研究成功热处理和缩醛化方法，才使其成为耐热水性良好的纤维。生产维纶的原料易得，制造成本低廉，纤维强度良好，除用于衣料外，还有多种工业用途。但因其生产工业流程较长，纤维综合性能不如涤纶、锦纶和腈纶，年产量较小，居合成纤维品种的第 5 位。

聚乙烯醇纤维是把聚乙烯醇溶解于水中，经纺丝、甲醛处理制成的合成纤维，也称为"聚乙烯醇缩甲醛纤维"。中国的商品名为"维纶"，日本命名为"维尼纶"。该种纤维抗碱性强、亲水性好、可耐日光老化。低弹模的普通维纶纤维、中强中弹模的维纶纤维和高强高弹模维纶纤维的力学性能见表 2 - 76。

维纶纤维的力学性能　　　　表 2 - 76

纤维类型	密度 （g/cm³）	单丝直径 （μm）	长度 （mm）	抗拉强度 （MPa）	杨氏模量 （GPa）	极限延伸率 （%）
中强中模维纶纤维	1.3	10 ~ 12	4, 6	800 ~ 850	12 ~ 14	11 ~ 12
高模量维纶纤维	1.3	12 ~ 14	4, 6	1200 ~ 1500	30 ~ 35	5 ~ 7
普通维纶纤维	1.3	10 ~ 12	任意	600 ~ 650	5 ~ 7	16 ~ 17

维纶纤维的主要物理力学性能如下：

（1）有一定的亲水性，吸水率在 5% 左右。

（2）在 50 ~ 120℃ 温度范围内，纤维力学性能变化不大，热稳定温度为 150℃，热分解温度在 220℃。

（3）在潮湿的环境中，当温度超过 130℃ 后，纤维发生较大的收缩，力学性能显著降低，故不宜用维纶纤维制造压蒸纤维水泥制品或硅酸钙制品。

（4）维纶纤维的横截面呈异形状，非常有利于与水泥基材粘结。纤维与水泥基材界面粘结主要借助于范德华力，因分子链上有一个（—C—OH）基团，可与水泥水化产物中的（—OH）基团形成氢键结合，从而进一步增进两者的粘结。

3. 聚丙烯腈纤维

聚丙烯腈纤维也称为腈纶纤维（polyacrylonitrile fiber），或称 PANF 纤维，分子式如下：

$$+CH_2—CH_2+_n$$
$$\equiv OH$$

聚丙烯腈纤维在我国的商品名是腈纶，国外则称为"奥纶"、"开司米纶"。通常是指用 85% 以上的丙烯腈与第二和第三单体的共聚物，经湿法纺丝或干法纺丝制得的合成纤维（图 2-49）。丙烯腈含量在 35% ~85% 的共聚物纺丝制得的纤维称为改性聚丙烯腈纤维。其产量居合成纤维产量的第 3 位。聚丙烯腈纤维包括丙烯腈均聚物和共聚物。聚丙烯腈纤维具有很好的耐碱性和耐酸性。其主要物理性能如下：

（1）有一定的亲水性，吸水率为 2% 左右。

（2）受潮后强度下降较低，保留率为 80% ~90%。

（3）对日光和大气作用的稳定性较好。

（4）热分解温度为 220 ~235℃，可缩短时间用于 200℃。

聚丙烯腈纤维在建筑材料中的主要功能如下：

（1）提高沥青混凝土混合料的分散作用，增加沥青混凝土的稳定性。

（2）增强沥青混凝土的韧性和抗低温能力，减少永久变形，提高防滑、耐磨能力。

（3）减少温度对沥青路面的影响，提高沥青混凝土的水稳定性。

（4）降低水泥混凝土的脆性，提高水泥混凝土的抗裂能力。

图 2-49　聚丙烯腈纤维

（5）提高水泥混凝土抗拉强度和韧性，提高抗冲击力、抗震和抗裂性能。

（6）提高混凝土的抗冻性、抗渗性、耐久性等。

两种聚丙烯腈纤维的力学性能见表 2-77。

聚丙烯腈纤维的力学性能　　　　表 2-77

纤维编号	密度（g/cm³）	单丝直径（μm）	长度（mm）	抗拉强度（MPa）	杨氏模量（GPa）	极限延伸率（%）
Dolanit-10	1.18	16~18	11, 6, 12	800~950	16~19	9~11
RICEM	1.18	12~16	6	800~900	20~23	9~10

4. 其他有机纤维

（1）聚酰胺纤维（polyamide）。聚酰胺纤维的商品名为尼龙纤维（Nylon）。其原为杜邦公司所生产的聚己二酰己二胺的商品名，即一般通称为尼龙六六（Nylon 66）。聚酰胺纤维是第一个合成高分子聚合物商业化合成纤维制品，在 1937 年由美国杜邦公司卡罗瑟斯（Caarothers）研究发明聚六甲基己二酰胺（即尼龙六六酰），因而开启了合成纤维的第一页，其至今仍是聚酰胺纤维的代表。

（2）尼龙纤维是以含有酰胺键的高分子化合物为原料，经过熔融纺丝及后加工而制得的纤维。

尼龙纤维的最大特点是耐磨性非常好，在所有的化学纤维和天然纤维中，尼龙纤维的耐磨性最好。尼龙纤维有很高的强度，但耐光性和保型性都较差。尼龙纤维的耐热性也较差，加热到 160~170℃就开始软化收缩。因为尼龙分子中有许多亲水的酰胺基，所以尼龙纤维有一定的吸湿性，它的吸湿率可达 3.5%~5.0%。由于尼龙纤维的高强度和高耐磨性，以及弹性和抗疲劳性都很好，因此，在工业中用途很广。

尼龙纤维全称为脂肪族聚酰胺纤维，芳纶纤维是芳香族聚酰胺纤维。芳纶纤维是采用芳香族酸（酰）和芳胺合成的原料生产的纤维。芳纶纤维是一种高强度、高模量的纤维，强度很高。芳纶纤维有很好的耐热性，其熔点都在 400℃以上。芳纶纤维耐腐蚀，有弹性，韧性和编织性好，耐冲击性好。

3 泡沫混凝土地暖绝热层

3.1 地暖绝热层

（1）世界上许多国家如韩国、日本、丹麦、美国等20年前就已采用地暖。

近年来，地暖在欧美和亚洲地区发展迅速，据不完全统计，1983年西德地暖占有33%，到20世纪末期，德国上升到41%，瑞士为48%，法国为20%，日本为85%，韩国为95%。

（2）2004年3月23日建设部第218号公告《建设部推广应用和限制禁止使用技术》中第129项将地面辐射供暖系统列为推广项目。

我国地暖有了中华人民共和国行业标准《地面辐射供暖技术规程》（JGJ 142-2004），2004年8月5日发布，2004年10月1日实施以后，全国地暖行业迅猛发展，从2005年开始进入了发展高潮。中华人民共和国住房和城乡建设部2012年8月23日发布，2013年6月1日实施，国家行业标准《辐射供暖供冷技术规程》（JGJ 142-2012）。

过去供暖以"三北"为主，现在延伸到长江流域。现在"三北"地区大量采用地暖，哈尔滨、呼和浩特、乌鲁木齐等地暖普及率已达到70%以上，北京市也逐渐开始采用地暖。

2007年2月，建设部将"低温热水地面辐射供暖技术"列为建设事业"十一五"（第一批）推广应用技术，指出将"低温热水地面辐射供暖技术"列为新型高效采暖推广应用技术。

地暖正处在一个方兴未艾的发展时期，因其具有舒适、节能、健康、分户计量和分室温控人性化等特点会发展成朝阳产业，遍布神州大地。

（3）地暖绝热层是地暖中用于阻挡热量向下传递，减少无效热损失，在现场铺设的构造层。开始的时候地暖绝热层都采用了聚苯乙烯泡沫塑料板（简称苯板）。由于苯板质轻导热系数低广泛用于地暖绝热层。

（4）地暖泡沫混凝土（发泡水泥）绝热层现浇施工技术在20世纪90年代末期从韩国传入我国，从山东省的威海、烟台、吉林省的延边开始成功地应用。韩国的地暖泡沫混凝土绝热层现浇施工的设备——发泡机进入山东省的威海、烟台，开始是国外进口，购入韩国的第一机械、GM、信宇等韩国发泡机，然后是模仿制造，后来是自主生产发泡机了。

（5）中华人民共和国行业标准《地面辐射供暖技术规程》（JGJ 142-2004）规定，采用的地暖绝热层是聚苯乙烯泡沫塑料，但在第4.2.3条中提到："当采用其他绝热材料时……选用同等效果绝热材料。"也就是要求热阻相当。条文说明中提到，"采用发泡水泥作为保温材料，保温厚度一般为40~50mm。发泡水泥导热系数约为0.09W/（m·K）。该材料具有承载能力强、施工简便、机械化程度高的特点，适合大面积地面供暖系统"。

（6）河北省地方标准《地板采暖发泡水泥绝热层技术规程》（DB13/T 569－2004），2004 年 11 月 29 日发布，2004 年 12 月 1 日实施。是我国第一个泡沫混凝土地暖绝热层标准。随后山东省《低密度发泡水泥隔热层低温热水地面辐射供暖工程建设技术导则》（JD－14－001－2005）出台，尔后辽宁省制订了辽宁省地方标准《地面辐射采暖泡沫混凝土绝热层技术规程》（DB21/T 1684－2008），2008 年 11 月 13 日发布，2008 年 12 月 1 日实施。

2009 年春，我国第一部泡沫混凝土现浇行业标准，即中国工程建设标准化协会标准《发泡水泥绝热层与水泥砂浆填充层地面辐射供暖工程技术规程》（CECS262：2009）发布实施。

北京市也制定了北京市地方标准《地面辐射供暖技术规程》（DB11/806－2011），2011 年 4 月 28 日发布，2011 年 11 月 1 日实施。这个标准也采用了泡沫混凝土绝热层。

这些标准将泡沫混凝土地暖绝热层现浇施工推进到一个新的发展阶段。

（7）由于泡沫混凝土绝热层比聚苯乙烯等泡沫塑料绝热层优势很多，目前泡沫混凝土绝热层有替代聚苯乙烯等泡沫塑料绝热层的趋势。由辽宁省装饰协会地暖分会编写的内部资料《地面供暖用户必读》一书（P15）中问"采用苯板和发泡水泥哪个更好些？"列表进行比较后，结论是，发泡水泥的性能优于苯板（表3－1），是地暖施工方式的推广方向。

苯板与泡沫混凝土对比表　　　　　　　　　　　　　　表 3－1

序号	性能	聚苯乙烯发泡塑料	泡沫混凝土
1	导热系数	0.042W/(m·K)	0.087W/(m·K)
2	燃烧	容易燃烧，达 B2 级	不燃烧
3	承载能力	承载能力低，几乎不能承载	承载强度 1.2MPa
4	寿命	易老化，保质期 6 年，在 60℃ 时马上变形老化	保质期 50 年
5	健康	有异味，含有有害健康的挥发物，较易产生化学辐射	无异味，无挥发物无公害，是新型的环保材料
6	防潮防水	施工时不能没有缝隙，还不平整，不防潮，更不防水	整体机械施工，无缝隙产品，整体性好，具有平整度
7	隔声性能	因为施工的缝隙和基础材料特软，所以不隔声，能产生空洞的声音	整体隔声效果好，吸声能力可达 0.09% ～ 0.19%
8	填充层要求	因为苯板做基础很软，所以填充层需要很厚，需大于 50mm，否则会断裂	填充层和隔热层融为一体，减少了伸缩系数，所以填充层只需要 30～40mm 即可
9	施工工艺	工艺烦琐，管道不固定，需要 PE 镀铝膜和钢丝网	施工工艺简单，管道固定牢固，可以机械化施工
10	质量	绝热层分几种不同的材料层层重叠，不能成为一个整体，所以不能保证质量要求	绝热层和填充层都是水泥制品，成为一体质量有保障
11	重量 （kg/m²）	<table>填充层 / 绝热层 / 管 / 总重量 4cm 厚112 / 1.2 / 0.6 / 113.8 5cm 厚140 / 1.2 / 0.6 / 141.8 6cm 厚168 / 1.2 / 0.6 / 169.8</table>	<table>填充层 / 绝热层 / 管 / 总重量 3cm 厚80 / 16 / 0.6 / 113.8 4cm 厚112 / 16 / 0.6 / 141.8 5cm 厚140 / 16 / 0.6 / 169.8</table>

序号	性能	填充层	绝热层	管	总重量	填充层	绝热层	管	总重量
11	重量 （kg/m²）	4cm 厚112	1.2	0.6	113.8	3cm 厚80	16	0.6	113.8
		5cm 厚140	1.2	0.6	141.8	4cm 厚112	16	0.6	141.8
		6cm 厚168	1.2	0.6	169.8	5cm 厚140	16	0.6	169.8
		用泡沫混凝土工艺施工的总重量还要低于用苯板的施工工艺							

特别强调的是，泡沫混凝土组成主要材料是水泥，它同下面的混凝土楼地面，上面的水泥砂浆或细石混凝土填充地面层材料都是水泥族的，物理性能（主要是热胀冷缩性能）基本相同，三者能够连成一体，地面不易产生裂缝。

苯板本身密度很小（设计要求 20kg/m³），有的开发商和地暖公司偷工减料采用 18kg/m³，甚至采用 15kg/m³ 的苯板，强度很低，脆性很大，施工中又夹在混凝土楼地面和填充地面层之间，起到隔离层的作用，使三者相互分离，不能结合成一体，产生地面裂缝是不可避免的。

（8）地暖泡沫混凝土绝热层大部分采用现浇，现浇主要是通过发泡机将发泡剂制备成泡沫，并加入搅拌好的水泥浆中，经混合制成低密度的泡沫混凝土浆料，泵送到楼地面浇注，经自然养护形成具有规定的密度等级、抗压强度等级和规定的导热系数的构造层。

3.2 泡沫混凝土设备及所用材料

地暖（地面辐射采暖）泡沫混凝土绝热层所采用的设备、材料应符合国家现行产品标准的规定，并应有出厂合格证，同时满足工程设计、施工技术要求。

3.2.1 水泥发泡机

1. 水泥发泡机

水泥发泡机是地暖工程中用于制取泡沫混凝土的专用设备。

2. 水泥发泡机的分类

（1）按发泡方式分为：低压发泡机和高压发泡机。

（2）按产量分为：产量小于 2m³/h 的微型发泡机。

产量 4 ~ 8m³/h 的小型发泡机。

产量 10 ~ 15m³/h 的中型发泡机。

产量大于 20m³/h 的大型发泡机。

（3）按输送方式分为：自流式发泡机和泵送式发泡机。

泵送发泡机分为螺杆泵、液压柱塞泵、气动隔膜泵、软管泵发泡机。

（4）按组合方式分为：分体发泡机和组合一体发泡机。

3. 水泥发泡机的选型

水泥发泡机的选型主要依据用途和产量。其选型的原则是：

（1）发泡性能要具备易操作，可控性好，有调整和指示装置，泡沫与泡沫混凝土密度匹配稳定，易于调节泡沫混凝土的密度配合采用全自动控制。

（2）制备水泥浆的搅拌机先进，能给发泡机提供质量稳定的好浆料。

（3）对设备系统的控制先进有效，配有流量计、压力计等可计量指示的装置。

（4）选择一个良好的输送装置—泵送机，适合输送稳定的泡沫混凝土。一般水泥发泡机都具有发泡和泵送双重功能。泡沫混凝土浆料输送量要具有可调性。

（5）采用双缸液压推送机构，出口压力高，能满足输送高层建筑的需要。

（6）泡沫混合率高，可在 1min 内将泡沫混匀。

（7）发泡机机筒内无搅拌死角。

（8）不伤泡沫，对泡沫有保护和稳定的功能，搅拌后泡沫的损失率低，绝大多数泡沫在搅拌过程中不会破裂。

（9）对泡沫有强制下压功能，强迫泡沫进入下部浆体内，同时对下部稠浆有良好的上翻功能，强迫浆体与上部泡沫快速混合。

（10）具有调速功能，可根据不同配方、不同物料、不同泡沫加入量调节转速。

3.2.2 水泥

1. 水泥强度等级及种类要求

（1）制备泡沫混凝土绝热层的水泥，选用42.5级的硅酸盐水泥、普通硅酸盐水泥或32.5级或42.5级的矿渣硅酸盐水泥，这些水泥要符合现行国家标准《通用硅酸盐水泥》（GB 175-2007/XG1-2009）的规定。严禁不同品种、不同强度等级的水泥混用。

（2）地暖泡沫混凝土绝热层的水泥可根据不同季节、工程进度要求和工程成本要求确定。需要赶工期、有早强快硬要求的选用硅酸盐水泥，既考虑早强快硬，又能考虑成本要求的选用普通硅酸盐水泥；没有早强快硬要求的，可选用矿渣硅酸盐水泥就可以了，既保证了质量又降低了成本。水泥强度等级低于32.5级的水泥、过期结块水泥、受潮结块水泥活性差，影响泡沫混凝土的强度，均不应使用。

2. 水泥的保管

水泥进场后，如贮存过久或保管不良，将会发生受潮、结块、变质等现象，降低水泥的强度和其他技术性能，所以要很好地保管。

（1）贮存水泥应防止风吹、日晒和潮气的侵袭，也不得和其他化学材料、农药、油类及挥发性物质混放一起。

（2）大批水泥应迅速存入密封干燥的仓库内。仓库不得漏雨，并有防潮、隔热措施。地坪要满铺一层红砖或木板上铺油毡，并高出地面30cm以上，以隔绝潮气。

（3）每批入库水泥应分别存放，严禁混放，并应有标签注明生产厂、水泥品种、强度等级、出厂和入库日期及数量。

（4）堆放高度以10袋为宜，离墙应有30cm以上距离，以防受潮。堆放应按使用顺序或到货先后次序排列，先到先用，避免长期积压。

（5）在露天临时存放水泥时，时间不宜过久，并应存放在地势高、干燥、运输方便和周围排水良好的地方，垛底要高出地面至少30cm以上，并要满铺一层红砖或木板上铺油毡，堆垛上部应用防雨篷布盖严。

（6）水泥贮存时间不能过长，一般不应超过3个月（按出厂日期算起），在正常干燥环境中，存放3个月，强度约降低20%。水泥出厂时间超过3个月以上时，必须进行检验，按重新确定的实际强度等级使用。如发现水泥受潮、结块、变质现象时，其出厂时间虽不足3个月，亦应经鉴定试验，确定其强度等级后方可使用。

3.2.3 掺合料

（1）制备泡沫混凝土绝热层的水泥中可掺用优质粉煤灰和矿渣，其掺量不得超过30%。这是考虑到充分发挥水泥活性和降低成分。粉煤灰应符合现行国家标准《用于水泥和混凝土中的粉煤灰》（GB/T 1596-2005）中Ⅱ级以上等级的规定。

矿渣粉应符合现行国家标准《用于水泥和混凝土中的粒化高炉矿渣粉》（GB/T 18046-2008）的规定。

（2）为减少泡沫混凝土硬化后的收缩，可在水泥中掺入 30% 左右的惰性石粉。

3.2.4 水

泡沫混凝土搅拌用水的水质应符合现行行业标准《混凝土用水标准》（JGJ 63－2006）有关规定。采用无污染的中性水。泡沫混凝土的水用量是 60%，含发泡剂中的水量。

3.2.5 水泥发泡剂

（1）地暖用的发泡剂是物理发泡剂，从植物或动物中提炼出来的或合成的一种具有表面活性的物质。在机械作用下引入空气时，能产生大量气泡群，是表面活性剂或表面活性物质。

（2）水泥发泡剂有四种：

①松香皂类水泥发泡剂。

②蛋白质类水泥发泡剂。

③合成型水泥发泡剂。

④复合型水泥发泡剂。

（3）水泥发泡剂技术指标：

①pH 值（3% 水溶液）：7 ±0.5。

②密度：1 ±0.05。

③溶解度：容易溶解在水中。

④安全性：水中安全。

⑤冰冻点：－5℃。

（4）合格的水泥发泡剂的特点是：

①起泡量大，发泡性能好，发泡倍数达 20 倍以上。

②泡沫强度高，泡沫独立稳定，不易形成连通孔，制备的泡沫混凝土的闭孔率高，具有良好的保温和防水效果。

③泡沫孔径和均匀性好，泡径范围在 0.1～1mm 之间。

④纯净的物体，没有沉淀物，与水泥适应性好。

⑤无腐蚀、无污染、无毒，绿色环保，可安全使用。

⑥有优异的泡沫稳定性，泡沫持续的时间超过水泥初凝时间。

合格的水泥发泡剂使泡沫混凝土完全符合质量要求，不分离、不沉淀，有强度，有较均匀的闭孔气泡，泡孔清晰密实，孔径适度，低密度，低导热系数保温好。

（5）不合格的水泥发泡剂会使泡沫混凝土产生塌陷分层、裂缝和沉淀等质量事故。使用质量不合格的水泥发泡剂会发生：

①操作人员产生皮肤过敏。

②与水泥混合时出现丧失气泡和塌陷现象。

③泡沫混凝土强度长时间上不去。

④对发泡机和连接的配件磨损大。

⑤对金属和橡胶制品有腐蚀。

因此应避免不合格的水泥发泡剂进入工地。

（6）水泥发泡剂贮存与保管应注意：

①采用 25kg 或 200kg 塑料桶包装。

②不要在空气中裸露保管，避免潮湿。

③密封避光保存，桶盖必须盖严，防止有效成分挥发。

④适宜保存温度 15～55℃，质保有效期为一年。

⑤保持洁净，不可污染，远离火源、热源。

⑥保管中不要异物混入，注意防冻。

⑦使用后剩余部分溶液一定要密封保管，否则很快失效。

⑧运输时应防冻或暴晒，按无毒非危险品储存运输。

3.3 泡沫混凝土绝热层

3.3.1 泡沫混凝土（发泡水泥）

通过发泡机将水泥发泡剂制备成泡沫加入搅拌好的水泥净浆中，经混合制成低密度泡沫浆料，用高压泵和输送管输送到施工现场浇注于楼地面，经自然养护形成的具有规定的密度等级、抗压强度和相应的导热系数的成品，叫做泡沫混凝土。

3.3.2 泡沫混凝土的特性

（1）保温隔热性能好。由于泡沫混凝土中含有大量封闭细小孔隙，因此具有良好的保温隔热性能。其传热系数在 $0.058W/(m^2 \cdot K)$～$1.17W/(m^2 \cdot K)$，是普通水泥制品的 20～30 倍。

（2）轻量性：泡沫混凝土干体积密度在 300～500kg/m³ 之间，是普通水泥混凝土密度的 1/5～1/8，是轻量产品，可减少建筑物荷载。

（3）隔声性能好：形成众多独立气孔，吸声能力 0.09%～0.19%，是普通水泥的 5 倍，解决居住空间楼层间隔声问题。

（4）耐火性能好：泡沫混凝土是无机材料，不会燃烧，从而具有良好的耐火性，在建筑物上使用，可提高建筑物的防火性能。

（5）抗压强度高：浇注 28d 后抗压强度可达 0.5～0.7MPa 左右。

（6）整体性好，质量可靠：泡沫混凝土地暖中泡沫混凝土绝热层与楼地面结构层及填充地面层材料都是水泥产品，所以施工后形成一个整体，结合牢固，不易产生地面空鼓和裂缝。

（7）绿色环保：传统苯板材料遇高温后易分解有毒成分，泡沫混凝土完全克服了这方面的缺点，真正做到绿色环保。

（8）耐震性优越：泡沫混凝土对外力具有塑性，发泡后形成无数独立的气泡群，对于外力作用表现出较强的耐震性，将压力作用平均分散至其他部位。

3.3.3 泡沫混凝土绝热层施工特点

（1）泡沫混凝土承载能力强，施工简便，机械化程度高，适用于大面积施工。

（2）劳动强度低，工程进度快，1 台水泥发泡机 1 天可以施工 4000～5000m² 泡沫混凝土地暖绝热层。

（3）泡沫混凝土可以自流平施工，对原本粗糙不平的楼地面结构层进行找平，省略了抹找平层这一道工序。

（4）泡沫混凝土绝热层上铺设地暖管直接用 U 型钢卡子固定即可，施工工序特别简单。

（5）施工造价低，泡沫混凝土绝热层既是保温层、隔声层，同时又起到了找平层的作用，在楼地面上不必做水泥砂浆找平层。

3.4 泡沫混凝土绝热层设计

3.4.1 一般规定

（1）应根据建筑物的层高和荷载允许程度等选择泡沫混凝土绝热层。

（2）地暖泡沫混凝土绝热层的设计使用年限不应小于50年。

（3）采用泡沫混凝土绝热层设计时，设计文件的内容和深度应符合下列要求：

①设计文件应包括图纸目录、设计说明、平面位置图、局部剖面构造图。

②设计说明中应包括泡沫混凝土绝热层的厚度、干体积密度、抗压强度、导热系数及线性收缩率指标。

（4）泡沫混凝土绝热层的荷载应计入结构计算静荷载中。

3.4.2 泡沫混凝土绝热层

（1）绝热层表面质量。泡沫混凝土绝热层表面质量应符合表3-2的要求。

泡沫混凝土绝热层表面质量 　　　　　　　　　　　　　　　　　　表3-2

项目	要求
裂纹	3d 养护期内不应有宽度大于 2.0mm 的线性裂缝
疏松	不应有大于单个房间总面积 1/15 或单块面积大于 0.25m² 的疏松
平整度	平整度不应大于 ±10mm

（2）绝热层物理力学性能。泡沫混凝土绝热层的干体积密度、抗压强度、导热系数、线性收缩率应符合表3-3的规定。

泡沫混凝土绝热层物理力学性能 　　　　　　　　　　　　　　　　表3-3

干体积密度（kg/m³）	28d 抗压强度（MPa）	导热系数［W/(m·K)］	线性收缩率（%）
300	≥0.5	≤0.07	≤1.0
400	≥0.6	≤0.08	≤1.0
500	≥0.7	≤0.09	≤1.0

（3）绝热层管材卡件可插性。手持 U 型钢卡子可插入绝热层并稳固。

（4）直接与土壤接触的地面或有潮湿气体侵入的地面的泡沫混凝土绝热层应在楼地面上设置防潮层。

（5）绝热层厚度应根据不同的干体积密度经计算后确定，其厚度不应小于表3-4的规定值。

（6）对于潮湿房间，如卫生间、洗衣间、浴室和游泳池等有防水要求的，应在绝热层下部设置防潮层和在填充层上部设置防水层，其构造如图3-1所示。

泡沫混凝土绝热层厚度（mm）   表 3-4

名称＼干体积密度（kg/m³）	300	400	500
各楼层间楼板上部	35	40	45
与土壤或不采暖房间相邻的地板上部	40	45	50
与室外空气相邻的地板上部	50	55	60

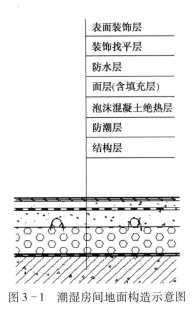

图 3-1 潮湿房间地面构造示意图

3.4.3 泡沫混凝土配合比设计方法

泡沫混凝土配合比设计如下：

泡沫混凝土设计干密度为 $\rho_干$，单位为 kg/m³；

用水量为 M_w，单位为 kg/m³；

水灰比为 Φ，视粉煤灰掺量和发泡剂质量作适当调整，一般情况下取 0.5；

水泥用量为 M_c，单位为 kg/m³；

粉煤灰用量为 M_{FA}，单位为 kg/m³，一般情况下 M_{FA} 为水泥用量的 0%~30%。

$$\rho_干 = S_A(M_c + M_{FA}) \tag{3-1}$$

$$M_w = \Phi(M_c + M_{FA}) \tag{3-2}$$

式中　S_A——形成水泥石后水泥所增加的质量系数，普通硅酸盐水泥取 1.2。

1m³ 泡沫混凝土中，由水泥、粉煤灰和水组成的浆体总体积为 V_1，泡沫添加量 V_2 按式（3-4）计算。即配制单位体积泡沫混凝土，由水泥、粉煤灰和水组成，浆体体积不足部分由泡沫填充。

$$V_1 = \left(\frac{M_{FA}}{2.6} + \frac{M_c}{3.1} + \frac{M_w}{1}\right) \div 1000 \tag{3-3}$$

$$V_2 = K(1 - V_1) \tag{3-4}$$

式中　2.6——粉煤灰密度；3.1——为水泥密度；

V_2——泡沫添加量（m^3）；

V_1——加入泡沫前，水泥、粉煤灰和水组成的浆体总体积（m^3）；

K——富余系数，K 通常大于 1，视泡沫剂质量和制泡时间而定。主要考虑泡沫加入到浆体中再混合时的损失。对于稳定性较好的泡沫剂，一般情况下取 1.1 ~ 1.3。

泡沫剂的用量 M_p 按式（3-6）计算：

$$M_Y = V_2\rho_{泡} \qquad\qquad (3-5)$$
$$M_p = M_Y/(\beta+1) \qquad\qquad (3-6)$$

式中 M_Y——形成的泡沫液质量（kg）；

$\rho_{泡}$——实测泡沫密度（kg/m^3）；

β——泡沫剂稀释倍数；

M_p——泡沫剂质量（kg）。

为了方便理解泡沫混凝土配合比设计方法，特以实际数字计算的泡沫混凝土举例如下：

（1）无粉煤灰情况下，生产 $1m^3$ 的干密度为 $300kg/m^3$ 泡沫混凝土。

普硅水泥质量 $=300/1.2=250kg/m^3$

用水量 $=0.5\times250=125kg/m^3$

净浆体积 $=(250/3.1+125)/1000=0.206m^3$

泡沫体积 $=1.1\times(1-0.206)=0.873m^3$ （假设富余系数 K 取 1.1）

如泡沫密度实测为 $34kg/m^3$，泡沫剂使用时稀释倍数为 20 倍，则：

泡沫液质量 $=0.873\times34=29.68kg$

泡沫剂质量 $=29.68/(20+1)=1.41kg$

从而可以计算出生产 $1m^3$ 干密度为 $300kg/m^3$ 的泡沫混凝土需要 250kg 普硅水泥，125kg 水和 1.41kg 泡沫剂。

（2）粉煤灰占干粉料总量的 25% 情况下，生产 $1m^3$ 的干密度为 $250kg/m^3$ 泡沫混凝土。

普硅水泥与粉煤灰总质量 $=250/1.2=208kg/m^3$

粉煤灰质量 $=25\%\times208=52kg/m^3$

普硅水泥质量 $=208-52=156kg/m^3$

用水量 $=0.5\times208=104kg/m^3$

净浆体积 $=(52/2.6+156/3.1+104)/1000=0.174m^3$

泡沫体积 $=1.1\times(1-0.174)=0.909m^3$ （假设富余系数 K 取 1.1）

如泡沫密度实测为 $34kg/m^3$，泡沫剂使用时稀释倍数为 20 倍，则：

泡沫液质量 $=0.909\times34=30.91kg$

泡沫剂质量 $=30.91/(20+1)=1.47kg$

从而可以计算出生产 $1m^3$ 干密度为 $250kg/m^3$ 的泡沫混凝土需要 52kg 粉煤灰，156kg 普硅水泥，104kg 水和 1.47kg 泡沫剂。

普硅水泥和粉煤灰普硅水泥泡沫混凝土配合比见表 3-5、表 3-6。

普硅水泥泡沫混凝土配合比　　　　　　　　表 3 - 5

泡沫混凝土干体积密度级别（kg/m³）	普硅水泥（kg/m³）	水（W/C = 0.5）（kg/m³）	发泡剂（按 1:20 加水稀释，发泡倍数 30 倍计算）（kg/m³）
300	250	125.0	1.41
400	333	166.5	1.29
500	417	208.5	1.17

粉煤灰、普通硅酸盐水泥泡沫混凝土配合比　　　　　表 3 - 6

泡沫混凝土干体积密度级别（kg/m³）	粉煤灰（kg/m³）	普硅水泥（kg/m³）	水（W/C = 0.5）（kg/m³）	发泡剂（按 1:20 加水稀释，发泡倍数 30 倍计算）（kg/m³）
300	62	188	125.0	1.41
400	83	250	166.5	1.28
500	105	312	208.5	1.16

3.5 泡沫混凝土绝热层施工

3.5.1 施工准备

泡沫混凝土绝热层浇注一般采用液压式发泡机。浇注泡沫混凝土绝热层采用物理发泡，浇注之前，应进行下列施工准备：

（1）发泡机的选择应根据现场条件、楼层高度和工程量的大小确定。在建筑工地施工现场适当位置（离施工的楼层附近，如有多层群楼时考虑一次固定发泡机，减少移动，能够浇注更多的楼层；如果是高层，就要安装在高层四周方便的位置）安装发泡机。

（2）根据发泡机位置安排搅拌机位置，同时考虑好堆放水泥的场地利于装卸水泥，然后从发泡机开始连接泡沫混凝土浆料输送管道至楼层。

（3）对发泡机、搅拌机、输送管道进行完好状况和安全性检查。

（4）根据现场使用的水泥品种和强度等级，水泥发泡剂种类和楼层高度及泡沫混凝土密度、抗压强度和导热系数要求，设计配合比，做泡沫混凝土试配试浇，确认配合比合格后泡沫混凝土方可进行现场大面积浇注。作业过程中经常检查质量，如发现质量不稳定，立即停止作业，检查原因进行处理后再作业。

（5）进场水泥和水泥发泡剂等原材料应报验，即提供质量证明文件、出厂合格证及检测报告，水泥要复试。

（6）浇注泡沫混凝土绝热层之前，楼地面再清扫一次，达到合格。

（7）楼地面太干燥，应洒水湿润，以防楼地面把泡沫混凝土浆料中水分吸干。

3.5.2 一般规定

施工前应具备的条件：

（1）施工图纸和有关文件应齐全。

（2）有完善的施工方案，并已进行技术交底，施工人员了解建筑物的结构，熟悉设计图纸和施工方案，严禁盲目施工；准备好施工力量和机具等，能保证正常施工；开工前认真做好图纸会审工作，充分领会设计意图，减少施工图的差错。

（3）直接与土壤接触或有潮湿气体侵入的地面，防潮层铺设完毕，厨房、卫生间做完防水层并经过蓄水试验验收合格；施工现场施工用水和用电、材料储放场地等临时设施，能满足施工需要。

（4）楼层内相关的水、电、气和通信管线设施预埋已完成。

（5）门窗玻璃安装完毕，室内墙面抹灰已全部完成。

（6）为避免未硬化的泡沫混凝土流淌，施工范围内的临时围挡已设置完毕，高度应大于泡沫混凝土绝热层厚度，由于泡沫混凝土流动性大，要在地暖绝热层铺设区和非铺设区之间设分隔埂，防止泡沫混凝土流淌到非铺设区。

（7）应将构造层地面杂物清理干净。

（8）为了准确地掌握泡沫混凝土浇注厚度，达到平整度要求，泡沫混凝土施工以前，要在室内墙面上弹出泡沫混凝土绝热层浇注厚度水平线。厚度水平线依据土建施工单位弹出的墙面上500mm或1000mm水平线下返计算。并在楼地面上根据墙面弹出的泡沫混凝土绝热层浇注厚度水平线做一些灰饼，浇注泡沫混凝土浆料时以便控制绝热层平整度。

（9）泡沫混凝土绝热层的早期强度较低，为防止踩踏造成绝热层的损坏，泡沫混凝土浇注现场，不得与其他工种交叉施工作业，严禁非施工人员进入。

3.5.3　施工工艺流程

泡沫混凝土绝热层施工工艺流程应按以下顺序实施：

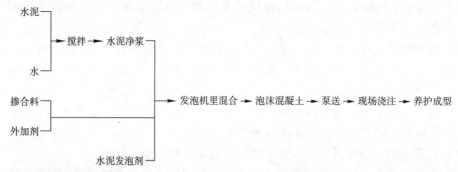

3.5.4　施工要点

（1）一台发泡机需要7人操作浇注泡沫混凝土绝热层，其中机械手1人，水泥工3人，扶管工1人，浇注手1人，抄平手1人。

（2）现场浇注时应按先内后外顺序进行。

（3）泡沫混凝土浇注时，浇注手应根据墙面泡沫混凝土厚度水平线，把好输送管浇注，厚度不要超高，也不能不足，基本浇注到要求厚度，抄平手及时把泡沫混凝土浆料用有弹性的刮板刮平，配合泡沫混凝土自流平的特性确保地面平整。刮平后的泡沫混凝土绝热层表面应光亮无浮泡，浮泡多说明水多，有离析现象。

（4）泡沫混凝土雨期施工时，门窗玻璃都要安装好。要防止暴雨从露台、阳台中流进来冲坏没有凝固的泡沫混凝土。没凝固前被雨水淋了，没凝固的泡沫混凝土像豆腐渣似的，产生质量事故，需要全部铲除重做。

（5）浇注时注意事项：

①气泡遇雨会消解，要避开大、中雨天施工。

②泡沫混凝土中气泡既有独立特性，也具有分散性，施工时避免过度振动。

③考虑气泡消解和材料分离等因素，应尽量降低浇注端口与浇注地面间的落差，以防气泡破裂。

④泡沫混凝土在初凝前，由于自重的影响，气泡会受到压缩而破坏导致密度的增加，一般情况下楼层太高发泡机不能一次泵送。韩国信宇机械性能较好，泵送70层楼也不破泡。

3.5.5 施工质量

1. 泡沫混凝土绝热层的主要质量问题

（1）泡沫混凝土绝热层厚度不足。设计厚度40mm，施工厚度有的只有25mm，甚至15mm厚的也有。厚度不足起不到绝热层保温隔热的作用，采暖效果不佳。这个问题主要是施工单位偷工减料或开发商为降低成本损害业主利益造成的。

（2）泡沫混凝土绝热层疏松。浇注泡沫混凝土楼地面有水，没清扫干净，带水浇注又没减少泡沫混凝土水灰比，产生疏松。泡沫混凝土用水量大，养护后产生疏松，内墙四周明显看出塌陷。泡沫混凝土水泥用量过少、水泥发泡剂用量过多或水泥质量差等，养护后也会产生疏松。水泥发泡剂为劣质产品时，泡沫混凝土养护早期上人踩踏破坏，也会造成泡沫混凝土疏松。

（3）泡沫混凝土绝热层发生分离。泡沫混凝土绝热层内部的孔隙应均匀分布，如果水泥与气泡分离层，会使绝热层的导热系数增大，保温效果降低；泡沫混凝土发生分离时，上部是水，下部是水泥，底部产生一层实水泥浆。这是由于楼地面具有很强的吸水性，如果干燥的楼地面未经湿润直接浇注泡沫混凝土，当泡沫混凝土接触楼地面时，在很短时间内楼地面就将把泡沫混凝土浆料中的大量水分吸走，以至于靠近楼地面的泡沫混凝土浆料中的大量"泡体"破裂，泡沫混凝土产生泌水现象，使泡沫混凝土浆料还原为水泥浆体。

（4）泡沫混凝土密度太大。泡沫混凝土密度超过$600kg/m^3$，导热系数超过$1.0W/(m \cdot K)$，在地暖中起不到绝热层的作用。这是因为泡沫混凝土用水泥太多而引起的。

（5）泡沫混凝土绝热层产生裂缝。泡沫混凝土硬化早期，结构脆弱，如果养护不善，保水措施不够水分极易损失，从而导致收缩和表面开裂。水泥水化过程中伴随热效应，引起初始体积膨胀而冷却时又收缩，导致表面收缩量增大。水泥水化过程中还存在自吸水引起的自收缩现象。用水量大或水泥用量增加，泡沫混凝土的收缩裂缝也会相对增大。

2. 减少泡沫混凝土收缩和开裂的途径

（1）减少水灰比，不能搞纯自流平，可掺减水剂，减少泡沫混凝土用水量。

（2）适当的水泥用量。

（3）可掺适量膨胀水泥。

（4）早期养护好，进行保湿养护或喷涂养护剂。

（5）楼地面清扫干净、洒水，但不能积水。

3.5.6 浇注质量控制

（1）泡沫混凝土绝热层浇注过程中，应随时观察检查泡沫混凝土浆料的流动性、发泡稳定性，应控制湿密度。在现场用电子秤和玻璃量桶，随时检查测试湿密度。

（2）泡沫混凝土绝热层浇注过程中，控制浇注厚度及平整度。

（3）施工时的环境温度不宜低于5℃，温度低于5℃时，应采取相应的升温措施。

（4）当施工环境风力大于 5 级时，应停止施工或采取挡风等安全措施。

（5）泡沫混凝土绝热层在浇注过程中应进行取样检查，并做好检测用试件。

3.5.7　养护

（1）泡沫混凝土绝热层的养护是保证质量的关键，早期养护期间失水，直接影响其强度。

（2）泡沫混凝土早期养护期间防止失水和过量水浸泡。

（3）泡沫混凝土浇筑层在养护过程中严禁上人作业践踏，不得振动。

（4）泡沫混凝土绝热层浇注后，自然养护 3d 以上方可铺设地暖管或发热电缆。期间不得进行交叉作业或上人行走，防止踩踏破坏，铺设地暖管时施工人员必须穿平底鞋。

（5）泡沫混凝土浇筑待凝固后盖上塑料布或喷洒表面养护剂，防止表面过度失水，否则表面干燥脱水出现裂纹。

3.5.8　家装地暖泡沫混凝土绝热层施工

1. 概述

家装地暖泡沫混凝土绝热层施工，是专指分散的零星施工，其工艺流程与技术标准与常见低温辐射地面采暖绝热层工艺无任何区别。只是施工环境不同，单户小面积的泡沫混凝土施工，若采用目前市场上通用的现浇发泡设备存在很多不适应因素：一是在已交付的住宅楼内没有 380V 动力电源供发泡设备使用；二是即使有 380V 动力电源，对于中型以上设备由于其产量较大，开工前调试设备过程中停止重启动都能造成产品的不稳定，严重影响施工质量；三是对于连续作业的大流量现浇设备的水灰比及稠度不易掌握，会造成泌水而向楼下渗漏水造成污染，对于楼下已装修完工的房间会造成损坏、引起纠纷；四是大设备的移动施工在住宅区内难度大、成本高。

鉴于以上施工环境问题，烟台驰龙建筑节能科技有限公司开发了适应零星工程和已交付的住宅楼内施工的专用小型设备。这种设备首先具备体积小、重量轻（95kg 重）的特点，同时还选用 220V 单相电源为动力电源，采用变频器控制实现无级调速，三相输出，保证电动机的大扭矩小电流及过载保护，有效地提高了设备的可靠性、安全性。

为了更好地满足零星工程的家装式施工要求，烟台驰龙建筑节能科技有限公司在小型设备中推出两种型号的设备。一种是 FP－X100 型发泡搅拌一体机。该机可以在现场制作泡沫混凝土，也可以现场制作填充层用砂浆，是一种可满足小型施工的两项要求的多用途机，极大地方便了零星工程施工。另一种是 FP－J50 型 220V 电源为动力电源的可泵送机。该机工作原理与中大型设备完全一样，只是产量较低、操作简单、体积更小。重量仅有 200 多公斤，该设备适合于面积稍大的零星工程和小高层住宅的施工，其有效垂直高度可达 60m 左右，可节省向楼上搬运水泥的麻烦，其最大产量每小时约 5m³ 泡沫混凝土，是一种高效节电型设备。

2. 两种小型设备的性能介绍

（1）FP－X100 型发泡搅拌一体机

FP－X100 型发泡搅拌一体机（图 3-2）是一种广泛用于科研、小型施工、工艺制品制作等多用途机，该机是将发泡机、搅拌机结合为一体的综合机。其机体中间上部还设有泡沫剂储备箱，以供发泡机连续发泡的供液箱，其搅拌机是采用一项发明专利称为"斜体涡流"搅拌原理。该机搅拌速度是普通搅拌机的几十倍，尽管其搅拌桶容量小，但由于搅拌性能提高，其施工能力仍能满足小型工程要求。该机尤其在搅拌性能上是其他型号搅拌机无法比拟的。该搅拌机是目前市场上唯一一种可加工轻重质骨料的搅拌设备。该机可在泡沫混凝土内添加玻化微珠、聚苯颗粒、珍珠岩、锯末、谷壳等材料作骨料的，还可直接加入一定量的中粗砂。该机制作泡沫混凝土时采用的是容量计量法，所制取的泡沫混凝土的密度、稠度是随机可控的，调节十分简单方便。因此质量控制是绝对有保障的。该搅拌机由于采用变频技术，对于搅拌电动机选用三相供电可增大电动机扭矩，同时减小输入电流。这种方案可在任何地方取电源，不会造成电源负荷过大而烧掉插座、插头和电缆，增加了设备的可靠性和机械性能。另外，该搅拌机机械部分采用创新装配技术，其使用寿命远大于普通机械结构，所以该机适用于各类施工技术人群，只作一般养护即可保证长期使用。

为解决施工环境的特殊性，该机设计为两种配置，一种是普通配置，一种是低噪声配置，这种配置可解决在居住区内施工影响邻居休息的问题，避免了施工干扰引起的纠纷。

（2）FP－J50型小型泵送发泡机

FP－J50型小型泵送发泡机（图3－3）是一种专为零星小规模家装地暖泡沫混凝土绝热层施工设计的设备。该设备主要特征是体积小、重量轻、操作方便、便于移动，采用220V单相电源供电，整机功率4.5kW，一般的家庭插座电源均可使用，其优点是单相小功率可完成小高层施工，垂直高度可达60m，极大地方便了小工程量的施工要求。该机除了能满足较小地暖工程施工外，还可用于室内隔墙隔声、保温的内腔填充施工。该机为扩大泡沫混凝土的应用领域，提供了有效措施。

图3－2 FP－X100型小型水泥发泡机

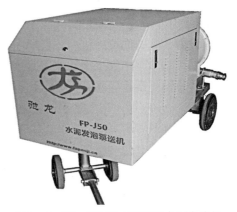

图3－3 FP－J50型小型泵送水泥发泡机

FP－J50型小型泵送发泡机，同中大型泡沫混凝土泵送发泡机基本原理是相同的，也是由上料机、搅拌机、发泡机、泵送机、控制系统及管道、附件组成。与大型泡沫混凝土泵送发泡机的唯一区别是采用单相电源供电和体积小型化，这主要是为了移动更方便，能进入各种狭小工地施工，又能进行高层施工，由于产量低和轻便化，该机操作人员一般4人即可操作，质量控制较中大型机器容易，可靠性较高，适合小规模分散型施工，也可用于农村单户屋面、地暖的零星施工。

由于FP－J50型小型泵送发泡机与大中型设备相同，这里不再介绍，下面重点介绍

FP－X100型多用途发泡机。

3. FP－X100 型小型发泡机操作介绍

（1）在发泡机操作之前应详细阅读设备的操作养护及技术参数等说明书。

（2）FP－X100 型小型发泡机施工前配料。

FP－X100 型小型发泡机的配料（以地暖绝热层为标准）是按搅拌机容量来确定的，该机容量为 100L，实际生产过程中应以 80L 配料为标准，密度按 300kg/m³ ± 30kg/m³ 为标准，一般每立方米泡沫混凝土需用水泥小于 300kg（这种设备水泥用量小于大型泵送机约 20% ~30%）。

按上述密度，该发泡机单机配料按 80L 计算，配水泥 20kg，水 10 ~11kg，水与水泥的比例为 0.5 ~0.55∶1（不同的水泥水灰比不同，一般强度等级高的水泥用水量比强度等级低的水泥用水量要大一些）。另外，如果在已居住楼房施工为避免施工时向楼下渗漏水，可适当降低用水量，同时稍微多加一些泡沫即可增加泡沫混凝土的稠度，这样会减少其泌水率。

（3）材料的选择。

FP－X100 型小型发泡机对材料的选择比较宽，但普通地暖一般选用 42.5 级的普通硅酸盐水泥即可，最好选用复合型水泥，有条件的可适当添加 20% ~30% 的粉煤灰。这样既可降低成本还可提高发泡质量，对其强度基本无影响。如果需要添加轻骨料，可选择聚苯颗粒。在前面所讲配比中增加 1kg 水，0.2 ~0.3kg 聚苯颗粒即可，添加聚苯颗粒应在发泡前加入。

（4）用 FP－X100 型小型发泡机制作砂浆。

该多用机可用来制作地暖水泥砂浆填充层，制作方法是：先备好 25kg 水泥，15kg 水及 30 ~40kg 中砂（或中粗混合砂），用户也可根据自己的需要调整灰砂比例，标准以搅拌机能搅拌均匀为宜，向搅拌机内添料顺序是开机后先加水—加水泥—再加砂。笔者建议为减轻载荷，可将砂浆中加少许泡沫以减少其密度，这种密度传热均匀，不会影响导热。用这种加气砂浆填充层不容易开裂。可代替细石混凝土填充地面。

（5）FP－X100 型小型发泡机的其他用途。

FP－X100 型小型发泡机由于其体积小、重量轻等优势，不仅适合做家装地暖施工，更适合承接大工程时做样板工程，用该机做样板工程，施工简易可靠，用工少，成本低，质量可靠。还可用于大工程部分返工、修补及施工前材料试验、试配等预控措施，是泡沫混凝土专业队伍的首选设备。

3.6 泡沫混凝土绝热层检测与验收

3.6.1 一般规定

（1）泡沫混凝土绝热层验收，由施工方提出书面报告，由建设方组织监理方和施工方进行验收。

（2）泡沫混凝土绝热层质量验收应检查下列文件和记录：

1）泡沫混凝土绝热层施工图、设计文件和设计变更文件。

2）泡沫混凝土绝热层施工方案或施工组织设计。

3）泡沫混凝土绝热层施工所用主要材料的出厂合格证和检测报告，进场验收记录，水泥复试报告。

4）泡沫混凝土绝热层施工完后进行隐蔽工程检查后填写的隐蔽工程记录。

5）泡沫混凝土绝热层的干体积密度、28d 抗压强度、导热系数、线性收缩率等检测报告。

6）泡沫混凝土绝热层工程质量检查评定记录。

3.6.2 泡沫混凝土绝热层质量检查

（1）泡沫混凝土绝热层的质量应符合相应的施工验收规范。

（2）泡沫混凝土绝热层必须粘结牢固，无脱层空鼓。检验方法：肉眼观察，用小锤轻击检查，检查施工记录等。

（3）泡沫混凝土绝热层表面无爆裂等缺陷，其外观应表面洁净，接槎平整。检查方法：肉眼观察，手摸检查。

（4）表面裂纹、凹凸和疏松。检查方法：目测并用最小刻度为 1mm 钢直尺等量具测量。

（5）厚度检查采用钢板尺和探钎测量。可按一户随机抽检一个房间为样本单位，在每个房间对角线交点和距四个墙角各 1m 处确定一个检测点，取所有检测结果的算术平均值，厚度允许偏差按设计要求无负偏差。

（6）平整度采用 2m 靠尺和楔形塞尺在房间宽度方向地面中线两侧 1m 位置各检测一次，取平均值。

（7）管材卡件可插性，采用手持 U 型钢卡子插入绝热层，以可插入和稳固为合格。

3.6.3 取样试验方法

（1）泡沫混凝土绝热层应按连续施工每 20000m² 作为一个检验批，不足 20000m² 也按一个检验批次，每个检验批应至少抽检一处，每处不得小于 2m²。

（2）见证取样试件应在绝热层的浇注过程中同步制作，并按同等条件进行养护。试件尺寸规格为 100mm×100mm×100mm，共 6 块，用于干体积密度、28d 抗压强度试验，160mm×40mm×40mm，共 3 块，用于线性收缩率试验；300mm×300mm×30mm，共 3 块，用于导热系数试验。

（3）干体积密度按 GB/T 11970 规定方法检测。

（4）抗压强度按 GB/T 11971 规定方法检测。

（5）导热系数按 GB 10294 规定方法检测。

（6）线性收缩率按 GB/T 11972 规定方法检测。

（7）泡沫混凝土绝热层物理力学性能以具有法定资质单位检验机构出具的有效期内的检测报告为准。

4 泡沫混凝土屋面保温层

4.1 普通泡沫混凝土屋面保温层

自20世纪80年代以来，泡沫混凝土在我国的应用发展迅速，应用范围也不断扩展。泡沫混凝土具有生产工艺简便，原材料取材广泛且不必深加工，规格多样，容重、强度等质量指标任意可调，防火等级高，质轻、抗压和抗折强度高；可现场生产，操作简便，具有一次浇注成型，节约煤、电等生产成本等特点，其良好的保温隔热性能可使建筑物达到65%以上的节能效果，是建筑物屋面保温的首选材料之一。如今，我国泡沫混凝土年现浇生产量已达到600万 m³ 以上。而泡沫混凝土现浇并非工厂化生产，通常在工地现场进行，产品质量存在着很大差异。因此，我们有必要对泡沫混凝土现浇

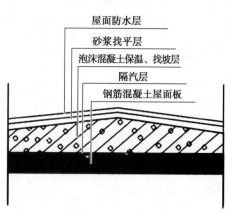

图 4-1 普通屋面泡沫混凝土保温层

过程中经常出现的技术问题进行深入的探索和研究，对泡沫混凝土行业的发展进行认真的反思和展望。普通屋面泡沫混凝土保温层，其结构如图4-1所示。

泡沫混凝土屋面保温层施工工艺流程一般按图4-2顺序实施。

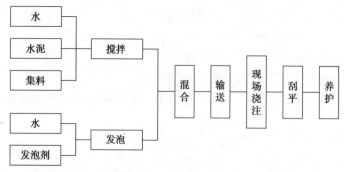

图 4-2 泡沫混凝土屋面保温层施工工艺流程图

4.1.1 屋面现浇输送工艺

泡沫混凝土屋面现浇工艺与传统的普通砂浆及混凝土有着显著的差异。普通砂浆或混

凝土的输送比较容易，因为它的浆料内没有泡沫，不用考虑输送对泡沫的影响，而泡沫混凝土则不同，它的输送就不那么简单了。因为它浆料内含有大量的泡沫，特别是低容重的泡沫混凝土，因为其浆料基本上以泡沫为主，水泥浆含量较少，因此在输送中应首先考虑对泡沫的影响。

1. 技术特点

（1）输送中应充分考虑泡沫易破损的问题。在泡沫混凝土输送的过程中，泡沫特别容易破损，输送的压力、摩擦、振动等原因都会造成泡沫的损失，如果这几个因素解决不好，输送会使浆料因泡沫破损太多而无法浇注。

（2）输送时应注意泡沫的泌水性和含水性。在泡沫混凝土中所含的泡沫是具有泌水性和含水性特点的，当泡沫的泌水性低，含水性也低时，会影响泡沫混凝土浆料的流动性，影响输送，反之则可以增加其流动性，输送更为便利。

（3）输送受泡沫泡径的影响。泡径对泡沫混凝土浆料的输送也有一定的影响，泡径越大，浆料流动性越差，泡径越小，浆料的流动性也越好。

（4）输送受泡沫混凝土容重的影响。泡沫混凝土的密度通常是普通混凝土的 1/4~1/3，这在输送中是较为有利的，容重越轻的泡沫混凝土浆料，输送中所需的功率、压力也越小。

2. 屋面现浇输送方式选择

早期第一代、第二代输送设备是在施工面制作泡沫混凝土，并就地倾倒浇注的。此后较成熟的升级型输送设备都是地面泵送设备。倾倒浇注的方法具有设备成本低、不易消泡等优点，但也有人工成本高、生产持续性差、生产效率低等缺点，仅适宜个人房屋建筑、修缮等小面积施工使用。而地面泵送设备能够适宜各种情况的屋面现浇工程，其输送方式主要有：柱塞泵、软管泵和液压泵输送等。

3. 屋面现浇输送技术要求

（1）泡沫损失不能太大。泡沫混凝土以含有大量泡沫为特点，泡沫对保持其技术特点至关重要。所以在泡沫混凝土浆料屋面现浇的输送过程中，泡沫损失率应小于10%，最好小于5%。

（2）保证浆料不离析分层。泡沫混凝土浆料的离析和分层会引起浇注的塌陷，因此选择的输送方式不能造成离析和分层。

（3）输送高度和输送距离应符合工艺需求。在保持泡沫稳定的情况下，应充分考虑输送的高度和距离，使之达到工艺要求。

（4）能够适用大部分施工现场条件。因为泡沫混凝土屋面现浇具有施工速度快的特点，往往需要经常挪动施工地点，且工地现场道路、空间等情况复杂，所以在要求输送设备能够适应各种工地现场条件且移动方便。

（5）较高的输送效率。输送量应与浇注量相匹配。

4.1.2 屋面现浇设备

泡沫混凝土浆料是一种流体，具有较强的流动性，其优越的可泵性能是现浇技术产生和发展的基础。在我国，泡沫混凝土现浇技术是随着泡沫混凝土生产设备的开发应用而不断进步的。

第一代泡沫混凝土生产设备是一种小型屋面专用设备，这种滚筒设备要直接放置到屋面上，水泥和泡沫剂也要事先用吊盘运送到屋面上，用这种设备生产是不连续的，泡沫混凝土是一罐一罐地生产出来的，其工艺流程是固定设备→支模→上料→搅拌→制泡→混合→放料。这样在浇注一处后，就要移动一次设备，然后再支模进行生产。上料、移动设备、支模这几个工序都要占用大量的时间，因此，生产效率是很低的，每天只能生产 $20m^3$ 左右。

随着第三代、第四代泵送设备的研发成功，泡沫混凝土现浇技术取得了划时代进步，这就是地面泵送现浇技术的开发和应用。这种技术的特点就是设备和材料放置于地面，泡沫混凝土在地面搅拌均匀后通过管道泵送到屋面浇注成型。其泵送方式主要有：柱塞泵泵送、软管泵泵送、液压泵泵送等。这几种泵送方式各有利弊，其中软管泵操作最为简单，应用范围也最为广泛，为当前泡沫混凝土屋面现浇输送的首选方式。

1. 柱塞泵

这是早期开发的现浇设备，利用柱塞泵产生的压力，将泡沫混凝土输送到屋面。泵送高度 20～30m，台班产量 $40m^3$ 左右。适用于中低层建筑的屋面现浇、室内外垫层等工程，适合非开阔场地施工环境。具有体积小、重量轻、移动方便、性能稳定、经济实用、易于操作等特点。

但由于柱塞泵容易堵塞，维修频繁，生产效率低，泵送高度有限，不适宜高层建筑作业，已逐渐被市场淘汰。

2. 软管泵

采用软管泵作为动力，最高可泵送 120m，台班产量可达 $150m^3$ 左右，具有动力强劲、性能稳定、操作简便，配比精确、损泡率低、自动化程度高等优点，能够保障高强度的连续作业，适用于以水泥、细砂、粉煤灰、石粉等为原料的泡沫混凝土生产，可广泛应用于中高层建筑屋面保温工程、地暖工程、大型坑道填充工程等。

国内目前的软管泵现浇设备的专利权所有人为河南华泰建材开发有限公司，该设备自2008 年在华泰公司问世以来，已成功开发生产 6 种型号的系列产品，是目前现浇设备的主流产品。它模仿了自然循环的运行原理，动力流畅而强劲，持续而柔和，对泡沫的损伤较小，因而也是最节约泡沫剂的现浇设备。

3. 液压泵

这种现浇设备采用先进的液压系统、气动系统、光电控制等技术，动力强劲，最高泵送可达 100m 以上，适用于中高层建筑屋面保温、地暖工程的施工。班产可达 $50m^3$ 左右。

这种机型由于存在对操作技能要求较高，事故维修率高，不便于移动等缺点，在现浇工程中的应用已趋减弱，有被软管泵逐步替代的趋势。

4. 输送泵的选型方法

（1）初入行者宜选用小型设备，小型设备造价低，投资风险小，操作简单，移动方便，正常情况下每天可生产 $50m^3$ 左右，效益可观，一般几个项目做下来就可收回投资，很受中小投资者的欢迎。

（2）低层和小型项目宜选用小型设备，小型设备移动方便，易于组织生产，20 层以下和 $100m^3$ 左右的项目，非常适宜选用小型软管泵设备，每天可轻松生产 60～$70m^3$，速度快，效益高。

（3）30 层以上的高层项目宜选用液压设备及加强型软管泵设备。高层建筑施工难度大，若设备状况不好或水、电、原材料供应不及时，很难实现规模化生产，效益自然难以保障。

（4）工期要求紧的大型项目宜选用大型现浇设备。大型设备前期安装调试时间较长，但产能很大，所以适合10000m³左右的大型项目。要充分发挥大型设备的产能，还要认真做好现场协调工作，做好原材料和水电的供应工作，做好施工人员的调度工作。

5. 发泡设备

国内屋面现浇的发泡设备主要分为低速搅拌发泡设备、高速叶轮发泡设备和压力发泡设备。

（1）低速搅拌发泡设备。这种设备的发泡方法是将发泡剂和水泥及集料一同加入搅拌机，依靠搅拌机叶片引入空气，使发泡剂起泡并将泡沫混进砂浆或混凝土内。这是一种将发泡与混泡合为一体的工艺设备。此种设备仅适合在700kg/m³以上的高密度泡沫混凝土生产中使用，因为容重高而导致其成品的保温隔热性能较差，一般不适宜在泡沫混凝土屋面现浇工程中使用。

（2）高速叶轮发泡设备与低速搅拌发泡设备最大的不同在于将发泡与混泡分开，由一段工艺分为两段工艺。它是由发泡剂制好泡沫，再将发泡机所发泡沫用人工的方法经计量后加入水泥浆搅拌机，与水泥浆混合成泡沫浆的一种泡沫混凝土生产设备。此种设备发泡效率虽高但制泡质量较差，且生产效率也不高，在垂直输送过程中容易消泡，故该设备不适宜在500kg/m³以下的泡沫混凝土生产中使用，且垂直输送距离及生产效率的限制也不适宜200m³以上工程量及30m以上的屋面现浇工程。

（3）压力发泡设备是采用压力向发泡溶液中引气，起泡迅速，发泡倍率高，泡沫细小均匀，有较高的泡沫质量和较低的发泡成本。且有效垂直输送距离可达100m以上，可应用于各种容重要求的泡沫混凝土屋面现浇工程。但其生产效率仍受设备制备水平及用途限制，在500m³以上的大型屋面现浇工程中仍应使用该类型设备中的屋面现浇专用设备生产泡沫混凝土保温隔热材料。

6. 泡沫混凝土屋面现浇专用设备

泡沫混凝土屋面现浇工程一般具有垂直输送距离高、对容重要求严格、同一工地现浇地点需经常变化、工期要求紧等特点，一般泡沫混凝土设备并不能满足这些需求，故需要泡沫混凝土填充专用设备。

泡沫混凝土填充专用设备应具备以下几个特点：

（1）发泡效率高，稳泡性强，可制备各种容重要求下的泡沫混凝土。

（2）垂直输送距离最高可达到120m，可有效输送到现浇作业面。

（3）生产效率高，每小时生产泡沫混凝土20m³以上。

（4）具有自动化控制系统，可有效保证浆料的均匀稳定。

（5）移动便捷，可适用施工工地各种复杂的场地及道路情况。

当前泡沫混凝土现浇专用设备在国内应用较为广泛，但往往具有这样和那样的缺陷，并不能全部满足上述特点，在遇到垂直输送距离不够、移动不便等问题时，往往是采用一楼两机接力、使用吊车等方法解决，既浪费了大量的人力物力，也无法保证工程质量。

HT系列泡沫混凝土现浇设备是少数能够满足上述要求的设备之一，该设备由三部分构成：主机、搅拌机、上料机。泵送系统依然采用性能稳定且轻便的软管泵泵送系统，操作更加简单，产能更高，每小时达 25～30m³；输送高度达 120m，完全满足现代高层建筑的需要；重量仅为其他同类设备的一半，方便装卸与运输，降低移动成本；部分设备前方托架可拆卸，可以拖在车后移动，也可以装在汽车上长途运输。

4.1.3 屋面现浇的质量控制

1. 稳定现浇的宏观特征

（1）在浇注时看不见大量气泡的消失。

（2）在泡沫浆料浇注过程中，浆料的体积没有明显的变化，体积损失率小于 5%。

（3）浇注能够顺利进行，不因各种事故而使浇注停止。

（4）浆料的浇注冲击，不会引起已注入的浆料离析、消泡、收缩等各种异常情况的发生。

（5）在浇注后至浆料初凝前不出现任何坯体破坏现象，一直保持体积稳定。

（6）气泡能够最终被固定，并顺利转化为气孔，形成预期密度的泡沫混凝土。

（7）从浇注到固泡的整个过程，泡沫的损失率应小于 5%，绝大部分泡沫能够存留。

（8）固泡以后所形成的是近似于球形的封闭孔，气泡能最终发展成良好的气孔结构。

凝固后泡沫混凝土屋面保温层表面质量要符合表 4-1 的要求。

泡沫混凝土保温层表面质量   表 4-1

项目	要求
裂纹	3d 养护期内不应有宽度大于 1.0mm 的线性裂缝
平整度	整体平整度 ±10mm
疏松	不允许

2. 现浇泡沫混凝土不稳定现象的表现

（1）不稳定现象的表现。

泡沫混凝土的变形和开裂在现浇生产中是较为常见的，是影响泡沫混凝土现浇质量的首要因素，也是困扰泡沫混凝土现浇生产的一大难题。泡沫混凝土材料属于脆性材料，因此，当变形达到一定数值，超过基体承受能力之后就可能引起开裂。变形的发生根源在于应力的产生，不论这种应力来自化学因素，还是物理因素，或者是直接机械外力因素。无论如何，应力是泡沫混凝土产生开裂的根本原因，变形只不过是作用于泡沫混凝土中力的一种外观显示，而开裂则是变形发展到一定限度的破坏性外观表现。泡沫混凝土在使用过程中的开裂破坏以干燥收缩、热胀冷缩、化学减缩、非正常外界冲击等引起的体积变形最为常见。此外，局部的不均匀膨胀也会导致泡沫混凝土开裂破坏。剧烈震动、机械力冲击、冻融循环等外部作用也都会导致泡沫混凝土开裂破坏。

泡沫混凝土一般不含骨料，加之孔隙率较高，这就决定了泡沫混凝土密度小，强度低，弹性模量小，导热系数小，收缩大。化学收缩、碳化收缩、干燥收缩等都来自于水泥浆，泡沫混凝土由于以水泥为主要组成材料，基本不含骨料，这就决定了其收缩量较大。其次，泡沫混凝土在初凝时期强度发展比较慢，而其低热传导性能又使水化产生的热量难以及时向外界排出，往往导致初始泡沫混凝土温度急剧升高，引发体积膨胀，在冷却过程中就会在内部产生温度应力，产生变形和开裂。

（2）解决不稳定现象的技术途径。

基于上述对泡沫混凝土变形和开裂现象的理论分析，结合泡沫混凝土现浇生产中可能出现的情况，就如何解决泡沫混凝土开裂提出以下技术途径：

①选用快硬低发热水泥作为泡沫混凝土用胶凝材料。

②适量添加细骨料，以减轻收缩。

③选择合理的水灰比，尽可能降低用水量。

④加强早期养护和及时散热。

⑤引入适量的膨胀组分，弥补体积收缩。

⑥采取适当措施，减少空间约束，增加自由变形成分。

⑦高温和大风环境下停止生产，并注意洒水养护。

⑧表面铺设网格布。

⑨表面拉毛。

3. 影响浆料中泡沫稳定性的因素

（1）发泡剂。发泡剂是影响泡沫混凝土屋面现浇浆料中泡沫稳定性的重要因素，在现浇浆料中，泡沫一般占浆料总体积的50%以上，泡沫的稳定性将直接影响浆料的稳定性。若发泡剂稳泡时间长，则浆料的稳定性也必然会好，反之亦然。

（2）制备设备。若泡沫混凝土浆料制备设备性能优越，则产生的泡沫细小均匀，含水量、泌水性在不影响浆料输送的前提下尽可能地降低，浆料泡沫的稳定性好。

（3）其他骨料。其他骨料的粒径越小，外形越圆润，对泡沫稳定性的影响也越小，砂石等粒径较大且外形不标准的骨料则对泡沫稳定性的破坏较大。

（4）外加剂。加入适量的有益外加剂可使泡沫的稳定性增强，而一些有害外加剂则会起到反作用。

（5）浇注高度。浇注的高度越高，对浆料中泡沫的压力越大，越容易消泡。所以浇注的高度越高，则泡沫的稳定性越差。

4. 影响浆料稠化速度的因素

（1）水料比。一般情况下，水料比小，浆料稠化过程中黏度增长的速度快，达到稠化的时间短，水料比大，则浆料黏度增长速度慢，达到稠化的时间长。

（2）浆料温度。浆料的温度对浆料稠化的速度影响也很大，温度越高，稠化速度越快，温度越低，稠化速度则越慢。所以在冬季部分地区不适宜屋面现浇施工。

（3）固体物料粒径。固体物料的粒径越细，则稠化速度越快。反之，则稠化速度越慢，浆料稳定性越差。

（4）生产工艺。生产工艺对浆料稠化速度的影响也较大，如配合比、发泡工艺、搅拌工艺、搅拌时间等都对浆料稠化速度有影响。

（5）泡沫掺加量。泡沫在浆料中的掺加量越大，浆料稠化速度越慢，所以，稠化速度与泡沫量成反比。

5. 屋面现浇技术措施

（1）操作要点

①根据设计泡沫混凝土的容重等级（或强度等级）要求，试配泡沫混凝土，确定泡沫稀释液的配比、水泥浆的配比以及泡沫和水泥浆的混合比例。

②清理基层上的尘土、杂物和积水。

③按照泡沫混凝土层的设计厚度、设计坡度，用水准仪抄平标记高度，再拉线、冲筋。若设计无规定坡度值，坡度值宜为1%～2%。

④在基层上洒水湿润，然后涂刷一道素水泥浆，水灰比通常为0.6。

⑤安装调试设备，将泡沫混凝土上料、搅拌、发泡输送设备安装在平坦的地面、楼面或屋面上，靠近原材料堆放位置，接通水电，连接输送泵管至浇注位置。

⑥调试搅拌机正常运行；调试发泡系统，使发泡剂与水溶液稀释喷出的泡沫大小均匀一致；调试输送机正常运行。

（2）材料要求

①水泥：水泥应选用42.5强度等级的普通硅酸盐水泥或复合硅酸盐水泥。水泥的安定性合格，且无结块现象。严禁不同品种、不同强度等级的水泥混用。水泥应有出厂合格证及检测报告，其质量必须符合现行国家标准《通用硅酸盐水泥》（GB 175－2007/XG1－2009）规定。

②水泥发泡剂：主要原料采用无污染的动物蛋白质和植物蛋白质，无论是对生产者还是使用者及环境都不会产生任何副作用，应满足水泥发泡剂的国家建材行业标准。

宜采用HT复合型发泡剂，其技术参数见表4－2。

HT 复合型发泡剂技术参数　　　　　　　　　　　　表 4－2

外观颜色	浅色透明
pH 值	6～8
密度（kg/L）	>1.1 时 ±0.03 ≤1.1 时 ±0.02
发泡倍数（倍）	≥20
1h 沉降距（mm）	≤70
1h 泌水率（%）	≤70

③水：水质应符合国家现行标准《混凝土拌合用水标准》（JGJ 63－2006）的规定。

④外加剂：一般为增稠剂，以调节混凝土的稠度，避免离析，应符合环境保护的有关规定，有产品合格证，出厂检验报告并经复试合格。

⑤粉煤灰：粉煤灰质量应符合现行国家标准《用于水泥和混凝土中的粉煤灰》（GB/T 1596－2005）的规定。

（3）质量控制

①各种材料已经检验合格，所附带的质量证明文件齐全。

②施工环境温度应不低于5℃，雨雪天或五级风以上天气不得施工。

③泡沫混凝土浆料要充分搅拌均匀，并严格按配合比控制水料比。

④浇注时采用低压慢速泵送，使泡沫混凝土浆料缓慢从泵管流出，避免气泡过多破碎。

（4）成品保护

①已浇注的泡沫混凝土保温层强度达到规定要求后，才可允许人员在其上走动和进行其他工序施工。

②泡沫混凝土保温层浇注完成，满足养护时间达到强度后，可继续进行面层施工。继

续施工时，应对保温层加以保护，并避免在保温层上搅拌砂浆、存放油漆桶等物以免污染保温层，进而影响面层与保温层的粘结力，造成面层空鼓。

③保温层施工完成后，应及时施工面层。

6. 现浇泡沫混凝土稳定性控制要点

（1）泡沫的检查。首先应检查制备的泡沫泡囊的大小、韧伸性是否符合要求，泡囊应具有高稳定性、极强的立体张力和特异的韧伸性，这将直接影响到泡沫混凝土的强度和保温隔热性能。

（2）浆料的搅拌。根据水泥浆的配合比，水泥、水和外加剂放入搅拌机中搅拌的时间一般为 2~3min，以形成均匀浆料。

（3）浆料的输送及浇注。浆料宜用专用泡沫混凝土输送泵（或发泡混合输送一体机）将制成的泡沫混凝土浆料泵送至施工面。在输送过程中使泵自动调压，即始终使泵送高度与工作压力相适应，使之缓慢而平稳地将泡沫混凝土浆料输送到作业面，根据屋面的保温找坡层的厚度，泡沫混凝土可分层浇注，浇注底层时每次可浇注厚 100~200mm，最后表面预留 50~70mm 进行找坡刮面收平，以达到平整要求并减少泡沫破碎。分层浇注时，应待底层强度达到 0.3MP 时再施工上层，常温下 48h 后即可浇注上层泡沫混凝土。浇注时的标高一般高于标筋 10mm 即可。

（4）刮平、找坡。应利用屋面四周标高控制线和标筋，用 2.5~3m 长铝合金刮杠放在泡沫混凝土标筋上刮平或找坡。

（5）养护。施工完 12~14h 后进行保湿养护，养护时间不少于 72h。养护期间避免人员在其上面行走，禁止堆积物品，以免破坏其中的气泡结构，影响隔热效果。

（6）伸缩缝及排气孔。在保温层达到上人条件后，用切割机直接切割伸缩缝，间距宜为 6m×6m，切割宽度 30~50mm，深度 0~100mm，避免切伤结构层。如果跨度较小，可不增设排气道。排气道兼具伸缩缝功能，无需另设伸缩缝。排气道内由适当粗细、周围钻孔的 PVC 管相连接。

5　泡沫混凝土填注

5.1　泡沫混凝土填注主要应用范围

泡沫混凝土质量轻，强度比普通回填材料高，施工时是流动的可塑性体，便于施工；成型后具有自立性强，耐久性高，隔声减震，施工速度快等诸多优势。在基坑填注、高速公路路基、治理桥台背跳车现象、特殊构筑物造型等领域推广使用，取得了良好的效果，成为填注领域的首选材料之一。目前，泡沫混凝土在基坑填注、高速公路路基，治理桥台背跳车现象，隧道填注，站台地面、古建筑保护修复、特殊构筑物造型、采空区回填等方面均有应用。

5.2　泡沫混凝土填注生产工艺

泡沫混凝土填注生产工艺流程如图 5-1 所示。

5.2.1　常见填注工序

1. 施工作业前检查

（1）在浇注泡沫混凝土之前应做好基底防水、排水工作，坑槽开挖好后应在最低处开挖宽度不超过 1m 的泄水口，防止槽内积水。

（2）清理施工区域基坑底部积水、杂物，保证在浇注时基坑底部无杂物、无积水。做好基层清洁，不能有油污、浮浆、残灰等。

（3）需模板辅助的工程，施工前模板工程应全部完成并验收合格。

（4）作业层的隐蔽验收手续要办好。

（5）施工前应复核 ±50cm 水平控制墨线。施工过程中，不允许有其他工种在场穿插进行施工。

（6）测量放线：应根据设计施工图在围护结构上弹出 ±50cm 水平标高线及设计规定的厚度，往下量出各层水平标高，并弹在四周围护结构上。在基层上弹出泡沫混凝土的施工范围。

2. 泡沫混凝土浇注

（1）泡沫混凝土的生产工艺流程见图 5-2。

（2）泡沫混凝土的生产过程包括泡沫制备、泡沫混凝土混合料制备、浇注成型、养护、检验。

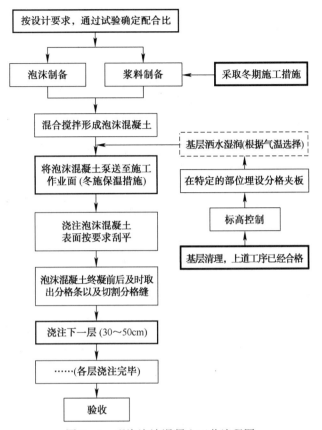

图 5-1 现浇泡沫混凝土工艺流程图

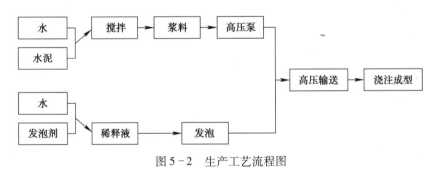

图 5-2 生产工艺流程图

（3）泡沫混凝土必须按一定的厚度分层浇注，当下填注层终凝后方可进行上填注层填注。分层厚度一般控制在 30~100cm，太薄不利于单层泡沫混凝土的整体性，太厚容易引起下部泡沫混凝土中的气泡压缩影响密度，同时对施工操作带来不便。浇注过程中，应注意气温、昼夜温差，合理安排每层浇注厚度，避免因水化热聚积过大，产生温度裂缝，对泡沫混凝土性能产生影响。泡沫混凝土填注每层间隔 10~14h 浇注 1 层为宜，适当控制竖向填注速度。

（4）当填注面积较大，在泡沫混凝土初凝前不能完成整层填注时，必须分块。分块面积的大小应首先参考沉降缝位置，根据泡沫混凝土的初凝时间、设备供料能力以及分层厚度确定（纵向填注分块以 5~15m 为宜，横向浇注宽度大于 15m 也应进行分块）。

3. 铺设钢丝网

为加强泡沫混凝土的整体性，在填注中一般应铺设钢丝网：

（1）钢丝网孔径尺寸为（5~10）cm×（5~10）cm 的钢丝网片，钢丝直径不小于 3mm。

（2）铺设前检查钢丝网外观，有明显锈迹的钢丝网不得采用。

（3）相邻幅的钢丝网，应重叠铺设 5~10cm，重叠部位采用钢丝扎或 U 形卡连接固定，相邻钢丝网网片间间距不超过 10mm 边长。

（4）在变形缝位置，钢丝网断开铺设。

（5）底面以上浇注 1~2 层（50~100cm 位置）泡沫混凝土后铺设一层钢丝网。

（6）顶面以下 80cm，不同密度泡沫混凝土搭接处，铺设一层钢丝网。

4. 施工注意事项

（1）一般注意事项

①应避免在雨天填注。在泡沫混凝土尚未凝结硬化时，如被雨水淋时，会导致严重的消泡现象及水泥浆流失，使泡沫混凝土密度和抗压强度难以控制；泡沫混凝土凝结硬化后，由于泡沫混凝土密度小（约为水的一半），质量轻，很容易被雨水冲走或浮在水面上。

②应避免在高温天气施工，必须在高温天气施工时必须加强养护工作。

③应避免在负温天气施工，必须在负温天气施工时，应首选快硬硫铝酸盐水泥作为固化剂。为防止消泡现象产生，应避免使用早强剂、防冻剂等外加剂，如必须使用此类外加剂时，应事先通过试验确定外加剂品种及配合比，试验结果应包括表观密度、湿密度、流值、28d 无侧限抗压强度。

④泡沫混凝土专用发泡剂应避免在负温下使用，如必须在负温下使用时，应使用电加热棒预热，并使用温度计连续测量，液体温度达到 5℃ 以上时，方可投入搅拌。测量温度时，温度计与加热棒应保持一定距离，且同一批次泡沫剂宜使用 3 个以上温度计测量，取温度平均值。

（2）其他注意事项

泡沫混凝土按换填厚度填注完成后，才在其侧面和顶面进行普通土的回填施工。由于其强度较混凝土低很多，且采用垂直填注，回填土时应注意以下事项：

①在进行泡沫混凝土顶面回填土施工前，侧面回填土顶面不得低于泡沫混凝土顶面。

②泡沫混凝土强度 <0.6MPa 时，禁止回填普通土。

③泡沫混凝土层浇注完成后 7d 内，严禁直接在泡沫混凝土顶面行驶车辆和其他施工机械。路面施工必须在顶层泡沫混凝土养护 7d 以后进行。

④如果在泡沫混凝土内有后埋管线，在开挖沟槽时对钢丝网应进行切割，防止大范围破坏钢丝网。

5.2.2 原材料配比及各种骨料的添加

1. 原材料配合比

泡沫混凝土填注施工中，原材料配合比主要根据具体项目要求的容重、强度、导热系数所决定，包括水泥配合比、轻集料配合比及水料比。

（1）水泥配合比。泡沫混凝土填注的主要原材料就是水泥，因填注施工通常都是在常温下进行，固泡主要靠水泥的胶凝作用，所以在填注工程中的泡沫混凝土配合比必须以水泥为主体，采用高水泥配合比量。700kg/m³ 以下容重的泡沫混凝土填注材料，水泥的配合比量不能低于物料总量的 70%。当容重在 500kg/m³ 以下时，其常温配合比量应约占物料总量的 90% 以上。

（2）轻集料配合比。泡沫混凝土填注施工，配方中应不设计或少设计轻集料，因为它会影响浆料的初凝，当用量较大时，甚至可能会造成塌模。填注施工中，泡沫混凝土的轻集料的最大添加量不应超过水泥量的 20%。

（3）水料比。在泡沫混凝土填注施工中，水料比应为水和各种干物料总量的比例，水料比不仅要满足水泥水化反应的需要，还要满足搅拌及浇注成型的需要。理想的水料比，应是水泥浆能够方便的混入泡沫，在混入泡沫后浆料不过稀，即容易浇注，又不会影响浇注的稳定性。

2. 主要材料要求

（1）水泥：采用 42.5 强度等级的普通硅酸盐水泥。水泥进场必须分厂家按批、按品种分类堆放，并且必须有出厂合格证明及检测报告。绝对禁止使用超期和受潮结块的水泥。

（2）发泡剂：采用无污染的高性能发泡剂，性能符合《泡沫混凝土》（JC/T 266－2011）附录 A 的规定。发泡剂应有出厂合格证、检测报告和产品使用说明书等。

（3）外加剂：外加剂应符合《混凝土外加剂》（GB 8076－2008）的规定。

（4）水：应符合 JGJ 63 规定，不含有影响泡沫稳定性、水泥强度及耐久性的有机物、油垢等杂质。

（5）粉煤灰：一般应选用一级粉煤灰，一级粉煤灰不足时，也可选用二级，三级粉煤灰不宜选用。

（6）细磨矿渣粉：细磨矿渣粉细度（0.045mm 方孔筛筛余）应小于 20%，活性指数（28d）应大于 95%。

3. 其他材料要求

钢丝网孔径（5~10）cm×（5~10）cm，钢丝直径不小于 3mm。

钢丝网不应有明显锈迹。相邻幅的钢丝网应满足搭接长度 5~10cm，搭接长度范围内用钢丝绑扎，相邻绑扎点间距不超过 10 倍网眼边长，抗拉强度≥300MPa，焊点抗剪力≥2.1kN，断裂伸长率≥2.5%。

4. 原材料对质量的影响

（1）水泥：水泥是构成泡沫混凝土材料的主要胶凝材料，普通硅酸盐水泥、硫铝酸盐水泥、铁铝酸盐水泥、氯氧镁水泥、火山灰质复合胶凝材料等均可作为泡沫混凝土的胶凝材料。泡沫混凝土是一种大水灰比的流态混凝土，采用普通硅酸盐水泥时，水泥完成水化的理论水灰比为 0.227 左右。由于发泡剂所产生泡沫的稳定时间有限，为了保证泡沫不破碎，就必须缩短胶凝材料的凝结时间，提高发泡混凝土的性能，宜采用 42.5 强度等级的普通硅酸盐水泥为胶凝材料来制备泡沫混凝土，同时采用在普通硅酸盐水泥中掺入促凝剂来调整水泥浆的凝结时间，使水泥浆料硬化时间与泡沫的稳定时间相一致。

（2）外加剂：

①减水剂：采用聚羧酸高性能减水剂，掺用量一般在水泥质量的 1.0%~2.5% 之间。它的化学结构含有羧基负离子斥力，以及多个醚侧链与水分子反应生成的强力氢键所形成

的亲水性立体保护膜产生的立体效应，使它具有极强的水泥分散效果和分散稳定性。它的减水率高达30%~40%，在保持强度不变时节约水泥25%，在保持水泥用量不减时可提高混凝土强度30%以上。

②促凝剂：能使混凝土迅速凝结硬化的外加剂。促凝剂的主要种类有无机盐类和有机物类。我国常用的促凝剂是无机盐类。无机盐类促凝剂按其主要成分大致可分为三类：以铝酸钠为主要成分的促凝剂；以铝酸钙、氟铝酸钙等为主要成分的促凝剂；以硅酸盐为主要成分的速凝剂。促凝剂掺入泡沫混凝土后，能使泡沫混凝土在5min内初凝，10min内终凝，1h就可产生强度，1d强度提高2~3倍，但后期强度会下降，28d强度约为不掺时的80%~90%。温度升高，提高促凝效果更明显。泡沫混凝土水灰比增大则降低促凝效果，掺用促凝剂的泡沫混凝土水灰比一般为0.4左右。掺加促凝剂后，泡沫混凝土的干缩率有增加趋势，弹性模量、抗剪强度、粘结力等有所降低。

③发泡剂：实验室制备泡沫混凝土的发泡方式为机械高速搅拌，搅拌时间约为5min，泡沫现搅现用。所制得的泡沫大小均匀、泡径较小、稳定性好。泡沫混凝土在现场浇注中发泡方式为压缩气体发泡。发泡剂质量的好坏直接影响到泡沫混凝土的质量。能产生泡沫的物质有很多，但并非所有能产生泡沫的物质都能用于泡沫混凝土的生产。只有发泡倍数合适、在泡沫和料浆混合时薄膜不致破坏具有足够的稳定性、对胶凝材料的凝结和硬化不起有害影响的发泡剂，才适合用来生产泡沫混凝土。

5.3 泡沫混凝土填注设备的选择

5.3.1 各类型浇注设备在填注中的应用

国内浇注设备主要分为低速搅拌发泡设备、高速叶轮发泡设备和压力发泡设备三大类。

1. 低速搅拌发泡设备

这种设备的发泡方法是将发泡剂和水泥及集料一同加入搅拌机，依靠搅拌机叶片引入空气，使发泡剂起泡并将泡沫混进水泥浆内。这是一种将发泡与混泡合为一体的工艺设备。此种设备仅适合在$700kg/m^3$以上的高密度泡沫混凝土填注中使用，且因生产效率不高，不适宜$300m^3$以上的填注工程。

2. 高速叶轮发泡设备

高速叶轮发泡设备与低速搅拌发泡设备最大的不同在于将发泡与混泡分开，由一段工艺分为两段工艺。它是由发泡剂制好泡沫，再将发泡机所发泡沫用人工的方法经计量后加入水泥浆搅拌机，与水泥浆混合成泡沫浆的一种泡沫混凝土生产设备。此种设备发泡效率虽高但制泡质量较差，且生产效率也不高，并对远距离输送还有一定难度，故该设备也不适宜在$500kg/m^3$以下的泡沫混凝土填注中使用，且输送距离及生产效率的限制也使其不适宜$500m^3$以上的填注工程。

3. 压力发泡设备

压力发泡设备是采用压力向发泡溶液中引气，起泡迅速，发泡倍率高，泡沫细小均匀，有较高的泡沫质量和较低的发泡成本，且有效水平输送距离可达$500m$以上，可应用于各容重要求的泡沫混凝土填注工程。但其生产效率仍受设备制备水平及用途限制，在

$1000m^3$ 以上的填注工程中仍应使用该类型设备中的填注专用设备生产泡沫混凝土填注材料。

5.3.2 泡沫混凝土填注专用设备

泡沫混凝土填注工程一般具有对容重要求严格、工程量大且要求工期紧、填注区域分布广等特点，一般泡沫混凝土设备并不能满足这些需求，故需要选用泡沫混凝土填注专用设备。

1. 泡沫混凝土填注专用设备

根据泡沫混凝土填注工程的特点，泡沫混凝土填注专用设备应具备以下几个特点：

（1）发泡效率高，稳泡性强，可制备各种容重要求的泡沫混凝土。

（2）生产效率高，每小时生产泡沫混凝土填注材料应在 $80m^3$ 以上，可满足大、中型填注工程使用。

（3）有效水平输送距离远，600m 以内可有效输送到各填注面。

（4）具有自动化计量控制系统，可有效保证浆料的均匀稳定。

（5）持续施工能力强，最好能够和散装水泥罐相连，保证水泥供应持续不间断。

当前泡沫混凝土填注专用设备在国内应用并不广泛，填注工程中仍在大量使用一般的泡沫混凝土浇筑设备，在遇到工程量大、工期紧、填注区域分布广等问题时，往往是简单采用多上设备，增加班次的做法，既浪费了大量的人力物力，也无法保证工程质量。

HT－18 泡沫混凝土填注设备是能够满足上述要求的设备之一，该设备属于压力发泡设备，每小时产能高达 $60\sim120m^3$，设备由主机、搅拌机、多台辅助搅拌机、上料装置、计量系统等组成，所生产的泡沫混凝土浆料均匀稳定，容重控制精确，配合散装水泥罐供料，可在满足大量原料供给的同时，也使施工操作更加简单方便。

2. 散装水泥罐

为有效提高施工效率，在合理范围内缩短施工工期，降低水泥使用周期和现场储存时间，保证水泥质量，同时缓解水泥运输过程中对城市环境保护带来的压力，现浇泡沫混凝土填注宜采用散装水泥。

散装水泥罐的安装：

（1）散装水泥罐的安装位置应能够满足施工总平面图的要求。

（2）散装水泥罐的安装前应先浇筑罐体基座。基座经罐体生产厂家及业主单位、监理单位验收合格后，方可安装罐体。基座根据罐体型号不同，由罐体生产厂家另行设计。

（3）在罐体基座埋入地脚螺栓，并安装地脚螺栓连接板，校正四块脚板水平度，基础混凝土强度达到罐体说明书要求后，锁紧螺母。

（4）检查罐体在运输过程中是否有碰损、连接松动等。如有上述缺陷应及时修复、紧固。

（5）罐体吊装就位（注意上料方向及扶梯方向），将罐脚与地脚板焊牢。

5.4 泡沫混凝土填注质量控制及检测

虽然泡沫混凝土填注材料所使用的原材料及配方、发泡剂品种、发泡剂掺量等不尽相同，但其填注的稳定性表现却大同小异。

5.4.1 产品质量前期表象特征

1. 浆料稠化过程的正常特征

（1）气泡大小均匀，泡径合适，形态良好，有稳定的泡沫基础。

（2）泡沫分布均匀。气泡在浆料各部位的数量相近或相同，没有太大的差异，不出现有的地方泡沫多，有的地方泡沫少的情况。

（3）浆料不分层。浇注以后，浆料表面不出现大量泡沫漂浮，浆料下部不出现大量固体物料下沉。

（4）浆料不出现较大的收缩，其收缩值不影响坯体的宏观现状，能基本保持设计尺寸和体积。

（5）不出现浆料的沉陷和快速塌陷。

（6）稠化较快，能在气泡破灭前将其稳定并进而转化成为气孔，形成符合技术要求的气孔。

（7）浆料不出现大量沁水，有良好的保水性。

2. 稳定浇注的正常表象特征

（1）在浇注时看不见大量气泡的消失。

（2）在泡沫浆料注浆过程中，浆料的体积没有明显的变化，体积损失率小于5%。

（3）浇注能够顺利进行，不因各种事故而使浇注停止。

（4）浆料的浇注冲击，不会引起已注入的浆料离析、消泡、收缩等各种异常情况的发生。

（5）在浇注后至浆料初凝前不出现任何坯体破坏现象，一直保持体积稳定。

（6）气泡能够最终被固定，并顺利转化为气孔，形成预期密度的泡沫混凝土。

（7）从浇注到固泡的整个过程，泡沫的损失率应小于5%，绝大部分泡沫能够存留。

（8）固泡以后所形成的是近似于球形的封闭孔，气泡能最终发展成良好的气孔结构。

5.4.2 产品质量后期体现

1. 填注体直观标准

填注泡沫混凝土浆料硬化后，填注体的直观质量检验应符合如下标准：

（1）表面应光洁平顺，板缝均匀，线形顺适，沉降缝上下贯通顺直。

（2）表面出现的非受力性贯穿裂缝宽度应小于5mm。

（3）表面蜂窝面积应小于总表面积的1%。

2. 取样剖开后的外观特征

从切面上看，应有许多均匀气孔和气孔壁组成的结合体。对于容重为500kg/m³的填注泡沫混凝土而言，其气孔含量约为整个体积的50%（总孔隙率越70%），其余50%即为空隙壁。容重为600kg/m³的填注泡沫混凝土总孔隙率应为50%～60%。容重为700kg/m³的填注泡沫混凝土总孔隙率应为40%～50%。其他容重材料由此推算。

3. 其他检测项目参照"5.4.4填注中的产品自检"相关内容。

5.4.3 影响填注质量的因素及解决办法

（1）制备泡沫混凝土通常使用普通硅酸盐水泥，通过加入促凝剂来改善泡沫混凝土浆料的凝结和稠化性能。泡沫混凝土浆料需水量较大，待浆料凝结硬化后会产生大量的微裂缝和孔隙，影响泡沫混凝土的性能。可通过掺加高性能减水剂，在保持泡沫混凝土浆料流动度的同时，减少用水量。

（2）泡沫混凝土浆料成型时容易产生泌水、离析、分层、冒泡甚至塌模。可加入高分子添加剂，通过改变稠度、流动度和保水性来解决上述出现的问题。

（3）强度偏低。泡沫混凝土的强度随着引入泡沫而产生的孔隙率的增加而降低，引入泡沫越多，孔隙率越大，密度越小，其轻质、保温、隔声的性能就越明显，但是强度下降幅度就越大，所以泡沫混凝土的特性是以强度降低为代价的。要使其强度与其特殊性能之间平衡，也就是说要在降低密度的前提下，最小限度的降低泡沫混凝土的强度。提高泡沫混凝土的强度可以考虑以下几个技术途径：①选择适宜的配合比；②掺合料采用适宜的颗粒级配；③采用不同的掺合料复合使用；④使用高性能减水剂并控制适宜的低水灰比；⑤采用优质高性能发泡剂；⑥采用纤维增强和有机类外加剂复合；⑦加强泡沫混凝土的早期养护、优化养护制度、加强早期保水；⑧减小泡沫混凝土的收缩、掺加适量的膨胀水泥、憎水剂，防止开裂和吸水。

5.4.4　填注中的产品自检

1. 施工中的检测项目

泡沫混凝土在施工过程中，应分别对产品的湿密度、流值、力学性能试验，取样检测，检测结果不合格，不进行下一道工序施工。现浇泡沫混凝土检测项目见表5-1（加 *为必检项）。

泡沫混凝土施工过程中检测项目　　　　　　　　　　　　　　　　　　表5-1

序号	检查项目	合格标准	检验数量	备注
1	湿密度*	≤设计值 + 5%	一日两次	
2	泡沫密度	设计值 ± 20%	一日两次	
3	流值	170 ～ 190mm	一日两次	
4	抗压强度*	≥设计要求	每400m³	施工中取样，龄期满28d抽检
5	准干密度	≤湿密度设计值	每400m³	施工中取样，硬化达到初始强度后抽检

＊质量检验应以连续分布的成型浇注体为基本单位。

2. 泡沫混凝土硬化后的检测项目

泡沫混凝土硬化后，应分别对顶面高程、平面位置、平面尺寸进行检测，检测结果不合格，不进行下一道工序施工。泡沫混凝土硬化后检测项目见表5-2（加 *为必检项）。

泡沫混凝土硬化后检测项目　　　　　　　　　　　　　　　　　　表5-2

序号	检查项目	合格标准	检验数量	备注
1	顶面高程*	设计高程 ± 5cm	每层硬化后检测	水准仪测量
2	平面位置*	长轴线偏差 ± 5cm	每层硬化后检测	经纬仪测量
3	平面尺寸*	≥设计边界	每层硬化后检测	钢尺测量

＊质量检验应以连续分布的成型浇注体为基本单位；施工浇注每层硬化后进行检测。

3. 检测要求

（1）水泥基本性能检测。按照《水泥标准稠度用水量、凝结时间、安定性检验方法》

（GB/T 1346 – 2011、ISO 9597：2008）测定水泥标准稠度用水量和凝结时间。

（2）水泥砂浆试样依照《水泥胶砂强度检验方法》（GB/T 17671 – 1999、ISO 679：1989）制备、养护，到相应龄期取出试块测定水泥砂浆的抗折强度和抗压强度。

（3）泡沫混凝土的性能检测。泡沫混凝土的物理力学性能测试，参照标准《泡沫混凝土》（JC/T 266 – 2011）执行。

（4）泡沫混凝土力学性能检测按 GB/T 11971 – 1997 的规定进行。

（5）干表观密度、吸水率和含水率检测按 GB/T 11970 – 1997 的规定进行。

（6）导热系数检测按 GB/T 10924 – 2009 的规定进行。

6 泡沫混凝土墙体浇注

6.1 概述

泡沫混凝土墙体浇注工艺，是指将水和水泥及添加剂经过物理发泡工艺制成的泡沫混凝土浆料，直接浇注于事先支好模的可拆或免拆墙体模板内制成泡沫混凝土保温墙体的方法。泡沫混凝土墙体浇注工艺是自承重保温墙体，省去了建筑墙体二次外保温施工，可以达到冬暖夏凉，节省能耗，大幅度降低建筑墙体施工成本，提高施工效率，同时，墙体浇注工艺在施工现场具有较高的可操作性，满足市场推广应用的要求。

泡沫混凝土墙体浇注，是我国建筑节能政策推动的结果，也是泡沫混凝土浇注从楼地面地暖绝热层、屋面保温层发展到墙体保温层的必然结果。泡沫混凝土墙体根据应用功能不同，泡沫混凝土一般分为三种密度类型：一是低密度类型，这一类型泡沫混凝土密度一般在 $160 \sim 300 kg/m^3$，主要用于保温隔热墙体；二是中密度类型，这一类型泡沫混凝土密度一般在 $350 \sim 700 kg/m^3$，主要用于保温隔热兼结构墙体；三是高密度类型，这一类型泡沫混凝土密度一般在 $800 \sim 1200 kg/m^3$，主要用于结构墙体。

泡沫混凝土中 $700 kg/m^3$ 以下密度的可以应用在免拆模板和夹芯墙体保温隔热中；$800 kg/m^3$ 以上高密度的泡沫混凝土不可做墙体保温隔热，只能做可拆模板自承重墙体，建筑墙体必须另外施工保温隔热工程。

泡沫混凝土墙体浇注方式可分为可拆模板浇注、免拆模板浇注和夹芯墙体浇注三大类型。这三大类型浇注方式中，免拆模板浇注方式应用比较广。

所谓免拆模板浇注墙体，主要是针对近几年泡沫混凝土墙体施工而诞生的，由于泡沫混凝土特别适合现浇施工（如屋面保温、地暖绝热层、楼地面垫层、填充工程等），人们始终在研究如何将其应用于墙体浇注，以发挥其良好的物理性能，但是由于泡沫混凝土流动性大，对于墙体浇注高度高易产生胀模、漏浆等施工难度，同时对于封闭施工浇注过程中的均匀性、稳定性不易掌握。

近几年在墙体浇注工艺的运用中，多数施工是沿用传统的混凝土施工工艺，没有与泡沫混凝土的工艺特性有机地相结合制定出切实可行的施工工艺。泡沫混凝土的应用领域尽管已有几十年历史，但是应用领域一直被限制在很小范围内，一是地暖绝热层，二是填充工程，而这两种施工工艺要求均不高，设备技术一直停留在一个原始状态，近几年的泡沫混凝土屋面保温现浇也一直停留在原来的技术水平上，只不过将泡沫混凝土的稠度提高一些而已，仅这点改进要进行要求高的墙体浇注是远远不够的，它需要把施工组织设计与泡沫混凝土的制备工艺和其物理特性统筹考虑才行。

（1）墙体泡沫混凝土制备技术

泡沫混凝土免拆模板墙体浇注，解决胀模、漏浆技术是关键因素。免拆模板墙体浇注泡沫混凝土按用途分有纯普通硅酸盐水泥泡沫混凝土的制备技术，也有添加轻骨料的泡沫混凝土制备技术。

1）普通硅酸盐水泥泡沫混凝土制备技术。普通硅酸盐水泥制备墙体浇注泡沫混凝土是最常见的墙体浇注泡沫混凝土，该墙芯一般要求强度较低，但是其隔声、保温、防火性能要良好。这种产品无论浇注哪种空心墙体，对泡沫混凝土的沉降度和泌水要求很少，这两项指标，一是要选择一种良好的发泡剂，要有良好的稳泡作用和抗压力，同时要具备与多种水泥有亲和性，允许添加部分外加剂，并推荐动物蛋白型发泡剂和复合发泡剂，这两种发泡剂是未来墙体浇注的首选。

2）添加轻骨料泡沫混凝土的制备技术。对于要求更高的中高密度墙体浇注材料，则需要向泡沫混凝土中添加低密度的轻骨料，特别是一部分轻骨料，如粉煤灰、陶粒、聚苯颗粒、珍珠岩、玻化微珠等。然而普通发泡设备是无法制备添加轻骨料的泡沫混凝土的。为此，烟台驰龙建材科技有限公司等单位专门开发了一种轻骨料加工工艺和设备，可有效地将玻化微珠、聚苯颗粒、珍珠岩等材料加入泡沫混凝土中，添加轻骨料的泡沫混凝土具有强度高，抗裂性好，保温性能好的特点。

（2）墙体浇注泡沫混凝土输送技术

泡沫混凝土输送技术是墙体浇注成功的关键，作为普通泵送发泡的设备而言，由于其不合理的输送方式会造成泡沫混凝土不稳定和操作控制难度，在大量的墙体浇注失败案例中有多数是因为输送技术不佳而造成失败。泡沫混凝土由于其含有大量气泡，具有一定的可压缩性，在不同的流速、压力环境下会造成分离破碎等现象。不合理的输送方式，会造成泡沫混凝土的质量变化，这些变化量大到一定程度会造成浇注失败。经大量实验发现，泡沫混凝土的输送应该是单向、低脉冲、均压衡流。输送设备液压柱塞泵、隔膜泵、螺杆泵、软管泵等几种泵中，只有后两种是接近泡沫混凝土输送要求的。

这两种泵的最大优点是，无进出料阀门，单向脉冲输出，无往返运动造成的负脉冲，最大限度地保护产品的原状态。所以泡沫混凝土的输送最好选择软管泵，因为该泵的压力可达到2.5MPa，是螺杆泵的2倍，是目前泡沫混凝土行业标准中规定最大有效高度的范围内的优选设备。

（3）泡沫混凝土墙体模板

免拆模板泡沫混凝土墙体浇注是由轻质混凝土板、水泥压力板、纤维水泥平板、水泥木丝板、硅酸钙板和玻镁板作为永久性模板与现浇泡沫混凝土凝固成一体的复合保温墙体。

复合保温墙体的模板是墙体的组合体，无模板拆除程序，使施工工序更简化，工作效率更高，施工工期更短，同时有效地控制了泡沫混凝土收缩裂缝。

复合保温墙体是一种新型自保温墙体，是墙体、保温和装饰一体化的产品。

6.2　免拆模板泡沫混凝土墙体浇注

6.2.1　施工一般要求

（1）泡沫混凝土复合墙体的施工，要在主体结构工程结束和验收之后进行，施工前，应根据设计要求，编制施工方案或技术措施，进行技术交底。

（2）墙体施工使用的外加剂、水泥等主要原材料应具有产品质量合格证明和产品检验报告，现场还要进行一次复检，以确保质量。

（3）对浇注的泡沫混凝土应进行必要的检验和试验，检验和试验项目根据实际需要确定。

（4）在楼板上堆放施工材料和安放施工设备时，应对楼板结构的承载能力进行复核验算，不能满足承载要求时，应采取必要的临时加固措施。

（5）浇注机组的安放位置不能距离施工墙体过远，一般应在20m之内。泡沫混凝土所需要的水泥，应堆放在机组旁边10m之内，以减少水泥的搬运距离。同时，水泥应有防雨措施，发泡剂不能长时间暴露在阳光下，要在阴凉处存放。

（6）正式浇注前，应提前1~2d进行水泥适应性试验。因为同一种发泡剂，对不同的水泥适应性不同。如不进行试配，在浇注时发现不适应，将影响工程进度。

（7）所购发泡剂等外加剂，如果第一次使用，应进行性能检验。这一检验应通过检验其泡沫混凝土性能来进行。检验项目包括泡沫混凝土流动度、泡沫料浆沉降率、导热系数、抗压强度、初凝及终凝时间等。如果是以前常用的发泡剂等外加剂，上述检验不必每次都做，定期检验即可，但在以后再次使用时，发泡剂仍需检测其沉降距、泌水率、发泡倍数，验证其存放过程中是否降低了稳定性及起泡性。

（8）发泡机、搅拌机和泵送设备应调试完毕。

6.2.2 配合比设计

墙体浇注是以泡沫混凝土填充保温为主要目的，泡沫混凝土不承重，所以不需要那么高的强度，一般0.3~0.5MPa就可以满足要求，当需要与面板有较强的结合力或较好的握钉力时，才考虑强度为0.5~1.2MPa。设计院的设计图有要求时按图纸要求配制，如无要求时可根据上述强度要求配制，在配合比设计时，按以下原则进行：

1. 重骨料和轻骨料不加或少加

重骨料即碎石或砂子，轻骨料即珍珠岩、聚苯颗粒、膨胀蛭石、陶粒等。在普通混凝土中重骨料必不可少。泡沫混凝土由于密度低，加入重骨料易下沉，使浇注体分层而出现较大密度差，并造成塌模。因此，原则上，400kg/m³以下密度的泡沫混凝土不加重骨料，500kg/m³以上泡沫混凝土，确实需要提高强度，且采取快硬水泥或加有促凝剂，同时一次性浇注高度不超过600mm时，可适当加入水泥质量10%~30%的细砂或特细砂，并要求使用干砂，不能使用湿砂。在700kg/m³左右较高密度时，细砂的加入量可提高至水泥量的40%。但这种高密度等级的泡沫混凝土，实际工程中很少采用，因为它的密度过大，极易造成爆板。

轻骨料一般也不加，但在以下几种情况下，可选择性地加入一种或两种轻骨料并用：

（1）为降低导热系数，可加入1%~2%的聚苯颗粒或2%~3%的闭孔珍珠岩或2%~3%的粉煤灰。

（2）为提高抗缩抗裂性和强度，可加入水泥量5%~10%的陶粒。陶粒的堆积密度应小于300kg/m³。也可以将陶粒与适量的膨胀蛭石并用。加入陶粒后会使泵送困难，球阀类泵不能泵送，必须使用S阀的泵，这一点必须与工艺协调考虑。

另外，不论加入何种轻骨料，在泵送以后，都会出现不同程度的浆体与轻骨料分离的现象，影响浆体的匀质性，降低浇注质量。

因此，除非十分必要，一般不建议使用轻骨料。若必须加入时，应注意采取防沉降防分离技术措施。

2. 活性掺合料适量使用或不用

活性掺合料指 I 级或 II 级粉煤灰、磨细矿渣粉、磨细钢渣粉、火山灰粉、煅烧煤矸石粉、煅烧高岭土、活性沸石粉等高活性火山灰类材料。

掺入这些活性材料的主要目的，是可以等量取代一部分水泥，降低泡沫混凝土的成本。另外，粉煤灰的微珠有润滑效应，可以提高泡沫混凝土的流动性，有益于泵送。但是，这些活性材料的加入也有一些副作用，主要是延缓了泡沫混凝土的凝结和硬化。当其加入量大于水泥量的 30% 以上时，这种情况就会比较突出。这对于低密度泡沫混凝土是十分不利的。低密度泡沫混凝土本来泡沫的加入量很大，凝结和硬化较慢，再加入大量的活性掺合料，凝结和硬化更慢。再加上墙体浇注时一次性浇注高度较大，若浆体长时间不凝结硬化，下部浆体中的泡沫就会承受不了上部浆体的自重压力而破泡，造成塌模，使浇注失败。因此，加入活性掺合料必须与工艺要求相适应，以确保不会造成塌模为原则。假如从降低成本的角度考虑，必须加入活性材料时，可依照以下几点要求处理：

（1）控制其加入量。其加入量一般应控制在水泥质量的 50% 以内，最好为 10% ~ 20%。I 级粉煤灰可以提高加入量。比表面积大于 $450\mathrm{m}^2/\mathrm{kg}$ 的矿渣粉，也可以适当提高其加入量。III 级粉煤灰不能使用。

（2）当其加入量大于 30% 时，可以适量加入早强剂、促凝剂等可以明显缩短凝结和硬化时间的外加剂。其外加剂不得含有氯盐等对轻钢龙骨腐蚀的成分。

（3）在夏季施工时，由于高温可促进水泥水化，缩短凝结硬化时间，抵消活性材料加入后造成的缓凝缓硬，所以，可以适当提高活性材料的加入量，并省去早强剂、促凝剂。在春秋季节施工最好不使用活性材料。

3. 少量使用外加剂

外加剂包括早强剂、促凝剂、防冻剂、活性材料活化剂等。对这些外加剂，在一般情况下，特别是夏季，都不必使用，以降低泡沫混凝土的成本；在春秋和冬期施工时，应少量使用。其选择与使用的几项原则是：

（1）在环境温度低于 20℃ 时，就可以使用早强剂或促凝剂，以缩短凝结和硬化时间。

（2）当环境温度低于 0℃ 时，应使用防冻剂。防冻剂选用时应注意不含有氯盐与硫酸盐。不同的防冻剂，其用量不同，应参看说明书，根据气温来决定其加入量。

（3）当活性掺合料的用量较大时，可以加入 2% ~3% 的活化剂，以促进活性材料的水化反应，充分发挥其活性效应。当活性掺合料的加入量在水泥量的 15% 以下时，可以不加活化剂。活化剂亦不得含有氯盐与硫酸盐。

6.2.3　材料及工具

泡沫混凝土墙体浇注施工的材料及工具有：

（1）轻钢龙骨、支撑件。

（2）普通硅酸盐水泥、发泡剂、抗裂剂、聚苯颗粒、粉煤灰和陶粒等。

（3）模板有水泥压力板、轻质混凝土板、纤维水泥平板、硅酸钙板、玻镁板和水泥木丝板等。

（4）切割机、拉铆枪、胶带、高强结构胶、射钉枪、手电钻、密封胶、射钉、钢丝刷、铁抹子、木抹子、量杯、电子秤、铁桶和拉铆钉。

（5）经纬仪、水准仪、卷尺、试模。

（6）防尖罩、水靴等劳保用品及对讲机等通信器材。

6.2.4　工艺流程

泡沫混凝土墙体浇注的工艺流程分为三大部分：安装轻钢龙骨、安装面板和浇注泡沫混凝土。其中，轻钢龙骨与面板的安装，是前期工序，为泡沫混凝土浇注做准备，泡沫混凝土的浇注是核心，也是技术上的重点。

复合墙体的工艺流程见图6-1。

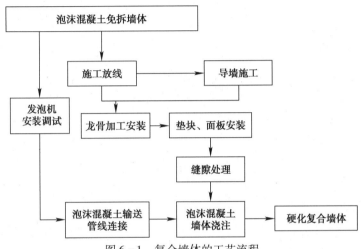

图6-1　复合墙体的工艺流程

1. 施工准备工作

（1）清理施工表面（地面、梁面、柱面等），特别是混凝土框架结构工程。

（2）放线、画线；根据图纸在地面上画出墙位线，并将线引至室内屋顶或柱、侧墙。

（3）墙垫施工。对墙垫与楼、地面接触部位进行清理后涂刷界面剂一道，随后浇注混凝土墙垫。墙垫表面应平整、两侧垂直。

（4）安装调试发泡机组。

2. 墙体龙骨安装

龙骨安装之前对楼地面基层落地灰及垃圾清除干净后先测量放线。根据已复核的标高基准点用水准仪测出室内500mm线，作为墙体标高控制线。依据主体结构原有轴线或外轮廓线利用经纬仪在楼地面上弹出施工墙体控制线。

（1）龙骨安装工序

1）安装上下横龙骨；

2）安装边竖龙骨、中竖龙骨；

3）安装横龙骨；

4）安装门、窗洞口框龙骨；

5）安装并固定贯通性龙骨；

6）安装墙体内的管线。

（2）龙骨的订购和加工

1）轻钢龙骨一般都从市场直接订购。由于本系统的C型钢有开口与普通C型钢有一定的差别，没有现成的产品供应。如果使用不开口的 C 型钢，可以直接从市场购进。因此，必须按要求设计好图纸，向轻钢龙骨的加工厂家订购。格子结构龙骨一般都要从厂家订购。

轻钢龙骨隔墙的限制高度见表 6-1。

轻钢龙骨隔墙的限制高度

表 6-1

龙骨体系	龙骨断面形状	龙骨断面尺寸 $(A/mm) \times (B/mm) \times (t/mm)$	龙骨间距 (mm)	限制高度 H_o (mm)		
				$H_o/120$	$H_o/240$	$H_o/360$
LL QL QC		$50 \times 50 \times 0.63$	300	4570	3620	3170
			450	3990	3170	2770
			600	3630	2880	2510
		$50 \times 50 \times 0.8$	300	5010	3980	3470
			450	4370	3470	3040
			600	3980	3150	2760
LL QL QC		$75 \times 50 \times 0.63$	300	6370	5060	4420
			450	5570	4420	3860
			600	5060	4020	3510
		$75 \times 50 \times 0.8$	300	7000	5560	4860
			450	6120	4860	4240
			600	5560	4410	3850
LL QC		$2-75 \times 50 \times 0.63$	300	8030	6370	5570
			450	7020	5570	4860
			600	6370	5060	4420
		$2-75 \times 50 \times 0.8$	300	8830	7000	6120
			450	7710	6120	5340
			600	7000	5560	4860
LL QL QC		$100 \times 50 \times 0.63$	300	7890	6270	5480
			450	6900	5480	4780
			600	6270	4980	4350
		$100 \times 50 \times 0.8$	300	8680	6890	6020
			450	7580	6020	5260
			600	6890	5470	4780
LL QC		$2-100 \times 50 \times 0.63$	300	9950	7890	6900
			450	8690	6900	6030
			600	7900	6270	5480
		$2-100 \times 50 \times 0.8$	300	10940	8680	7580
			450	9550	7580	6630
			600	8680	6890	6180

2）加工。若自己有条件，也可以自己加工轻钢龙骨，这样可以降低轻钢龙骨的使用成本。其加工设备有滚轧设备和开口设备。滚轧设备有全自动型，每套约几百万元，也有普通电控型，每套约几十万元。如进口新西兰全自动轻钢龙骨成型机，它有 6 种机型，可以加工 89mm 或 150mm、254mm 或 250mm，厚度 0.55～2mm 的 C 型龙骨及 U 型龙骨、每小时加工量 300～1200m，并配备有制造解决方案软件。图 6－2 为美国顶峰智能超轻钢设备，图 6－3 为国产轮压成型机，它也有多种型号，可满足厚度 0.5～2mm，腹板宽度从 50mm 到 250mm 的 C 型钢或 U 型钢龙骨的加工需要。但上述进口和国产机型适合于加工规模较大的龙骨厂内加工，不适合于施工现场加工。为满足一般施工单位在施工现场加工龙骨的需要，2011 年研发了移动式小型辊压成型机，可以方便地在工地移动加工各种龙骨，为现浇墙体的施工配套解决了问题。开口设备是在 C 型钢腹板上开口，开口设备的外形见图 6－4。

图 6－2　美国智能超轻钢设备

图 6－3　国产轮辊成型机

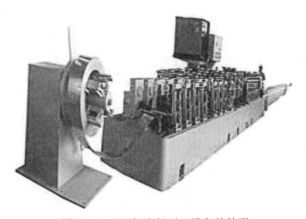

图 6－4　C 型钢腹板开口设备的外形

3）切割。根据设计，应首先列出切割清单，按切割清单进行龙骨切割。

在一般情况下，应该让龙骨生产厂家按清单所列规格把龙骨切割好，不需要在施工现场切割。但若是自己在施工现场加工龙骨或一些特殊的需要，就需要在现场切割龙骨。切割龙骨的工具图6-5是克琐斯制造轻钢龙骨切割工具，可切割任何规格轻钢龙骨；切割工具也可以使用电剪刀、航空剪刀、砂轮锯、圆锯或手提式液压剪刀。

图6-5　切割龙骨工具

（3）龙骨安装

1）安装上、下横龙骨：

①龙骨的规格、型号及安装位置应符合设计要求，其安装位置偏差不应大于3mm。

②上、下横龙骨应采用金属膨胀螺栓和射钉固定，其型号、规格及间距应符合设计要求，固定时应注意避开结构预埋的管线。

③外墙安装。由于外墙在使用过程中要承受风荷载或外挂石材、幕墙、饰面砖等附加荷载，且外墙破坏后存在坠落风险，因此外墙上、下横龙骨需选用较厚材质龙骨，安装时需要有可靠连接。连接时，可采用化学锚栓或植筋方式将上、下横龙骨固定，其间距不小于900mm，或由设计部门依据计算结果确定。

④内墙安装。当沿上、下横龙骨与主体结构（混凝土或钢框架）连接时，可采用射钉、膨胀螺栓或预埋木砖使用木螺钉紧固，如图6-6所示。间距应小于800mm，其间距应参照表6-1选用。

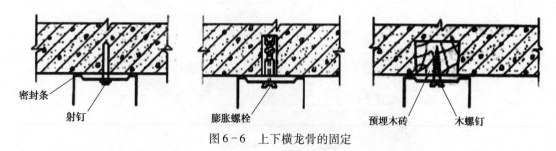

密封条　射钉　　膨胀螺栓　　预埋木砖　木螺钉

图6-6　上下横龙骨的固定

对于没有吊挂物等隔墙，龙骨间距一般以300～400mm为宜。

图6-7为安装上横龙骨，图6-8为安装下横龙骨。

图 6-7 安装上横龙骨

图 6-8 安装下横龙骨

2）竖龙骨安装：

①竖龙骨应按设计间距垂直套入上、下横龙骨内，开口的方向应一致，并用龙骨钳与上下横龙骨固定。

②边竖龙骨与主体结构的柱、墙面衔接处应留置不超过 100mm 的间距。

③安装竖龙骨应根据所确定的竖龙骨间距就位。当采用暗接缝时，则竖龙骨间距应增加 6mm（如龙骨间距为 450mm 或 600mm，则实际应为 453mm 或 603mm），如果采用明接缝时，则应按明缝宽度来确定。竖龙骨的间距一般 400～600mm。采用的面板较厚时，龙骨间距可以大些，而当面板较薄时，龙骨的间距就应小些。竖龙骨的间距越大，浇注时爆板的可能性就越大。竖龙骨的安装间距应合适。

④对已确定的竖龙骨间距，在上、下横龙骨上分档画线。竖龙骨应从墙的一端开始排列，当墙体上设有门（或窗）时，应以门（或窗）口向一侧或两侧排列，当最后一根竖龙骨距墙或柱边的尺寸大于规定的竖龙骨间距时，必须增设一根龙骨。竖龙骨与上、下横龙骨一般采用抽芯铆钉或自攻螺钉固定。竖龙骨安装场景如图 6-9 所示。

图 6-9 竖龙骨的安装场景

⑤竖龙骨一般不需要加长，因为龙骨均是按订单要求切割到所需要的长度，但为了满足特殊高度的墙体，有些龙骨需要接长。接长的龙骨交叠部分不少于 200mm，或是不小于整个墙体高度的 20%，两翼以自攻螺钉固定。

竖龙骨的接长做法如图 6-10 所示。

3）安装门、窗洞口框龙骨。安装门口、窗口立柱，应根据设计确定的门口、窗口立

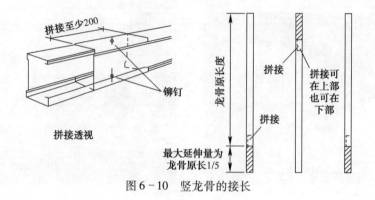

图 6-10 竖龙骨的接长

柱形式进行组合，在安装立柱的同时，应将门口、窗口与立柱一并就位固定并同时安装横梁。门框窗口处的竖向龙骨与上下横龙骨要固定紧密，以提高强度。

4）安装水平横龙骨。当墙体高度过大时，为提高墙体的强度，有时就需要加装横龙骨，即水平龙骨。水平龙骨一般有两种连接方式。

①采用水平横龙骨与竖龙骨连接如图 6-11 所示。

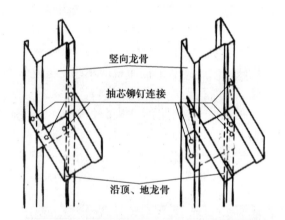

图 6-11 水平横龙骨与竖龙骨连接

②采用竖龙骨用卡托或角托与横龙骨连接如图 6-12 所示。

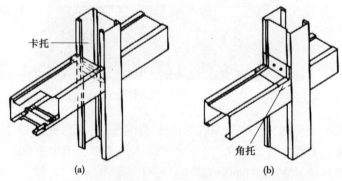

(a)   (b)

图 6-12 竖龙骨采用卡托（或角托）与横龙骨的连接

5）安装并固定贯通性龙骨。采用嵌缝条与竖龙骨连接（采用抽芯铆钉或自攻螺钉）；安装通贯（横撑）龙骨，通贯龙骨必须与竖龙骨的冲击保持在同一水平上，并卡紧不得松动，如图6－13所示。

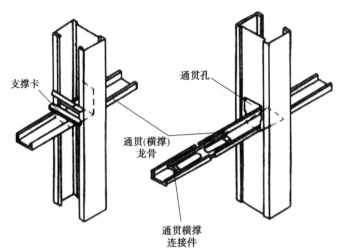

图6－13　通贯龙骨的安装

6）龙骨安装完成后，应进行隐蔽工程验收。

6.2.5　安装面板

（1）安装面板前，应对墙体中预埋的管线和附墙设备采取加固措施并认真检查有无问题。

（2）面板上安装断桥垫块或垫条。断桥垫块或垫条的作用是将龙骨与面板隔开一定的间距，使泡沫混凝土填充这一间距，包覆龙骨。断桥垫块或垫条一般安装在面板上。因此，在面板安装前，应先把垫块安装在面板上。安装的方法是垫块间距100mm左右，行距200mm。板薄则缩小间距，板厚则扩大间距。垫块或垫条采用胶粘或用螺钉固定均可。若是脆性较大的垫块或垫条，一般用胶粘；若是韧性较好的垫块或垫条，则采用螺钉固定。为防止垫块或垫条的位置偏离龙骨，应在安装固定垫块或垫条前，在面板上用定位器标出其每一垫块或垫条的准确位置。图6－14为垫条在面板上的安装。

图6－14　垫条在面板上的安装

（3）面板的安装方向，有竖向和横向两种，具体应根据工程情况自行选样。所谓竖向，即面板的长边与竖龙骨一致；所谓横向，即面板的长边与竖龙骨垂直。目前，这两种方向都在实际工程中应用。杭萧钢构在武汉世纪家园项目施工中,采用的是横向安装,而北京布伊格公司在呼市东方君小区项目施工中,采用的则是竖向安装。两种方法各有好处,都是可行的。图6-15是横向安装与竖向安装的工程应用照片。

在安装时,面板的较粗糙的一面应朝向龙骨,以增加面板与泡沫混凝土浆体的结合力,避免浆体硬化后,与面板有较大的分离。

(a)   (b)

图6-15 横向安装与竖向安装的工程应用

(a) 横向安装墙板墙体现浇;(b) 竖向安装墙板墙体现浇

(4) 面板安装缝的错缝排列,有利于增强保温及隔声效果。其错缝的方法,是墙体内外两侧的面板接缝应该错开安装,即不在同一条龙骨上接缝。竖向接缝及横向都应该内外侧错缝。图6-16是竖向接缝错缝示意图。

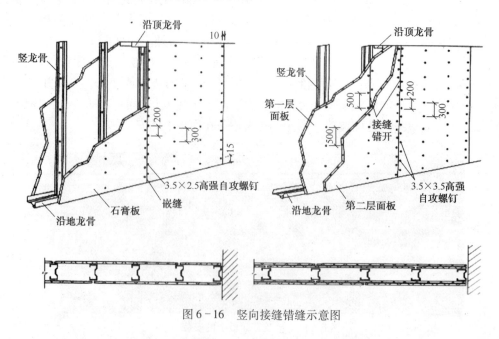

图6-16 竖向接缝错缝示意图

(5) 面板需沿着墙体的一端开始,逐步向另一端安装,板材必须准确切割,以适应交界处、顶部和底部的距离。

　　为避免墙体或门框处不垂直，所有的测量必须精确，在面板安装前要进行龙骨框架的调整。

　　用手提式切割机切割面板，并达到所需尺寸。对孔洞的测量、标记和切割必须准确，并要求孔周围整洁，在切割完孔洞后，清除留在周围面板上的粉尘。

　　（6）面板与轻钢龙骨的固定，应采用带喇叭形螺帽的自攻螺钉，12mm 厚的面板采用 25mm 长的螺钉，10mm 厚的面板采用 20mm 长的螺钉。螺钉距面板的边缘，应大于等于 15mm，螺钉顶应略埋入板内，以便不妨碍刮腻子。螺钉在面板边的间距应为 250mm，在板的中间应为 300mm。

　　（7）墙体下端不应直接与地面接触，特别是采用不耐水的玻镁板时，一是防水，二是给予一定的面板热胀空间。因此面板与地面可留 10~15mm 的间隙。隔声墙体的四周应留有 5mm 的间隙。所有的间隙均应使用密封膏嵌实。对于湿环境（如卫生间）的墙体，其下端应做墙垫，并在板的下端嵌入密封膏，缝宽应小于 5mm。

　　（8）管线的敷设。当面板一面安装完成后，要与机电承包商协调并要求他们开始工作；机电管道可以通过在龙骨中管线孔而穿越安装，对水管来说，在完成板材安装前必须进行水压测试，以确保连接处不漏水。确保所有的管线边上都留有至少 20mm 的间隙以便填浆。待检查和确认完机电管道后，安装另一面墙板；如有需要，可安装防火门。

　　（9）安装墙面连接件：

　　1）当墙体上设有穿墙管线时，应先开孔。

　　2）在墙中敷设电器插座或接线盒时，应按设计要求，安装面板隔离框，并与龙骨骨架固定，缝隙用密封膏嵌严实。

　　（10）墙面的处理：

　　1）面板安装完毕后，首先应扫除浮灰。若面板有损坏，则应进行有效的修补。修补可采用苯丙乳液 1:9 稀释液涂刷一遍，待干燥后再修补。

　　2）除明缝之外的所有接缝，包括面板之间和面板与屋顶、侧墙的接缝，必须嵌缝，并粘接缝带。

　　（11）曲面墙体的安装方法：

　　若是曲面墙体，应采用较薄的面板（厚度 8mm 以下），龙骨间距缩小至 300mm。安装时，先将面板的一端固定，然后再轻轻地向另一端安装固定，直到完成曲面墙体。曲面的半径越小，面板就要越薄，或面板潮化数小时后再使用，以降低其脆性。图 6-17 是面板的安装、图 6-18 是固定面板的钉子枪。

　　（12）另一种墙体龙骨安装方法：

　　墙体龙骨沿墙体水平方向每 900mm 设置一道。根据已给出的龙骨定位线，用射钉将龙骨固定件固定于梁（板）底、楼（地）面，应上下对应，保证竖向龙骨的垂直。龙骨上下端部与龙骨固定件用拉铆钉固定牢固。

　　对于不同高度的墙体及门窗洞口，龙骨可根据设计尺寸的要求进行切割，与龙骨固定件连接的部位需用手电钻重新打孔。

　　复合保温墙体安装示意图如图 6-19 所示，复合保温墙体效果图如图 6-20 所示。

图6-17 面板安装

图6-18 固定面板的钉子枪

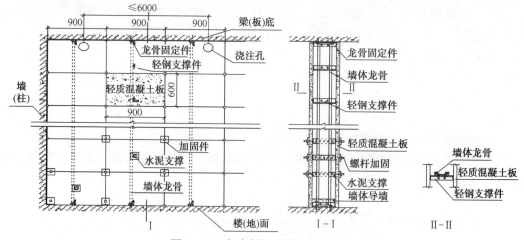

图6-19 复合保温墙体安装示意图

图6-20 复合保温墙体效果图

　　龙骨与墙或柱的连接如图6-21所示。
　　龙骨与楼（地）面的连接如图6-22所示。
　　龙骨与梁（板）底的连接如图6-23所示。

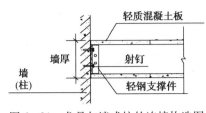

图 6－21　龙骨与墙或柱的连接构造图

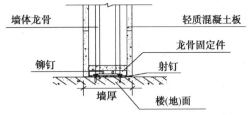

图 6－22　龙骨与楼（地）面的连接构造图

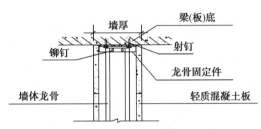

图 6－23　龙骨与梁（板）底的连接构造图

（13）墙体导墙施工。在墙体底部浇注一层 30mm 厚 1:4 水泥砂浆层作为定位两侧轻质混凝土板底部的导墙。

（14）轻质混凝土板的安装。轻质混凝土板从下到上依次拼装，拼装时墙体两侧同时进行。板内连接件、四角水泥支撑同时就位。

扁钢连接件用铆钉连接在墙体龙骨上，连接墙柱部位用射钉将扁钢连接件固定于墙柱上。

施工时上下板块间水平缝应铺一层 2mm 厚水泥胶浆，竖向倒角接缝处待板安装垂直校正后用膨胀水泥腻子抹实。

轻质混凝土板在梁板柱墙处的缝隙可用 XPS 填缝，表面采用密封胶处理。

当轻质混凝土板拼装至墙体顶部、端部或门窗洞口处不足一整块时，按现场实际需要尺寸进行切割，且尽量做到充分利用轻质混凝土板。

轻质混凝土板与梁底（板底）缝隙应采用水泥胶浆填塞密实，防止浇注泡沫混凝土时从上部缝隙溢出造成墙体与梁底出现缝隙。

不同类型墙体节点图及门窗洞口节点图见图 6－24～图 6－31。

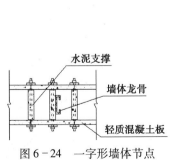

图 6－24　一字形墙体节点

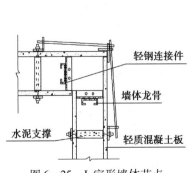

图 6－25　L 字形墙体节点

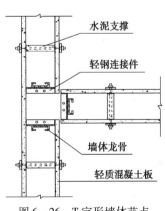

图 6－26　T 字形墙体节点

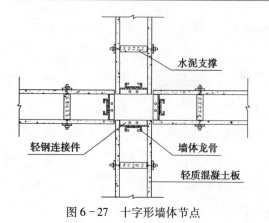

图 6-27　十字形墙体节点

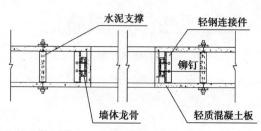

图 6-28　门窗洞口侧面节点

图 6-29　门窗及"L"墙角加固效果图

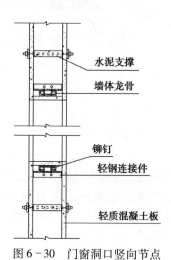

图 6-30　门窗洞口竖向节点

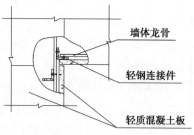

图 6-31　门窗洞口角部节点

（15）水电管线敷设。水电管线的敷设应与轻质混凝土板拼装同步进行。在浇注泡沫混凝土前完成隐蔽工程验收。电线盒子等安装采用水钻洗眼，不得任意剔凿，周边缝隙用密封胶封严。

（16）加固、校正。轻质混凝土板拼装一定高度就可进行螺杆的加固，分别在轻质混凝土板中间和四角位置穿进螺杆，轻质混凝土板与螺帽间加一专用垫片，然后用扳手把螺帽拧紧。加固同时控制好墙体平整度和垂直度，不足之处要及时调整。

对于转角墙阳角处加设对应的拉结点。加固后有缝隙处应用膨胀水泥腻子再次抹实。

6.2.6 泡沫混凝土的**浇注**

1. 泡沫混凝土浇注工艺流程

泡沫混凝土的浇注工艺分为四大部分，即计量配料、搅拌制水泥浆、发泡混泡、泵送浇注。其具体工艺流程如图6-32所示。

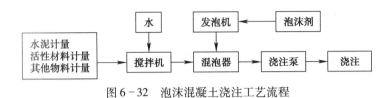

图6-32　泡沫混凝土浇注工艺流程

2. 浇注准备

在正式开始浇注施工前，应该进行如下准备工作：

（1）开设浇注孔。在面板安装完成后，应开设浇注孔。浇注孔应开在停放浇注设备的一侧，其直径应略大于浇注管，以方便插入，一般以 $\phi60 \sim \phi80$mm 为宜。浇注孔应该排列整齐，呈规则性地设置在每根龙骨的中心位置。面板安装后开设浇注孔如图6-33所示。

开设浇注孔应注意如下事项：

①浇注孔必须是清洁的。

②在每道墙的一侧应分别设置两排浇注孔，浇注孔开设位置、排数应按墙高确定，每隔1.5m设置一排，上、下排浇注孔距离不应超过1.5m，即超过3m墙体应多设置一排浇注孔。

③最上面的一组浇注孔应位于紧靠沿顶龙骨的下端；最下边的一组浇注孔应距楼地面1.5m高。

④为确保墙内所有的空间都被完全地浇注填充，可在固定件的周围再增加一些孔洞。

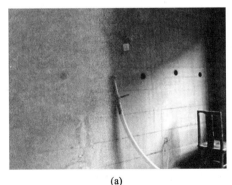
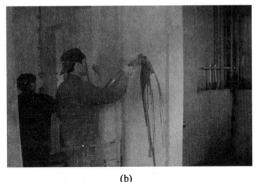

(a)　　　　　　　　　　　　　(b)

图6-33　面板安装后开设浇注孔

（a）面板已开设浇注孔；（b）正在浇注泡沫混凝土

⑤为防止空气被堵在空墙体内，造成浇注不密实，形成空气团无浆区，应在合适位置开设一定数量的排气孔。

⑥浇注孔应采用开孔机开设，不能人工挖孔。

⑦"T、L、+"字形墙体应在每肢墙体上均设浇注孔。

（2）用清水检查浇注管是否堵塞，做好设备的各种检查。浇注管应避免盘曲，以减少阻力。

（3）施工前应按设计及工艺要求确定浆料的施工配合比，并通过试配予以调整；施工现场应有专人负责按调整后的配合比配料。当水泥更换品种或生产厂家、原材料更换规格等变动因素发生时，都要重新进行试配，确定新的配合比。严禁不经试配直接施工，以免造成质量事故。

3. 配料

如果只用水泥，不用活性材料和外加剂，则不需要过多考虑配料，只需掌握好水灰比即可。在一般情况下，水灰比为 0.5 ~ 0.6，水灰比过大将降低泡沫混凝土的质量，水灰比过小则难以泵送。有些施工者为方便泵送，水灰比加大到 0.7 ~ 0.9，是十分不可取的。

水灰比的控制十分重要，在设备上应有控制装置。应有自动配料系统，靠人工配料很难满足工艺要求，也很难跟上搅拌速度。在这种情况下，设备应有自动配料装置。

配料误差应控制在下列允许范围内，其中：水泥、水为 2%、掺加料为 0.3%、轻骨料为 0.1%，外加剂 0.1%，轻骨料也可采用体积计量。

4. 制水泥浆

（1）制浆工艺与设备。

制浆工艺有两种：间歇制浆与连续制浆。目前，国内市场上的制浆机大多数为连续制浆。

①连续制浆工艺是采用螺带卧式搅拌机，搅拌筒较长，物料从搅拌机的一端连续加入，水也同时呈帘幕状从喷水管中喷入，水泥等干物料与水在搅拌机筒的上方混合，落入机筒后，受螺带叶片的反复剪切和糅和，在螺带推动力的作用下，向机筒另一端缓缓移动。当其移动到搅拌筒的另一端时，已搅拌成水泥料浆。输送泵将浆体从搅拌机中不停地推出，完成浆体的搅拌。整个过程根据其机筒不同长度和搅拌轴转速，大约为 10 ~ 40s 完成拌料。连续制浆的优点是：生产效率高，可连续操作，节电省人工，机型较小，搅拌机简单，价格较低。

连续制浆的缺点是：物料在搅拌机内停留的时间较短，各物料与水不能充分混合，影响浆体的质量，特别是影响泡沫混凝土的强度、吸水率、导热系数等。

②间歇搅拌的浆体质量高，但缺点是不能连续出浆，效率低。所以，不采用连续搅拌、连续出浆的工艺就难以实现连续泵送浇注，大大地影响浇注速度，使产量下降，影响施工。

现在采用新研发出的双筒间歇搅拌机，可以圆满解决这一难题。两个搅拌筒轮流制浆，搅拌时间为 3 ~ 5min，可保证浆体质量。制好的浆体轮流排放到储浆罐中，使储浆罐始终保持一定的储量。浇注泵从储浆罐中抽取浆体，同样可实现连续泵送。本机在不降低效率的情况下，解决了浆体质量与连续泵送的矛盾，这种机型所制浆体，抗压强度在配比不变的情况下，可提高 10% 左右，且吸水率降低 5%，具有很强的优势。图 6 - 34 为双桶间歇搅拌机。

（2）搅拌工艺控制。

如采用连续搅拌机，机筒长度不得小于 1.5m，最好为 1.7 ~ 1.8m，其物料在搅拌筒内的停留时间不得短于 30s。搅拌叶片不得少于 3 螺带，最好为 4 螺带，搅拌叶片与搅拌

图 6-34 双桶间歇搅拌机

筒的间距不得大于 5mm。

如采用间歇搅拌机，总搅拌时间应不小于 5min，投料后的搅拌时间不得小于 3min。搅拌机应安装有变频装置，在加料期间，搅拌机转速可控制在 30r/min，加完物料后，可逐渐变速到 60~120r/min。

5. 浆体质量控制

（1）制取泡沫

泡沫的制取俗称"发泡"，规范的说法是"制泡"，其主要设备是发泡机。

1）泡沫制取工艺。泡沫制取工艺是将高浓度的泡沫剂加水稀释 20~30 倍，成为泡沫剂稀释液，然后由泵送入发泡机，经高压空气作用，形成泡沫。

2）泡沫质量的控制。在泡沫剂品种及质量已经过检测确定之后，泡沫的质量控制就不需要再经过泡沫混凝土的检测来确定，只需在现场通过泡沫仪的测定即可控制其品质。泡沫品质的控制项目主要是其稳定性和含水量。这二者可以分别通过控制其泌水量和沉降距来测定。

①沉降距：主要表征泡沫的稳定性，气泡在破灭之后就会引起泡沫体积的缩小而引起沉降。通过测定它的沉降距，就可以知道它的稳定性高低。墙体现浇要求泡沫的沉降距在 1h 之内不能超过 90mm。

②泌水率：主要表征泡沫的含水量。泡沫的含水量越大，泌水就越大。而含水量越大，泡沫的质量就越差，它意味着泡沫体中的气泡量下降，而水量上升。泡沫含水多，会导致泡沫混凝土中的气孔率降低，而使毛细孔增加，泡沫混凝土的吸水率和导热系数提高，影响其使用性，墙体现浇，要求其 1h 的泌水率低于 90%。

③泡径：墙体现浇要求泡沫中的气泡泡径大多为 1~2mm，少数为 2~3mm 及 0.5~1mm，过大的泡径（>3mm）不合格，若 60% 的泡径小于 0.5mm，也视为不合格。

3）优质泡沫的控制因素。

制取优质的泡沫，并非只是泡沫剂来决定的，发泡机、稀释用水、环境气温等均有影响。所以，要获得优质的泡沫，应从以下几个方面综合入手，全面进行质量控制。

①泡沫剂的控制。泡沫剂对沉降距、泌水率、泡径三方面均有影响，但对沉降距影响最大。优质泡沫剂所制泡沫，在保证高发泡倍数的情况下，仍具有良好的泡沫稳定性，所制泡沫的沉降距很小，在使用相同发泡机的情况下，泌水率也较小。另外，不同泡沫剂，虽采用相同的发泡机其泡径也不同。一般来讲，高黏性的泡沫剂产生的泡沫较细密。泡沫剂由于其含有表面活性剂的品种不同，泡沫的泡径也有差异，有些表面活性剂产生的泡沫很细密，而有些却不细密。

因此，选取适用的泡沫剂十分重要。目前，市场上的泡沫剂品种众多，应通过各种检测来判断其优劣，而不是凭感觉或单凭其说明书。北京广慧精研泡沫混凝土科技有限公司的泡沫剂 XF - 400 是专为墙体现浇所研制的，具有低沉降距，低泌水率，泡径适中等优点，比较适合使用。

②发泡机的控制。发泡机对泌水率、泡径、发泡倍数三者影响最大，对沉降距虽也有影响，但较小。发泡倍数不属于泡沫质量，而属于泡沫剂质量，这里不予讨论。这里主要介绍发泡机对泌水率、泡径、沉降距这三大泡沫质量的影响。

a. 发泡机空压机压力。发泡机的压力有个最佳区间值，压力过大，泡壁过薄，沉降距就较大；而压力过小，则制不出泡沫，或发泡机产量下降。不同的发泡机，有不同的最佳压力值区间。其最佳压力值区间的确定，与发泡机的产量设计，发泡筒直径与长度，其中弥散材料的种类与填充量，特别是与发泡机泵的压力均有关系。如果发泡机的压力值设置不在最佳区间，过大过小都不可能制出优质的泡沫，甚至制不出泡沫。

b. 泡沫发生器。泡沫发生器又名发泡筒，是发泡机的核心部件，泡沫剂在压力下通过它而生成泡沫。因此，它的技术参数设计的是否得当，就决定泡沫质量，这是从发泡机外观看不出来的。泡沫发生器的主要因素是其长径比、填充材料品种、填充量。如果它的长径比过大，即发泡筒过长，空气阻力大，泡沫细小，含水量小，即泡沫较干，但产量下降，同时，泡壁过薄而易破。而发泡筒过短，产量虽高，但泡沫含水量大，品质下降。因此，发泡筒的长度

图 6 - 35　发泡筒外观

与直径有一个最佳的比例，应通过大量试验来决定。泡沫发生器的第二个因素是填充材料品种，加入颗粒材料泡径就大，而加入纤维状材料，泡径变小。其填充量也有很大影响，填充量大则阻力大、泡径小、产量下降、泡沫含水量小，填充量小，则泡沫变大，产量上升，但含水量大。图 6 - 35 所示为发泡筒外观。

c. 水气控制装置。发泡机里边有无水气的精确控制装置，若有，则要看安装的是何种档次的控制装置，因为它对发泡机的泡沫质量和产量将会有至关重要的影响。

水，即指泡沫溶液。气，即高压空气。二者的量必须匹配且是最佳值。水多则泡沫产量大，但泡沫含水量大泌水率大、沉降距大，泡沫品质差；气多，则泡沫产量小，含水量小，泡壁较薄易破泡。只有二者比例适当，才会产生稳定而优质的泡沫。

控制水气比例。目前，多数发泡机是靠安装的手动阀门来控制，而高性能发泡机安装的是自动阀门，用微机来控制，全自动微调。也有的发泡机根本没有微调装置，只是一个大致的比例设置。因此，不同控制方式的发泡机是会有不同的泡沫质量的。

发泡机的影响因素如此之多，各地的发泡机质量相差较大，在选购时应认真地比较。

③水的控制。水的硬度不同，对泡沫的稳定性影响也不同。硬度较大的水稀释泡沫剂，所产生的泡沫稳定性较差。当然，有些泡沫剂耐硬水，影响较小或没有影响。但水的硬度的影响也是不容忽视的。

水的预处理方式不同，泡沫质量也不同。有的预处理，会提高泡沫的稳定性，降低泌水率。有的预处理则会提高泡沫量，增大发泡倍数，但不利于泡沫的稳定。

④温度的控制。不同的温度，对泡沫品质会有不同的影响。在一般情况下，温度高，

泡沫产量会增大,但泡壁变薄,泡沫的稳定性不好。温度低,不易起泡,泡沫含水增大,但稳定性较好。在夏季发泡机不宜在烈日下操作,以免温度过高而影响泡沫质量;在冬季,应在有升温条件处发泡,或使用热水稀释泡沫剂,以提高起泡效果。

(2)制取泡沫水泥浆

这一道工序是将泡沫与水泥浆混合,使其成为最后可以浇注到墙体空腔中的泡沫混凝土浆体。

1)混泡工艺。混泡工艺有两种:间歇混泡和连续混泡。目前,国内各企业普遍采用的是连续混泡,间歇混泡虽有应用,但较少。

①间歇混泡在泡沫混凝土发展的早期阶段,是普遍使用的一种工艺,特别是1930~1980年的50年间,这种工艺基本占主导,这种工艺是先制出泡沫和水泥浆,再将二者同时加入叶片式混泡机,混合成泡沫混凝土浆体。

间歇混泡的优点是混泡时间可以人工控制和调整,混泡时间长,均匀性较好。而且,加泡量也可以人工精确控制,泡沫水泥浆的质量较好。其不足是产量较低,且混泡时泡沫的损失较大,一般可达5%~15%。目前,国内一些厂家也使用这种混泡方式混合泡沫生产泡沫混凝土制品。2008年,作者在德州一家玻镁通风管厂家,就曾看到他们在使用这种方式混泡。

这种方式比较适合于生产制品,用于现浇由于效率较低,不适合现场操作,因此目前只有个别企业使用。

②连续混泡是将泡沫和水泥浆同时送入静态混合器,通过无动力的静态混合,快速制成泡沫水泥浆。

静态混合器俗称混泡筒。它是一个直径1000~2000mm的耐高压钢筒,中间安装有静态混合片,水泥浆和泡沫在压力下进入混合器,在静态混合片的作用下,只需5~20s就可以均匀混合为泡沫水泥浆。

静态混合器的优点是混合速度快、产能大、节电,基本能实现快速混合。但其缺点是混合均匀性不及间歇混合,且浆体密度不易精确控制。图6-36为静态混合器的外观。

图6-36 静态混合器外观

2)混泡质量控制。混泡质量主要表现在两个方面:泡沫水泥浆体的匀质性即均匀度,泡沫水泥浆体的密度控制。

①浆体应具有很高的均匀度,其外观亮泽、细腻,手按有弹性,没有泡沫漂浮,目视没有混合不均匀的现象。

②浆体密度应符合设计要求,其湿密度差不大于5%,没有波动和不稳定现象。目前,现浇的一个突出问题就是密度波动,造成质量不稳定。其原因就是混泡时泡沫忽多忽少,如何控制密度,是个关键问题。

3)泡沫水泥浆优质化的主要因素控制:

①均匀度控制因素。泡沫水泥浆均匀度的控制因素，主要是静态混合器的设计参数是否合理，尤其是其长度，内部混合片的数量、角度、排列方法等。这些参数均有一个最佳的匹配，若匹配不合理，就会出现浆体不均匀。不同的厂家有不同的设计，核心是能否都达到了合理性，在设计前是否经过试验优选。

②密度控制因素。泡沫水泥浆密度的控制因素，主要是进入静态混合器的泡浆比，即泡沫与水泥浆的比例是否合理和准确。泡浆比越大，浆体就越轻。如果二者的比例不能精确控制，就会造成密度的波动。其关键因素在于设备是否设计安装了泡沫与浆体的控制机构，以及这一机构的自动化程度。目前，一些设备上没有安装控制机构，密度就不易控制。如何实现其自动控制，是个核心。

（3）浇注

浇注是本系统复合墙体的芯层施工的关键工序，复合墙体芯层这一工序最终形成。能否成功浇注，尤显重要。

1）在浇注前，首先认真检查已安装的墙体是否坚牢，特别是螺钉是否稳妥地固定，缝隙是否密封，有无可能漏浆的地方。还要查看接缝处的管线输出端口是否密封，以避免填缝料的侵害。

2）将U形浇注管插入浇注孔，浆体出口必须向下。浇注管出口段严禁使用直管，也不允许管口直对另一侧覆盖面板，以防浆体冲击力把另一侧面板冲破，造成爆板事故。

3）浇注管插好并打开阀门，做好浇注准备后，方可用遥控开关打开浇注泵送浆，开始浇注。若浇注泵不是遥控型的，浇注人员可以用手机或对讲机通知浇注泵操作人员打开浇注泵送浆。

4）一次性浇注高度不能太高，建议为 1~1.5m。否则，浆体对面板的压力过大，会使面板爆裂。若发现爆板应立即关闭浇注管，停止浇注，将爆裂的面板更换。更换面板期间，可将浇注管移至其他墙面或浇注口继续浇注，无须停工。

5）浇注口开始向外溢浆时，证明浇注口以下已经注满浆体，可以停止浇注。首先关闭浆泵，再关闭浇注管阀门，然后拔出浇注管。将浇注管移至其他浇注孔，插入后继续浇注。

6）接近上部导轨（沿顶龙骨）部位，在浇注管抽出浇注孔之前，应在浇注孔的各个方向来回移动浇注管，把浆体推进洞口的顶部拐角处，把整个孔内空间全部挤满。

浇注应连续进行，如采用分层浇注方案，应在前层泡沫混凝土终凝后进行上部泡沫混凝土浇注；注意，在上层泡沫混凝土浇注前，首先将下层泡沫混凝土表面浮浆清理干净；在混凝土浇注至梁（板）底时，现浇孔外侧设一溜槽，溜槽四周用软性材料封堵严密，溜槽高度超出梁（板）底部，当溜槽内泡沫混凝土超过梁底高度且停滞 15min 后未出现塌陷时即表明梁（板）底泡沫混凝土墙体填充密实（图6-37）。24h 后将溜槽处凸出部分的泡沫混凝土剔凿平整。浇注完毕，应将搅拌机、输送泵及软管清洗干净。

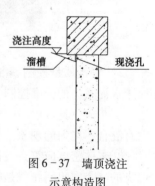

图6-37 墙顶浇注示意构造图

7）在一些浆体不能浇注的部位，应当用泥铲等其他工具把浆体填满，不留死角空隙，尤其注意难浇注部位。

8）抽出浇注管之后，立即用封闭块将浇注孔封闭，防上浆体外泄。封闭块可采用开孔器开孔，开孔器锉下的圆块封闭后，应用胶带固定封闭块，以避免浆体压力将其挤落。

9）浇注一次后，应在 4～12h 浆体终凝之后，再进行第二次浇注。若不等终凝就进行二次浇注，浆体冲击力和自重压力会将前次浇注体损毁塌落。一层楼若墙高 3m，应分两次浇注，每次 1.5m 左右。

10）待墙体浇注结束后，应养护 7d，才能在墙面上进行其他作业。每天浇水次数以保持墙面湿润状态，有条件时要进行覆盖或喷洒养护剂。严禁浇注后 7d 内在墙面上施工。

（4）防止浇注爆板的技术措施

面板被浆体的巨大压力胀破炸裂，导致已浇注的浆体外泄，称为爆板事故。这是现浇墙体浇注时最严重的事故。它不但报废了板材和浆体，更换面板和清理外泄的浆体影响工程进程，污染施工环境，而且在高层施工时，爆落的板材和浆体还会伤害楼下的人员，甚至伤亡。因此，防止浇注爆板事故的发生，至关重要。

防止爆板的技术措施：

1）泡沫混凝土浆体的密度要尽量降低。浆体密度越低，其对面板的侧压力就越小，越不易造成爆板。加入玻化微珠轻骨料或聚苯颗粒等有助于降低浆体密度，但应控制其加入量，过量则难以泵送。

2）一次性浇注浆体的高度应严加控制。决不能为赶施工进度而随意增加浇注高度。具体浇注高度应根据浆体密度和墙体内腔大小来决定。一般情况下，150mm 厚墙体，一次浇注高度不得大于 1.5m；200mm 厚墙体，一次浇注高度不得大于 1.0m；240mm 厚以上墙体，一次浇注高度不得大于 0.6m。当面板较厚（>12mm）和韧性较强时，可适当增加浇注高度。一次浇注高度应通过施工前的爆板试验来确定，以不造成爆板为原则。

3）在面板外侧另加浇注模板。此方法最为有效，我们已在不少工程中采用，尤其是一次浇注高度较高或墙体较厚的工程。模板应选用支护方便、拆装快捷、轻巧耐用的品种，选用轻塑模板为宜。图 6-38 为轻塑模板的施工安装。

图 6-38　轻塑模板的施工安装

4）在墙体内外两侧安装穿墙对拉螺杆。该对拉螺杆应在墙面上形成可以连接成整体的长条状拉件，以利分散浆体外胀应力。其拉杆可设计为 300～400mm 一排，且不宜太粗，直径以 10mm 以内为宜，以免在浆体接近终凝时抽出留下太大的孔洞。其抽出的孔洞应用保温浆体填充。

5）在墙面上临时加固斜撑或横竖撑。

斜撑或横竖撑可采用木条，用螺栓固定在墙面上。斜撑木条的厚度 20～30mm，宽度应尽量大些，以强化抗压力，一般以 50～150mm 为宜。图 6-39 所示为施工中应用的斜撑，图 6-40 为施工中应用的竖撑。

图 6-39　施工中应用的斜撑图

图 6-40　施工中应用的竖撑

6）增大面板厚度和抗折强度。现在使用的面板厚度一般为 10mm，当墙体浇注层厚度超过 200mm 时，面板的厚度应加大到 12mm 以上，具体板厚以能满足抗爆板要求为标准。

选择抗折力较强的优质板材，也是一项重要的技术措施。质量差的板材发脆（如水泡玻镁板或低档纤维水泥板），即使较厚也很容易爆板。因此，应严禁使用低价劣质板材。所用板材应在购进前进行抗爆板浇注试验，易爆板者不使用。

7）面板背面复合泡沫混凝土板。本方法是将泡沫混凝土板粘贴到面板的背面，其厚度应根据浇注墙体的厚度来确定。浇注层越厚，泡沫混凝土板应越厚。一般其厚度为 25～40mm，干密度为 150～180kg/m³，泡径 3mm，以增强对板面的结合力。本技术由北京优耐特公司沈仲文经理在施工实践中总结经验所创造，2012 年率先在张家口墙体现浇工程中使用，取得了良好的抗爆板效果。图 6-41 所示为泡沫混凝土复合板。

图 6-41　泡沫混凝土复合板

本方法的技术原理：

①面板经复合泡沫混凝土板后，其抗折力大幅提高。其粘结砂浆及泡沫混凝土板，对

面板起到了双重的加固作用。

②面板经复合泡沫混凝土板后，其厚度增加，相应地减小了墙体的浇注空间，使浇注的泡沫混凝土浆体减少，浆体对面板的压力随之减轻，进而防止了爆板。以240mm厚墙体为例，双侧面板为20mm（板厚10mm）墙体浇注空腔为220mm。若每侧面板的背面粘贴了30mm厚的泡沫混凝土板，墙体空腔仅160mm厚，浆体的浇注量减少了1/4，即对面板的压力也降低了1/4。

8）面板背面粘贴增强涂塑玻纤网格布。本方法也是一种对面板进行增强加固的有效技术措施。具体做法，是采用聚合物砂浆在面板的背面粘贴一层玻纤网格布。粘贴以后，网格布的表面不再另涂砂浆，以增加板面的粗糙度，提高泡沫混凝土浆体与面板的结合力。

9）控制一次性浇注高度。其一次性浇注高度不应太大，尤其是墙体较厚，泡沫混凝土浆体浇注量较大的工程。

10）提高浆体的凝结速度。浆体在终凝后就失去了对面板的外胀力，在初凝后也可降低对面板的外胀力。所以，采用快硬型水泥、早强水泥或在水泥中加入促凝剂，缩短泡沫混凝土浆体的凝结时间，尤其是终凝时间，对避免或减少爆板具有重要的意义。作为一种辅助性手段，工程实践证明是有效的。

11）龙骨间距不宜过大。C型钢竖龙骨及各种材质的横龙骨其间距不能过大，尤其是C型钢竖龙骨，其间距60cm以上容易发生爆板。较多的龙骨可以分散浆体对面板的胀压应力，防止爆板，有些工程为降低造价，节省龙骨，把龙骨间距扩大到60cm以上，是十分有害的，浇注时易发生爆板。

12）固定面板的螺钉应加垫片。垫片可以分散面板胀压应力，防止胀压应力过度集中于螺钉，使面板脱钉而爆裂。所以，固定面板的螺钉最好加垫片。它虽然会使施工速度稍受影响，但对面板的防爆裂保护却十分有用。

13）钉头不可沉于板内，严格控制钉板质量。有的工程为降低板面的腻子层厚度，使板面没有钉头，在施工时把固定面板的钉头都沉于板面之内，大大降低了螺钉对面板的固定力。当面板受到浆体胀压力时，就极易脱钉而爆板。因此，采用下沉钉头来减薄腻子层的做法是极不可取的。

6.2.7　浇注后的墙面处理

1. 墙面的清理

浇注的墙面上，免不了会有从浇注孔溢流出来的残浆或浇注管移动时从管内流出的泡沫混凝土浆体，以及板缝密封不严渗出的浆体。这些浆体会影响墙面的美观，更重要的是影响墙面的后续施工。因此，浇注结束以后，必须进行墙面的清理。

（1）墙面的清理应在施工当时清理完毕，否则等浆体硬化，就难以清理。若当日收工时实在来不及清理，应在第二天及时清理，切不可几日后再清理。

（2）清理的方法：

①少量稀浆用破布擦拭干净即可。

②垂挂的条状、带状较多的浆体，应使用灰刀刮去，再用布擦拭残迹。

③大面积的残浆，可用长把刮板刮去，然后用干拖布拖干净。忌用水冲刷，因面板在水湿后其抗折力下降，会更易爆板。

④万一有干硬水泥粘在墙面，应使用磨光机打磨，使干硬水泥块磨削除去，决不可用

凿子凿。面板不像普通混凝土墙那么坚固，经受不起过大的冲击力。磨削后用干布把浮尘除去。

2. 接缝处理

（1）准备工作：

①清理接缝。把接缝的残留物及浮灰清理干净。有渣类物和油污的，应用洗衣粉清洗擦拭，保证工作面洁净。

②确保良好的通风。施工者必须确保工具和设备的清洁，以确保施工达到满意的效果。如果在不干净的桶中搅拌填缝料，常常会引起团块、划痕等问题，并使材料难以施工。在搅拌初凝时间较短的填缝类的东西时，残留填缝料会缩短新一批填缝料的初凝时间，使操作时间更有限，影响施工。

③准备预混腻子。在一些工程中，可以采用预混接缝腻子。这种预混接缝腻子在出厂前已经预混好了，开盖后就可以使用，十分方便。使用时用短棍轻轻搅均匀就能直接填缝。此产品可用温水或凉水稀释，每次加少量的水以免过稀。每次加水后，都要轻轻地再搅拌一次，看一看均匀度是否达到了要求。在加水的过程中，小心避免将空气混入预混腻子。

为了使预混腻子在容器内保持湿态的混合状态，用一块湿布或一层薄薄的水盖住腻子。如有需要，可将上面水层倒掉后使用。

④在开始接缝之前，把多余的填充料从板的凹槽边刮掉。

（2）接缝处理。用柔性防水材料调成膏状，分两次进行填缝处理。其腻子应具有弹性以抗裂。普通腻子不得使用。

填缝时，先用灰刀或专用填缝工具将填缝腻子填入 1/2 缝深，按实无孔隙后，方可再填入剩余的 1/2。一次性填入易造成填缝不实。填平后，待干燥。

将板面用水完全湿透，在没有明水的情况下，立即涂刷第一遍柔性防水材料；在第一遍柔性防水材料不粘手的情况下，涂刷第二遍柔性防水材料，然后待其干燥。

在腻子完全干燥后，用砂纸将腻子打磨平整，并使表面光滑，即可进行墙面装饰。

如用于外墙，可在接缝处理完毕后，刮批外墙腻了，并在腻子刮好后，嵌入无碱抗蚀涂塑玻璃纤维网格布，再在网格布上另刮批一层腻子。也可不另批刮腻子，将嵌入网格布后，直接将腻子抹平即可。等腻子抹平后，自然干燥。干燥之后，用外墙腻子找平修补，然后再等干燥，即可做表面装饰。

6.2.8 质量检验与验收

（1）复合保温墙体的检验与验收参照《混凝土结构工程施工质量验收规范》（GB 50204-2002）有关规定执行。

（2）轻型钢的检验与验收参照《冷轧钢板和钢带的尺寸、外形、重量及允许偏差》（GB/T 708-2006）有关规定执行。

（3）水泥进场时应对其品种、强度等级、出厂日期、合格证及检测报告等进行检查，并应对其强度、安定性及其他必要的性能指标进行复验。当在使用中对水泥质量有怀疑或水泥出厂超过三个月（快硬硅酸盐水泥超过一个月）时，应进行复验，并按复验结果使用。

（4）泡沫混凝土中掺用外加剂的质量及应用技术应符合现行国家标准 GB 8076、GB 50119 和有关环境保护等规定。

（5）泡沫混凝土中氯化物和碱的总含量应符合现行国家标准《混凝土结构设计规范》（GB 50010-2010）的规定和设计要求。

（6）拌制泡沫混凝土宜采用饮用水；当采用其他水源时，水质应符合国家现行标准《混凝土用水标准》（JGJ 63-2006）的规定。

（7）轻质混凝土板不应有大于10mm的缺棱掉角，无裂缝，其尺寸允许偏差应符合表6-2的规定。

轻质混凝土板的尺寸允许偏差   表6-2

项目名称	指标
长度（mm）	±4
宽度（mm）	±2
厚度（mm）	±1
表面平整度（mm）	±1

（8）泡沫混凝土的强度等级应符合设计要求。用于检查墙体泡沫混凝土强度的试件，应在泡沫混凝土的浇注地点随机抽取。取样与试件留置应符合下列规定：

1）每搅拌不超过100m^{3}的同配合比的泡沫混凝土，取样不得少于一次。

2）每工作班搅拌的同一配合比的泡沫混凝土不足100m^{3}时，取样不得少于一次。

3）当一次连续浇注超过200m^{3}时，同一配合比的泡沫混凝土取样不得少于一次。

4）每一楼层，同一配合比的泡沫混凝土，取样不得少于一次。

5）每次取样应至少留置一组标准养护试件，同条件养护试件的留置组数应根据实际需要确定。

（9）复合保温墙体的尺寸偏差和外观质量应符合表6-3的规定。

复合保温墙体的尺寸偏差和外观质量   表6-3

项目	指标
轴线位移（mm）	±8
表面平整度允许偏差（mm）	±3
垂直度允许偏差（mm）	±5
表面油污、层裂、表面疏松	不允许
厚度允许偏差（%）	±3

（10）泡沫混凝土与外侧轻质混凝土板粘结无空鼓。

6.2.9 安全文明施工

1. 安全措施

（1）施工前，施工现场负责人必须对全体施工人员进行安全技术交底和安全教育，并办理书面交底手续。

（2）施工作业人员必须了解和掌握本工艺的技术操作要领，特殊工种应持证上岗。

（3）泡沫混凝土制备前，应对发泡机、搅拌机等进行检查，且在试运转正常后方可开机施工。

（4）在施工中，要随时注意压力表数据，严禁压力超标。并严格按操作规程顺序操作发泡机，防止发泡机气流管反弹伤人。

（5）施工人员统一着装，佩戴安全帽，穿长衣、长裤、长筒靴，袖口、裤脚扎紧，戴乳胶手套或帆布手套，戴口罩。

（6）机电设备要有专人负责，搅拌机械出现故障，要立即切断电源，进行维修，施工作业时不得随意乱接乱拉电线，电动工具用电要由电工在指定配电箱内接入。

（7）雨天不得施工，避免在高温烈日下施工，30℃以上干热天气或 5 级以上大风条件下也不宜施工，霜雪天低温环境应做好升温、保温等措施。

（8）墙体高度超过 1.2m 以上时，应搭设脚手架，在一层以上或高度超过 4m 时，脚手架必须挂安全网。脚手架上堆料不能超过规定，同一块脚手板上操作人员不应超过二人。不得在脚手架上切割东西，以免掉下伤人。在同一垂直面上下交叉作业时，必须设置安全隔板。

2. 环保要求

（1）在添加材料时，施工人员必须戴口罩等防护用品。

（2）要减少发泡机、搅拌机的噪声及振动或采取相应的隔离措施。

（3）搅拌时对污染器具、泡沫管道要清洗干净，材料存放要有专人保管。

（4）泡沫混凝土为现场制作，所有材料应统一保管，剩余材料不能随意丢弃，尤其是各种外加剂及发泡剂等在施工完成后要及时收起，并妥善保管和处理。

3. 施工现场安全文明生产管理

（1）浇注泡沫混凝土应站在脚手架上操作，严禁站在模板或支撑上操作，操作时戴绝缘手套，穿绝缘胶鞋。

（2）泵送泡沫混凝土时，输送管卡子必须卡牢，检修时必须先卸压，清洗输送管时，严禁人员正对输送管口。

（3）输送管的质量应符合要求，对已经磨损严重及局部穿孔现象的输送管不准使用，以防爆管伤人。

（4）输送管架设的支架要牢固，转弯处必须设置井字式固定架。输送管转弯宜缓，接头密封要严。

（5）泵送时先试送，注意观察泵的液压表和各部位工作正常后加大行程。

（6）当发生堵管现象时，立即将泵机反转把泡沫混凝土退回料斗，然后正转小行程泵送，如仍然堵管，则必须拆管排堵处理后再泵送，严禁强行加压泵送，以防发生炸管等事故。

（7）泡沫混凝土浇注结束前用压力水压泵时，泵管口前面严禁站人。

（8）在进行墙体泡沫混凝土浇注时，搭设的脚手架每步高度不大于 1.5m，且加斜撑，上铺脚手板，上端防护高度不小于 1.2m，设置两道水平防护栏杆。操作架上严禁出现单板、探头和飞跳板，操作架上严禁超量堆放其他材料，必要时操作工人系挂安全带。

（9）泡沫混凝土墙体上钻孔开槽，应使用专用工具，不得横向开槽。

（10）模板要有存放场地，场地要平整。模板平放时，要用木方垫平。立放时，要搭设分类模板架，模板触地处要垫木方，以保证模板不扭曲，不变形，不可乱堆乱放或在组拼的模板上堆放分散模板和配件。

（11）已安装完毕的模板，不准在吊运其他模板时碰撞，不准在预拼装模板就位前作为临时依靠，以防止模板变形或产生垂直偏差。

6.3 可拆模板泡沫混凝土墙体浇注

可拆模板泡沫混凝土墙体浇注是由支模、浇注泡沫混凝土浆料和泡沫混凝土凝固后拆模三部分工序组成。

可拆模板泡沫混凝土墙体浇注与免拆模板泡沫混凝土墙体浇注施工工艺和方法大体上一致的，区别在于可拆模板泡沫混凝土墙体浇注是必须把模板拆除，尔后对泡沫混凝土墙体进行清理整修，所以泡沫混凝土要求比免拆模板泡沫混凝土墙体浇注时的密度、强度和导热系数都要高一些，可以在泡沫混凝土中掺一些轻骨料，如陶粒等。

6.3.1 可拆模板泡沫混凝土墙体浇注施工

1. 施工工艺及技术要求

（1）可拆模板泡沫混凝土墙体浇注施工工艺流程。泡沫混凝土可拆墙体浇注施工工艺流程如图 6-42 所示。

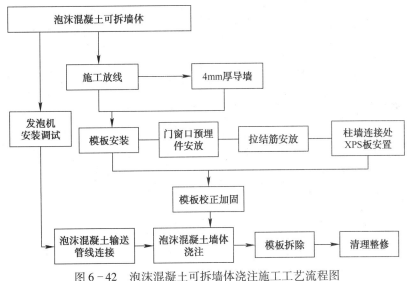

图 6-42 泡沫混凝土可拆墙体浇注施工工艺流程图

（2）严格按设计的技术指标和配合比要求施工，严格控制每立方米泡沫混凝土中水泥、发泡剂、轻骨料、各种外加剂或泡沫混凝土专用干粉料的用量。

（3）框架柱与泡沫混凝土墙体连接处，锚固拉结筋必须按设计要求布置。

（4）模板安装前，要做好模板的定位基准工作，工作步骤为：按图纸要求有泡沫混凝土墙体的地面清扫干净，进行中心线位置的放线：首先引测建筑的主轴线，并以此轴线为起点，弹出每条轴线。

（5）模板放线时，根据施工图弹出模板的内外边线和中心线，以便于安装和校正模板。

（6）做好标高测量工作，用水准仪把建筑物水平标高根据实际标高的要求，直接引测到模板安装位置。

（7）进行找平工作，安装模板底部应预先找平，以保证模板位置正确和防止模板底部漏浆。找平方法是沿模板边线用1:3水泥砂浆抹找平层。弹出墙体内外边线，泡沫混凝土墙宽200mm时，边线弹好后，顺墙体底边线抹宽200mm、厚40mm的C15细石混凝土导墙（也就是防潮层），做导墙的目的就是为了模板安装定位准确，浇注后的墙体不会出现移位。

（8）模板安装见泡沫混凝土墙体模板安装示意图（图6-43）。

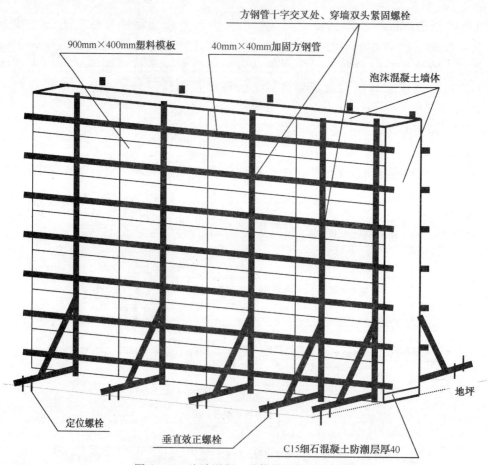

图6-43 泡沫混凝土墙体模板安装示意图

（9）墙体截面支撑用料：采用专用支撑。

（10）拼接严密不得有漏浆现象，模板平整度、垂直度应符合规范要求，方钢管扣件、双头螺栓加固紧密不应有松动现象，必要时采用ϕ48×3.0钢管与扣件混合加固。

（11）门窗洞口过梁按图纸设计要求施工，门窗洞口垂直边预埋件根据规范要求安装布置或在现场预制C15混凝土预制件（长200mm×宽100mm×高100mm），预埋件预制时在长200mm的面上预留两个直径15mm的孔，作校正加固用，门窗口预埋件如图6-44所示。

（12）模板安装校正加固完成，检查拉结筋、门窗洞口预埋件、XPS板安置位置是否

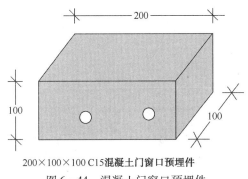

200×100×100 C15混凝土门窗口预埋件

图 6-44   混凝土门窗口预埋件

正确，水、电、管线及预留位置是否正确，清理干净模板内的遗留物品，检查报验合格后准备浇注。

（13）按要求搭好脚手架。

（14）根据施工组织设计或施工方案要求，向班组进行技术交底。

（15）把机械设备安装到指定位置后进行调试和试运转工作。

（16）开启电源，在发泡机内加入一定量的发泡剂，充气加压 3～6min，升压到 4～10MPa 后待用。

（17）在搅拌机内加入水、抗裂剂搅拌 1～2min，再加入水泥搅拌 3～5min，若泡沫混凝土中泡沫尚未均匀混合，可适当延长时间。

（18）将已搅拌好的泡沫混凝土输送到加固校正好的模板中浇注。

（19）泡沫混凝土浇注 24h 后开始自然养护，泡沫混凝土养护时间不少于 7d。

2. 模板拆除后的墙体施工

（1）泡沫混凝土浇注后两天可以拆模。

（2）拆模后对泡沫混凝土墙面进行整修和喷浆处理，喷浆后 2d 可以刮腻子，墙面确实干透后，一般拆模 21d 后做涂料面层。块体面层，喷浆时可加入一部分中砂和建筑胶，待凝固后就可以施工面层。

（3）门窗洞口及阳角处，要粘贴玻纤网格布后，再喷浆。

（4）卫生间、厨房间、水池周围，要先做防水处理（刷聚氨酯或贴丙纶布）后，再粘贴面砖。

6.3.2 拆除模板及清理整修

泡沫混凝土凝固后应及时拆模，进行泡沫混凝土质量验收并及时清理整修。

1. 拆模

（1）拆模时应先拆除斜顶支撑，拧下螺栓。

（2）把钢模板、竹胶模板或塑料模板从上到下逐块拆除。

（3）拆下的支撑件、螺栓和卡扣等堆放好。

（4）拆下的模板要及时把浆料清理干净后按规格尺寸堆放整齐。

2. 清理整修

（1）墙体表面的钉孔、浇注孔、板缝及梁板下进行处理。

（2）浇注孔及梁板下墙体表面平整密实，多余的泡沫混凝土浆料应铲平。

（3）墙体两端及顶端与主体结构交接处的缝隙应采用嵌缝膏等柔性材料填充。

（4）墙体的接缝处应将浮浆及杂物清理干净，采用聚合物水泥砂浆分层填实。

3. 泡沫混凝土现场施工实录照片

泡沫混凝土墙体浇注有关施工照片见图6-45～图6-56。

图6-45　墙体正在浇注

图6-46　多工位浇注

图6-47　免拆模板正在安装

图6-48　免拆模板的安装

图6-49　浇注墙体操作

图6-50　正在开始浇注的泡沫混凝土浇注管

图 6-51　内墙隔断未完工的现浇墙体

图 6-52　固定龙骨架

图 6-53　安装墙体内侧模板

图 6-54　安装外部龙骨

图 6-55　安装顶部模板

图 6-56　缝补模板缝隙

6.3.3　工程质量验收

（1）资料检查：查看施工日记，确保施工工序做到细致到位。

（2）拆模后，技术人员要进行初步验收。

1）观感：光洁度要好，无麻面，无空洞，无裂缝。

2）垂直平整度：用尺实测，平整、垂直度控制在 3～4mm 以内。

（3）浇注时要留好试块，以保证检测 28d 的干密度和强度（标养一组，同条件一组）。

（4）现场取样复检：由业主及监理工程师见证现场取样，分别取 100mm × 100mm × 100mm 9 块做干密度和抗压强度检测和 300mm × 300mm × 30mm 的 3 块做导热系数检测。

（5）中间工序及质量控制：

1）工程质量自检、互检、交接检：要求班组长或施工员组织小组内和同工种小组间进行互检。小组除了对自己施工的产品进行检查外，还应对上道工序进行交接检查，这不但严把了质量关，还明确了质量责任。

2）工程质量专业检查：当每一分项工程或每一层施工完成后，由专业质量检查人员，根据验收评定标准进行施工质量检查，还要检查原材料出厂合格证、检测报告、复检资料、施工记录。质量不合格的必须返工修补，使其达到合格要求，以确保工程质量。

7 泡沫混凝土外墙保温板

7.1 概述

水泥基泡沫保温板是一种可以替代传统的有机外墙外保温的无机材料，在经过反复研究和试验分析其化学发泡混凝土结构形成机理的基础上，研发水硬性胶凝材料化学发泡混凝土保温板。

泡沫混凝土保温板具有轻质、保温、自防水、防火、抗裂等一系列优良的性能，适用于工业与民用建筑，增强建筑外墙外保温防火性能和居住条件，节约能源，保护环境。

水泥基发泡混凝土具有良好的物理力学性能、热工性能和独立的泡体封闭结构特性，在建筑领域的应用越来越广泛。外墙保温系统、节能、防火等方面，能发挥其良好的技术优势。但由于发泡混凝土制作中经常出现抗压（折）强度低、干表观密度高、导热系数高、吸水率大、塌陷、回落、闭孔率低等问题，导致生产的产品在性能上表现出较低合格率，因质量问题严重影响了其生产和工程应用。故此，本文对化学发泡混凝土常出现的问题及应用原材料进行了研究，以期提出相应的解决办法。

7.1.1 泡沫混凝土保温板性能

1. 节能、环保、轻质、低成本、低排放

保温板的生产工艺简便、设备投资少、材料成本低、无放射性污染，生产所需的原料主要是普通硅酸盐水泥和硫铝酸盐水泥、粉煤灰、矿渣粉（或煤矸石粉、贝壳粉）及相应的外加剂、适量的水，经混合搅拌均匀后，浇入模具制成。水泥来源充足，工业废渣来源广泛且价格低廉，生产车间和场地要求不高，生产机械耗能低，生产中无粉尘、无噪声、无废水排放，不用煤炭、不用高压蒸汽养护，在常温状态下即可生产和养护。干表观密度 $120 \sim 250 kg/m^3$，相当于普通混凝土的 $1/20 \sim 1/10$，可减轻建筑物整体荷载。

2. 保温、隔热、隔声

在自然界由蜜蜂建造的蜂巢是最合理、最完美的生物建筑。泡沫混凝土保温板产品从外观到内部构造均类似于蜂窝的形状，是用水泥等材料仿生物构造生产的"绿色建筑"产品，产品的原材料经混合搅拌后，浆体体积膨胀 $2 \sim 3$ 倍，全部固化成为连续的封闭泡径，泡径为 $2 \sim 7 mm$，类似于蜂窝状，相互封闭的泡腔内的气体起到了保温、隔热、隔声作用，其导热系数在 $0.042 \sim 0.06 W/(m \cdot K)$ 之间；是普通黏土实心砖导热系数的 $1/9$，在北方严寒地区用该产品和新的施工技术建造房屋，不会出现"热桥"，可以明显提高建筑物的保温、隔声效果。

3. 高强、抗冲击、收缩率小

根据不同配方形成的泡沫混凝土立方体抗压强度不同，一般在 0.3~0.6MPa 之间，收缩率 ≤0.8%，具有轻质、高强、抗冲击、材料收缩率低等特点，解决了建筑工程中存在的材料自重大、人员劳动强度大、材料运输量大、材料收缩率大、吸水率大和不保温、不防水等问题。

4. 防火、不燃、耐高温、无放射性物质、寿命长、环保

保温板的主要材料全部是不燃的无机材料，建筑材料不燃性符合 GB/T 5464 的规定的指标。燃烧性能为 A1 级。具有极佳的耐火及隔热性能，是耐高温的建筑材料，耐久性能好与建筑物同寿命。保温板生产所需原料为水泥和发泡剂，发泡剂为中性，不含苯、甲醛等有害物质，避免了环境污染和消防隐患。

5. 防水、抗冻融

保温板有憎水作用，经冻融试验后，质量损失小于 4.5%，强度损失小于 10%，低于 GB/T 11973—1997 所规定的指标。吸水率≤10%，由于吸水率低，又抗冻融，解决了北方严寒地区在冬季建筑墙体中经常出现的发霉、长毛、开裂、空鼓、脱落等现象。

6. 生产加工性

保温板根据需求在厂内生产制成各种规格的制品，在现场可进行锯、刨、钉、钻孔等加工。

7.1.2　泡沫混凝土保温板是建筑保温的主导产品

从泡沫混凝土防火保温板与其他保温板比较中可以看出，泡沫混凝土保温板是建筑保温的主导产品。

1. 与有机保温材料相比的优势

有机保温材料是指苯板、挤塑板、聚氨酯泡沫和酚醛泡沫材料。

（1）防火优势。有机保温材料都是易燃品，且轰燃性强，火势凶猛，难以扑救。燃烧烟雾大，毒性大，弥漫可达几公里。即使阻燃性有机的保温材料，也仍然避免不了火灾。图 7-1、图 7-2 和图 7-3 都是有机保温材料引发的大火灾。

图 7-1　中央电视台新大楼北配楼火灾

图 7-2　上海教师公寓大火灾

泡沫混凝土保温板是以水泥为主料生产的制品，是安全不燃材料，以泡沫混凝土保温板进行建筑外墙保温，完全不会引发火灾。

（2）耐久优势。建筑设计寿命一般为50年。有机保温材料的设计寿命大多为15~20年，泡沫混凝土耐久性大于50年，可与建筑同寿命。

由于有机保温材料和墙体结合不好，往往引发开裂、脱落等工程质量事故，不但使工程的耐久性无法保证，脱落物下落对人的威胁也是十分严重的。

保温板外墙外保温时采用水泥胶粘剂粘贴，由于泡沫混凝土保温板与墙体为同性材料，粘结十分牢固，外加锚栓固定不会脱落。

图7-3 沈阳万鑫大厦大火灾

（3）无毒无害优势。有机保温材料，着火后释放氰化氢致癌物质。泡沫混凝土是绿色环保产品，不会挥发任何有害人身健康的物质。

（4）较少消耗石油资源的优势。有机保温材料，大多以石油为起始原料，需要大量消耗石油资源，其应用将加剧我国的能源危机。

泡沫混凝土的原料为水泥，不以石油能源为原料。

2. 与加气混凝土相比的优势

加气混凝土的优势是强度高，水泥用量少，其他方面都不如泡沫混凝土。

（1）可以现浇的优势：

①加气混凝土因需蒸压，无法现场施工。

②泡沫混凝土可以现浇。

（2）低吸水率的优势：

①加气混凝土吸水率高达45%以上。

②泡沫混凝土保温板吸水率≤10%。

（3）低密度超轻优势：

①加气混凝土密度大多为600~800kg/m³，它不是保温材料，是墙体材料。

②泡沫混凝土保温板密度一般为120~250kg/m³，比加气混凝土轻3~5倍。

（4）投资小，易于普及的优势：

①加气混凝土的投资一般要千万元以上。

②泡沫混凝土保温板的投资少，见效快，原材料充足、工艺简单、成本低、利润高。生产线在几十万元到几百万元之间。

3. 与无机纤维保温材料相比的优势

无机纤维保温材料指岩棉、矿棉、玻璃棉和硅酸铝纤维等。

（1）低价格优势。无机纤维保温材料的价格远高于泡沫混凝土，提高了保温工程的造价。

（2）无害化的优势。无机纤维保温材料虽然不像石棉等天然纤维绵那样使人致癌，但它在生产及使用过程的纤维粉尘污染依然对环境和人是有害的。特别是这些微尘会使人的皮肤瘙痒难忍。泡沫混凝土则完全无害。

（3）使用方面的优势。泡沫混凝土可方便地现浇或制成各种制品，无机纤维保温材料则不能。

（4）低碳优势。无机纤维保温材料是岩石或矿渣等经高温（1300～1500℃）热熔后，经离心或喷吹使其纤维化而成的，能耗很高。泡沫混凝土的能耗较低。

4. 与无机多孔保温材料相比的优势

无机多孔保温材料是指泡沫玻璃、泡沫陶瓷、微孔硅酸钙等块状产品和粒状的玻化微珠、玻璃微珠、膨胀珍珠岩、膨胀蛭石、超轻陶粒等。

（1）与块状材料相比：

①泡沫玻璃已用于外墙外保温，因为价格很高，用量很小。

②微孔硅酸钙。下列缺陷将大大限制它的广泛应用：

a. 以硅藻土为主料，其资源有限；

b. 以石棉增强，对人有害；

c. 用建筑保温的只有板材，品种单一，用量有限；

d. 价格较高，一般建筑使用不起；

e. 高温蒸压，投资大不宜推广。

（2）与粒状保温材料相比的优势：

①玻化微珠和玻璃微珠。由于玻化微珠的原料是珍珠岩，玻璃微珠是以废玻璃为原料熔融喷吹而成的，产量有限，且价格较高，同时其吸水率高达40%～84%，也有严重的性能缺陷。

②膨胀珍珠岩吸水率高达300%。

③膨胀蛭石由于资源不广，产量较低，且吸水率高。

④超轻陶粒。将其与泡沫混凝土相结合，生产陶粒泡沫混凝土砌块和板材，效果会良好。

总之，经过以上详细的比较，可以看出泡沫混凝土必然成为未来建筑保温材料的主导产品。

7.1.3 泡沫混凝土保温板基本要求

1. 外墙保温板的分类

按产品表观密度分为Ⅰ型和Ⅱ型：

Ⅰ型：表观密度不大于180kg/m³；

Ⅱ型：表观密度不大于250kg/m³。

2. 外墙保温板的规格尺寸

外墙保温板的规格尺寸见表7-1。

保温板的规格尺寸（mm）   表7-1

长度			宽度	厚度
300	450	600	300	30～120

注：其他规格尺寸由供需双方协商确定。

3. 保温板的尺寸偏差

保温板的尺寸偏差应符合表7-2的规定。

尺寸允许偏差 表7-2

项目	允许偏差（mm）
长度	±3
宽度	±3
厚度	±2
对角线差	≤3

4. 保温板的外观质量

保温板表面应平整，无裂缝，无掉角缺棱，不允许表面疏松、层裂，不允许表面有油污。

5. 保温板物理性能

保温板物理性能见表7-3。

保温板物理性能 表7-3

项目	技术要求	
	Ⅰ型	Ⅱ型
表观密度（kg/m³）	≤180	≤250
抗压强度（MPa）	≥0.30	≥0.40
导热系数（平均温度25℃±2℃），[W/(m·K)]	≤0.052	≤0.06
干燥收缩值（浸水24h）（mm/m）	≤3.5	≤3.0
垂直于板面的抗拉强度（kPa）	≥80	≥100
燃烧性能等级	A_1 级	
软化系数	≥0.70	
体积吸水率（%）	≤10	
碳化系数	≥0.70	

注：保温板在严寒地区和寒冷地区使用时，需加强外层防护，以保证保温系统的抗冻性。

7.2 泡沫混凝土外墙保温板生产

7.2.1 泡沫混凝土保温板所需原材料

1. 发泡剂

（1）发泡剂定义：发泡剂是混合到水泥基材料中通过化学反应产生气泡的外加剂。

（2）发泡剂作用：发泡剂掺入水泥浆中产生化学反应，使水泥浆体产生均匀微小的气泡，硬化后形成泡沫混凝土。

（3）发泡剂产品：双氧水又称过氧化氢。过氧化氢分子式：H_2O_2；分子量：34.01；工业级分为27.5%、30%、35%三种。无色透明液体，有微弱的特殊气味。溶解性：溶于水、醇、醚；不溶于苯、石油醚；pH值控制在3.5~4.5之间。掺量由泡沫混凝土密度决定，在0.02%~2%范围内。

2. 稳泡剂

（1）稳泡剂定义：稳泡剂是指具有稳泡作用的表面活性剂。

（2）稳泡剂作用：稳泡剂的作用是降低料浆液相的表面张力，以稳定气泡，保证整体形成细小、均匀的多孔结构。

（3）稳泡剂产品：

主要有硬脂酸盐系列（钙、锌、铝等）、轻质碳酸钙。

硬脂酸钙为均匀细微的白色粉末，在泡沫混凝土中作为悬浮剂，它起到防水和悬浮作用。分子式：（C17H35COO）2Ca；质量指标：符合 HG/T 2424—93，钙含量：6.5% ± 0.6%，游离酸（以硬脂酸计）≤0.5%，加热减量≤3.0%，熔点≥140℃，细度（0.075mm 标准筛通过）99.0%。掺量在 0.03% ~0.06%。

3. 减水剂

（1）减水剂定义：减水剂是指在混凝土坍落度基本相同的条件下，掺入混凝土拌合物以后，降低混凝土水灰比，能减少拌合用水量的一种表面活性的外加剂。减水剂（又称塑化剂）是在改善混凝土和易性条件下，具有减水及增强作用的外加剂。

（2）减水剂作用：泡沫混凝土中主要起表面活性作用，能改善拌合物的和易性，也能改善泡沫混凝土的凝结硬化速度，因为使新拌泡沫混凝土的用水量减少，可增强泡沫混凝土强度。

减水剂按功能分为普通减水剂、高效减水剂和高性能减水剂。

（3）减水剂产品：普通减水剂以木质素磺酸盐为代表。高效减水剂以萘磺酸甲醛缩合物和三聚氰胺甲醛树脂黄酸盐为代表。高性能减水剂以聚羧酸盐为代表。

4. 早强剂

（1）早强剂定义：早强剂是一种加速水泥水化硬化，提高泡沫混凝土早期强度并对后期强度无显著影响的外加剂。

（2）早强剂的作用：它能缩短泡沫混凝土的热养护时间，以及加速自然养护的泡沫混凝土的硬化并提高早期强度。

（3）早强剂的主要产品：包括硫酸钠、氯化钠、氯化钙、三乙醇胺、甲基硅酸钙等。

5. 增强剂

（1）硅粉定义：硅粉是指用高纯度石英冶炼金属硅和硅铁合金时，通过烟道排出的硅蒸气氧化后，经收尘器收集得到的无定形二氧化硅为主要成分的超细粉末。硅粉一般为青灰色或灰白色，若在原料中加木屑以增加碳之素，则硅粉为黑色。形状为非结晶的球形颗粒。硅粉中 86% ~96% 是球状体。密度一般为 2200kg/m³。容重很低，松散容重为 200 ~ 350kg/m³，约为水泥容重的 1/3，其空隙率高达 90% 以上。

（2）硅粉的作用：硅粉掺入泡沫混凝土中，具有良好的火山灰效应和微粒填充效应，能改善泡沫混凝土的孔结构和密实性，新拌硅粉泡沫混凝土的泌水小，提高料浆的黏度，改善和易性和稳泡，能提高泡沫混凝土的强度和抗渗能力，增强泡沫混凝土的抗冲磨、抗腐蚀能力，提高泡沫混凝土抗化学腐蚀能力等。配制出具有高强、高耐久性、低热、防水、抗冻、耐化学腐蚀的高性能泡沫混凝土。

硅粉掺量 20%（硅粉取代水泥用量）以内，泡沫混凝土的强度随着硅粉掺量的增加而提高，掺量超过 20%，强度明显下降。泡沫混凝土中硅粉掺量一般为 5% ~15%。在泡沫混凝土中掺入硅粉，必须同时掺入高效减水剂，才能保障泡沫混凝土必需的流动性和硅粉对泡沫混凝土的增强作用。

（3）增强剂的产品：增强剂主要产品有硅粉。

6. 速凝剂

（1）速凝剂定义：速凝剂是一种能加快水泥水化速度，使混凝土迅速凝结硬化的化学外加剂。

（2）速凝剂作用：加入速凝剂后，浆体的凝结时间缩短了，速凝剂的加入导致了大量水化铝酸钙和硫铝酸钙的形成，水化硫铝酸钙又会对 C_3S 水化起到促进作用。大量掺用速凝剂会使凝结时间有很大程度的改善，但由于过早水化，导致结合了较多的水分，实际上干燥过程中蒸发的水分较不参与水化反应的水量少。由于泡沫混凝土属于多孔结构，水分蒸发速度要快于普通混凝土，故采用较大量的速凝剂能达到较好早强的同时可有效减少过多水分流失。速凝剂的掺量在 1% ~4% 为适宜范围。

（3）速凝剂产品：氯化钙、氯化钠、氯化钾、三氯化铁、碳酸钾、碳酸锂（Li_2CO_2）、三乙醇胺。

7. 防水剂

（1）防水剂的定义：防水剂是掺入泡沫混凝土中能显著提高其防水和抗渗性能的外加剂。

（2）防水剂的作用：防水剂在泡沫混凝土中掺入后提高泡沫混凝土保温板的防水性能，减少泡沫混凝土保温板的吸水率。

（3）防水剂的产品：硬脂酸系列（硬脂酸钙、硬脂酸锌、硬脂酸铝、双硬酸酸铝等）、三氯化铁和苯丙乳液。

三氯化铁棕色液体（固体），相对密度 1.42，易与水混溶，水溶液呈酸性，对金属有氧化腐蚀作用。三氯化铁水溶稀释时，水解后生成氢氧化铁沉淀，有极强凝聚力，具有防水、促凝性能。掺加 6‰ 时，泡沫混凝土倒入模具 6~10min 发泡完毕。掺加过量三氯化铁发泡浆体迅速变稠，水化硬化反应快，水化热高导致泡体产生小裂纹，闭孔率低。

苯丙乳液固体含量 40%~50%，黏度 80~2000MPa·s，单体残留量 0.5%，pH 8~9。苯丙乳液浮着力好，胶膜透明，耐水、耐油、耐热、耐老化性能良好。是一种防水材料，加入混凝土中提高泡孔的闭孔率。

8. 防冻剂

（1）防冻剂定义：能使泡沫混凝土在负温下硬化，并在规定养护条件下达到预期性能的外加剂。

（2）防冻剂的作用：防冻剂是在一定的负温范围内能显著降低冰点，保证泡沫混凝土不遭受冻害，同时保证水与水泥能进行水化反应，并在一定时间内获得预期强度。

（3）防冻剂主要产品：氯化钠（$NaCl_2$ 即食盐）、亚硝酸钠（$NaNO_2$）、碳酸钾（K_2CO_3）、氨水（NH_3H_2O）。

9. 硫铝酸盐水泥

（1）硫铝酸盐水泥定义：以适当成分的生料，经煅烧所得以无水硫铝酸钙和硅酸二钙为主要矿物成分的熟料，掺入不同量的石灰石、适量石膏共同磨细制成，具有水硬性的胶凝材料。

（2）硫铝酸盐水泥作用：泡沫混凝土生产中作为胶凝材料。

10. 普通硅酸盐水泥

（1）普通硅酸盐水泥定义：凡以硅酸盐水泥熟料，6%～15%的混合材，适量石膏磨细制成的水硬性胶凝材料，称为普通硅酸盐水泥。简称普通水泥，代号为 P·O。

（2）普通硅酸盐水泥作用：泡沫混凝土生产中作为胶凝材料。

11. 粉煤灰

（1）粉煤灰定义：电厂煤粉炉烟道气体中收集的粉末，称为粉煤灰。

（2）粉煤灰的作用：提高泡沫混凝土的和易性、降低水化热，能减少裂纹，替代部分水泥掺用量。

12. 粒化高炉矿渣

（1）粒化高炉矿渣定义：高炉矿渣是钢铁厂冶炼生铁过程中产生的副产品，在高炉炼铁过程中，生成以硅酸盐与硅铝酸盐为主要成分的熔融高炉渣，浮于密度较大的铁水表面，排出时置于水中急速冷却，限制其结晶，变成以玻璃体为主要成分并具有水硬活性的粒状水淬高炉矿渣。

（2）粒化高炉矿渣作用：提高泡沫混凝土的和易性、降低水化热，替代部分水泥掺用量。

13. 抗裂剂

抗裂剂产品：主要有聚丙烯纤维（PP）和聚乙烯醇（PV）纤维。

14. 聚乙烯纤维

（1）聚乙烯醇纤维定义：以高分子聚合物的优质聚乙烯醇（PVA）为原料，采用先进技术加工而成的，是把聚乙烯醇溶解于水中，经纺丝、甲醛处理制成的合成纤维，也称聚乙烯醇缩甲醛纤维。我国的商品名叫做维纶。

（2）聚乙烯醇纤维作用：泡沫混凝土中减少原生裂缝的引发和干缩裂缝的扩展，改善泡沫混凝土的抗裂性，对泡沫混凝土的强度有明显增强作用。

15. 聚丙烯纤维

（1）聚丙烯纤维定义：聚丙烯纤维以聚丙烯、聚酯为主要原料，采用独特的生产工艺及表面处理技术制成同心复合的建筑用纤维，被称为混凝土的"软钢筋"。

（2）聚丙烯纤维作用：主要作用在于限制在外力作用下水泥基料中裂缝的扩展。纤维对泡沫混凝土具有较高的抗拉与抗弯极限强度，尤以韧性提高的幅度较大，有效地改善泡沫混凝土的抗裂、抗掺性能及抗冲击、抗磨、抗冻融、抗震能力。

7.2.2 泡沫混凝土保温板生产工艺流程

1. 不同类型工艺的特点及适用范围

（1）完全工艺：

①完全工艺自动化程度高，工艺先进，生产效率高、产品质量好，但投资较大，需要场地大。

②完全工艺适用于生产规模较大的大中型生产线，不适用于小型生产规模的生产线。

（2）简单工艺：

①简单工艺的自动化程度较低，工艺简单，投资较小，占用场地面积也较小。生产效率低，产品质量不如完全工艺。

②简单工艺适用于生产规模较小的生产线。

（3）固定浇注工艺：

①固定浇注工艺是未来的发展方向，也是目前大型自动化生产线的主导机型。

②适合于大型自动化生产线，具有效率高、省人、节地、省工、省料、产品质量好等一系列优势。

（4）移动浇注工艺：

移动浇注工艺适合于小企业小规模生产，具有投资小、工艺简单、易于实施、建厂周期短、工艺易控制等优势，因此深受小企业的喜爱，目前小企业多采用这种工艺。但它的生产效率低、产品质量不易控制、经济效益不如固定浇注工艺。

2. 生产工艺流程

（1）半自动化流水线工艺流程：

先把水（水温≥25℃）加入一级搅拌机中→然后加入水泥、粉煤灰、矿渣粉和复合外加剂搅拌（时间 3～4min）→利用传感器计量等分二级搅拌机中→加入三氯化铁溶液搅拌 2～3s→再加入双氧水搅拌 4～6s 均匀后→入模具→发泡完毕后塑料覆盖养护→脱模（硫铝酸盐水泥 2～3h、普通硅酸盐水泥 15～24h）→切割锯切割（硫铝酸盐水泥 8～12h、普通硅酸盐水泥 3～7d 切割为最佳时间）→塑封机塑封（养护硫铝酸盐水泥 3d，普通硅酸盐水泥 21～28d）→检验出厂。

（2）固定浇注完全工艺流程

1）原材料预处理及储存。

原材料需要预处理的是活性掺合料，如粉煤灰、矿渣、煤矸石等。这些材料需磨细处理，效果才会好。不处理也可以应用，但活性要低。所以应该有预粉磨处理工序。

另外，一些外加剂应该预混合，特别是外加剂品种较多时。如果不预混，均在现场计量配料，那就会使配料系统很复杂。如果预混合为一种或几种，配料就要简单得多。

水也需要预处理，主要是加热升温，特别是在采用硅酸盐水泥生产时，由于硅酸盐水泥的水化慢，提高水温可加快其水化反应速度，使其加快稠化、加快凝结和硬化。水温越高，它的水化反应越快。采用快硬硫铝酸盐水泥可以对水不加热。

2）配料送料。

配料送料是将预处理的原材料贮存并待用的各种原材料进行计量，并输送。

①固体配料：储库内的物料经库底螺旋输送机送入电子秤，进行配料计量。然后再经螺旋输送机送入上料机的料斗，经提升送进搅拌机。

②液体配料：储罐内的物料经罐底输送管，进入流量计或电子秤，经计量后，再由泵送进入搅拌机。

③经升温加热的水，也经水泵送入流量计或电子秤，经计量后，再由水泵送入搅拌机。

配料误差要求：

水泥、活性掺合料、水：≤1%。

一般外加剂：≤0.1%。

微量外加剂：≤0.05%。

本工艺要求配料计量全部采用电子计量装置，自动计量，不允许采用人工计量或半自动计量。

3）搅拌制浆及浇注。

搅拌制浆及浇注工序是主体工序，也是整个工艺的核心，应该重点控制。

搅拌浇注工序是把前道配料工序经计量及必要的干混后投入搅拌机的物料进行搅拌，制成达到工艺规定的时间、温度、稠度要求的料浆，通过搅拌机的浇注口，浇注到模具里。料浆在模具里进行一系列物理化学反应，产生气泡，使料浆膨胀、稠化、硬化。搅拌浇注工序是能否形成良好气孔结构的重要工序，与配料工序一道，构成泡沫混凝土保温板生产工艺过程的核心环节。

4）静停发泡与硬化。

浇注后的模具再经牵引机送入发泡静停室，进行升温发泡并硬化。静停工序主要是促使浇注后的料浆继续完成发泡，并在发泡后凝结硬化的过程。

静停工序完成的是发泡膨胀和坯体硬化两个过程，以使料浆完成发泡形成坯体，并使坯体达到脱模强度。这一工序没有多少操作，但极其重要。发泡能否成功，是否塌模、坯体能否最终形成并很快硬化，均在静停中产生。

5）脱模与切割。

硬化程度达到脱模要求时，模具车从静停室出来，进入脱模工位，人工或机械手将模具打开，取出坯体，并将坯体送上切割机，切割为成品。这一工序的关键是切割，它决定了产品的外观质量和某些内在质量。切割速度、切割精度、切割破损率是三大关键技术。

6）坯体码垛与后期养护。

这一工序是使坯体增长强度，最终形成各种性能的主要阶段。因其在最后阶段完成，所以称为后期养护。

坯体在模具内形成并硬化，其强度发展仅为40%左右，最高也不会超过50%，其余强度均是在后期养护中形成的。对于泡沫混凝土而言，只有经过一定温度和足够时间的养护，坯体才能完成必要的物理化学反应，从而产生强度，满足技术要求。这个过程需要80%以上的相对湿度，20℃以上的养护温度。只有具备养护所需的保温条件，产品才能充分完成其水化反应，产生良好的强度及其他物理力学性能。后期养护决定产品内在性能的最后形成。

7）干燥与包装。

这是生产的最后两道工序。它的任务是将养护好的成品自然干燥，至含水量合格后，用塑料薄膜打成包装，送入成品库。它包括干燥、包装两个工序。

（3）固定浇注简单工艺流程

这一工艺实际就是完全工艺的简化，去除了一部分工序，目的是降低投资，缩小规模，以适应中小投资者的要求。因此，与完全工艺相同部分这里不再重述，仅将它的一部分工序介绍如下。

1）原材料预处理与储存工序。

中小企业一般原材料不进行预处理，而是采取直接购买已经处理好的原材料，这回就可以配料使用。例如粉煤灰、矿渣粉、煤矸石等，均采购已经磨细的品种，自己购回不再磨细。而且所购原材料多采用袋装，不使用散装。这样，也就省去了钢板料库和原料储存入库的工序。这一部分可降低近百万元的投资，还节省了大量场地和车间面积，但原材料的使用成本要较高一些。

2）自动配料工序，人工计量加料。

配料工序必不可少。这里实际并没有省去配料工序，只是改变了配料工序的工艺方式，去掉了全自动配料，改为半自动配料或人工计量加料，目的也是降低投资。改为人工计量后，可降低投资几十万元，但人工费用增加，生产效率下降，人为因素对配料精度的影响增加。

3）后期养护和干燥工序。

本工艺在切割后直接包装，将产品封闭在包装膜内，用包装膜阻止产品内部水分蒸发，依靠产品本身含有的水分自我养护。所以后期保温保湿和干燥两道工序全部省去，切割后产品就进入成品库，静停28d出厂。其优点是节省了大量养护场地和养护人工及水耗、电耗，缩短了工艺流程，有利于降低成本。其缺点是产品仅依靠自身含有的水分自我养护，水化不充分，影响产品的各项性能，产品质量下降。

（4）固定搅拌移动浇注工艺流程

完全移动浇注工艺流程与完全固定浇注工艺阶段是相同的，其不同仅是在模车与主机的运动方式有一定的区别。即移动浇注工艺的主机也是固定的，但它却是依靠浇注车将浆体送到模具停放处进行浇注的，模具是固定不动的。

现将其与固定浇注工艺不同的工艺阶段介绍如下：

1）模具停放。

移动浇注是将模具在车间内离搅拌主机不远的地方，成排地排列整齐，一般排3~6列，视模具多少定列。其模具底板固定在平整度较高的模台上或将地面修整到很高平整度，将模具直接固定在地面上。模板为活动式可拆卸型，组装后放在底板上，并使模板接缝密封，保证浇注时不流浆。

模具一定要纵向排列整齐，以便浇注车移动浇注。

2）固定式搅拌主机制浆。

本工艺的搅拌主机为中型固定式搅拌机。它在搅拌制浆后，不是直接将水泥浆体浇到模具里，而是把浆体卸进浇注车（又名浇注机）。

3）移动浇注车浇注。

浇注车在向模具移动过程中，加入发泡剂，边移动边搅拌，当到达目标模具上方时，打开放料阀向模具浇注。

浇注车有轨道式和无轨式两种。轨道式移动轻巧，人推省力。无轨式不便控制方向且费力，依靠胶轮移动。

（5）移动搅拌和浇注工艺

1）工艺特点。本工艺与前述固定搅拌移动浇注工艺大部分工序均相同。它的主要不同点就在于搅拌机是移动的，取消了浇注车（浇注机），由搅拌机直接移动浇注。所以，其搅拌机兼有搅拌、浇注两种功能。

由于这种工艺的搅拌机要移动浇注，不能太大，必须小而轻便。因此，这种搅拌机一般为小型，每次搅拌容量仅有30~50L。它没有自动配料装置，均为人工配料计量。计量后，配合料装入袋中，预先送至模具处。一个模具一组配合料，以便向搅拌机中加料。它必须有专人计量和送料，搅拌机操作，工人负责推动搅拌机、加料、搅拌、浇注。其搅拌分为两个阶段，第一阶段制浆，第二阶段加入发泡剂，搅拌均匀后浇注入模。

2）应用现状与前景。

目前，移动搅拌浇注工艺被我国小企业采用较多，大部分小企业均采用这种工艺生产保温板，一条生产线配备3～5台搅拌机，一排模具一台，几台同时操作以保证产量。这种工艺因像母鸡下蛋，故被人们形象地称为"下蛋工艺"。它是2011年为适应当时急需所研发的一种保温板简易生产工艺，2012年推广应用较多。这种工艺是保温板生产的土方法，不是发展方向，也是未来行业重点淘汰的落后工艺。但由于目前行业以中小企业为主，投资者多为个体，受资金制约较大，作为一种过渡期的临时应急工艺，在近期小企业选用可能还比较多。从长远看，这种工艺不宜推广。

3）工艺评价。

这种工艺的应用价值是它的经济性、简易性、易行性。由于全套工艺设备只有小型搅拌机和简易小模具，投资小，所以小企业喜欢这种工艺。但这种工艺的性能不好。因为大部分工艺操作均是人工的，受人为的因素影响太大，产品质量难以控制，生产效率低。尤其是这种简易搅拌机制浆品质差，很难保证保温板质量，与那些全自动双轴超高速剪切搅拌机相比，差距甚远。目前如果应用，应改进搅拌机，延长搅拌时间，并应有控制水温、浆温、环境温度的手段。

3. 工艺控制

（1）原材料及预处理工艺控制

1）部分外加剂的预混。如果泡沫混凝土保温板生产所需的外加剂较多，增加车间配料的复杂性，则应该将可以预混的部分外加剂预混，以简化生产现场的配料工艺。如果外加剂较少，则不需预混。如果外加剂粒度差别大或密度差别大，则不可预混，以免其在混合后沉淀分层，造成使用时的配合比不准。混合后易产生不良反应或造成结块结团者，也不可预混，可分别计量配料，直接使用。

2）水的预热。

泡沫混凝土化学发泡对温度有一定要求，尤其是水温。水温升高的优点是促进发泡，增加发气量，另外是促进水泥的水化反应，加快凝结硬化，防止因水泥凝结过慢不能固泡而引起塌模，还有利于提前脱模。因此，在环境温度较低时，配料用水必须提前加热。其加热温度随配合比、原材料、季节而不同。一般，夏季可以不加热或微加热，秋末和初春气温较低时应加热，硅酸盐水泥为主料时应加热，快硬硫铝酸盐水泥可以不加热或微加热。配合比中含有发热成分时，也可对水不预热或微加热。

一般情况，随胶凝材料不同，水的温度应控制为20～45℃，没有定值。

水的加热升温可采用电热筒。电热筒应设置两个，轮流加热和使用。还可采用常压小锅炉或太阳能热水器加热水。

（2）配料工艺控制

1）人工配料控制

人工配料可采用重量法和体积法。

①重量法采用数显电子秤人工计量。固体原料电子秤可采用两台，大秤计量水泥、粉煤灰等主料，小秤计量外加剂等小料。大秤的计量误差值要求≤1%，小秤的计量误差值要求≤0.1%，人工配料时，为避免误称，各料应分别计量，不可累积计量。

②体积法采用专用计量斗，每斗装满原料并刮平后，作为每次的加料计量。其计量斗

的容积可根据物料密度，精确换算为体积，再根据这一体积制出每种原料的计量斗。不同配合比，就要有不同的成套计量斗。体积法计量精度，主料1%，外加剂0.1%。

重量法速度快而且精确，提倡采用。体积法速度慢，且不够精确，可作为第二方案。

2）自动配料

①粉粒物料的自动计量。粉粒物料的自动计量可采用电子秤微机计量配料系统。该计量配料系统，可采用一料一称分别计量，也可采用多料一称的累积计量。一料一称分别计量的优点是计量速度快，各料同时计量，配料周期短。缺点是电子秤多，计量复杂，投资增加。多料一称的优点是电子秤少，计量装置简单，易于布置和控制，投资降低，但一种原料计量结束才能再计量另一种物料，计量速度慢，配料周期加长。两者皆可选用。

一料一称的自动计量方法是：每种物料配备一台电子秤。各种物料均配备一个储料配料库。计量时，螺旋输送机将各种物料从储料配料库中取出，送入电子秤，经各自同时计量，同时送入提升机料斗，准备送向搅拌机。

多料一称的自动计量方法是：每种物料均配备储料配料库，螺旋输送机自储料库底部将物料送入电子秤，称完甲料后，再累积称量乙料，直到采用一台电子秤把各种原料一次称完。称完后，再由输送机一起送入搅拌机的上料斗。

②液体原料的自动计量。

液体物料包括水、各种液体外加剂、发泡剂双氧水等。其计量方法有溢流体积法、液位体积法、重量计量法等。

3）自动配料计量精度要求

水泥等胶凝材料、水等量大的原料，计量精度≤1%；

外加剂及发泡剂等量小的原料，计量精度≤0.05%。

（3）搅拌与浇注工艺控制

1）物料输送工艺控制

①固体配合料输送。输送机最容易出现的问题，是配合料不能完全按配合比量送入搅拌机，漏料或者在输送机内存料，排放不干净。螺旋输送机存料量最大，停止送料后仍然在螺旋管内存有大量物料。因此，配合料若不经高均匀混合，螺旋输送机不可用于搅拌送料。如果配合料已混合十分均匀，也可以采用螺旋输送机，以送料时间来控制送料量。皮带输送机不会存料，但是，它长度大、占地多，也不是很好的输送方式。相比之下，斗式提升机既不存料，也不漏料，而且加料速度快，应是较好的送料方式。但斗式提升送料在卸料时易产生大量粉尘，不好密封，是其缺陷。气力输送方式不会存料，不会漏料，速度也快，但要求搅拌机具有高密封性，这在设计时也有难度。每种输送设备都有自己的优点，也都有自己的缺点，各企业可根据自己的情况选用。

配合料输送工艺的控制要点是：

a. 不得有存料、漏料现象。

b. 送料过程中，配合料损失率应≤1%。

c. 卸料时不产生粉尘。

d. 送料速度快，可满足搅拌周期对上料时间的要求。

②液体物料的输送。液体的输送可采用自吸泵。它的速度快，适合于各种液体的输送。液体的输送应重点控制以下几点：

a. 输送管道应使用防锈的不锈钢管、橡胶管、聚四氟乙烯塑料管等，以防锈蚀引起不良反应。

b. 输送管道不应在输送途中有存留液体而排不净的部分，以免使计量好的液体失去精确性。如存留过多，会造成发泡失败或形成生产事故。

c. 输送管道应尽量不使用软管，以免弯曲存液。

d. 首次输送时，管壁对液体的损耗约为 1% ~ 3%，管路越长，损耗越大。在操作时应加上这部分损耗。

e. 应严格控制漏液现象。管道接头应注意有无漏液。生产过程要控制渗漏对产品质量的影响。

f. 液体外加剂的输送损失率应控制为 ≤0.1%。水的输送损失率应控制为 ≤0.5%。有损失现象时应有补偿措施。

2）搅拌工艺控制

①实现高均匀度的三大技术措施。要实现上述高均匀度，搅拌工艺必须采取三大技术措施。

a. 高速高性能搅拌机。普通混凝土搅拌机转速慢（每分钟 30 转左右），性能差，根本不能用于泡沫混凝土保温板的生产。现有的一些保温板搅拌主机，转速也不高，仍不能满足要求。对搅拌机的要求是：

二级和三级搅拌机转速 ≥1400r/min，一级搅拌机转速 ≥60r/min。

搅拌轴形式：一级卧式单轴或双轴，二级双轴立式。

一级搅拌要求：3 ~ 5min 达到高均匀度。

二级搅拌要求：2 ~ 3min 达到高均匀度。

三级搅拌要求：10s 将发泡剂高度分散。

b. 采用两级或三级搅拌，不采用传统的单级搅拌。

多级搅拌既可缩短搅拌周期，又可延长搅拌时间。单级搅拌的搅拌时间太短，延长时间则搅拌周期又太长。只有多级搅拌才能解决问题。

c. 一机多种搅拌器并用，优势互补，强化搅拌效果。如增装活化器、匀浆器等。

②搅拌工艺过程：

a. 先在一级搅拌机中加入配合到规定温度的拌合水，加水总时间不大于 1min。

b. 当拌合水加至 1/4 时，开动搅拌机，开始向搅拌机中加入各种相互没有不良反应的液体外加剂，加完后，搅拌 5s。

c. 搅拌机中加入固体配合料，2min 内加完。加完后，可根据设计的搅拌周期，继续搅拌 1 ~ 3min。

d. 如果是单级搅拌，在搅拌时间大于 5min 后，可以在提高转速（大于 300r/min）的情况下，加入发泡剂，快速搅拌 7 ~ 15s，使发泡剂的分散达到高均匀性。

e. 如果是二级或三级搅拌，最后一级搅拌机将浆体搅拌到均匀度已符合要求时，向搅拌机中加入发泡剂，搅拌 7 ~ 15s，使发泡剂在浆体中达高均匀度。

③搅拌工艺控制：

a. 搅拌总时间不少于 5min，其中 1400r/min 高转速搅拌不少于 2min，混合发泡剂 1400r/min 转速不少于 7s。

b. 若为二级或三级搅拌，每级搅拌总时间不少于 3min。

c. 浆体均匀度要求：搅拌筒内上中下左右五部分的浆体硬化体 28d 强度偏差值 <0.01MPa，密度偏差值 <3%。均匀度检测方法：取 $100 \times 100 \times 150$ 试模 5 个，涂刷脱模剂后待用。用五管式吸浆器，从搅拌筒上中下左右五处同时各抽吸相同体积的浆体，其抽吸量以发泡全部结束后，在试模内的最大高度不超过 150mm，最小高度不低于 100mm 为准。发泡体在试模内硬化后，脱模放在标准的养护箱中同时养护 28d，切去高度 10cm 以上部分，形成 $100 \times 100 \times 100$ 试件，测其密度、强度，计算偏差值。

④浇注工艺

a. 达到技术要求的技术措施

（a）搅拌机的放料口要大，满足快速浇注要求。

（b）在放料口安装浇注管或布料槽，使浆体分散式浇注入模，坚决杜绝浆体直接采用大料流浇注。

（c）浇注管或布料槽等应伸入模内，降低其与模具的距离，减少高落差造成的冲击和携括空气。

（d）浇注后最好有快速自动刮平装置，可以把浆体自动刮平，减少面包头。

（e）模车运行要平稳（固定式模具不需这一措施），振动小，在接受浆体后能在 5min 后平稳移动到静停位置。

b. 固定式搅拌浇注工艺过程

（a）模车移动到搅拌机浇注口下，做好浇注准备。

（b）浇注管或布料槽深入模具，达到规定位置。

（c）打开放料阀，通过布料装置，向模具放料布料。

（d）布料结束，自动或人工刮平。若浆体可以自流平，可以无此工艺过程。

（e）关闭放料阀，从模具内提升布料装置。

（f）模车缓慢向发泡静停室移动，其速度控制，以不造成塌模和无明显振动为准。

c. 移动式浇注工艺过程

（a）模具在基座上合模，涂刷脱模剂。

（b）移动式搅拌机或浇注车移动到模具上方，在已制成的浆体内加入发泡剂，混匀。

（c）向模具内伸入浇注布料装置，或在模具内斜放一块导料板，用于引导料浆，起缓冲作用。

（d）打开放料浇注口，通过布料或导料装置向模具浇注料浆。

（e）浇注完成后，人工刮平。浆体可自流平，就不需刮平。

（f）在浆面上覆盖塑料薄膜，保湿保温。

（4）静停发泡及硬化工艺控制

1）静停工艺类型及特点

静停工艺分为就地静停和移动静停两种。

①就地静停。这种方法就是模具不动，在静停位置停放，由浇注车或移动式搅拌机移动到模具上，向模具浇注。这种工艺是与移动浇注相配套的方式。

这种工艺由于模具不动，待坯体达到可以脱模的强度时，再开模用吊车把坯体移出，送上切割机。这种静停与硬化的方式，可以充分保证料浆在发气过程中，不受振动和晃动等影响，使气泡顺利生成和固定，避免破裂、合并而造成塌模。它的缺陷就是模具占地面积大，环境温度提升和保持困难，放率低、能耗大，经济性差，适宜用于班产200m³以下规模的生产工艺。

②移动静停。这种方法是模具在浇注后移动，由浇注点移动到浆体位置或发泡静停室内。它可以是地面静停、楼层式叠放静停。地面静停适宜班产100m³以下工艺，楼层式叠放适宜班产100m³以上工艺。

楼层式叠放工艺的优点是便于实现自动化生产，设置温室多层升温、能耗低，且容易实现温度条件，坯体发泡及硬化条件能始终保持理想状态。多层静停还可以大量节省静停面积。其不足是移动时使模具振动，料浆稳定性会受到一定的影响。采用这种工艺，技术要求较高，尤其是浆体的稳定性，不会受到模车移动的干扰，应确保移动过程与移动后不引起塌模。

2）静停工艺要求

①静停室或静停处的环境温度宜＞25℃，当采用大掺量粉煤灰或矿渣等活性掺合料时，或胶凝材料凝结速度较慢时，其环境温度要求＞30℃。

②静停处应无风。尤其是不设静停室时，不能忽视风对浆体的影响。风较大时会引起消泡、塌模。

③静停环境温度不能有较大的波动，应保持相对稳定。否则忽高忽低，工艺不宜控制。温度波动要求±1℃，这一温度会对发泡高度即产品密度产生重大影响。温度越高，发泡越快、发泡高度越大，硬化越快、产品密度越低。

④静停室或静停处不同位置的温差不能太大，以便引起发泡高度差异及发泡稳定性差异。如是静停室，还要求同一位置上下温差不宜太大。一般情况，热空气上升，冷空气下降，靠近地面的温度总是低于顶棚的温度。尤其是楼层式多层养护，一层与三层以上的温差会较大。不同位置温差与同一位置的上下温差应小于2℃。

3）主要技术措施

①就地静停，由于没有静停初养室，不易控温，在气温低于技术要求温度时生产较困难，应采用保温模具保温（夹层板模具），在浇筑后应立即覆盖塑料薄膜保温或覆盖太空棉保温。还可以用苯板箱倒扣模具保温。

②移位静停，最佳升温方式为地暖，尤其电地暖，其温度分布均匀，尤其适合多层静停。室内应有上下空气对流措施，可在适当处安装循环风机。静停室的四壁及顶棚均采用保温夹芯板保温。室门应采用夹芯保温自动门或保温门帘（外表面应加防水布）。

4）静停初养时间

确定合适的静停初养时间，并非小事，目前已是泡沫混凝土保温板生产的核心问题之一。因为，目前很多卖设备的、卖技术的、卖外加剂的，都在拿静停初养时间（即脱模时间），来忽悠那些准备进入泡沫混凝土行业的人或刚刚进入这个行业专业知识较少的人。他们都拿超短脱模时间来作为卖点，诱使那些缺乏专业知识的人去购买他们的设备、技术、外加剂。他们在网上或接待客户时宣传，他们的设备、技术和外加剂，在采用普硅32.5级水泥的情况下，能使脱模时间缩短到几分钟或10多分钟，最多1h、2h，即使普通硅酸盐水泥掺80%粉煤灰也能几十分钟脱模，而且产品技术性能很高。这是所有泡沫混凝土专家们都根本无法达到的水平，他们却可以轻易实现。他们抓住了生产者的心理。因为，生产者都想降低模具投资和模具静停场地投资，加快模具周转，减少模具。这些宣传实际上是销售陷阱，切莫相信。

在这里，作者提醒广大读者：采用普通硅酸盐水泥或其他通用水泥生产保温板，几分钟或 10 多分钟脱模，是根本不可能的，为虚假宣传。1h 或 2h 脱模，也是不正确的，不科学的，极易引发水化热集中，并使后期干缩加大，保温板干裂严重，成品率大大降低，产品质量根本无法保障。这在后面将另作分析。

作者认为，泡沫混凝土保温板的生产，合适的脱模时间，应为 4~24h。其中，采用快硬硫铝酸盐水泥、镁水泥等快硬型胶凝材料，合适的脱模时间应为 4~8h，普通硅酸盐等通用水泥，最短应为 5h，合适的应为 8~24h。几分钟、10 多分钟、1~2h，这绝不可取。当然，如果有科学、有效地防裂技术措施，2~4h 脱模也可以，但一定要技术可靠，确保能分散水化热，以不造成保温板裂纹为前提。

另外，模具越大，水化热越易集中。所以，当采用大体积浇注时（每次大于 0.5m³），更易引发早期热裂，后期干裂。所以，大模浇筑要适当延长脱模时间，即终凝硬化时间，以分散水化热。

采用快硬水泥类生产保温板，合理的工艺，是适当加入缓凝剂，延长终凝硬化时间，而不是再加促凝剂。

现在，一些企业为了模具周转，不顾裂纹，不顾质量，大量使用促凝剂、速凝剂，千方百计缩短凝结硬化时间，加快硬化脱模。这是十分错误的，是工艺歧途，应立即叫停。否则，既害了企业，又害了行业。

（5）脱模与移坯工艺控制

1）坯体硬化程度的确定

坯体硬化程度的确定实际是确定坯体是否达到了脱模强度和切割强度。这一技术指标既是对坯体强度的判断，也是对浇注及静停质量的检验。

如果脱模后不立即进行切割，而只是将坯体从模内移出，送至后期养护处堆养，则可以对脱模强度要求低一些，只要能在脱模后顺利移坯，不造成损伤和裂纹即可。

如果脱模后要立即进行切割，这就应该对坯体的强度要求高一些，否则，切割破损率就会很高。

判断泡沫混凝土坯体的硬化程度是否已经达到了脱模及切割的要求，可采用经验法与仪器法两种。

2）脱模方式及移坯方式

脱模移坯的方法有以下两种：

①人工脱模移坯法：

a. 全人工脱模移坯。人工打开模具，将坯体用人移走，这是最原始的脱模方法。适用于小型坯体，可以 1 个或两个人抬动坯体。大型坯体（重量超过 100kg）不适宜。

b. 人工夹具脱模移坯法。这种方法是作者为适应小企业的需要于 2009 年研发的。这种方法是采用人工小型夹具。在开模后，由两个人用夹具从模内取出坯体并移走。这种方法经在 20 多家小企业应用，效果很好。它可以保护坯体不受损伤，在坯体强度还不高时就可以脱模，还可以使人工移坯时方便、省力、快速，提高脱模效率。

②机械脱模移坯：这种用机械脱模移坯的方法有三个类型：提拉脱模，机械手移坯

法；顶出脱模，机械手移坯法；大开模法脱模，机械手移坯法。其中，顶出法适用于坯体较小的工艺，提拉脱模和大开模法适用于坯体较大的工艺。

a. 提拉脱模，机械手移坯方法。本工艺采用整体模框，模框与底板分离。脱模时采用吊机或电动葫芦将模框从底板上吊起，坯体留在底板上，再用机械手把坯体夹起移走。

这种工艺的优点是脱模速度快，坯体的体积大，效率高。这种工艺的缺点是，坯体需有一定的上下尺寸差，上小下大，便于模具提拉。其上下尺寸差应大于10mm。因此，坯体切割后会损耗一部分。

b. 顶出脱模，机械手移坯方法。本工艺采用整体模框，活动底板。脱模时，气压或液压装置顶升活动底板，连同坯体从模框内顶出，再用机械手将坯体移走。这种方法的优点是自动化程度高，便于自动控制，尤其适合于大型自动生产线。但其缺点也很突出，即模具加工精度高，模具投资大，不适用于一次成型体积较大的工艺。当坯体较大时，顶出困难。建议坯体尺寸≤1m³。

c. 大开模脱模，机械手移坯法。本工艺采用分体模框。模框的四块模板与底板用活动件连接，四块模板之间采用锁扣件连接。生产时，用锁扣把四块模板连为整体，并严格密封，就可以浇筑成型。脱模时，人工或机械打开锁扣，四块模板打开，即可采用机械手移走坯体。

本工艺的优点是模具简单，技术要求低于提拉脱模和顶出脱模。脱模不受成型坯体体积的限制。但也有缺点，如开合模速度慢，影响产量。模板的开缝多，易漏浆。本工艺适用于各种工艺，对工艺的适应性好。图7-4大开模脱模的生产实况照片。

图7-4 大开模脱模的生产实况

（6）切割工艺控制

1）切割工艺原理与工艺类型

根据泡沫混凝土保温板生产的技术特点，切割工艺必须与这些技术特点相吻合。切割工艺设计应考虑的是经济性、合理性、适用性。目前，在我国已实际规模化应用的，有下列四种切割工艺：钢丝切割、偏心轮锯条切割、带锯切割、圆盘锯切割。

①钢丝切割工艺

这种切割工艺是模仿加气混凝土的切割工艺原理，并加以改造，使之简易化，更加适应泡沫混凝土的特点。加气混凝土是在坯体接近终凝仍具有一定塑性的状态时，采用钢丝切割。但其工艺复杂，设备庞大，适合于大型坯体。完全照搬这种工艺是行不通的。将来若泡沫混凝土技术进步到可以生产类同与加气混凝土那么大的坯体时，也可以完全采用现有的加气混凝土切割工艺。但目前泡沫混凝土的坯体大多在 $1m^3$ 以下，少数在 $2m^3$ 以下。显然不能完全照搬加气混凝土切割工艺。

目前泡沫混凝土采用的钢丝切割有多种，如预埋钢丝式、压框式等，其中，多级式是一种完全不同于加气混凝土的工艺。

山东勤德机械设备有限公司生产的保温板湿切设备是在加气混凝土设备的基础上进行改造，使之简单化，更加适应泡沫混凝土保温板生产特点。这种工艺设备的湿切与正常的泡沫混凝土干切工艺对比有着很大的区别，泡沫混凝土坯体接近终凝仍具有一定塑性的状态时，采用钢丝切割。目前泡沫混凝土采用的钢丝切割主要采用多级式，其工艺特点是：用逐级错位的钢丝依次排列，当切割运坯车通过这些钢丝时，就被一条钢丝切割。这种湿切割比干切工艺优点多得多。干切工艺光六边切去的废料就有12%以上，如一天生产 $100m^3$ 就浪费 $12m^3$，如果按成本400元/m^3 计算一天就浪费掉4800元，一个月正常生产边角料浪费掉14.4万元，半年86.4万元。湿切工艺除了上述节约以外，还有以下优点：

a. 湿切大体积浇注（模具 $2 \sim 3m^3$）从上料到在线切割成制品约15min，生产速度快。

b. 湿切工艺切割下的边角料，在生产线上当即全部回收再作为生产原料，能及时回收利用，做到节能环保的作用，不用为垃圾外运发愁。

c. 车间噪声、粉尘减少，工人工作舒适。

d. 人工减少30%左右，做到快速发泡、快速脱模、快速切割。

e. 占地面积和基建投资减少一半以上。

泡沫混凝土保温板湿切工艺15min之内切出合格制品，从上料系统（螺旋输送 $20 \sim 30s$ 内将主料打入计量系统，普通水泥70% + 早强水泥10% + 二级粉煤灰10% + 小料10%）→计量（水泥、粉煤灰、水温度控制 $33 \sim 36℃$）→搅拌（将主料搅拌2min + A料、3min + B料、3min40s + C料、过氧化氢搅拌 $5 \sim 10s$）→合模浇注（模箱3000mm × 600mm × 1200mm、静养 $3 \sim 4min$ 胚胎定型）→切割（水平切割、垂直切割、此过程需要 $3 \sim 5min$ 线切割）→封塑机包装。

②偏心轮锯条往复切割工艺

这种切割工艺曾是2011年泡沫混凝土保温板切割的主导工艺，大多数企业采用这种切割工艺。2012年，由于新的工艺陆续推出，这种工艺渐趋减少，但仍占有较大的应用比例，特别是在小企业，仍然大多采用这种工艺。

a. 基本原理：该工艺的切割原理是依靠偏心轮带动锯条往复运动，对坯体进行切割，可以完成纵横切、平切，由几台锯组成切割机组，基本可完成各种切割需要。

b. 优缺点：该工艺的优点是结构简单，造价低，能满足切割的基本需要。其缺点是切割速度慢，自动化程度低，最初每班只能切割 $30 \sim 50m^3$，现经各地改进，最大产量也只能切割 $150m^3$。

c. 适用性：该工艺适用于产量要求不高的小规模生产，不适用于大型全自动生产线，为一种经济型切割工艺。

③组合带锯切割工艺

这种锯为 2012 年创新锯型。由于偏心往复锯切割工艺速度太慢，为提高切割速度，2012 年国内不少企业开始创研组合带锯切割工艺，并获得成功，目前已用于实际生产。

a. 工艺原理：这种工艺是采用木工带锯切割原理，对坯体进行切割。由于一根带锯只能分切两块，而坯体一次要分切十几块，因此，就必须采用许多带锯组合成组合切割机，再由多台切割机组成大型切割机组，就可以完成对坯体的任意规格的切割。

b. 优缺点：本工艺的优点是切割速度快，一般可达 $200 \sim 500 m^3/$ 班，彻底改变了偏心轮往复锯切割速度慢的问题，是泡沫混凝土切割工艺的重大创新。其不足是设备较复杂，投资较大。本工艺适合于大型自动化生产线，也适用于一般规模的配套切割。

c. 综合评价：本工艺是我国有代表性的第二代切割主导工艺之一，代表了发展的方向，在没有其他切割工艺出现之前，目前应该是比较先进的工艺类型。在近几年将是有应用前景的切割工艺。下一阶段，如果将此工艺进一步改进，设计小型机组、中型机组、大型机组，使大中小生产规模均可应用，将会有很好的应用市场。

④圆盘锯切割工艺

圆盘切割锯切割工艺，是 2011 年研创的一种锯型，2012 年又有了一些改进和应用。由于它的不足之处较多，一直没有获得广泛的应用，目前只作为其他工艺的配套或作为较厚产品的切割。

a. 工艺原理：本工艺是借鉴石材切割机工艺原理研发的切割工艺。它的基本原理是采用多组圆盘组合成切割机，再由多台切割机组合成切割系统，就可以对坯体进行任意尺寸的分切。

b. 优缺点：本工艺的优点是切割力较大，对较大密度产品（如 $400 \sim 800 kg/m^3$）也可以顺利分切，锯片耐用，磨损小，切割速度也较快。其缺点是锯缝较大，约 $4 \sim 6 mm$，切割耗损太大，只适合于切割分切块数少，产品厚度大的坯体，不适合切割较薄的产品。另外，它的切割冲击力较大，切割较薄产品时，产品破损率较高。

c. 综合评价：本工艺由于锯片太厚，损耗大，一直难以被接受。目前，保温板产品都较薄，不适合采用此锯切割。如将来改进，也可应用。

2）切割工艺发展趋势

①设备逐步大型化、自动化，在 $2 \sim 3$ 年内，先进的自动化切割工艺将占主导。

②中小型切割工艺将进一步完善，性能提高，切割速度提高，故障率降低，切割精度更高。

③现在广泛使用的偏心往复切割工艺将逐步换代，主要用于小于 $150 m^3/$ 班工艺，并会被其他工艺取代，其用量总体会下降。

④新型切割工艺将不断出现，创新力度将会逐年加大，竞争将主要表现在技术创新方面。

（7）后期养护工艺控制

1）养护的重要性

泡沫混凝土经初步养护硬化和切割，所形成的是外形和远远没有完善的性能，尤其是强度。脱模时一般坯体强度只能达到 40% ～50%，剩下的 50% ～60% 强度和各种性能，均是在后期形成的，尤其是 7d 之内。而大部分强度的形成，是在 28d。28d 以后，强度也仍在继续发展。当粉煤灰、矿渣等活性材料掺量较大时，其后期强度的发展更大、更长，最长达数年。粉煤灰、矿渣等活性材料在脱模前的几个小时或几十个小时，强度基本没有发挥，而基本上是在后期养护中开始形成的。脱模后的后期养护，是其强度及性能形成最关键的时期。所以，混凝土行业有句行话，叫做"三分成型，七分养护"，可见后期养护的重要性。

2）目前后期养护存在的问题

由于很多生产企业对后期养护的重要性认识不足，在后期养护方面存在许多糊涂的或错误的做法，给产品质量埋下了很大的隐患。存在的主要问题如下：

①脱模后不再养护。作者看到不少企业在脱模后，就把坯体运到院子里堆放，任凭烈日暴晒，风吹雨打，既不覆盖保温、遮阳，也不防风防雨。结果使坯体干裂严重，表面发酥、起层，产品强度大幅下降，综合性能变差。

②虽不放在院里暴晒，但放在室内既不洒水增湿，也不盖塑料膜保湿，没有任何加湿保湿措施，产品失水较快。这也会造成产品开裂、干缩增大、强度下降，综合性能也会下降。

③产品正在发热高峰时脱模，坯体不切割散热，而是码大垛堆放，使坯体内部温升更高，内部温差更大，热裂更严重。

④产品不经后期养护，脱模后就切割，切割后就直接装车送往工地。作者看到，有些企业头天生产的产品，第二天就在工地往墙上粘贴。

⑤缩短养护时间，本来应该保湿养护 7d，但许多企业为减少产品占压资金，养护 2~3d 或不到 7d 就结束养护出厂。

上述等等问题，使人感到十分担心。一些企业轻视养护或故意放弃后期养护的现象是严重的，对行业发展非常不利，应该立即纠正。

3）后期养护条件及方法

①养护条件

a. 养护时间：常压常温保湿养护，应该不小于 7d，建议 7~10d。

b. 养护湿度：室内加湿养护时，环境相对湿度应大于 80%，建议 90% 左右。

c. 养护温度：养护环境温度 ≥15℃，理想温度 ≥25℃。

②养护方法

养护方法有自然洒水养护法、自然覆盖养护法、自然喷雾养护法、浸水养护法、蒸汽养护法、蒸压养护法、太阳房升温养护法、养护罩养护法等多种。随着科技的发展，其他创新养护法还会出现。

泡沫混凝土保温板采用养护窑进行蒸气负压养护，即可以提高强度、降低密度和导热系数，又可以提前达到要求强度，一天就可以出窑，出窑后即可出厂。

（8）干燥与包装工艺控制

干燥与包装是保温板生产的最后工序，也是最简单地一道工序，但它对产品质量仍有一定的影响。

1）干燥

保温板在保湿养护后，含水率较大，如果急剧失水干燥，会造成其较大的收缩应力而干燥。因此，结束保湿养护的保温板，应该遮阳晾干，让其慢慢干燥，干燥期为 10~20d。

应避免将从养护室取出的高湿保温板马上放在露天太阳下暴晒急干。这种干燥方法是错误的，不能采取的。

2）包装

干燥后的保温板即可包装。包装可在出厂前几天进行。包装的方法目前有几种，即热缩膜法与打包带法。其中，热缩膜法是应用较广的包装方法。

①热缩膜包装法。其包装工艺流程为：

a. 送坯。将保温板人工或机械按每次包装块数，放在包装机的传送带上，进入包装工位；

b. 包膜。包装机人工或自动将热缩膜覆盖在板坯上，然后送入加热箱；

c. 加热。包好热缩膜的坯体，在加热箱内加热，使包膜热缩；

d. 冷却。加热后的成包装坯体被送出加热室，经风机吹风急冷定型；

e. 包装好的成品被传送带送出，人工或机械取走码垛。

②打包带包装法。

打包带包装法作者曾在2012年指导企业使用过。其优点是设备简单，价格低，容易实施，占地面积小，包装速度比热缩膜法更快。其不足是容易把保温板的棱角勒破，且需要护角（纸护角或塑料护角），包装成本高于热缩膜法。另外，它对产品不能全包覆，容易使产品在搬运中损伤。同时，它对产品也没有保湿自养护功能。总之，这种方法的使用效果不如热缩膜法，但由于它的投资小，对小企业还有一定的适用性。对有经济能力的企业，它显然不适用。

（9）生产工艺管理

1）模具采用冷轧钢板制造，模具两侧面启口，清理模具启口处时，把残留在模具启口上的杂物清理干净，不得重击损坏模具，损坏、掉落的零部件（开关及合页）要及时修复。

2）把清理过的模具进行组装，注意组装后的模具要确保其几何尺寸及平整度达到要求，模具底面、侧面结合部要绝对密封（密封胶带不可脱落）。

3）箱体式模具采用机油与柴油作为脱模剂（机油：柴油＝8：2），宜用喷涂为佳，应注意所有和泡沫混凝土接触的地方都要喷到，尤其边、角、楞、隔断等不易喷到的地方。还要注意喷脱模剂要均匀，底面不应有大量脱模剂流淌的现象。

4）箱体式模具隔板，宜采用刮板机清理隔板上粘附的硬化泡沫混凝土，慎用铁锹及铁铲清理，以免隔板变形。

5）搅拌的泡沫混凝土入模时，待泡沫混凝土反应后即插入隔板；注入平模应使浇注后的泡沫混凝土水平（如搅拌的泡沫混凝土不能全部倒出，如有余料每搅拌一次就冲洗搅拌机一次）；泡沫混凝土入模静停30min时把凸出模具的泡沫混凝土用钢丝刮掉，浇水并用塑料薄膜覆盖养护2~3h（应视环境温度而定）。

6）搅拌的泡沫混凝土入模时，如模具出现漏浆、渗浆应及时处理（用粉煤灰堵漏）；混凝土入模静停30min，视其表面硬化后用塑料布覆盖养护，养护2~3h时脱模（应视环境温度而定）。

7）待泡沫混凝土达到强度时脱模，脱模时应注意成品的边、角、棱不能造成人为损坏，在搬运过程中避免磕碰，保证成品完整无损。

8）产品运到堆场，存放场地应坚实平整，露天存放应采取措施，防止侵蚀介质侵害泛卤；堆放整齐，堆高不超过 3m。须标明产品生产日期、数量，然后浇水并用塑料薄膜覆盖养护（硫铝酸盐水泥 3d，普通硅酸盐水泥 21d），养护时确保产品表面潮湿，使产品达到最终强度。

9）免切割的外墙保温板脱模后必须淋水养护，用塑料布覆盖，确保 3d 内板面上不失水（普通硅酸盐水泥确保 14d 板面上不失水），防止板面起砂起面，失去面强度。

10）外墙保温板短距离运输可用叉车或手推车运输；长距离运输应打捆，每捆不应多于 6 块，轻拿轻放。运输过程中应用绳索绞紧，支撑合理，防止撞击，避免破损和变形。

11）原材料不得受潮、结粒、结块、过期变质。在生产前对各种原材料要进行准确计量，每吨误差 ±10kg。按进厂的各种原材料生产厂家提供的使用说明书及产品技术指标进行配料。

7.2.3 泡沫混凝土保温板配合比

1. 泡沫混凝土保温板母料配合比

（1）硫铝酸盐水泥：矿渣粉：粉煤灰：普通硅酸盐水泥 = 0.85:0.05:0.05:0.05。

（2）硫铝酸盐水泥：矿渣粉：粉煤灰：普通硅酸盐水泥 = 0.80:0.10:0.05:0.05。

（3）硫铝酸盐水泥：矿渣粉：粉煤灰：普通硅酸盐水泥 = 0.75:0.10:0.10:0.05。

（4）硫铝酸盐水泥：矿渣粉：粉煤灰：普通硅酸盐水泥 = 0.70:0.15:0.10:0.05。

（5）硫铝酸盐水泥：矿渣粉：粉煤灰：普通硅酸盐水泥 = 0.65:0.20:0.10:0.05。

（6）硫铝酸盐水泥：矿渣粉：粉煤灰：普通硅酸盐水泥 = 0.60:0.25:0.10:0.05。

（7）硫铝酸盐水泥：矿渣粉：粉煤灰：普通硅酸盐水泥 = 0.55:0.25:0.15:0.05。

（8）普通硅酸盐水泥：粉煤灰：硫铝酸盐水泥 = 0.80:0.15:0.05。

（9）普通硅酸盐水泥：粉煤灰：硫铝酸盐水泥 = 0.75:0.20:0.05。

（10）普通硅酸盐水泥：粉煤灰：硫铝酸盐水泥 = 0.70:0.25:0.05。

2. 外加剂掺量

（1）按母料的重量外掺加光亮剂 1.0% ~ 2.5%。

（2）按母料的重量外掺加防水剂 1.5% ~ 3.0%。

（3）按母料的重量外掺加稳泡剂 2.0% ~ 3.0%。

（4）按母料的重量外掺加泌水剂 2.0% ~ 3.0%。

（5）按母料的重量外掺加增强剂 6.0% ~ 12.0%。

（6）在普通硅酸盐水泥中按母料的重量外掺加补偿收缩剂 4% ~ 6%。

（7）水灰比：（母料 + 稳泡剂 + 泌水剂 + 增强剂）× 水灰比（若普通硅酸盐水泥加补偿收缩剂）。

3. 发泡剂的配制

［例 7-1］ 若配制发泡剂溶液 2000kg，溶液浓度为 1.8%。已知过氧化氢浓度为 27.5%，则需要过氧化氢及水各多少千克？

［解］ 设需要发泡剂 X（kg）

$2000 \times 1.8\% = X \times 27.5\%$

$X = 131$（kg）

故：需要水为 $2000 - 131 = 1869$（kg）

注：按水的重量外掺加 1% 三乙醇胺（具有防水、早强、悬浮作用），$2000 \times 1\% = 20$（kg）

[**例7-2**] 若配制发泡剂溶液2000kg，溶液浓度为2.0%。已知过氧化氢浓度为35%，则需要过氧化氢及水各多少千克？

[**解**] 设需要发泡剂 X kg

$$2000 \times 2\% = X \times 35\%$$

$$X = 114 \ (kg)$$

故：需要水为 $2000 - 114 = 1886$（kg）

注：按水的重量外掺加1%三乙醇胺，即 $2000 \times 1\% = 20$（kg）

4. 硫铝酸盐水泥配合比

（1）按干表观密度160kg/m³计算。

（2）基础材料配合比：

硫铝酸盐水泥：粉煤灰：普通硅酸盐水泥 $= 0.85 : 0.10 : 0.05$（无矿渣粉）

（3）所需其他材料：

①铝酸盐水泥 $= 160 \times 0.85 = 136$（kg）

②粉煤灰 $= 160 \times 0.10 = 16$（kg）

③普通硅酸盐水泥 $= 160 \times 0.05 = 8$（kg）

④滑石粉 $= 144 \times 0.02 = 2.9$（kg）

⑤轻质碳酸钙 $= 144 \times 0.03 = 4.3$（kg）

⑥硬脂酸钙 $= 144 \times 0.02 = 2.9$（kg）

⑦减水剂 $= 144 \times 0.02 = 2.9$（kg）

⑧硅粉 $= 144 \times 0.06 = 8.64$（kg）

⑨PP纤维 $= 144 \times 0.003 = 0.432$（kg）

⑩三氯化铁 $= 144 \times 0.006 = 0.864$（kg）

（4）模具规格：

$990 \times 610 \times 540 = 0.326$（m³）（模具的体积）

（5）按模具规格制作干表观密度160kg/m³所需以下材料：

①铝酸盐水泥 $= 136 \times 0.326 = 44.34$（kg）（调整40kg、38kg用量）

②粉煤灰 $= 16 \times 0.326 = 5.22$（kg）（调整7.3kg、9kg用量）

③普通硅酸盐水泥 $= 8 \times 0.326 = 2.61$（kg）（调整2.5kg、2.5kg用量）

④滑石粉 $= 2.9 \times 0.326 = 0.95$（kg）（调整0.92kg、0.92kg用量）

⑤轻质碳酸钙 $= 4.3 \times 0.326 = 1.40$（kg）（调整1.4kg、1.4kg用量）

⑥硬脂酸钙 $= 2.9 \times 0.326 = 0.95$（kg）（调整1.26kg、1.26kg用量）

⑦减水剂 $= 2.9 \times 0.326 = 0.95$（kg）（调整0.90kg、0.90kg用量）

⑧硅粉 $= 8.64 \times 0.326 = 2.82$（kg）（调整5.55kg、5.55kg用量）

⑨PP纤维 $= 0.22 \times 0.326 = 0.07$（kg）（调整0.07kg、0.07kg用量）

⑩三氯化铁 $= 0.864 \times 0.326 = 0.28$（kg）（1.00kg、1.00kg用量）

（6）结论：

①水灰比 $= 0.59$，发泡剂溶液 $= (40.00 + 7.30 + 2.50 + 0.92 + 1.40 + 5.55) \times 0.59 = 57.67 \times 0.59 = 34.03$（kg），过氧化氢 $= 34.03 \times 2.6 \div 27.5 = 3.22$（kg），水 $= 34.03 - 3.22 = 30.81$（kg），三乙醇胺 $= 30.81 \times 0.01 = 0.31$（kg），三氯化铁 $= 1.00$（kg）。泡径均齐，泡

径大，闭孔率90%左右，吐出模具180mm。第一个模具满，第二个模具吐出140～160mm。

②调整水灰比＝0.61，发泡剂溶液＝（40.00＋7.30＋2.50＋0.92＋1.40＋5.55）×0.61＝57.67×0.61＝35.18，双氧水＝35.18×2.4÷27.5＝3.07，水＝35.18－3.07＝32.11，三乙醇胺＝32.11×0.01＝0.32，三氯化铁溶液＝1.00。泡径均齐，闭孔率90%左右，吐出模具140mm。

5. 普通硅酸盐水泥配合比

（1）按干表观密度160kg/m³计算。

（2）普通硅酸盐水泥配合比：

普通硅酸盐水泥：矿渣粉：硫铝酸盐水泥＝0.80：0.15：0.05

（3）按干表观密度160kg/m³计算所需其他材料：

①普通硅酸盐水泥＝160×0.80128＝128.2（kg）

②矿渣粉＝160×0.15＝24（kg）

③硫铝酸盐水泥＝160×0.05＝8（kg）

④硬脂酸钙＝136×0.03＝4.08（kg）

⑤减水剂＝136×0.03＝4.08（kg）

⑥三氯化铁＝136×0.006＝0.82（kg）

⑦硅粉＝136×0.06＝8.2（kg）

⑧PP纤维＝136×0.003＝0.41（kg）

（4）按模具930×610×610＝0.346（m³）计算所需其他材料：

①普通硅酸盐水泥＝160×0.80128×0.346＝44.29（kg）

②矿渣粉＝160×0.15＝24×0.346＝8.30（kg）

③硫铝酸盐水泥＝160×0.05＝8×0.346＝2.77（kg）

④硬脂酸钙＝136×0.03＝4.08×0.346＝1.41（kg）

⑤减水剂＝136×0.03＝4.08×0.346＝1.41（kg）

⑥三氯化铁＝136×0.006＝0.82×0.346＝0.28（kg）

⑦硅粉＝136×0.06＝8.2×0.346＝2.84（kg）

⑧PP纤维＝136×0.003＝0.41×0.346＝0.14（kg）

⑨碳酸锂＝136×0.003＝0.41×0.346＝0.14（kg）

（5）水灰比：

水灰比＝0.58～0.66

（6）发泡剂溶液＝（44.29＋8.30＋2.77＋2.84）＝58.2×0.62＝36.08（kg）

其中：双氧水＝36.08×2.6÷27.5＝3.41（kg）

水＝36.08－3.41＝32.67（kg）

三乙醇胺＝32.67×0.01＝0.33（kg）

注：三氯化铁溶液：水＝1：3.6～4.0

7.2.4 泡沫混凝土保温板质量问题原因及防治措施

1. 塌陷原因及防止措施

（1）塌陷原因

1）各种物料称量不准确，稳泡剂掺量太少。

2）水灰比过大，加水量大，强度增长慢，支撑不住塌陷。

3）发泡时间太长，泡径太大。

4）有振动，没有静停发泡。

5）发泡凸出模具量过多，漏气，导致气体集中一处溢出。

6）水泥早期强度低，几小时无强度，初凝时间慢。

7）矿渣粉和粉煤灰细度筛余应≤15%，超过≥30%时与水泥细度不匹配。

8）水泥受潮结块，强度降低。

9）减水剂的质量不好，减水率低。

10）双氧水浓度不稳定，搅拌时间短，不足15s，搅拌不均匀。

11）泡沫浆料浇入模具中未成流线型，断断续续入模具，不顺畅带入空气。

12）模具密封不好，漏浆。

（2）塌陷防治措施

1）各种物料计量准确，物料干拌均匀后待用，不可受潮，搅拌时先把水放入搅拌机中，再加干粉搅拌不少于3min，然后把双氧水放入搅拌不大于15s后入模。

2）进场物料必须要有产品说明、合格证明、检测报告。

3）每更换一种物料，必须试配后方可生产。

4）泡沫混凝土入模后，静停0.5～1h。

5）降低水灰比，提高稳泡剂的掺加量。

6）水泥的凝结时间与发泡剂稳泡时间相匹配，发泡剂不得在水泥没凝结前很快消泡。

7）延长搅拌时间或增加三氯化铁，掺入三乙醇胺、碳酸锂、氯化锂等。

8）提高搅拌水的温度。

2. 裂纹原因及防治措施

（1）裂缝原因

1）水灰比大易引起保温板裂缝；硫铝酸盐水泥：水灰比应为0.52～0.58、普通硅酸盐水泥：水灰比应为0.58～0.66。

2）用水量过大，阶段性水化热释放过大，造成体积收缩性龟裂纹。

3）硫铝酸盐水泥水化速度快，水化热高，加之搅拌水温度过高，环境温度高，造成入模泡沫混凝土温度过高，促使泡沫混凝土的稠度大，造成龟裂或贯穿性裂缝。

4）发泡速度快，不均匀发泡，内外温度释放不一样。

（2）防止裂缝措施

1）添加纤维有效地减少裂缝，增大抗裂性能，还能提高强度。

2）掺苯粒解决干缩裂缝。

3）水泥收缩裂纹加聚合物。

4）加粉煤灰裂缝大，加石粉收缩裂缝小。

5）三氯化铁用量下调，粉煤灰用量上调，用普通硅酸盐水泥替换硫铝酸盐水泥量的5%～10%或硫铝酸盐水泥替换普通硅酸盐水泥量的5%～10%，适当增加搅拌时间。

6）降低水灰比，掺加膨胀剂 3% ~ 6%。

3. 回落原因及防治措施

（1）回落原因

1）水胶比过大。

2）发泡时间太长，水化、硬化反应慢。

3）泡径大，支撑不住回落。

4）水化热释放慢。

（2）防止措施

1）降低水灰比。

2）提高搅拌水温。

3）降低发泡剂用量。

4）增加三氯化铁或掺碳酸锂、氯化锂。

4. 抗压、抗拉强度低的原因及防治措施

（1）抗压、抗拉强度低的原因

1）水泥用量太少。

2）粉煤灰质量差，掺量太多。

3）水用量太多。

4）没掺增强剂。

（2）防止抗压、抗拉强度低的措施

1）降低水灰比。

2）提高增强剂的掺加量（6% ~ 12%）。

3）增加水泥用量。

4）增加矿渣粉用量，减少粉煤灰用量。

5. 发泡高度低的原因及防治措施

（1）发泡高度低的原因

1）双氧水加入量少或浓度低，发泡高度低。

2）发泡速度与水泥凝结时间不匹配，没等双氧水反应完全泡沫混凝土已初凝，导致泡沫混凝土不能继续反应，发泡高度低。

3）双氧水反应应在模具中，而不应在搅拌机中，如果发生在搅拌机中，发泡就会受影响，先前发泡部分不起作用，造成发泡高度低。

（2）防止发泡高度低的措施

1）增加双氧水加入量。

2）双氧水浓度要足够。

3）双氧水和水泥要匹配。

4）双氧水反应要在模具中。

6. 保温板抗冻融性能差的原因及防治措施

（1）抗冻融性能差的原因

1）水灰比大，用水量多。

2）纯水泥配制。

3）保温板孔径太大。

4）没掺防水剂、憎水剂。

（2）提高抗冻融性能措施

1）添加减水剂，降低水灰比。

2）掺矿渣粉、粉煤灰。

3）减小孔径，提高保温板的密实性，减少了水分的进入。

4）内外防水处理，可以较好地封闭板的毛细管道，减少水分进入，极大地减少冻融危害。

7. 质量不稳定的原因及防治措施

（1）质量不稳定的原因

1）搅拌不均匀，搅拌不均匀的原因是搅拌机转速和搅拌时间问题。

2）原材料配比不准确。

3）泡沫混凝土保温板配合比不合理。

（2）防止质量不稳定的措施

1）调整搅拌机转数。普通硅酸盐水泥时，搅拌机转数为 $300 \sim 500 \mathrm{r/min}$。硫铝酸盐水泥时，搅拌机转数为 $120 \sim 200 \mathrm{r/min}$。

2）调整搅拌时间。复合干粉料搅拌 $\leqslant 3\mathrm{min}$；双氧水加后搅拌时间 $\leqslant 15\mathrm{s}$。

3）采用理想的最佳的泡沫混凝土保温板配合比。

4）原材料配比一定要计量准确。

8. 硫铝酸盐水泥保温板碳化原因及防治措施

（1）碳化原因

1）水化过快。气候炎热季节，由于凝结硬化过快，保温板失水造成表面粉化起砂。

2）水化过慢。低温季节，凝结缓慢，由于有效胶凝材料少，孔隙率高，散热面积大，保温板中水分不断丧失，不仅表面失水，还会使面层以下很深部位也失水呈疏松。

（2）防治碳化措施：

1）加入缓凝剂缓凝，加入适量的保水剂，保证足够的用水量。

2）加入促凝剂，采用温水，降低用水量，面层覆盖保护，加温养护。

（3）提高硫铝酸盐水泥保温板耐久性措施。

1）提高防水性能，抑制碳化反应。

2）掺矿渣粉和粉煤灰，使板密实，提高抗碳化能力。

3）掺高效减水剂，降低水灰比，降低含水率，提高密实度，提高抗碳化性能。

4）减少泡孔径，孔径小，孔不易开裂，开放孔较小，强度较高，提高抗碳化能力。

5）采用高强硫铝酸盐水泥，提高密实度和强度。

7.3　泡沫混凝土外墙保温板安装

外墙泡沫混凝土保温板安装是以粘贴为主、锚固安装为辅、外加托架辅助的外墙外保温系统，既具有传统有机保温材料的保温性能，又有着 A 级保温材料的防火不燃特性，是水泥为基材的外墙保温体系。

7.3.1 泡沫混凝土外墙保温板系统材料的组成及性能指标

（1）泡沫混凝土保温板的规格尺寸见表7-1。厚度应根据设计要求通过热工计算确定。泡沫混凝土保温板的尺寸偏差应符合表7-2的规定。

（2）泡沫混凝土保温板的物理性能见表7-3。

（3）泡沫混凝土板胶粘剂应符合表7-4的规定。

泡沫混凝土板胶粘剂性能   表7-4

项目		指标
拉伸粘结强度（MPa）（与水泥砂浆）	常温常态	≥0.60
	耐水	≥0.60
拉伸粘结强度（MPa）（与泡沫混凝土）	常温常态	≥0.08
	耐水	≥0.08
可操作时间（h）	—	1.5~4.0

（4）泡沫混凝土板抹面胶浆性能应符合表7-5的规定。

泡沫混凝土板抹面胶浆性能   表7-5

项目		指标
拉伸粘结强度（MPa）（与保温板）	原强度	≥0.08
	耐水强度	≥0.08
	耐冻融	≥0.08
压折比		≤3.0
可操作时间（h）		1.5~4.0
抗冲击性	首层楼外墙及要求高的增强外墙	10.0J级
	其他外墙	3.0J级
吸水量（kg/m²）		≤0.5
不透水性		试样抹面层内侧无水渗透

（5）耐碱玻璃纤维网格布应满足表7-6的要求。

耐碱玻璃纤维网格布性能   表7-6

项目	单位	指标	
		C型	T型
网孔尺寸	mm	4×4	6×6
单位面积质量	g/m²	≥160	≥300
断裂强力（经、纬向）	N/50mm	≥1200	≥2000
耐碱断裂强度保留率（经、纬向）	%	≥75	≥75
断裂拉伸率（经、纬向）	%	≤5	≤5

（6）镀锌钢丝网应采用后热镀锌电焊钢丝网或机械编织的热浸镀锌钢丝网，其技术要求见表7-7。

（7）锚栓的性能应符合表7-8的要求。塑料锚栓应由螺钉和带圆盘的塑料膨胀套管两部分构成。金属螺钉应采用不锈钢或经过表面防腐蚀处理的金属制成，塑料钉和带圆盘的塑料膨胀套管应采用聚酰胺、聚乙烯或聚丙烯制成，制作塑料钉和塑料套管的材料，不得使用回收的再利用的材料。

镀锌钢丝网技术要求 表7-7

项目	指标	
	后热镀锌电焊网	镀锌丝编织网
钢丝直径（mm）	0.8~1.0	0.8~1.0
网孔中心距（mm）	12~26	六角形对边距23~28
镀锌层质量（g/m^2）	≥122	≥50
焊点抗拉力（N）	≥65	—
断丝（处/m）	≤1	—
脱焊（点/m）	≤1	—

锚栓的性能 表7-8

项目	单位	指标				
		C25混凝土基材	实心砖基材	多孔砖基材	混凝土小型空心砌块基材	加气混凝土基材
单个锚栓抗拉承载力标准值	kN	≥0.60	≥0.50	≥0.40	≥0.30	≥0.30
锚栓圆盘刚度标准值	kN	≥0.50				
试验方法		《胶粉聚苯颗粒外墙外保温系统》JG158				

（8）在泡沫混凝土外保温系统中所采用的射钉、密封膏、密封条、金属护角、盖口条等配套材料和配件，应分别符合相应产品标准的技术要求。

7.3.2 泡沫混凝土外墙保温板的施工安装

1. 一般规定

（1）施工组织设计、安全技术交底报送建设单位和监理单位审批。

（2）脚手架或手动吊篮安装完毕，并能确保安全、正常运行。

（3）门窗已安装完毕并通过验收，且有相应的成品保护措施。

（4）自来水管、煤气管、空调进出口管等所有进出管道均需预埋管道的固定件已埋设完，且应留有外保温体系的厚度及施工操作空间。

（5）与外墙外保温相交的铁艺、百叶窗等预埋构件应施工完毕。

（6）正常施工温度为5℃以上，风力超过5级或雨天不得施工，刚施工完毕后应防止阳光直晒和雨水冲淋。

2. 施工工具准备

（1）抹子、砂纸、2m靠尺、弹线墨盒、壁纸刀、铲刀、阴阳角抿子。

（2）电动搅拌机、角磨机。

（3）小皮桶、手推车

（4）其他劳动保护及安全用具。

3. 施工工艺

施工工艺流程见图7-5。

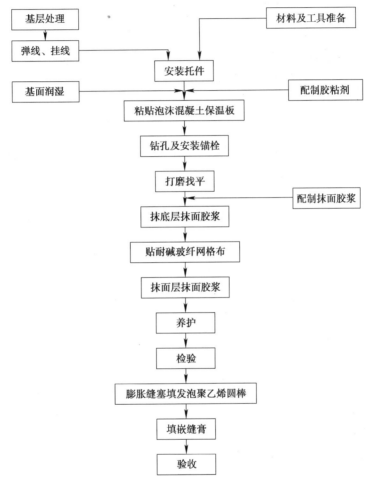

图7-5 泡沫混凝土保温板外墙外保温施工工艺流程

4. 施工要点

（1）基层处理

基层墙体表面不得有油污、浮尘等污染物，墙面不平整处可用角磨机打磨，松动或风化部分应清除，并用水泥砂浆找平。

（2）墙面弹线、挂线

施工前首先会审图纸，确认基层结构墙体的伸缩缝、结构沉降缝、防震缝、墙体突变的具体部位，并做好标记。此外，还应弹出首层散水标高线和伸缩缝等具体位置。墙体的阳角、阴角、窗口阳角放垂直线，每个楼层应挂水平线，以控制泡沫混凝土保温板的水平与垂直度。

（3）首层墙裙外保温墙面应设置加强网。

（4）粘贴泡沫混凝土保温板

①泡沫混凝土保温板准备。

②配制泡沫混凝土保温板专用胶粘剂，粘结砂浆以重量比4：1（干粉胶：水）在现场用机械搅拌均匀，静置3min后再搅拌一次后可以使用。每次配好的粘结砂浆应在60min内用完，凝结的胶粘剂不得继续使用。

③窗口侧边、伸缩缝两侧边，以及保温板与其他墙面交接边上预贴250mm宽包底耐碱玻纤网格布，即反包网。

④首层泡沫混凝土保温板宜满粘于外墙，其他楼层可在板面四周涂抹一圈胶粘剂，其宽为100mm；板心按梅花形布设粘结点，其间距为100mm，直径80mm。使用非标准板时，长宽每100mm设一个粘结点，必须保证板与基层粘接面积不小于70%（见图7-6）。

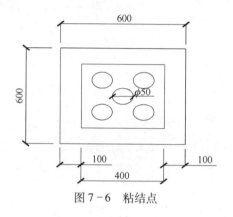

图7-6 粘结点

⑤抹完胶粘剂后，立即将板立起就位粘贴，粘贴时应轻揉，均匀挤压，并随时用靠尺检查垂直度和平整度。板与板挤紧，碰头缝处不抹胶粘剂。粘贴泡沫混凝土保温板应做到上下错缝，每贴完一块板，应及时清除挤出的胶粘剂，板间不留间隙，如出现间隙，应用相应宽度的保温板条或保温浆料填塞。阳角处的相邻两墙面所粘贴的泡沫混凝土保温板应交错连接如图7-7所示。

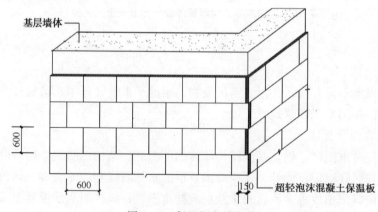

图7-7 保温板交错安装

⑥托架的安装。由于泡沫混凝土保温板的容重是聚苯泡沫板的 7～10 倍，除考虑胶粉粘贴力外，为了使泡沫混凝土保温系统更安全，应在泡沫混凝土保温板下设置托架。托架设置为每 9m 高应设置一排水平托架，托架示样及安装见图 7-8。

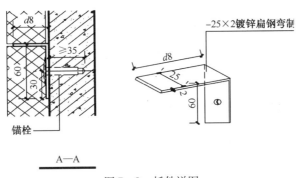

图 7-8　托件详图

⑦泡沫混凝土保温板接缝不平处应用粗砂纸磨平，打磨动作宜为轻柔的圆周运动。磨平后应用毛刷子将碎屑清理干净。

（5）安装锚栓

在粘贴好的泡沫混凝土保温板上用冲击钻钻孔，孔洞深入墙体基面不小于 30mm，数量为每平方米 6～10 个，但每一单块保温板不少于 1 个。用 Φ10mm 聚乙烯胀塞，相应长度镀锌螺钉和圆盘塑料垫板（Φ50mm）把保温板固定在墙体上，圆盘塑料板与保温板面平。固定件布置详见图 7-9 和图 7-10。

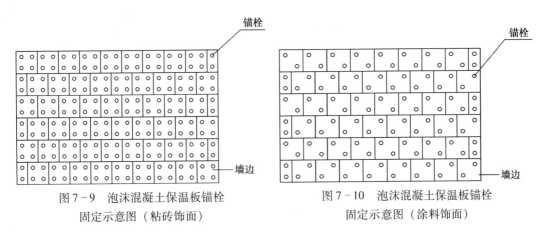

图 7-9　泡沫混凝土保温板锚栓　　　　图 7-10　泡沫混凝土保温板锚栓
　　固定示意图（粘砖饰面）　　　　　　　固定示意图（涂料饰面）

（6）面层施工

1）抹面胶浆的制备：

①抹面胶浆为无机干粉类砂浆。理论用量为 4.5～5kg/m²。

②抹面胶浆以重量比 4:1（胶:水）在现场用机械搅拌均匀，静置 3min 后再搅拌一次后可以使用，搅拌好的胶浆 60min 内必须用完。

2）抹底层抹面胶浆：

①用抹灰刀将抹面胶浆批至保温板上（厚度为 2～3mm）。及时地把耐碱玻纤网格布压入抹面胶浆中，并把从耐碱玻纤网格布中挤出的胶浆抹平。

②抹面胶浆充分地把耐碱网格布包裹，但应尽量靠近抹面胶浆的表面约 1/3 处。具体以看不见网格布格子为标准来控制施工质量。此工序应强调互相配合，一气呵成。

3）铺设耐碱玻璃纤维网格布及耐碱玻纤网格布节点：

①网格布应横向铺设，压贴密实，不能有空鼓、皱折、翘曲、外露等现象，搭接宽度左右不得小于 100mm，上下不得小于 80mm。

②门、窗洞口四角应沿 45°角方向各加一层 400mm×200mm 网格布进行加强（见图 7-11）。

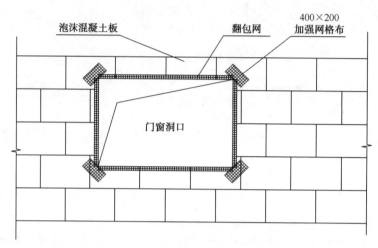

图 7-11 门窗洞口网格布加强示意图

③在阴阳角处还需局部加铺宽 400mm 网格布一道（图 7-12）。

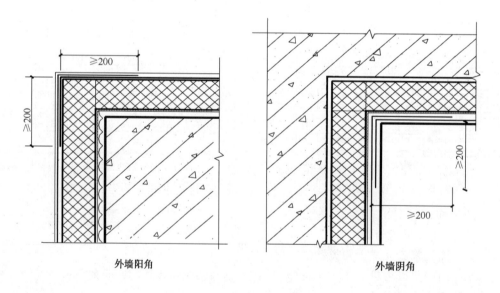

图 7-12 阴阳角处加铺网格布

④窗口做法见图 7-13。

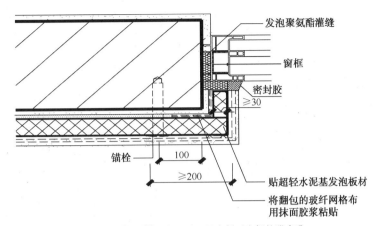

注：外窗台排水坡顶应高出附框顶10mm，且应低于窗框的泄水孔。

(a)

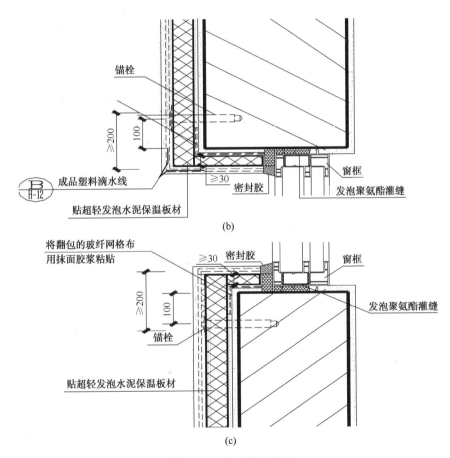

图 7-13 窗口铺设做法

（a）窗侧口；（b）窗上口；（c）窗下口

⑤变形缝和装饰缝的做法（见图 7-14）。

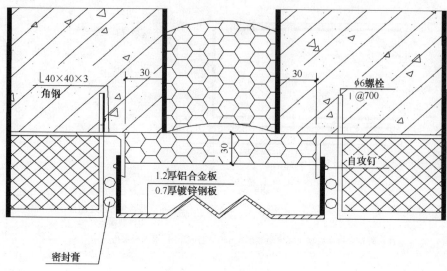

图 7－14　变形缝做法

4）抹面层抹面胶浆：

①面层抹面胶浆在干燥后才能进行，并对底层胶浆打磨处理，使其更平整。

②抹面层抹面胶浆时，抹子沿一个方向抹面层胶浆，并压光处理。

③在常温下，干燥 1d 后即可进行下道工序的施工，低温环境下干燥时间应适当延长。

④在正常气候条件下，2d 后才经得起雨淋，故应密切注意天气预报。

⑤必须先抹底层胶浆再铺设耐碱玻纤网格布，严禁边铺网格布边抹胶浆。

5．安全文明施工

（1）安全管理

①泡沫混凝土保温施工单位应当具有相应的施工资质及安全生产许可证，并配有专职的安全检查员。

②泡沫混凝土保温施工单位应当对进入现场的施工人员进行三级安全教育并做好记录。

③泡沫混凝土保温施工单位应当编制分包工程安全施工方案，并通过总包及监理审核。

④泡沫混凝土保温施工单位做好安全技术交底工作。

（2）安全防护

①施工用吊篮应当具有相应的安全资质，并检验合格。

②施工用吊篮安全防护装置（如限位、安全锁）检验合格，并配有独立设置的安全绳。

③施工人员佩戴好安全帽，高空作业时系好安全带。

④吊篮内泡沫混凝土保温板及施工用材料不能超过吊篮规定的载重量，施工用材料对称堆放。

（3）文明施工

①泡沫混凝土保温板、胶粘剂、抹面胶浆、网格布分类堆放，并配有标牌。

②泡沫混凝土保温板应轻拿轻放。

③高空作业时，吊篮内泡沫混凝土保温板及工具一定要放置稳当，防止高空坠落伤人。

④作业完成后，吊篮内清扫干净，悬挂离地3m并切断电源。

⑤施工现场用电服从总包单位的用电管理。

6. 质量标准及检验方法

（1）主控项目

①泡沫混凝土保温板、网格布、胶粘剂、抹面胶浆的规格和各项技术指标，胶粘剂、抹面胶浆的配制原料的质量，必须符合设计和规范要求。

检查数量：按进场批次，每批随机抽取3个试样进行检查；质量证明文件应按照其出厂检验批进行核查。

检验方法：观察、尺量检查；核查质量证明文件。

②泡沫混凝土保温板与基层墙体粘结牢固，无松动和虚粘现象。

检查数量：按每个楼层每20m长抽查一处（每处3延长米），但不少于3处。

检查方法：在粘贴保温板48h后观察和用手推拉检查。必要时可揭开保温板，如破坏在泡沫混凝土保温板上则表示粘结良好，破坏在其他部位则不合格。

③抹面胶浆与泡沫混凝土保温板必须粘结牢固，无脱层、空鼓，面层无爆灰和裂缝。

检查数量：按楼层每20m长抽查一处（每处3延长米），但不少于3处。

检查方法：用小锤轻击和观察检查。

④每块泡沫混凝土保温板与墙面的总粘结面积，不得小于70%

检查数量：按楼层每20m长抽查一处，但不少于3处，每处检查不少于2块。

检查方法：在胶粘剂凝结前用尺量取其平均值。

⑤锚栓的聚乙烯胀塞尖应全部进入结构墙体，木螺钉进入胀塞的长度应不小于30mm。

检查数量：按楼层每20m长抽查一处，但不少于3处，每处检查不少于2块。

检查方法：退出木螺钉，观察检查。

检查方法：观察检查及尺量检查。在胶粘剂凝结前用尺量检查。

（2）一般项目

①泡沫混凝土保温板安装的允许偏差及检查方法见表7-9。

保温板安装允许偏差及检查方法   表7-9

项次	项目		允许偏差（mm）	检查方法
1	表面平整		3	用2m靠尺和楔形塞尺检查
2	垂直度	每层	5	用2m拖线板检查
		全高	$H/1000$且不大于20	用经纬仪或吊线和尺检查
3	阴阳角垂直		4	用2m拖线板检查
4	阴阳角方正		4	用200mm方尺和楔形塞尺检查
5	接缝高差		1.5	用直尺和楔形塞尺检查

②泡沫混凝土保温板碰头缝不应有胶粘剂。

检查数量：按楼层每20m长抽查一处，但不少于3处，每处检查不少于2块。

检验方法：观察检查。

③耐碱玻璃纤维网格布应水平铺设，压贴密实，不得有空鼓、皱折、翘曲、外露现象。耐碱玻璃纤维网格布的搭接宽度左右不得小于100mm，上下不得小于80mm。

检查数量：按每个楼层每20m长抽查一处（每处3延长米），但不少于3处。

检验方法：观察及尺量检查。

④抹面胶浆的总厚度不宜大于5mm，房屋底层不宜大于7mm。

检查数量：按每个楼层每20m长抽查一处（每处3延长米），但不少于3处。

检验方法：插针方法和尺量检查。检查应在抹面胶浆凝结前进行。

8 预制 ASA 泡沫混凝土板装配式建筑

8.1 概述

8.1.1 工业化预制 ASA 泡沫混凝土板装配式建筑的概念

（1）工业化预制 ASA 泡沫混凝土板装配式建筑：就是采用现代化工业生产预制成房屋部件，现场装配成型的方式来建造房屋。ASA 是现代工厂化生产各种不同构造形式的泡沫混凝土系列预制板房屋部件的统称，如：ASA 复合保温外墙板、ASA 圆孔内墙板、ASA 复合保温屋面板、ASA 轻质楼板等。由于 ASA 泡沫混凝土板材内部具有不同直径密闭的圆泡状独特的构造，使其具有较高的保温隔热性能。

（2）特征：构配件设计标准化、生产工厂化、现场装配化和管理科学化。

8.1.2 实现工业化预制 ASA 泡沫混凝土板装配式建筑的途径

当前创造了一种多功能工业化生产设备，将房屋的外墙、内墙、楼面、屋面根据设计图形生产加工成各种不同结构和不同规格的房屋标准部件，以便现场装配。

8.1.3 工业化预制 ASA 泡沫混凝土板装配式建筑的类型

工业化预制 ASA 泡沫混凝土板装配式建筑按照结构类型特征可分为：钢框架镶嵌 ASA 泡沫混凝土板建筑和钢筋混凝土框架镶嵌 ASA 泡沫混凝土板建筑。

8.2 ASA 泡沫混凝土板式建筑

ASA 泡沫混凝土板式建筑是指建筑所用的内外墙板、楼板、屋面板的简称，也可称做壁板建筑。

8.2.1 ASA 泡沫混凝土板式建筑的板材类型

1. 墙板

（1）安装的位置：

①内墙板。

②外墙板。

（2）材料：

①ASA 加气混凝土墙板。

②ASA 泡沫混凝土墙板。

③ASA 轻质混凝土墙板。

（3）受力：

①承重墙板。

②非承重墙板。

（4）构造形式：

①单一材料墙板。

②复合材料墙板。

③ASA 泡沫混凝土复合墙板。

2. 楼板和屋面板

宜采用 ASA 泡沫混凝土楼板和 ASA 泡沫混凝土自保温屋面板。

ASA 泡沫混凝土楼板的构造形式为空心板，空心板四周设有 C 型钢，内设钢筋骨架材料等。

板的两端预埋连接件，以便与梁连接。

板式 ASA 住宅建筑的其他构件包括楼梯构件、阳台构件、挑檐板和女儿墙等。

（1）楼梯构件

楼梯可将梯段和平台分开预制，也可将梯段和平台连成一体预制，分开预制较为方便，故用得较多。

平台与楼梯两侧墙板的连接：①平台直接支承在焊于侧墙板上的钢牛腿上；②将平台板做成带把的单架板，支承在侧墙板的预留洞或槽内。

（2）挑阳台板：①与楼板整体制作；②单独预制阳台板。

注意，将阳台板与楼板锚固成整体，保证阳台板不至于倾覆。

（3）挑檐板和女儿墙

1）挑檐板：①与屋面板整体预制；②单独预制放在屋面板上。

2）女儿墙可用泡沫混凝土制作，其厚度可与主体墙板一致，但应与屋面板有可靠的连接。

8.2.2 ASA 大型板式建筑的节点构造

ASA 大型板式住宅建筑的节点构造包括：板材间的连接；外墙板的接缝防水处理；其他部位的接缝处理。

（1）板材连接

板材的连接方法：①干法连接；②湿法连接。

（2）外墙板的接缝防水构造

解决接缝漏水的措施有两种方法：

1）材料防水法：①塑性材料嵌缝；②弹性材料嵌缝。

2）构造防水法：①水平缝；②垂直缝。

（3）其他部位的接缝处理

在勒角处进入空腔的雨水，通过建筑物底层设在勒角处的排水管和排水簸箕排出墙外。檐口、女儿墙、阳台板缝、水落管穿楼板、电气进户穿墙管线等，一般采用塑料油膏嵌缝的做法。

8.2.3 ASA 大型板式建筑的优缺点和适用范围

板式 ASA 住宅建筑具有装配化程度高、建设速度快、提高劳动生产效率、湿作业少，改善了工人的劳动条件、自重轻、承载力高和抗震性能较好等诸多方面的优点。但是，也存在着一次性投资大、需要大型吊装设备、在坡地或狭窄的路面上运输困难等缺点。故 ASA 大型板式建筑常用于平原地区低层、多层和高层等建筑。

8.3 框架式镶嵌 ASA 板建筑

框架式镶嵌 ASA 板建筑是指框架、ASA 泡沫混凝土墙板、ASA 泡沫混凝土楼板和 ASA 泡沫混凝土屋面板组成的建筑。

8.3.1 框架结构类型

1. 框架按所用材料

（1）钢框架。

（2）钢筋混凝土框架。

2. 受力特点

（1）横向框架。

（2）纵向框架。

（3）双向框架。

3. 钢筋混凝土框架按施工方法

（1）部分现浇。

（2）全装配和装配整体式。

8.3.2 框架结构构件的连接

框架结构构件的连接主要有梁与柱、梁与 ASA 泡沫混凝土板、ASA 泡沫混凝土板与柱的连接。

1. 梁与柱的连接

梁与柱通常在柱顶进行连接：

（1）叠合梁现浇连接。

（2）梁锚叠压连接。

2. 梁与楼板的连接

为了使梁与 ASA 泡沫混凝土楼板整体连接，常采用 ASA 泡沫混凝土楼板或叠合梁现浇连接。

叠合梁有预制和现浇两部分组成，在预制梁上部预留出箍筋，预制板放在梁侧，沿梁纵向放入钢筋后浇注混凝土，将梁与楼板连接成整体。这种连接方式的优点是整体性强，在层高不变时，增大室内空间。

3. 柱与 ASA 泡沫混凝土楼板的连接

在 ASA 泡沫混凝土板柱框架中，ASA 泡沫混凝土楼板直接支承在柱上，其连接方法包括：现浇连接、梁锚叠压连接和后张法预应力连接三种。

8.3.3 外墙板的类型、布置方式和连接构造

1. 外墙板的类型

按使用的材料，外墙板可分为四类：

（1）ASA 单一材料的混凝土墙板。

（2）ASA 泡沫混凝土自保温复合墙。

（3）玻璃幕墙。

（4）金属幕墙。

2. ASA 泡沫混凝土外墙板的布置方式

ASA 泡沫混凝土外墙板布置方式：

（1）在框架外侧。

（2）镶嵌在框架之间。

（3）安装在附加墙架上。

3. ASA 泡沫混凝土外墙板与框架的连接

（1）ASA 泡沫混凝土外墙板支承于框架柱、梁或楼板上，包括上挂和下承两种。

（2）ASA 泡沫混凝土板材类型和板材的布置方式，可采用四种：

①焊接法。

②螺栓连接法。

③外墙板固定在框架上。

④插筋锚固。

8.3.4 框架式镶嵌 ASA 板建筑的优缺点和适用范围

框架式镶嵌 ASA 板建筑具有空间分隔灵活、自重轻、节省材料、装配化程度高、建设速度快、提高劳动生产效率、湿作业少改善了工人的劳动条件、承载力高和抗震性能较好等诸多方面的优点。存在着构件品种数量多、管理不好容易混乱的缺点。框架式镶嵌 ASA 板建筑可广泛用于低层、多层和高层住宅建筑与公共建筑（如写字楼、学校、商场等），工业厂房和科学种植、养殖的农业设施（如阳光温室、猪舍、牛舍等）。

8.4 其他类型工业化住宅建筑

8.4.1 大模板住宅建筑

大模板住宅建筑是用工具式大型模板来现浇混凝土楼板和 ASA 泡沫混凝土墙体的一种建筑。

1. 大模板建筑类型

（1）全现浇大模板建筑。

（2）现浇和预制装配的大模板住宅建筑包括：

①内外墙全现浇 ASA 泡沫混凝土。

②内墙现浇 ASA 泡沫混凝土外墙挂板（内浇外挂）。

③内墙现浇 ASA 泡沫混凝土外墙砌砖（内浇外砌）。

2. 大模板建筑主要构件

（1）ASA 泡沫混凝土内墙板。

（2）ASA 泡沫混凝土自保温外墙板。

（3）ASA 泡沫混凝土自保温屋面板。

（4）ASA 泡沫混凝土楼板。

3. 大模板建筑节点构造

主要是现浇和预制装配相结合的大模板住宅建筑的节点构造。

（1）外墙板间或内外墙板间是通过在交接处设置构造柱进行连接。

（2）预制楼板与外墙板的连接是通过在连接处设置圈梁进行连接。

（3）预制楼板与内墙的连接构造，将钢筋混凝土楼板伸进现浇墙内 35～45mm，使相邻楼板之间至少有 70～90mm 的空隙作为现浇混凝土的位置。

（4）现浇内墙和外砌砖墙的连接是先砌筑外墙，在与内墙交接处砖外墙砌成凹槽，并在砖墙内放置拉结钢筋，绑扎内墙钢筋时将砖内墙拉结钢筋连接在一起，待浇注内墙混凝土时，砖墙的预留凹槽便形成钢筋混凝土构造柱，将内外墙牢固地连接在一起。

4. 大模板建筑的优缺点和使用范围

大模板建筑具有房屋整体性好、刚度大、抗震能力强、现浇工艺简单、适应性强、造价比大板住宅建筑低等优点，但也存在着现场湿作业量大、冬期施工需采取保温措施等缺点。因此，大模板住宅建筑可用于地震区和非地震区的低层、多层和高层建筑。

8.4.2　滑模建筑

滑模建筑是用滑升模板来浇注墙体的一种建筑，其工作原理是利用墙体内的钢筋作为支承杆，将模板系统支承在支承杆上，用液压千斤顶带动模板系统沿着支承杆慢慢向上滑动，边升边浇注混凝土墙体，直到浇到顶层才把模板系统拆卸下来。

滑模建筑的门窗洞口应在模板提升和浇注混凝土的过程中留出。楼板可采用预制或者现浇，不论现浇或预制楼板，均可采用集中滑升集中现浇或安装、分段滑升分段现浇或安装、边滑边浇或边安装等施工方法。

滑模建筑具有整体性好、机械化程度高、施工速度快、施工占地少、节约模板等优点。但也存在着施工精度要求高，墙体的垂直度不易掌握等缺点。因此，滑模建筑适用于建筑平面简单、上下壁厚相同，外形简单整齐的高层建筑和构筑物。

8.4.3　升板建筑

升板建筑就是利用房屋自身网状排列的柱子作为导杆，将预制楼板和屋面板提升就位的一种住宅建筑。

升板建筑是在柱基浇注完毕后，将预制好的每个柱子由下而上立起、连接直到顶层，将提升设备安装在每个柱子的顶端，做好室内地坪，按照要求叠层制作预制楼板和屋面板，当板的强度达到要求时，将楼板和屋面板由下而上逐层提升，直到屋面板安装完毕。然后才逐步完成外墙、楼梯、隔墙和门窗等构造。

升板建筑具有占地少、省模板、高空作业施工速度快等优点，故适用于大空间的多层建筑，特别适合施工场地狭窄的临街建筑。但由于施工精度要求高，使其使用受到限制。

8.4.4　盒子建筑

盒子建筑就是由盒子状的预制构件组合而成的全装配式建筑。高度工厂化生产的、最完善的房间构件，不仅在工厂内使之形成盒子构件，而且完成盒子内的家具、装修、水、电、暖设备安装等各个部分。现场只需盒子就位、构件之间的连接、接通水、电、暖和通信各种线路等。

盒子构件可用钢、钢筋混凝土、木、塑料为主要材料制作轻型盒子，盒子构件有现浇式和拼装式两种。

由盒子组装成的住宅建筑有多种方式，可以采用上下盒子重叠组合；上下盒子交错组装；盒子支承或悬挂在刚性框架上，框架是房屋的承重构件；盒子悬挑在建筑物的核心筒体外壁上等。盒子建筑具有工业化和机械化程度高、劳动强度低、建设速度快自重轻、空间刚度好等优点。但这种建筑由于盒子尺寸大，工序多，对工厂的生产设备、盒子的运输设备、现场的吊装设备要求高，对推广盒子建筑受到一定的影响。国外的盒子住宅建筑多用于低层和多层，我国主要用于部分地区的建筑中。

8.5 预制 ASA 泡沫混凝土板装配式建筑工程实例

预制 ASA 泡沫混凝土板装配式建筑工程照片见图 8-1 ~ 图 8-12。

图 8-1 基础与主体结构施工

图 8-2 钢屋架施工

图 8-3 主体结构施工

图 8-4 ASA 楼板施工

图 8-5 墙板安装

图 8-6 高层钢筋混凝土框架 ASA 外墙板施工

图 8-7 预制装配式 ASA 别墅建筑

图 8-8 预制装配式 ASA 建筑（一）

图 8-9 预制装配式 ASA 建筑（二）

图 8-10 预制装配式 ASA 建筑（三）

图 8-11 预制装配式 ASA 住宅建筑（一）

图 8-12 预制装配式 ASA 住宅建筑（二）

9　泡沫混凝土砌块

9.1　泡沫混凝土砌块特性

9.1.1　材料特性

泡沫混凝土，在欧洲也被称为轻质蜂窝混凝土。是把采用物理方法制成的泡沫，与由砂或其他同质材料、水泥和水制成的拌合浆料经过均匀搅拌而形成的一种砌筑和填充材料。本材料可以直接浇注于应用场所，或进行模箱浇注成型，再经过常温养护和后期切割加工，便可制成多种规格的泡沫混凝土制品。

本材料及其制品主要用于工民建建筑墙体的砌筑，属于自保温墙体材料。

泡沫混凝土的主要原材料是砂子、水泥、水和少量添加剂，无须或可微量使用石灰、石膏等；也可使用一定量的工业废料，如粉煤灰、矿渣粉等。砂子为普通（水洗）砂，粒径根据产品容重的不同，分别为 0.15 ~ 2mm，生产填充材料时，一般为 1mm 以内，不必经过磨细；水泥为普通硅酸盐水泥。

泡沫混凝土的制品从规格上分为板材（包括内隔墙板和外挂保温板）、砌块和非标（或现浇）制品三大系列，其中的内隔墙板可以加入钢筋或纤维物质，以提高抗压强度和抗折（弯）强度。每个系列产品又有多种规格尺寸。当然，还可根据市场和用户需要生产非标产品；另外，还可在施工场地随时加工成所需要的尺寸和形状。泡沫混凝土条板制品如图 9-1 所示，泡沫混凝土砖、砌块制品如图 9-2 所示。

图 9-1　条板制品

泡沫混凝土制品吸水率低，抗冻融指标高，隔热隔声效果好，防火等级高，强度指标依据其所在的密度区间而有所变化，最大可达 20MPa，容重范围一般为 200 ~ 1600kg/m³，

图 9-2 砖、砌块制品

有的可以达到 120kg/m³；既可以用作承重墙体材料，又可作为填充墙材；既可以用于内墙隔断，也可用于外墙砌筑，还可以作为屋顶板。

泡沫混凝土制品属轻型节能降耗型建材：在生产环节中，它具有免除高温高压蒸养和钢筋防锈处理，一次浇注成型，节约生产性资源（如原材料、煤、电等）等特点；在建筑应用中又有节省砌筑砂浆，免除内外墙外挂灰膏，节约砌筑时间，节省附加保温材料（如聚苯板、矿棉等），并可锯、切、刨、钻、钉、粘等优点；在居住使用中，由于其特有的保温隔热性能，它能达到 65% 以上的建筑节能效果，大量节约煤、电资源，方便生活。

在生产过程中，泡沫混凝土制品的生产性能耗比较相邻产品，消耗量小，属节能降耗型产品。比如，生产黏土砖的综合能耗为 3.3MkJ/m³，砌块为 2.3MkJ/m³，加气混凝土（AAC）制品为 1.8MkJ/m³，而泡沫混凝土制品只有 1.5MkJ/m³。

在同样的立方体强度指标下，泡沫混凝土制品的容重为 350~800kg/m³，这只相当于黏土砖的 40%，混凝土砌块的 60%，因而使用它可以大幅度减少建筑物自重，降低地基成本，提高建筑物抗震等级。

泡沫混凝土制品的导热系数依据其密度指标有所变化，一般在 0.08~0.14Cal/（m·h）（800kg/m³ 时），是黏土砖的 25%，混凝土砌块的 15%，加气混凝土的 95%。这表明，200mm 厚的泡沫混凝土制品墙体的保温隔热功效等同于约 760mm 厚黏土砖墙体、600mm 厚的砌块墙体和大约 250mm 厚的加气混凝土墙体的保温隔热功效。因此，泡沫混凝土墙体的优异的保温隔热性能大大降低了使用中的电、热能耗，大大增加了建筑物平面利用系数。

泡沫混凝土制品由于不使用石子等粗骨料，因而可对其进行现场加工，如切割、刨平、钻孔、粘连等深加工，这样有效地克服了产品规格与建筑设计规格间的不一致所造成的砌筑不便。

泡沫混凝土制品节能指标分析见表 9-1。

9.1.2 制品分类和主要规格

泡沫混凝土制品按照产品规格分为板材、砌块和非标（或现浇）制品三大系列；而按应用功能则分为承重制品与非承重制品。

1. 砌块（承重和非承重）

长：（200~）400~600mm

宽：100~300mm

高：（50~）100~300mm

2. 板材

（1）内隔墙：

长：3000～6000mm

宽：600～900mm

厚：（50～）100～200mm

（2）外挂保温板：

长：1000、1200、1500、2000mm

宽：600、900、1000、1200mm

厚：60、80、100、120、150mm

泡沫混凝土制品节能指标分析（参照：混凝土砌块和灰沙砖以及加气混凝土）　　表9-1

	原材料	养护能源	养护方式	配套模具	设备运行
生产中的能耗节省	不必使用石灰、石膏、铝粉、石子等，砂不必磨细并含95%以上的二氧化硅	不必高压高温养护，不必预先切割（即养护前切割）	不必配置养护设备和设施，属物理成型，自然常温养护	不必配套多种多样的模具，模具品种简易耐久	操作简单，维护费用低，操作人员为普通技工和非熟练工-运行成本低
	浆、灰用量	建筑物自重	对地基要求	砌筑时间	保温性能
砌筑时的能耗节约	单位砌筑面积小，砂浆流失几乎为零，内外墙表面不用挂灰	轻；抗震性能更好	减少对地基的压力，地基成本低廉	单位墙体砌筑面积用时缩短，可做切、锯、刨、钻、钉、粘等现场加工	200mm墙体达到60%节能指标。不必使用外、内保温材料，建筑成本降低
	保温效果	隔热效果	噪声阻隔	墙面坚固	
使用中的节省与方便	导热系数为0.14Cal/（m·h）(低于800kg/m³时)，冬季供暖热力消耗减少约20%/单位面积	热膨胀系数为0.008，夏季空调电力消耗减少约25%/单位面积	150mm厚墙体噪声阻隔值达到41dB（800kg/m³时）——优秀的隔音效果	可以使用膨胀螺栓、钉子等装饰用墙面材料，方便生活（比较加气混凝土墙体而言）	

9.1.3　性能指标

轻质蜂窝混凝土的材料性能见表9-2～表9-6。

泡沫混凝土制品与其他相邻产品质量指标对比分析（对应一定的密度值）　　表9-2

性能指标	混凝土砌块	加气混凝土制品	泡沫混凝土制品
尺寸公差（mm）	2～3	2～3	1～3
强度等级（MPa）	1～20	1～10	1～20
密实度等级（kg/m³）	700～1200	500～850	200～1200
导热系数［W/（m·K）］	0.4～0.6	0.08～0.2	0.04～0.3
干缩值（mm/m）	0.9	0.8	0.4～2.0
抗冻性50天质量损失（%）	<5	6～8	<5

泡沫混凝土制品与加气混凝土制品性能指标对照 表 9-3

指标	泡沫混凝土制品	加气混凝土制品
移动式生产	可能	不可能
现场应用	可能	不可能
汽车搅拌罐搅拌	可能	不可能
混凝土车间可生产性	可能	不可能
使用蒸压釜	不必	必须
初级能源需求	不必	蒸养 150~160kg，蒸汽 15~20kW/m³
膨化（铝粉）	不（发泡剂）	单一方向
可降解性	是	否
原砂深加工	不是	是，高硅钙含量，必须磨细
容重范围	200~1600kg/m³	400~900kg/m³
气孔结构	圆形/封闭	平面/互相串通
尺寸和外形	需要切割	需要切割
含水率（养护后）	5%~10%	10%~15%
是否需要挂灰	不需，水下也可进行养护	需要，以便吸收水分
隔热性能	5 倍于普通混凝土	很高，0.1W/(m·K)
隔声效果	满足要求	满足要求
密实度/强度之比	良好	优秀
使用寿命	同混凝土，无限期	遇潮湿后衰减
防火等级	较好	较好
最终产品处理	容易	容易
墙面修复	普通砂浆	专门砂浆
吸水率	满足要求	需要专门表面涂层
应用纤维和加入钢筋	可能	不可能
非标准材料如门窗管道等	可以	不可能
是否可用钉、膨胀螺栓	可以	不可以

泡沫混凝土制品与其他墙体材料主要社会经济指标对比分析 表 9-4

产品名称	容重（kg/m³）	要素指标			
		能耗（t/万块）	节能率（%）	节土率（%）	利废率（%）
泡沫混凝土制品	300~1800	0.3	76.90	100	30
加气混凝土制品	500~700	0.9	31.82	100	30
混凝土砌块	1200~1400	0.4	69.70	100	20
粉煤灰烧结砖	1200~1350	0.6	54.55	40	40
空心黏土砖	900~1100	0.69	48.00	35	0
实心黏土砖	1700~1800	1.32	0	0	0

说明：能耗是指按 240mm×115mm×53mm 标准黏土砖消耗 n 吨标准煤而言。

泡沫混凝土制品和其他墙体材料单位砌筑墙面用材价格对比分析　　表 9 - 5

对比指标	泡沫混凝土墙面	加气混凝土墙面	混凝土砌块墙面	黏土砖墙面
材料用量（m^3）	0.3	0.3	0.36	0.28
砂浆用量（m^3）	0.03	0.03	0.04	0.084
材料价格（元）	48	51	56	40.4
砂浆价格（元）	12	12	16	33.6
合计（元）	60	63	72	74.0

泡沫混凝土制品与其他墙体材料容重对比分析　　表 9 - 6

对比指标	泡沫混凝土-优级	加气混凝土-优级	混凝土砌块-优级	黏土砖
容重（kg/m^3）	200～800～2400	400～700	650～850～1900	1100～1800
容重比值（%）	20～50	25～50	70	100

9.2　泡沫混凝土砌块原料选用、配合比和成本的比较

　　原材料的选用和配合比的确定应和生产企业的产品导向和市场定位紧密结合。不同种类和质量规格的产品要求一定种类和特性的原材料及其配合比与之相适应。聪明的生产者总是将本企业的产品选定、原材料性能及其配合比与成本、国家给予的优惠政策、产品销售利润等要素紧密结合。

9.2.1　原材料的选用

　　泡沫混凝土取材简便，无须对原料进行深加工。其主要材料是：

　　1. 砂子

　　水洗砂，含土量低，粒径根据产品容重的不同分别为 0.1～4mm，生产填充材料时，一般为 2mm 以下，最大粒径不超过 3mm，砂粉含量大于 13% 即可。无须在球磨机上磨细成砂粉。也可用尾矿粉或炉渣粉作为填料，粒径和强度要满足生产者对最终产品质量的要求。生产填充材料时的参考级配为：

　　0.60～1.18mm，　　　0～0.1%。

　　0.30～0.60mm，　　　1.0%～2.1%。

　　0.15～0.30mm，　　　36.0%～56.0%。

　　0.075～0.15mm，　　　35.0%～60.0%。

　　＜0.075mm，　　　1.0%～5.0%。

　　2. 水泥

　　普通硅酸盐水泥，强度等级 42.5 以上。

　　3. 粉煤灰

　　（1）电厂排放物，作为填充料使用，粉煤灰特性应符合国家标准。其化学成分可参考：

　　二氧化硅：40% 以上。

　　三氧化二铝：15%～30%。

　　三氧化二铁：10% 以上。

氧化钙：8%以上。

（2）其物理性能可参考：

比重：2～2.4。

细度：（45μm 筛孔筛余量）：35%～43%。

4. 水

混凝土用水为普通工业或民用水。用于发泡剂的水应为不高于25℃的饮用水。

5. 发泡剂

重量不低于80g/L。发泡剂（乳剂）用水稀释的比例为1份发泡剂和40～50份水。发泡情景见图9-3。

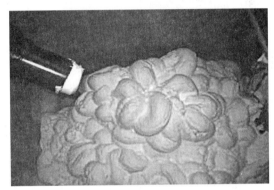

图9-3　发泡情景

泡沫混凝土和相邻制品所用原材料种类对比见表9-7。

泡沫混凝土和相邻制品所用原材料种类对比

表9-7

原材料名称	泡沫混凝土制品	加气混凝土制品	灰砂砖	混凝土砌块
主材：				
砂子	无须磨细	需要磨细要求二氧化硅含量90%以上的硅砂	需要磨细	无须磨细
水泥	是	是	/	是
水	是	是	是	是
石灰	/	是，需要磨细要求是中性石灰，氧化钙含量80%	是	/
石膏	/	是，需要磨细	是	/
石子	/	/	/	是
辅助材料：				
铝粉	/	是	/	/
乳剂	是	/	/	/
添加剂	/	/	/	是
利用工业废料				
粉煤灰	可用	可用	可用	很少用
尾矿	可用	可用	可用	很少用

从表9-7可见，泡沫混凝土材料在原材料选用方面具有的优势是：

（1）选材种类简单：砂子、水泥、水、乳剂。相比加气混凝土和灰砂砖而言，不必使用石灰、铝粉和石膏，从而大幅度降低了原材料成本。

（2）对原材料物理特性的工艺要求简单：原材料的加工成本为零。相对于加气混凝土和灰砂砖而言，对砂子的特性成分无特殊要求，为普通的水洗砂即可，而加气混凝土要求砂子的二氧化硅含量为80%、石膏的氧化钙含量为70%；砂子、石膏和石灰不必磨细，因此可以省掉球磨这道占地面积大、电耗高、耗材贵、维护复杂昂贵的工序；胶凝材料为普通的硅酸盐水泥，水为普通工业用水。

（3）可以使用工业废料，变废为宝，符合国家环保政策和可持续发展战略要求。

9.2.2 原材料的配合比和产品的性能规格

市场对墙体材料和其他建筑材料的特性要求多种多样：从材料应用方面来说，可以分为承重和非承重两种；从产品的应用规格来说可以分为条板、砌块和标准砖。与其他相邻材料比较，泡沫混凝土总是可以根据用户的原材料特性和对产品的性能规格要求，通过调整原材料配合比来达到生产承重与非承重的板材和砌块的目的。这是该材料最大的特色之一。

通过调整原材料配合比，其制品容重为 200～1600kg/m³；抗压强度可以为 1～20MPa。用户需要的不同性能、规格的制品以及所拥有的不同特性的原材料，都有相对应的配合比。

例如，生产 $1m^3$ 干密实度 $850kg/m^3$ 的轻质蜂窝混凝土，材料用量参考如下：

砂子：400（kg），44.9%

水泥：214（kg），24%

粉煤灰：106（kg），11.9%

混凝土用水：120（kg），13.5%

发泡剂：1.2（kg），0.135%

发泡剂用水：50（kg），5.6%

总量：891.2（kg），100%（重量比）

在此配方下，混凝土的容重为910kg/m³。产品所达到的性能指标如下：

密实度：$850kg/m^3$

抗压强度：$5～7N/mm^2$

抗折弯强度：$0.6～1.0N/mm^2$

弹性模数：$3.000N/mm^2$

导热系数：$0.18W/(m·K)$

收缩率（28d）：0.26%

防火等级：DIN A 2 级（非易燃）

耐火极限：大于120min

90d 后的测试结果表明材料达到更高值。调整配方后达到的指标见表9-8。

通过调整配方和原材料特性，下列指标可以实现　　　　　　　　　　　　表9-8

密实度（kg/m³）	400～500	600～700	700～800	800～1000
抗压强度（N/mm²）	1～2	3～4	6	8

9.2.3 原材料成本的比较

由以上内容可见，泡沫混凝土取材简便，材料无须深加工；通过调整配合比和原材料特性，既可生产普通轻质填充板材和砌块，还可生产高强度大密实度的承重材料。现采用我国东北地区、华北地区、华东地区、中南地区原材料价格的平均价，以 850kg/m³ 容重制品为例，就 CLC 和其他相邻材料的原材料成本作了对比分析，见表 9-9。

泡沫混凝土和其他相邻材料的原材料成本对比　　　　　　表 9-9

名称	容重（kg/m³）	物料能耗指标（元/m³）								
		沙子	水泥	石子	发泡剂/铝粉	石灰石膏	煤	水	电	合计（元）
泡沫混凝土	850	12	75.08	0	10	0	0	0.10	4	101.18
加气混凝土	600	11.7	13.2	0	8.64	32.1	20	0.10	19	104.74
灰砂砖	1700	39.96	0	0	0	56.94	20	0.10	20	137.00
混凝土砌块	1100	13.86	43.56	11	0	0	13.6	0.09	8	90.11

说明：

（1）泡沫混凝土由于原材料不需要球磨加工工序、产品成型中不需要高温高压蒸养工序、切割为干性切割，因而不需要掰板工序，因此生产线的电能、煤炭的消耗远远少于其他制品。所用发泡剂为媒介质物质，对人体无伤害，每立方米用量不到 1kg。

（2）加气混凝土：按照国家标准，加气混凝土属普通填充材料，强度指标应为 3~6MPa，容重应为 400~800kg/m³。我们取 600kg/m³ 作为参照。其材料配比大致为：

砂子：65% = 390kg

石灰：15% = 90kg

水泥：10% = 60kg

铝粉：0.08% = 0.48kg

蒸汽：200kg/m³，1kg = 0.15 元的煤

石膏：2% = 12kg

煤：0.035t/m³

电：20kWh/m³

水：400kg/m³

（3）灰砂砖：按照国家标准，灰砂砖属于承重材料，强度应为 10~15MPa，容重相当于 1665~1798kg/m³。我们取 1665kg/m³ 作为参照。

其材料配合比大致为：

砂子：80% = 1332kg

石灰：18% = 299.7kg

石膏：2% = 33.3kg

煤：0.035t/m³

水：12% = 199.8kg（重量）

电：20kWh/m³

（4）混凝土空心砌块：按照国家标准，砌块属于承重材料，强度应为 10 ~ 15MPa，容重相当于 1065 ~ 1278kg/m³，空心率为 40%。我们取 1100kg/m³ 作为参照。

其材料配合比大致为：

砂子：42% = 462kg

水泥：18% = 198kg

石子：40% = 440kg

煤：0.017t/m³

水：15% = 165kg

电：15kWh/m³ = 15 元

（5）原材料价格：取平均近似值。

砂子：30 元/t

水泥：220 元/t

石子：25 元/t

石灰：190 元/t

石膏：120 元/t

铝粉：18000 元/t

煤：800 元/t

水：0.5 元/t

电：1 元/度

乳剂：该产品欧洲市场价格为大约 2.5 欧元。按照一般材料价格比率计算，市场上的材料价格应该为 3 ~ 5 元人民币/m³ 用量。保守计算，可按照 8 元/m³ 用量。

从上述分析不难看出，泡沫混凝土在原材料成本方面有着明显优势：

①取材简单，不需使用石灰、石膏、铝粉等价格很高的原材料；

②砂子、石灰不需磨细，因而节省掉价格高昂、运行和维护成本很高的球磨设备；

③产品成型时不需高温高压养护，因而节省掉耗资不菲、运行和维护成本同样高昂的蒸压釜或蒸养窑以及其他配套设施。

所以，泡沫混凝土无论是单纯的原材料消耗，还是生产性的物料消耗，都比其相邻产品低。这正是它在原材料成本方面具备很大的比较优势的主要原因。

9.3 泡沫混凝土砌块的生产工艺和技术装备

众所周知，德国是泡沫混凝土的欧洲发源地之一，也是欧洲建筑材料生产、应用工艺技术比较发达的地区，具有很大的典型性和代表性，所以这里主要介绍德国泡沫混凝土的生产工艺与装备。

9.3.1 工艺流程

在德国，泡沫混凝土的生产是在高度自动化和机械化的前提下完成的。其工艺流程主要分三个阶段：①原材料配比与拌合—形成泡沫混凝土浆料；②浆料注模和养护—形成泡沫混凝土坯体；③在线切割—生产出所需规格的有型产品（如条板、砌块等）。

下面简要介绍一下德国泡沫混凝土及其制品的生产工艺流程的主要方面：

1. 原材料配比与拌和

在德国，泡沫混凝土浆料的生产采用分离式二步生产模式，即砂、水泥和水的配合比拌合与发泡剂与水的配合比拌合采用分离式生产方式，然后两者融合经二次拌合生成泡沫凝土浆料。具体地说，砂子、水泥、粉煤灰等干性材料预先放置于储料罐之中；水则采用流量控制方法根据控制系统指令定时、定量加入。生产中，砂子、水泥和水先由计量系统按照控制指令进行计量并注入第一搅拌系统进行混凝土浆料拌合；同时，水和乳剂（及发泡剂）经过计量注入专门的泡沫生成器形成泡沫待用。待第一搅拌系统完成混凝土浆料的拌合以后，泡沫注入第一搅拌系统进行二次拌合—即混凝土浆料与泡沫的拌和最终形成泡沫混凝土浆料。由此，轻质混凝土制品生产的第一阶段完成。

2. 浆料注模与养护

这是泡沫混凝土制品生产的关键阶段，在这个阶段里，泡沫混凝土浆料按照预先根据产品规格而设计的模具尺寸，被浇注入这个模具里，经过一段时间的养护达到预计强度的30%左右，就可以拆模了。脱模以后，坯体需要在堆场进行 24～36h 的静停养护，达到预计强度的 70% 左右，就可以按照计划的产品模数进行在线切割。

养护是本阶段的重要工艺要求，这是形成产品物理性能和内在质量指标的重要环节。根据工艺要求，养护应在相对封闭的自然空气压力和带温带湿条件下进行（如养护窑）。窑体的宽度依据模具的规格，而窑体的长度要依据产量指标而定。湿度达到 60% 以上，温度恒定为 40℃ 以上。

3. 在线切割

这是形成和确保产品外观质量的阶段。在这个阶段上，泡沫混凝土坯体做机械化干法切割，达到要求的规格尺寸，形成最终产品，并打包出厂。根据德国利玛机器制造有限公司的切割方案，泡沫混凝土坯体采用自动化切割模式生产：坯体通过运送系统送达切割生产线的运送线上，将板坯依次送入组合式切割系统进行在线切割加工。具体的步骤是：传送系统将坯体送入第一道切割机，该切割机对坯体两侧端面进行铣平面加工；然后，整个坯体被送至前端的翻转机内，作 90° 旋转并随即送入第二台切割机内做纵向开缝式切割，在此切割模式下，坯体被切割成规定厚度的条板，可以作为最终产品下线，如果最终产品是砌块，则由下一台翻转机将条板组整体翻转 90°，使条板形成叠垛状态，以待进一步加工；此后，一台真空吸附式运送机将单片条板依次从停放台搬运到下面的传送带上，该传送带与第三台切割机毗连，随着条板的依次传入，它被切割成规定宽度的砌块，并为最终产品，在一台目前世界上最先进的真空吸附式码垛机上被整体码垛、包装。

9.3.2 主要设备和性能

以德国利玛公司生产的全自动泡沫蜂窝混凝土制品生产线为例。该生产线包括自原材料配合比计量和两步式拌合、板坯模制到产品运送、多次切割加工和最终产品码垛等全套技术与设备。生产线的主导产品是以砂子、水泥、水以及粉煤灰等工业废料为主要原材料的多种规格的轻质蜂窝混凝土条板、砌块或标准砖。生产线采用目前世界领先水平的产品传送和切割加工系统，产量大，成品率高，能耗低，人力投入少，噪声小，操作维护简单，生产运行管理方便。主要设备及功能是：

（1）材料储存及运送设施：储存各种原材料，如砂子、水泥、粉煤灰，并输送到材料计量机。

（2）材料计量机：对各种原材料进行分别计量并投入专业搅拌机。

（3）专业搅拌机：对投入的原材料进行两步式均匀搅拌并将拌和料注入模箱。搅拌和注模见图9-4。

图9-4　搅拌和注模

（4）模箱：将注入的拌和料预制成板坯。

（5）移动平台（2个）：用于模箱的移动，在这里，模箱在装满原材料并制成板坯后由此平台移动至养护区进行产品的养护，然后在经过第二个平台进行开模，养护后的产品被放置到木质托板/钢架上静停存放。

（6）切割平台：静停后的产品运送到此平台上等候深加工。

（7）板坯铣削机：对养护后的板坯进行侧立面铣削。

（8）龙门式产品运输机（第一号）和真空系统：将经过清铣的产品翻转90°并放置在滚筒式传送线。

（9）产品切割机（第一号）：庞大的产品切割工位装备有11副直径为1500mm的盘式钻石切刀（数量根据产品规格而变化），将整块板坯沿水平方向切割成立式排列的9片条板，然后将其同时送到前方的传送带上。

（10）条板翻转机：经过切割的立式排列的9片条板被翻转机集体翻转90°而呈叠放状态并被放置到第二切割工位前的停放台上。

（11）龙门式产品运输机（第二号）和真空系统：将停放台上的单片条板依次运送到全自动产品切割工位（第二号）上。

（12）产品切割机（第二号）：本工位有多组传送带，单片条板被依次放置在传送带上并送至装备有39副直径为350mm的盘式钻石切刀（数量根据产品尺寸而变化）的切割机上，切割机沿水平方向将条板垂直切割成若干规定尺寸的最终产品。条板切割工位见图9-5。

砌块切割工位见图9-6。

（13）龙门式产品码垛机和真空系统：用真空吸附方式将切割后的最终产品从传送带上提起并放在托板车上完成产品码垛。龙门式真空码垛系统见图9-7。

图9-5　条板切割工位

图9-6　砌块切割工位

图9-7　龙门式真空码垛系统

　　(14) 收尘装置：回收切割工位和整个车间粉尘。

9.3.3　技术装备的优势

　　(1) 自动化程度高。全线为封闭式全自动控制，属大型技术、资本和智力密集型机械设备。其中关键的切割、运送、码垛等设备全部采用目前世界领先的技术和工艺，整体体现了21世纪初的欧洲先进切割技术、现代化物体传送技术、独特的真空码垛技术。

　　(2) 设计布局严谨合理。设备布局严格遵循生产工艺路线要求，各工段设备设计精巧并且互相紧凑衔接，整个车间场面壮观而又显别致，既节约空间又易于管理，体现了现代化生产车间的独有风范。

　　(3) 运行平稳可靠。德国品牌的设备加工工艺和质量。从原材料的精选到加工工艺的安排都严格按照著名的德国 VDMA、DIN、VDE、UVV 工业标准和欧洲联盟相关标准进行，每个工段的设备具备极高的稳定性和可靠性，在常规保养的条件下，可以做到无故障运行，保证了生产者的业务计划的顺利完整实施。

　　(4) 维护保养简便费用低廉。高水准的科技含量和高标准的部件/整机质量保证了设备的长期平稳运行，因而无须对部件做频繁更换，无须对设备做特殊维护保养，大大提高了设备的使用效率。

　　(5) 最佳的性能价格比。德国的工艺、德国的质量、合理的价格使生产线显现出优异的性价比。最初的投入不仅换回了高质量的设备，而且为今后生产要素的节约、管理成本的降低提供了有力保证，更重要的是保证了产品质量的高水平及其连续性、稳定性，是对生产者提高声誉和拓展市场的有力保证。

9.4 泡沫混凝土砌块的应用

比较其相邻产品，泡沫混凝土及其制品具有广阔的应用领域既广阔的市场空间。在欧洲，主要应用于以下几个主要领域：

墙体砌筑材料——隔墙板和砌块。这是该材料的主要应用领域之一。由于泡沫混凝土具备的低密实度、良好的阻隔（热、火、声）功效、重量轻等特性，其制品（板材和砌块）可直接或间接应用于墙体砌筑（承重）或填充（非承重）施工。在德国，泡沫混凝土用于墙体砌筑材料时有两种使用方法，一是将条板和砌块按照事先的设计在线组装成单体墙面，然后，这些单片墙体再用专用运输设备到施工现场进行积木式组合安装；二是常规的单体砌块的砌筑。条板在线加工成为单面墙体，后进行现场拼装组合成为房屋。单块和单板砌筑见图9-8。

图9-8 单块和单板砌筑作为内墙和外墙砌筑材料

承重外墙见图9-9，轻质内墙见图9-10，图9-11是泰国泡沫混凝土砌块民用建筑。

图9-9 承重外墙

图9-10 轻质内墙

图 9-11　泡沫混凝土砌块为主要材料的民用建筑——泰国

10 泡沫混凝土机械设备

10.1 泡沫混凝土设备概述

10.1.1 目前设备情况

近年来，随着泡沫混凝土市场的成熟，应用范围的扩大，对泡沫混凝土设备的需求也随之增大。原有的技术含量低、自动化程度低、生产效率低及可控性差的设备已经逐步不能满足市场需求。当前，我国泡沫混凝土设备的生产厂家已有数百家，发展速度惊人，泡沫混凝土设备产量也跃居世界前列。

泡沫混凝土设备有泡沫混凝土现浇设备和泡沫混凝土制品设备两大类。

现阶段，我国的泡沫混凝土现浇设备充分考虑到了我国泡沫混凝土的发展现状，以中小型设备为主，发展迅速，已基本替代了进口设备。由于价格及市场发展需要，我国的泡沫混凝土设备也备受亚洲、非洲、南美洲部分发展中国家的青睐，特别是我国周边的俄罗斯、蒙古国、哈萨克斯坦、越南、泰国等国家及我国的台湾省，一直对我国泡沫混凝土设备保持了旺盛的需求。除泡沫混凝土现浇设备外，近年来，我国的泡沫混凝土制品设备也得到了长足的发展，从无到有，特别是在泡沫混凝土外墙保温板、自保温砌块等生产方面的设备发展迅速，并取得了一定的成绩，甚至有少量出口。

但是我们也应当清醒地认识到，虽然我国的泡沫混凝土设备已经具备了一定了水平，但和欧美发达国家相比，在设备自动化、大型化、工艺精良化方面仍有着很大的差距，这也是我国泡沫混凝土设备今后一个阶段的重要发展方向。

10.1.2 设备种类

泡沫混凝土设备是指使用机械的方法制备泡沫混凝土的装置，一般的泡沫混凝土设备都由三个部分组成：搅拌系统、发泡系统和泵送系统，特殊的泡沫混凝土设备还有散装水泥罐上料系统、切割系统等。

搅拌系统是将水泥、水及其他外加剂添加至搅拌机中混合成为均匀浆体的装置总称。

发泡系统是通过加入发泡剂利用物理或化学的方法制备泡沫的装置总称。

泵送系统则是使用泵送装置将浆体及泡沫混合并泵送至作业面或模具中的装置总称。

1. 泡沫混凝土设备分类

泡沫混凝土设备种类的分类方法很多，分类方法如下：①按用途不同，分为现浇设备和制品设备。②按生产功率不同，分为大型设备、中型设备和小型设备。③按发泡系统不同，分为低速搅拌发泡设备、高速叶轮发泡设备、压力发泡设备。④按泵送系统不同，分为柱塞泵泵送设备、液压泵泵送设备和软管泵泵送设备。⑤按自动化程度不同，分为全手动泡沫混凝土设备、半手动泡沫混凝土设备、半自动化泡沫混凝土设备、全自动化泡沫混凝土设备。

2. 全手动泡沫混凝土设备

该设备构造简单，由两个搅拌筒组成一台泡沫混凝土搅拌机，无独立的稳定发泡系统，无混泡系统，也无泵送系统，一般直接将搅拌均匀的泡沫混凝土浆体倾卸至作业面，不能实现泵送。

3. 半手动泡沫混凝土设备

该设备在全手动泡沫混凝土设备的基础上使用了泵送系统，将泡沫混凝土浆体直接泵送到作业面，降低了工人的劳动强度，提高了生产效率。改善了泡沫混凝土浆体的含固率，增加了浆体的流动性，使泡沫混凝土泵送，较全手动泡沫混凝土设备施工方便。半手动泡沫混凝土设备如图 10-1 所示。

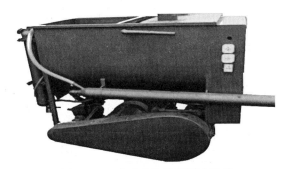

图 10-1　半手动泡沫混凝土设备

4. 半自动化泡沫混凝土设备

半自动化泡沫混凝土设备对发泡系统、混泡系统做了较大改进，发泡系统使用了高压过滤型搅拌发泡原理，使发泡剂发泡更充分，减少了泡沫的泌水率，增强了稳定性。混泡系统摒弃了低速搅拌混泡，改用高压混合器对泡沫、浆体进行混合，降低了在混泡过程中泡沫的破损。半自动化泡沫混凝土设备如图 10-2 所示。

图 10-2　半自动化泡沫混凝土设备

5. 全自动化泡沫混凝土设备

该设备采用软管泵、液压泵或螺杆泵作为动力系统，将空气压缩设备集成于设备内部，改良了上料系统，实现了水、电、料、发泡、混泡的集中控制，在一个控制面板即可控制设备的全部操作；针对工程现场施工情况复杂、建筑设计要求多样的特点，加入了变频调速系统，以适应施工过程中多变的情况；改进了上料、混泡系统，可添加多种集料，能生产多种用途、多种性能的泡沫混凝土材料。全自动化泡沫混凝土设备如图 10-3 所示。

图 10-3　全自动化泡沫混凝土设备

10.1.3　设备用途及选择原则

1. 设备用途

根据上述分类，全手动泡沫混凝土设备及半手动泡沫混凝土设备，仅适用于小型屋面和楼地面垫层泡沫混凝土生产及小型家装地暖泡沫混凝土生产，但由于生产效率较低、产品的稳定性较差，目前市场中该类设备很少见，即将被淘汰。

目前市场上销售、使用的泡沫混凝土设备多是半自动化泡沫混凝土设备和全自动化泡沫混凝土设备，广泛应用于以水泥、粉煤灰等原料生产泡沫混凝土做中高层建筑屋面保温工程、墙体工程、地暖工程、填注工程及泡沫混凝土制品。值得一提的是，由河南华泰建材开发有限公司与西门子公司联合研发生产的最新型 HT-80A 型全自动化泡沫混凝土专用生产设备，具有自动发泡，自动计量，自动配比等自动化功能，一键操作，对人工技能熟练程度依赖低，在我国泡沫混凝土全自动化设备发展史上具有里程碑般的意义。

2. 设备选择原则

现在市场上的泡沫混凝土设备种类繁多，众多的机型，往往使人们在选择设备时不知所措。为了便于大家选择适当的泡沫混凝土设备，现将选择原则介绍如下：

（1）初入行者宜选用小型半自动化泡沫混凝土设备，小型半自动化泡沫混凝土设备造价低，投资风险小，操作简单、移动方便，正常情况下每天可生产 $50m^3$ 左右，效益可观，一般几个项目做下来就可收回投资，很受中小投资者的欢迎。

（2）工程项目较多或产品较为畅销的，应尽量选择全自动化泡沫混凝土设备，全自动化泡沫混凝土设备对工人操作要求较低，人力资源成本较低，且生产效率高，质量好，能够适应大部分项目产品生产的要求。

（3）特殊项目应尽量选用专用设备。一些相对专业的泡沫混凝土生产项目，如泡沫混凝土外墙保温板、泡沫混凝土路桥填注、泡沫混凝土自保温砌块等特殊项目，因项目本身的特点对设备的要求也会有差别，且此类项目一般生产量大，效益可观，选用专用设备可更好地提高生产效率及产品质量。

10.2 泡沫混凝土现浇设备

10.2.1 水泥发泡机

现浇是泡沫混凝土应用的传统领域，我国泡沫混凝土设备在该领域较为成熟，现浇设备主要应用于楼地面垫层（地暖绝热层）、屋面保温、墙体浇注、填注工程。

泡沫混凝土现浇设备主要是水泥发泡机。水泥发泡机是在水和水泥按比例混合的水泥浆中，加入水和等比例的发泡剂通过高压气吹出的均匀气泡，利用液压泵送系统混合成水泥浆体的施工机械设备。水泥发泡机的安装如图 10-4 所示，立式双筒高速搅拌机如图 10-5 所示，车载大型水泥发泡机如图 10-6 所示，液压水泥发泡机如图 10-7 所示。

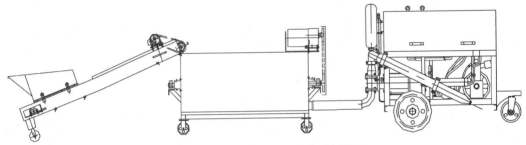

图 10-4　水泥发泡机安装示意图

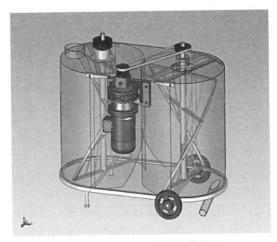

图 10-5　立式双筒高速搅拌机

图 10-6　车载大型水泥发泡机

图 10 - 7 液压水泥发泡机

1. 水泥发泡机的分类

水泥发泡机按工作原理分为机械式水泥发泡机和液压活塞式水泥发泡机。机械式水泥发泡机故障率高、输送距离短，而液压活塞式水泥发泡机输送效率高，故障率低，逐渐把机械式水泥发泡机所取代。

2. 发泡机工作原理

发泡机在搅拌槽内将水泥和水按一定比例搅拌成水泥浆，通过液压输送缸压送到管道中；发泡剂按一定比例与水混合后通过高压泵再与压缩空气混合，在管道中形成细密泡沫，最后与管道中的水泥浆混合形成泡沫混凝土浆料。

3. 水泥发泡机组成

水泥发泡机由水泥上料机、水泥搅拌机和泡沫混凝土泵送机组成。

发泡装置和水泥混合器设计为一体的水泥发泡机是将搅拌机加工的水泥浆料自动吸入，经泵送机加压后送入混合器，与泡沫发生器送来的泡沫进行混合，形成泡沫混凝土浆料，再经过输送管道送到施工现场。

（1）水泥上料机。

水泥上料机是泡沫混凝土用水泥供料设备，要满足连续作业、上料均匀、可控制、能计量的性能要求。目前市场上制备泡沫混凝土的水泥上料机有三种，一是传送带式上料机，二是螺旋搅龙式上料机，三是滑梯式吊斗上料机，三种上料机分别适合不同的使用场合。传送带上料机主要适合固定作业的场合；滑梯式吊斗上料机更适合固定计量的设备配套；螺旋搅龙式上料机适合移动式连续计量设备的配套，也适合大型联合机组的配套，其最大优点是密封无扬尘，效率高，可计量，输送角度大，对于连续作业的室外作业是理想选择。

（2）水泥搅拌机。

水泥搅拌机要能制出良好的水泥浆。制好浆的条件是：在最短的时间和有限的空间内将水和水泥充分搅拌，无颗粒结块。条件是：转速高，破碎率高，无外溅的装置，尤其对具有速凝材料的加工尤为重要。立式双筒高速搅拌机和斜体涡流搅拌机能够满足现浇混凝土施工。

（3）泡沫混凝土泵送机。

泡沫混凝土泵送机是用于输送泡沫混凝土浆料的专用泵送机，要求施工中输出量可调，压力脉冲小，稳定性好，故障率低。近几年在市场上应用的泵送机有多种，常见的有螺杆泵、液压柱塞泵、隔膜泵、软管泵、压力罐式泵等几种。目前市场应用最多的是液压柱塞泵，其次是软管泵，因螺杆泵输送泡沫的破碎率高，磨损快，已被逐渐淘汰，隔膜泵由于其泵送压力低，垂直输送最高不到60m，但是由于其输送质量较其他泵好，在一些对高度要求不高的场合采用是比较适合的，同时其使用寿命在各类泵中是最长的，压力罐式泵输送方式因其工艺落后应用场合极小，应用较多的液压柱塞泵和软管泵已形成市场主流。

泡沫混凝土的输送条件如下：

①泵送机在泵送过程中压力应相对均衡。

②两个泵送脉冲间的压差越小越好。

③泵送过程中进出料最好无阀门开闭的扰动。

软管泵技术性能基本符合泡沫混凝土的三个输送条件，经过改进的软管泵其最高压力可达 2.5MPa，能满足 120m 垂直高度的作业，该泵由于无进出料阀，不仅减轻了对泡沫的干扰，而且提高了可操作性，减小了故障率，该泵可随意进行正反转操作，因此该泵是目前泡沫混凝土输送的最佳选择。

4. 水泥发泡机的控制计量技术

水泥发泡机的控制技术和计量技术是衡量整机技术水平的标志，一台完善的泡沫混凝土设备需要具备以下控制措施；

（1）供料系统的计量与控制。

控制包括按单位时间供水和供水泥的控制和计量，其调整范围必须满足不同产品水灰比要求。

（2）制泡系统的计量与控制。

制泡系统是由多元统一控制的复杂装置，它有发泡剂、水，水与发泡剂的稀释液，稀释液与空气的比例关系及所提供的空气压力等诸多因素，这些因素都需要准确的计量和灵敏有效的控制，这些计量与控制还需要有明显的显示或指示装置，如：压力指示、流量显示等。

（3）泡沫量与水泥浆的混合比例控制。

这是泡沫混凝土制作过程中的最后一道控制，它决定着泡沫混凝土的密度稳定和准确性，它由泡沫的输出量与泵送机给出的水泥浆的两个量来确定，当水泥浆固定不变时，调整泡沫量，泡沫混凝土密度会发生变化，反过来，当输出泡沫量不变，所供水泥浆发生变化，泡沫混凝土的密度也会发生变化。

5. 水泥发泡机使用注意事项

（1）每天开机前检查各部位油箱、减速器是否缺油，缺油时要加油；检查各部位三角带、链条松紧度。

（2）每天施工结束后，须把输送混合器拆开，清除积料及杂物；对设备上的积料和设备周围的积水、积料进行清洗清理，保持设备处于干净整洁的状况。

（3）新设备累计工作 8h 后，应对料缸内推料密封碗进行检查，每施工 2000m³ 更换一次，刮油密封碗每半年更换一次。

（4）每周须对发泡发生器内部的不锈钢丝球取出清洗，损坏的进行更换。

（5）若发现密封不严现象，应检查主阀体及上阀体内钢套是否磨损，发泡磨损应及时更换。

（6）每年施工完毕后对设备进行大修保养一次。

（7）如遇雨、雪天气施工，须对设备进行防雨雪遮盖，特别对电动机、配电箱做好防护措施。

（8）停机超过规定时间（60min），必须对输送管进行清洗，以免料浆沉淀堵塞输送管。清洗输送管程序如下：停止供水供料，排净搅拌筒内存料后直接向筒内加水，同时关闭发泡开关，使空压机、药剂定量泵、柱塞泵停止运转，待出料口排出清水后停机。清洗输送管时可适当调快输送速度，减少用水量。

（9）各调节阀、水阀、水泥输送闸板设定好后，不可随意调整，只能专人根据实际情况调整。

（10）施工中设备操作人员要保证水、水泥、发泡剂不间断供给，并达到比例要求，保持下料与输送的平衡，以减少停机次数。

（11）施工中设备操作人员要保持与现场施工人员的联系，并听从其指令操作设备。

（12）为操作方便可以使用远程控制，使用时，远程控制盒上的设备不可以与板面控制同时使用，以免造成操作失灵。

10.2.2 楼地面垫层（地暖绝热层）设备

泡沫混凝土楼地面垫层是泡沫混凝土应用的重要方向，但是近年来随着国内从事泡沫混凝土垫层生产的公司和个体经营者的增多，这些从业者所使用的泡沫混凝土设备和施工工艺往往良莠不齐，以至现在甚至有人认为：强度不够和开裂现象是泡沫混凝土垫层材料的通病。其实这是对泡沫混凝土垫层材料的误解，优秀的泡沫混凝土垫层材料不仅保温隔热性能优良，其强度、抗裂性、吸水率都完全达到建筑设计要求。

由于泡沫混凝土楼地面垫层施工的厚度较薄，通常在 3～5cm，且施工面积较大，有些小型设备甚至可以直接在作业面上进行操作，故楼地面垫层施工材料设备一般对泵送系统要求不高，而对搅拌和发泡系统要求较高。

楼地面垫层作业中对设备搅拌系统一般有如下要求：

（1）搅拌均匀，不允许有块状或大颗粒存在。

（2）搅拌出的浆体细腻柔滑，外观良好，富有弹性和光泽。

（3）浆体有良好的分散性和黏性，有一定的黏度而又易于分散。

（4）浆体具有早强或快凝的特性，以利于固泡，但不可速凝。

泡沫的性能将直接影响到制备的泡沫混凝土楼地面垫层材料的强度、抗裂性和吸水率，因此在楼地面垫层施工中，对泡沫混凝土设备的发泡系统也有着严格的要求：

（1）所制备的泡沫泡径应小于1mm，在 0.4～0.8mm 为最佳。在一些特殊楼地面垫层施工中，发泡系统还应拥有泡径可调功能。

（2）所制备的泡沫应均匀，以避免在输送过程中过度损泡及干凝后的塌陷、开裂。

（3）所制备的泡沫泌水率低，泡沫呈棉絮状，现浇泡沫混凝土如图 10-8 所示。不应出现乳状泡沫，以降低所制备的泡沫混凝土楼地面垫层的吸水率和发泡剂的使用量。

10.2.3 屋面保温设备

泡沫混凝土在屋面保温中的应用是泡沫混凝土材料的传统领域，生产设备也相对较为成熟。由于屋面保温施工的厚度一般较地面垫层厚，技术要求也没有垫层要求高，所以对搅拌系统和发泡系统要求也就没有垫层设备要求的那么严格。但随着建筑技术的发展，建筑物的高度也随之越来越高，屋面保温施工对泵送系统的要求也越来越严格。

对于泵送系统的选择，主要依据实际情况关注三个方面的数据：

（1）输送量。泡沫混凝土屋面保温设备的额定最大输送量一般都是理想状态下的数

图 10-8　现浇泡沫混凝土

据，即密度为 $300kg/m^3$ 的零距离水平输送量，由于生产过程中水、水泥等原料供给和实际操作中的各种问题，并且水平输送距离、垂直输送距离也都会影响到该设备的实际输送量，所以在输送量的选择上，应尽量选择额定最大输送量比实际需求量大 10%～15% 的设备。

（2）水平输送距离。水平输送会影响设备的实际输送量，距离越远，输送量越小，值得注意的是，弯管、锥形管的流动阻力也会较平直管大。在实际生产过程中，弯管和锥形管是必不可少的，所以在计算水平输送距离时，应充分考虑到这方面的影响。

（3）垂直输送距离。垂直输送距离是泡沫混凝土屋面保温设备最重要的数据之一。垂直输送距离会严重影响泡沫混凝土的输送量，当垂直距离达到额定最高输送距离的 60% 时，输送量将降至额定最大的 60%。并且泡沫混凝土屋面保温设备的额定最大输送距离，往往是在大量消泡的情况下实现的，因此，为了保证产品的质量和施工速度，实际施工需求应根据设备额定最大垂直输送距离的 80% 计算。

10.2.4　墙体浇注设备

在泡沫混凝土屋面及楼地面垫层现浇持续发展的同时，近年来，国内许多泡沫混凝土企业已开始发展现浇自保温墙体。墙体浇注对泡沫混凝土及其生产设备的要求较高，因为现浇墙体在具有一定保温节能特性的同时还有承重作用，对泡沫混凝土的强度有一定要求，强度过低作为承重墙体会存在导致工程事故的风险。浇注后，还应避免出现泡沫混凝土的干缩、开裂以及由于结构疏松、多孔引起的易碳化、易盐析等问题。而且现浇墙体要求泡沫混凝土具有一定的流动性，但往往流动性大就会增加消泡概率，所以墙体浇注设备对搅拌系统、发泡系统、泵送系统要求都很高。

（1）搅拌系统。泡沫混凝土墙体浇注浆体的搅拌时间不宜过长，对浆体的持续供应能力要求高，所以要求设备的搅拌系统缸体体积大，最好有自动上料系统，以便于浆体的制备快速、均匀、稳定，且叶轮转速不能太高，宜在 9～15r/min，并具备可调节性。

（2）发泡系统。泡沫混凝土墙体浇注的发泡系统性能要求与楼地面垫层的要求相当，但由于墙体浇注对密度、强度的要求更加的严格，施工持续性也更强，所以应尽量选用自动化程度高，密度稳定性、可控性好的设备。

（3）泵送系统。考虑到墙体强度的要求，泡沫混凝土墙体浇注往往会添加砂子等骨料，而这些骨料对泡沫混凝土的消泡作用十分明显，所以，在选择泵送系统时，应尽量考虑软管泵泵送系统，以减少泡沫混凝土中泡沫的损失。

10.2.5　填注工程设备

泡沫混凝土填注工程对密度要求严格、工程量大且要求工期紧、填注区域分布广等特点，故对泡沫混凝土的发泡系统和泵送系统有着严格的要求，应具备以下几个特点：

（1）发泡效率高，稳泡性强，可制备各种密度要求的泡沫混凝土。

（2）生产效率高，每小时生产泡沫混凝土填注材料应在 $80m^3$ 以上，可满足大、中型填注工程使用。

（3）有效水平输送距离远，有效输送距离在 600m 以上，可有效送达各填注面。

（4）具有自动化计量控制系统，可有效保证浆体的均匀、稳定。

（5）持续施工能力强，最好能够与散装水泥罐相连，保证水泥供应的持续不间断。

当前泡沫混凝土填注专用设备在国内应用并不广泛，填注工程中仍在大量使用一般的泡沫混凝土浇注设备，在遇到工程量大、工期紧、填注区域分布广等问题时，往往是简单采用多上设备和加班的做法，既浪费了大量的人力物力，也无法保证工程质量。HT‑18 泡沫混凝土填注设备是少数能够满足上述要求的设备之一，该设备属于压力发泡设备，每小时产能高达 $60\sim120m^3$，设备由主机、搅拌机、多台辅助搅拌机、上料装置、计量系统等组成，所生产泡沫混凝土浆体均匀稳定，密度控制精确，配合散装水泥罐供料，在满足大量原料供给的同时，也使施工操作更加简单方便。

10.3　泡沫混凝土保温板生产设备

近年来，泡沫混凝土材料的应用范围日益扩大，由于泡沫混凝土现浇产品往往会受到气候、天气、应用部位等诸多方面的影响，国内各大生产厂家纷纷加大了对泡沫混凝土预制产品的研发和推广力度，泡沫混凝土 A 级防火保温板、泡沫混凝土砌块等泡沫混凝土预制产品生产设备也层出不穷，如何选取一个适合自己的设备，成了很多人所面临的问题。

泡沫混凝土保温板生产开始是手工作坊式的，后来出现了半自动化，现在全自动化设备也生产不少。

全自动化泡沫混凝土保温板生产开始是全自动生产线。全自动化生产线改变了手工生产工艺，投料计量采用传感器称重，确保计量准确，发泡时间的控制采用电脑 PLC 编程控制，生产过程全部采用全自动机械手。这种设备克服了生产效率低、工人劳动强度大、车间里粉尘污染严重影响操作人员身体健康和无法保证产品质量的问题。

目前全自动泡沫混凝土生产线可做到八大部分全自动控制：

（1）大型节能热水全自动控制。

（2）粉体主料及多种外加剂全自动配料控制。

（3）搅拌浇注全自动控制。

（4）模具升降及循环全自动控制。

（5）脱模及移坯全自动控制。

（6）切割全自动控制。

（7）喷雾养护全自动控制。

（8）包装全自动控制。

10.3.1 原材料处理设备

原材料处理设备主要有粉磨、选粉、混合、储存四种。这类设备一般用于中高端生产线。由于投资略大，低端生产线一般不配置。

1. 粉磨及选粉设备

粉磨设备为球磨机及与之配套的选粉机、除尘器、提升机、成品库等。其粉磨采用闭路工艺，即物料在粉磨后不直接由球磨机进入成品库，而进入选粉机，把达到细度要求的颗粒选出并送入成品库，而不合格的粗颗粒再由选粉机重新送回球磨机，继续粉磨。这种工艺可避免过度粉磨，细度已合格的颗粒与不合格的颗粒继续混合粉磨，会降低产量，提高电耗。选粉机闭路粉磨，可提高粉磨效率，降低粉磨成本。

2. 混合设备

混合设备的作用，是将各种粉粒状外加剂均匀混合为一种物料，作为一种（或两种）物料计量配比。这不但可以简化生产线的配料工艺，提高生产效率，也可以减少主车间的面积，并降低配料误差。

当主车间面积较小，安装较复杂配料系统的面积不足或要求配料精确度较高时，都应该在生产线上配备混合机。

10.3.2 配料系统

小型移动搅拌浇注生产线，由于配置太简单，一般没有配料自动化系统，多采用人工称量或体积计量。这里介绍的自动配料系统，一般用于大型高端生产线或中型中端半自动生产线。大型高端全自动生产线，配置的多为全自动配料系统，而中型半自动生产线，配置的多为电控半自动配料系统。

配料系统的灵魂是电子计量装置，也即俗称的电子秤。它的主要任务，就是完成对物料的精确计量。其计量精度，一般要求水泥、粉煤灰等大料为 0.5%～1%，外加剂等小料要求 0.1%～0.3%。物料配比量越小，其计量精度则要求越高。

1. 电子秤的种类及选用

电子秤的种类很多，常用的电子皮带秤、核子皮带秤、螺旋秤、料斗秤等。其中，皮带秤、料斗秤使用最多。皮带秤多用于计量精度要求不是太高，配比量较大的物料的计量，而料斗秤则计量大配比量与小配比量均可应用。间歇批次计量系统中，多使用料斗秤。

料斗秤有累积式与失重式。累积式是向计量斗中依次加入甲、乙、丙等多种物料，一种加至配比量时自动停止加料，再加另一种，直至配完。它只有计量斗上的一套称重传感器。失重秤则是每种物料的计量仓上都安装一套传感器，即一料一称，当计量仓内的物料失去的重量正好达到配比量时，就立即停止卸料。计量好的各种物料都加到一个料斗中。相比较而言，累积料斗秤由于是多料一称，精度略差。失重式电子秤则为一料一称，精度较高。因此，推荐采用失重式电子秤。

2. 电子计量系统的设计

电子计量采用间歇式，每搅拌机搅拌 1 次，配料系统计量 1 次。

所有物料共分为三个计量子系统：固体大料计量系统、固体小料（外加剂等）计量系统，水及液体外加剂计量系统。下面以多料一称累积计量法为例，简要介绍配料系统。

在这一配料系统中，水泥、粉煤灰、矿渣粉三大主料共用一台累积计量料斗秤；微量添加的固体外加剂（三种）共用一台小量程的累积计量料斗秤；水及液体外加剂共用一台液体累积计量料斗秤。每台电子秤在计量时，各物料依次加入料斗秤计量，全部计量完成，打开料斗秤放料阀，向搅拌机加料。计量系统工艺如图10-9所示。

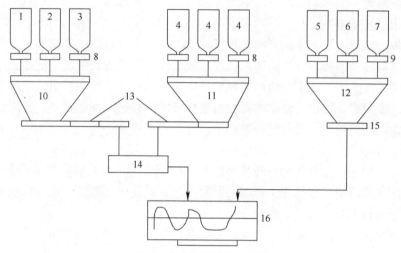

图 10-9　计量系统工艺图

1—水泥配料仓；2—粉煤灰配料仓；3—矿渣配料仓；4—固体外加剂配料仓；5—水配料罐；6—液体外加剂A配料罐；7—液体外加剂配料罐B配料罐；8—螺旋给料机；9—液体放料阀；10—大料电子秤；11—小料电子秤；12—液体电子秤；13—螺旋给料机；14—提升机；15—液体放料阀；16—搅拌机

10.3.3　搅拌制浆设备

搅拌制浆设备是泡沫混凝土保温板生产的核心设备之一，也称为主机。它的性能高低对保温板产品性能有很大的对应关系，搅拌性能越好，保温板性能也就越好。

1. 化学发泡浆体的特点及设备要求

（1）化学发泡浆体的特点

①泡沫混凝土虽然称为"混凝土"，但它只有微集料粉煤灰、矿渣粉、硅灰等，以及细集料玻化微珠，而没有碎石等粗集料，因此它的搅拌阻力很小。

②化学发泡浆体的细集料为玻化微珠，球形圆颗粒，对浆体有润滑作用，对搅拌器的磨损也很小，而普通混凝土的砂、石集料棱角多，流动性差，对搅拌器的磨损很大。

③化学发泡水泥浆为大水料比。一般水料比为 $0.5 \sim 0.7$，比普通混凝土的 $0.25 \sim 0.40$ 高出约1倍。因此，这种浆体具有大流动度的特点，浆体很稀，即稀浆。用 CA 漏斗式流动度测定仪测定，流动度为 $30 \sim 35s$，具有很强的流动性。而普通混凝土则为干硬性物料，二者的浆体性能完全不同。

④化学发泡水泥浆体的搅拌分为三个阶段，第一阶段是将水泥等固体粉粒物料与水搅成浆体，物料较干；第二阶段浆体迅速变稀，具有很强流动性；第三阶段是在浆体内加入发泡剂，制成混匀发泡剂的发泡浆体。当采用硅酸盐类水泥时，由于碱度高，发泡剂分解快，$5 \sim 10s$ 就开始大量发泡，气泡使浆体"稠化"，流动性变差。所以浆体出现先稀后"稠"的特点。而普通混凝土没有这种现象。

⑤化学发泡浆体的凝结较快。因为出于稳泡的需要，其配合料中均加入促凝成分，且水泥多为早强型或快硬型。

⑥化学发泡浆体对均匀度要求特别高，属于超高均匀度。其均匀度越高则发泡越好，并具有浆体物理活化作用。而普通混凝土只需混合均匀即可，要求相对较低。

（2）化学发泡对搅拌设备的要求

根据化学发泡的特点，采用普通混凝土或砂浆搅拌机是肯定不行的。化学发泡对搅拌机有一些区别于普通混凝土或普通砂浆搅拌机的特殊要求。这些要求如下：

①高速或超高速搅拌。由于化学发泡要求超高均匀度，并具有对浆体的物理活化作用，常规低速砂浆搅拌机或混凝土搅拌机是难以达到的。常规搅拌机的转速只有20～40r/min，转速太低。要达到超高均匀度是困难的，化学发泡搅拌机在搅拌后期（2min之后）的转速应达到1400～3000r/min。国外发达国家高速搅拌机的转速最高可达10000r/min，而达到5000r/min的已很常见。但我国目前的高速搅拌还达不到国外的这个水平。根据国内的技术水平，把转速定为1400～3000r/min，还是合理的。这一转速对浆体已有物理活化作用，而低于这个转速，要在几分钟内达到超高均匀度及产生物理活化作用，是很难的。由于化学发泡浆体很稀，阻力小，为高速搅拌提供了技术条件。

②具有无级变速或调速功能。如果搅拌系统只安装1台搅拌机，为了适应发泡水泥搅拌先干、再稀、后稠的三个阶段不同特征，搅拌机的转速必须要先低速拌干料，再中高速搅稀浆，最后超高速活化和混合发泡剂。这样，采用定速搅拌是行不通的，必须采用无级变速或调速搅拌，以适应不同搅拌阶段不同的转速要求。

③必须具有较强的上下层浆体快速混合的作用。因为发泡剂为后加入，是加在浆体表面，因此，搅拌机必须具有上下层浆体在极短时间内均匀混合的作用，否则发泡剂漂在浆体的上部，会造成发泡不均匀，使成品产生过大的密度差。

④搅拌机应以立式为主。卧式搅拌机推力大，破阻性强，难以实现高速。因此卧式搅拌机只适合于水泥等固体粉粒物料与水的初期混合，以利于克服初混较大的阻力。但它不适用于中后期稀浆的搅拌，转速太低，搅拌时间太长。中后期宜选用立式高速搅拌机。只有立式搅拌机才可以实现高速或超高速。

⑤防堵防粘能力强，易于清洗。化学发泡浆体大多具有早强快硬特点，凝结快，浆体易凝结到搅拌筒壁上、搅拌叶片上，难以清洗，尤其是易堵塞放料管道和阀门。在夏季生产时放料阀被堵，是近两年最常见的生产事故。因此，应有防堵防粘功能，且易清洗。

2. 搅拌设备的配置方式

搅拌设备可以有三种配置方式：单级式、两级式、三级式。其中，三级式为最佳方案，其次为两级式，最不理想的为单级式。

（1）单级式搅拌配置

单级式搅拌配置即搅拌系统只设置1台搅拌机。在1台搅拌机内完成物料初混、高速匀化、超高速活化与混合发泡剂三阶段任务。一般采用高速或调速机型、立式。不能选用大桨叶卧式。螺带卧式可以选用，效果远不如高速立式。若选用螺带卧式，转速应提高到60～120r/min。现有螺带卧式机转速只有30～40r/min，太低，不符合技术要求。尤其不符合后期快速混合发泡剂的要求。

单级式搅拌机适用于小型移动搅拌浇注，俗称"下蛋机"。对固定式搅拌和浇注及产量在100m³以上的生产线不适合。因为，它的搅拌时间短时，浆体质量不好，若搅拌时间延长，浆体质量虽有提高，但产量却大幅下降。

根据经验，即使采用高速搅拌，加料后的搅拌净时间也要 5min，那么加料加水 2min，净搅拌时间 5min，卸料及移动工位 1min，1 个搅拌周期就要 8min，每小时仅搅拌 7 次，效率太低。

图 10-10 为单级螺带搅拌主机外观，图 10-11 为单级小型立式移动搅拌机外观。

图 10-10 单级螺带搅拌主机外观

图 10-11 单级小型立式移动搅拌机外观

（2）两级式搅拌配置

班产 100m³ 以上的搅拌系统，一般不能采用单级搅拌，以免影响生产效率与产品质量。两级式搅拌是单级式搅拌的升级改进型搅拌方式，比较适合于班产 100~200m³ 的中等产量的生产线。

两级式搅拌与单级式搅拌相比的最大区别，就在于把第一阶段的预搅拌与第二阶段第三阶段的精搅拌（即终搅拌）分开，成为两个搅拌单元，既各自独立又相互衔接。

①一级搅拌。一级搅拌为调速或无级变速式卧式搅拌机，一般采用三螺带或四螺带搅拌机。它的主要任务就是预搅拌，把水泥、粉煤灰、矿渣粉等固体大料，以及各种粉状外加剂，与水及液体外加剂，混合为初步均匀的浆体，为二级高速搅拌做好准备。由于干粉料与水等液料在混合初期，物料较干稠，阻力大，需要较大的破阻能力，即浆叶对干稠物料的较强的推动力。卧式搅拌恰恰转速较低，破阻力强，特别适合于一级搅拌的物料特点。而立式高速搅拌机浆叶小，推力小，加入干粉料稍多，叶轮就难以旋转，甚至物料一次性加入较多时会把悬轴挤扁，造成叶轮变形和搅拌轴弯曲或折断。因此，立式高速一般不适合于一级搅拌。若一级采用立式高速，徐徐加料，不要一次加料太多，也是可以的，有利于提高一级搅拌的制浆质量，但加料时间较长。

一级搅拌机不宜采用大浆叶卧式机，如传统的大浆叶卧式双轴搅拌机。因泡沫混凝土中后期的浆体很稀，大浆叶对浆液拍打溅浆严重，60r/min 以上时，溅浆可达 2m 多远。全密封时上盖粘浆严重。而螺带式的此弊端较轻，有利于提速，故应优先选型。螺带较多时，搅拌效果更好。螺带机一般有双螺带、三螺带、四螺带三种，可选用三螺带或四螺带机型。

一级搅拌机的搅拌分为低速预混与高速匀化两个搅拌阶段。低速预混阶段自干粉料加入开始，至干粉料加完 20 ~ 30s 止，以把干粉料与液料初步混合为标志。其速度不易过高，以增加对干粉料的推动力，一般 30 ~ 60r/min 即可。高速匀化自低速预混结束时开始，搅拌机转速应调至 100 ~ 120r/min，搅拌时间约 1 ~ 2min，以浆体达到基本均匀，无团块、无干料堆存为标志，即可结束。经预混后，浆体已有较好的流动度，搅拌机的阻力减小，就可以提高转速。如不提速，搅拌时间就会加长。因此，一级搅拌应采用调速或无级变速。

②二级搅拌。

一级搅拌制好的浆体卸入二级搅拌，进入下道匀化与发泡工序。二级搅拌的任务是对一级搅拌已经制好的浆体，进一步超高速匀质，使其达到超高均匀度，为发泡做好浆体质量优质化的技术准备。二级搅拌是终搅拌。它一般采用定速 1400 ~ 3000r/min。如设计制造技术允许，最好是 3000r/min，其匀质效果更好，将来要向 5000r/min，甚至 10000r/min 发展。

二级搅拌由于速度高，卧式难以达到，均应采用悬轴立式。为减少阻力，并降低离心力对搅拌器的扭曲破坏性，搅拌头应轻量化、小型化，并与筒体形状相适应。

二级搅拌也可分为两个搅拌阶段，即匀质阶段与混合发泡剂阶段。匀质阶段约占二级搅拌 90% 以上的时间，混合发泡剂阶段一般只需 5 ~ 15s。

③两级式搅拌的工艺控制。

两级式搅拌设计是作者在 1994 年为了解决当时的物理发泡产量上不去，一个搅拌机既制浆又混泡，时间太长，而提出的一个设计方案。当时一级二级都是卧式螺带搅拌机，一级制浆，二级混泡。技术思路基本是模仿前苏联物理发泡制浆系统。在我国推广应用后，效果确实比单级搅拌好。近年，化学发泡兴起，作者就在 2009 年将物理发泡的两级搅拌设计嫁接到化学发泡生产线上，并将二级搅拌机改为超高速。经近五年试用，效果非常好，是较理想的搅拌配置方案。经五年的生产应用摸索，两级搅拌工艺控制为：

一级搅拌：

低速预混：转速 30 ~ 60r/min

　　　　　时间 1 ~ 2min

高速匀化：转速 100 ~ 120r/min

　　　　　时间 1 ~ 2min

总搅拌时间：3 ~ 6min（视加料速度）

二级搅拌：

超高速匀质：转速 1400 ~ 3000r/min

　　　　　　时间 3 ~ 5min

发泡剂混合：5 ~ 15s

总搅拌时间：3 ~ 6min（视匀质要求）

两级搅拌周期控制（与搅拌机容量有关）：

班产 100m^3：5 ~ 6min

班产 200m^3：3 ~ 4min

二级搅拌机在加入发泡剂后，其浆体会有发泡体积增大的问题，尤其是硅酸盐水泥，在搅拌筒内会使浆体增加 20% ~ 70%，因此，二级搅拌机的机筒应适当加大，最好设计为双机。

图 10 - 12 为作者研发的两级多筒搅拌机型外观。其一级搅拌位于平台之上，二级为双筒，位于平台之下。

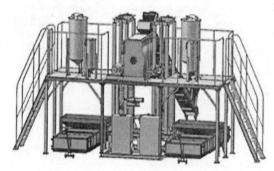

图 10 - 12　两级多筒搅拌机型外观

（3）三级式搅拌配置

三级式搅拌是作者于 2010 年初在两级搅拌成功经验的基础上，为进一步提高搅拌效果所研发的高级搅拌系统。也是目前国内外泡沫混凝土制浆效果较为理想的搅拌系统之一。青岛中科旭阳（集团）公司制造的三级多筒搅拌机型外观如图 10 - 13 所示。

图 10 - 13　三级多筒搅拌机型外观

这种搅拌配置适用于班产 300m³ 以上的大型生产线或对制浆质量要求较高的班产 200m³ 左右的中档生产线。

根据化学发泡技术原理，搅拌效果与产品性能成正比，在一定范围内，搅拌时间越长，搅拌机转速越高，浆体匀质性越好越细腻，则产品的各项性能就越好。

但延长搅拌时间，就会降低产量和效率，提高转速在搅拌初期也难以实现。这就产生了技术性难题。

破解这一技术难题的最佳方案，经作者近几年反复优选，应该是三级搅拌，这一搅拌方案可使上述难题全部解决。

1) 技术原理与优势

三级搅拌的技术原理有两个：

①水泥浆体有前稠、中稀、后高稀的三段式特征，用一台或两台搅拌机均不能完全适应，而采用三级搅拌，每一级搅拌机都针对一个浆体阶段特点设计，对浆体的适应性特别强，有利于前期破阻、中期匀化、后期高匀质的技术要求，可达到最佳的浆体特征与搅拌机特征的匹配，获得理想的搅拌效果。

②采用三级搅拌机同时工作来延长搅拌时间，同时又可保证很短的搅拌周期，解决延长搅拌时间与产量的矛盾。例如，一级、二级、三级均搅拌 3min，其搅拌周期仍是 3min，即每 3min 即可卸料浇注一次，但每批次的物料经三级搅拌，其总搅拌时间已达 9min，比单级搅拌延长了三倍，比两级搅拌也延长了一倍半。显然，三级搅拌浆体的质量会远远超过单级搅拌或两级搅拌，浆体很容易就可达到超高匀质性。

三级搅拌的优势十分明显，它可以在高效率、高产量、短浇注周期的情况下，获得品质优异的高匀质浆体。这是其他搅拌设备很难实现的。

2) 三级搅拌机的设置

根据浆体三阶段特点，三级搅拌机设置如下。

①一级搅拌采用三螺带或四螺带低速搅拌机，其转速控制为 30 ~ 60r/min。这台搅拌机只负责将水泥等固体粉粒料与水等液剂初步混合为浆体，不再高速匀化。其匀化作用由二级搅拌分担，就压缩了它的搅拌时间。低速螺带搅拌有利于提高破阻力，适应了水泥与水混合初期浆体干稠的特点。

②二级搅拌采用立式高速搅拌机，其转速控制在 800 ~ 1400r/min。这台搅拌机负责浆体的高速匀化。经一级搅拌后，二级搅拌不需太大的破阻力，已成为流体的稀浆，可以采用高速搅拌。它实际是一个过渡搅拌，主要分担一级与二级搅拌的任务，缩短一级与二级搅拌的时间，压缩搅拌周期。同时，它可以大大提高浆体的均匀性与流动性，为三级超高速匀质创造条件。

③三级搅拌采用立式超高速搅拌机，其转速可提高到 1400 ~ 3000r/min。经二级高速搅拌后，浆体已具有很强的流动性，为超高速搅拌创造了条件，阻力很小。三级搅拌的主要任务一是把浆体超高匀质，达到非常理想的浆体质量，为发泡提供最好的浆体条件；二是在极短时间内把发泡剂均匀混合到浆体中，并完成快速浇注。

3) 三级搅拌的设备布置形式

三级搅拌的布置形式有三种：地面式、阶梯式、层叠式。

①地面式。地面式是作者最初采用的形式，其工业实际应用是 2010 年用于保温板生产线的搅拌系统。由于当时的生产线所在的车间高度只有 4m，不适合采用阶梯式或层叠式，只能采用地面式。

地面式的布置方法，是将三台搅拌机全部安装在地面，其中一级与三级搅拌机座略为加高。一级搅拌加高，使之卸料口高于二级搅拌的上口，可利用自然落差向二级搅拌机卸料。三级搅拌机加高，是为了其卸浆口高于模具车，向模具车内浇注浆体。一级与三级搅拌机加高之后，二级搅拌机虽方便了从一级搅拌低位接浆，但却无法向三级搅拌卸料。所以，二级搅拌机设计为自动升降型，在从一级搅拌接料后，能够自动升高到高于三级搅拌的位置，向三级搅拌卸料，卸料后自动下降复位，重新从一级搅拌机接料。

地面式的优点是对车间高度要求低，4～5m 高度也可布置三级搅拌，其缺点是二级搅拌需升降，增加了工艺的复杂性。

地面式布置也可采用泵送形式，即在一级与二级之间，二级与三级之间各加一台浆泵，三台搅拌机同时位于地面，依靠浆泵输送浆体。作者也曾尝试过这种布置形式，后因泵送管道容易被凝结浆体堵塞而放弃，尤其采用快硬水泥更易堵塞。

②阶梯式。阶梯式布置，是将三台搅拌机分别布置在三个台阶式的平台上。三台搅拌机均可依靠浆体的自然落差，向下一级搅拌机卸料（最后一级是向模具卸料）。

阶梯式布置的优点是各机卸料方便，工人操作与检修也方便，并可降低搅拌系统总高度，比层叠式降低高度约 1/3，这实际上有利于降低车间高度与干粉料提升机的高度。其缺点是比层叠式占地面积大。

③层叠式。层叠式搅拌机三级布置，是目前最常用的布置形式。这种形式类似于混凝土搅拌楼的多层布置。这种形式的主要优点是占地面积小，料浆可以直接利用各台搅拌机及模具车的高度差，向下一级卸料，方便快捷。既不需搅拌机升降，也不需料浆泵，工艺简单。其缺点是高度大，只适合于车间高度大的生产线或露天布置。

层叠式布置的搅拌机可采用三层钢架平台，也可直接布置于三层楼房里。下一级的搅拌机接浆口，应对准上一级的放料口。

目前，作者研发的大型生产线，大多采用层叠布置，个别采用阶梯布置，地面布置较不常用，仅用于低层厂房。

4）三级搅拌的工艺控制

三级搅拌的工艺控制根据产量设计、搅拌机容量、模车容量、模车运行速度、控制水平等来调整。作者研发的三级搅拌系统工艺控制（班产 300～600m³）如下：

一级搅拌：转速 30～60r/min
　　　　　时间：3min
二级搅拌：转速 800～1400r/min
　　　　　时间：3min
三级搅拌：转速 1400～3000r/min
　　　　　匀质：2min30s
　　　　　混合发泡剂：10s
　　　　　浇注：20s
搅拌周期：3min
搅拌筒容积：1～2m³

10.3.4 保温板切割设备

1. 切割机的组合形式

搅拌主机和切割机，是保温板生产的两大主体设备。很多简易生产线，配备的也就是这两大部分。

切割机分为单机与机组。单机就是单独 1 台切割机，这是最简单的切割机形式，也是最初的切割机形式。但从 2011 年下半年起，由于单机已不符合生产要求，在实际生产中，各地企业开始普遍采用切割机组。切割机组就是由两台以上切割机，组合成一个成套的切割系统。现有的切割机组大致有以下几种组合形式：

（1）纵横切式。

这种机组由两台切割机组成，一台纵切，一台横切，人工在两台切割机之间转运。当一台切割机完成切割后，再搬到另一台上进行下一道切割，目前，许多简易切割机大多为这种组合形式。

（2）纵横切加转向式。

这种机组是在上述机组的基础上，增加了一台转向机，当第一台纵切（或横切）结束后，不用人搬，转向机将坯体自动转向90°，再进入第二台切割机横切（或纵切）。其优点是节省人工，切割成本低。

（3）面包头平切、纵横切，加转向式。

这种机组是在第二种机组的基础上增加了面包头平切机，也就是增加了首先切去面包头（坯体上表面）的装置。先切去面包头，再纵切（或横切）转向，再横切（或纵切）。

（4）上下去皮平切、纵横切，加转向式。

这种机组不但有切去上表面的面包头的切割装置，还增加了切去坯体底面表皮的切割装置。即先同时切去上表面的面包头及底面表皮，再纵切（或横切），转向，再横切（或纵切）。

（5）先横切、再纵切、再平切成板式。

这种工艺为2012年新出现的工艺。它由横切机、纵切机、空中移坯机械手、平切分片机组成。横切机先把坯体横向分切，再由机械手将其转向，再由纵切机纵切，最后由平切机分切成一片一片的板材。

上面介绍的为目前常用的机组组成，还有很多的组合形式。今后，随着新锯型的开发和应用，还会有更多更先进的组合模式。另外，这里也没有包括线切割等特种切割方式。

2. 切割机类型

按切割原理，切割机有以下几个类型。

1）偏心轮往复锯。

这是我国专门用于泡沫混凝土切割的第一代切割机，于2008年前后由四川成都林润公司最先生产推出。自2010年之后，全国各地开始根据其原理，推出许多种改进锯型。2011年保温板爆发式增长后，这种锯作为当时唯一的应急锯型，风行全国，成为当年的主导锯型，大多数保温板生产企业，采用的都是这种往复锯。虽然2012年后推出不少新的先进锯型，但这种锯仍有相当的应用比例，是中低产能的主要锯型。四川林润公司对泡沫混凝土切割机初期发展所作出的贡献，是值得肯定的。

偏心轮往复锯的基本原理，是在锯框的上下端各固定一组偏心轮，当偏心轮运动时，就带动锯条上下（或左右）直线运动，像木工拉锯一样，产生锯切作用。一个锯框上可以根据切割需要，固定几十根或几根锯条。其锯条由普通钢、合金钢、进口高级合金钢等制造，其耐用性及价格均有较大的差别。

往复锯的优点是结构简单、价格低，适合于小企业的经济水平及生产水平。其缺点是产量低，切割效率低，已不适应大型生产线的切割需要。2011年以前的第一代锯型，产量每班只有50m³左右，2012年以后的各种改型锯，产量提高到100~150m³。根据其结构的特点与切割原理，其产量继续提高有一定的技术难度。

目前，往复锯的改进型产品有两类。

①经济型往复锯

图10-14为轻便经济型往复锯。这种锯由两台单锯组成切割机组，1台为纵切，1台为横切，其中1台配备有坯体上下面平切装置。因此，利用这套机组可以完成六面切割。班产可达100m³，可满足中小企业切割需要。目前，这种机组为降低造价，突出经济型的特点，大多没有配备转向机，在两台单锯之间利用人工搬运，人工费用高。如果在两台单锯之间再加一台转向机，就可以节约不少人工费用。这种轻便往复锯之所以轻便，就在于它的钢材薄，规格小，用钢量较少，而且结构尽量简化，整体造价下降，比较便宜，适合于小企业使用。但它的耐用性较差，使用寿命较短。

②快速往复锯。

这种锯是在2012年开发的最新一代改进型往复锯。它在第二代往复锯班产量达到100m³的基础上，又改进了结构，进一步提高切割速度，使班产量达到150m³，是目前切割速度最高的往复锯。它配备有上下面平切装置及转向机，可完成六面切，这是比较先进的往复锯。

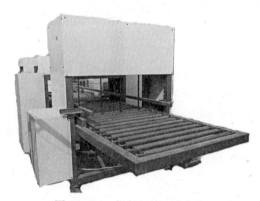

图10-14　轻便经济型往复锯

2）组合带锯

组合带锯是2012年推出的一种新锯型。针对往复锯速度低，锯条间距调节困难等不足，一些企业就利用木工带锯原理，采用多条带锯组合，研发出了这种组合型带锯。它实际就等于把多台带锯组合为一台切割机。目前，锯条有上下运动的立切型，也有锯条左右运动的平切型。大型机组往往为立切、平切结合应用，把多台立切机、平切机组合到一起。

组合带锯利用了带锯高速运动的特点，切割速度非常快，一般的组合带锯机组，班切割量就可达200~300m³，大型自动锯已达400m³，是往复锯产量的2~5倍。效率高是其主要优点。而且它的锯条间距可通过调节机构调节，机组变化切割厚度也比较方便。其缺点是当一台锯需要几十根锯条时，结构庞大，笨重，十分复杂，造价较高。一般情况下，它的造价高于往复锯。

组合带锯由于切割速度快，易于实现自动控制，目前已发展成为往复锯之后的第二代锯型。如果近几年没有其他新锯出现，这种锯可能会成为主导锯型。

3）圆盘锯

圆盘锯是借鉴石材切割机开发的锯型。自2011年以来，各地有一定的研发，也有新锯型推出，但没有获得大量实际生产应用。2012 年以后，这种锯在大型切割机组中，作为大型坯体分切的配套单机，有一定应用，但它单独用于切割的则还不多。

圆盘锯的切割，是采用高速运动的合金钢圆盘形锯片。其优点是切割速度快，可切割强度达几十兆帕的高强度产品，而且耐用性强。但是，它的严重不足，是锯缝宽，达 5 ~ 6mm。当切割大型坯体时，由于锯缝少，切割损耗不大。但泡沫混凝土保温板的厚度只有几厘米，一块坯体要切割几十条锯缝，其损耗就相当大。以 1m³ 宽的坯体切割为 5cm 的板，就要 20 条锯缝。如果每个锯缝 6mm，20 条锯缝就要损耗 120mm 坯体，约损耗 11%，这是这种锯难以在保温板行业流行的主要原因。另外，这种锯体积大、安全性差、噪声大等不足，也影响其在保温板行业的应用。预计这种锯在本行业推广应用有一定的难度。

4）钢丝切割机

钢丝切割机是 2011 年保温板行业推出的一类切割机。它的切割原理与加气混凝土切割机相同，但设备结构不同。它是在泡沫混凝土坯体还没有完全硬化，仍处于硬化初期时，用钢丝切割坯体，切割结束后，坯体继续硬化。坯体切割时的强度约为 0.14MPa，太硬则钢丝切不动，太软则切割后坯体变形。

钢丝切割机在加气混凝土行业普遍使用，但机型过大，适合切割每模几个立方米的大型坯体，而泡沫混凝土的坯体多在 1m³ 以下，最大不超过 2m³，所以照搬加气混凝土切割机目前还不行。现在，行业内推出的钢丝切割机有以下几种：

①错位长列式。把钢丝在弓形支架上绷紧，按成品的切割厚度依次立式错位排列，几十根钢丝排成·排。坯体从每一根钢丝通过时，就被钢丝分切一块。坯体由切割机轨道车运行。其缺点是机型庞大。

②上、下压入式。这种切割是将钢丝绷紧在钢框上，切割时，将钢框自上而下或自下而上压入坯体，达到分割坯体的目的。其缺点是向下压时切不到底，向上压时，钢丝离开皮衣上表面时会产生崩料现象，切不齐。

③预埋提拉式。将钢丝按切割尺寸预埋在模内。切割时将钢丝从模内上提拉出，达到切割目的。其缺点是预埋麻烦，速度太慢。

④拉卷式切割机。这种切割机将钢丝预埋在切割台上，坯体到位后，由切割机卷拉钢丝，使钢丝切割坯体。其缺点是钢丝在切割时在坯体内呈长弧线，容易发生变位，切割精度差。

上述各种钢丝切割机仅在行业内个别尝试性应用，由于不太理想，均没有获得实际生产的普及应用。以后能否推广应用，还有待技术上的完善。

综合试用情况看，钢丝切割适用于切割较厚的板材。像加气混凝土，其切割厚度为 150 ~ 300mm，坯体容易切割，板材破损率低。而泡沫混凝土切割尺寸南方多为 30 ~ 50mm，北方也多为 50 ~ 80mm，较薄。钢丝切割时，坯体强度还很低，切割这么薄的尺寸，破损率高。另外，坯体内部含有大量聚丙烯纤维，也增加了切割难度。这是其应用效果不理想的主要原因。如果想应用这种切割机，尚要大力创新。

5）GH 大型全自动切割机

GH 大型全自动切割机，是在作者指导下，由北京广慧精研泡沫混凝土科技有限责任公司于 2011 年研发的微机控制全自动切割机型，也是目前国内外自动化程度较高、产量较高的大型切割机组，代表目前保温板切割机的先进水平。图 10 - 15 为 GH 大型全自动切割机外观。

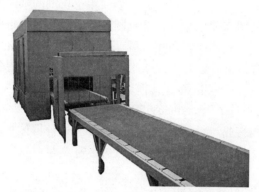

图 10-15　GH 大型全自动切割机外观

本切割机由平切部分、纵切部分、转向部分、分切为成品的部分、微机程序控制部分 5 大部分组成，各部分呈 90°角排列为一个整机。它与一般切割机组的重大区别在于，一般切割机组由几台切割机组成，而本机是一个整体，不是由各自独立的切割机组成。

它的主要优点是：

①产量高。班可切割坯体 400～500m³，日切 1200～1500m³，是目前国内外切割机中产量较大的机型。

②自动化程度高。本机采用微机编程自动控制，输入各种切割参数后，即可自动切割出需要规格的产品，切割过程无人操作，可省去至少两名切割工。

③锯条自动替补功能。本机的锯条在断折之后，具有锯条在微机指挥下自动替补功能，切割不停机，克服了现有各种切割机需停机更换锯条的不足。

④自动清灰功能。切割产生的大量锯末灰，本机具有自动清除功能，避免像其他机型那样，从机下停机清灰。

⑤切割厚度任意可调功能。本机设计有锯条位置自动变化调节机构，可根据各地不同的需要，随时变化切割成品的厚度，十分方便。偏心往复切割机无此功能。

⑥切割精度高。本锯的切割精度可达 0.2mm，而一般切割机的切割误差均大于 2mm。

⑦切割平稳，成品率高，超薄产品（5mm）也可成功切割。

10.3.5　泡沫混凝土砌块设备

节能、防火、耐久是墙体材料发展的主导方向。泡沫混凝土砌块是可以满足这一要求的最重要的产品之一，国内目前主要分为泡沫混凝土砌块和添芯砌块两种。

泡沫混凝土砌块的生产设备和保温板较为相似，但大部分不涉及切割设备，而采用模具浇注、自然或蒸压养护的方法生产而成的。在投资生产泡沫混凝土砌块时，实际上模具的投入也占了很大一部分比例，选择一个适合自己的模具是至关重要的，因此在这里将着重阐述泡沫混凝土砌块的模具选择。泡沫混凝土砌块的模具一般分为小型模具和大型模具两种：

（1）小型模具。使用该模具生产的泡沫混凝土砌块有着砖面平整、棱角分明、外形美观等特点，但是也较为费时费工，手工拆模的模具在拆模时需要 4 人左右的人工，单位时间内产出有限，且对场地要求较高，一种模具只能生产一种规格的砌块，无法灵活的适应砌块的规格。如采用自然养护的方法生产，还具有固化热量散发慢，影响产品的强度和质量的缺点。此种生产方法，适用于场地充足，人工工资成本不高、产品规格固定单一的地区使用。

（2）大型模具：使用该模具生产的泡沫混凝土砌块固化过程中的热量散发较小型模具快，因为胚体较大，干固后可切割为不同尺寸，还可满足不同规格的产品需求。但大型模具对切割设备的依赖性很强，若切割设备不合适，则很难生产出合格的产品，且大型砌块的养护周期较长，一般采用蒸压养护的方法。切割设备和蒸压设备增加了生产成本。此种生产方法，适用于对产品需求量大，规格变化较多的地区使用。

10.4 泡沫混凝土设备检测及维护

10.4.1 出厂检验

设备出厂检验的目的是为了验证设备质量和配置是否合格，每台泡沫混凝土设备必须经过严格的出厂检验合格后方能出厂。因此，对每一台出厂设备均应对照出厂检验单进行如下检验：

（1）外观检验。设备外观色泽均匀，无露底漆，漆膜有良好的附着力；漆面无流痕、起皱、斑点的碰损缺陷。所有电镀件的镀层不应有起皮、脱落、发霉及生锈等现象。所有机仓门的开启及关闭应灵活。

（2）设备启动。对单个设备多次开关电源，观察能否正常启动，是否有非正常工作的异响。

（3）设备状态。配合产品说明书及出厂检验单，检查设备指示灯是否正常并记录指示灯状态。

（4）功能测试。泡沫混凝土设备的搅拌及泵送系统的功能测试因水泥等原材料难以清理等特性，一般为加水测试而并非为实料测试，但发泡系统应采用实料测试，发泡剂与水溶液稀释喷出的泡沫囊大小应均匀一致，测试结果应符合产品说明。

（5）物理检查。对设备进行物理检查，检查设备出厂型号、编号、产地等内容，与合同和产品说明一致为正常。

10.4.2 安装调试

泡沫混凝土设备属于专业设备，因此在安装调试设备时应有厂家的售后服务人员在场指导或由其安装调试，具体步骤如下：

（1）设备安装前的准备工作。

①检查设备要经过的出入口，是否足够让设备通过，否则要进行拆除或采取其他措施，以便设备顺利到达安装位置。

②准备好设备安装时所需的机具。

③检查设备所要求的水、电线及管道等的位置、方向等是否达到设备安装的要求。

（2）设备的安装。

①安装要在准备工作就绪后进行，避免拆箱后各部件不及时到位而造成丢失。

②设备安装应按照说明书、工艺布置总图及各部分图纸要求进行，要符合生产要求和工艺要求。

③设备安装应满足相关安全要求，设备各旋转部分应安装防护装置，设备启动前应通报周边人员注意防护自身安全。

④安装完毕后及时清理现场，并进行调试验收。

（3）设备的调试验收

①设备在安装后应进行调试，调试时按产品说明书要求进行操作，先做空载运转试验，再做负荷试车，有条件的，应尽量使用水泥、粉煤灰和发泡剂等实料进行测试，若不具备实料测试条件的，应加水进行测试，并记录各项指标是否达到要求。

②项目调试结束后应对相关人员做好相应的培训，并使其具备实际操作能力。

③调试后应及时清理设备内残余的水泥、发泡剂和水，避免实料硬化堵塞或侵蚀设备。

10.4.3 使用维护

泡沫混凝土设备一般都具备压力泵送系统和搅拌系统，这些系统都是较易发生故障及安全生产事故的部位，且泡沫混凝土生产多为现场浇注，生产条件较差，故应更加注意安全生产及设备的使用维护。

（1）所有机具运至施工现场后，应由专业电工进行检测、调试、确定无故障后，方可进行施工。电源连接应严格按照接线原则及相序接线，严禁违章操作。

（2）设备的摆放应遵循下列原则：

①靠近作业面；

②接近电源、水源；

③不影响其他施工作业；

④有堆放原材料（水泥、添加料等）的场地，便于上料；

⑤设备安放整齐，便于操作；

⑥设备场地约10m²，上方搭设脚手架棚。

（3）关于泡沫混凝土输送管的连接及铺设应遵循以下原则：

①连接设备出料口的管道，因处于底部承压较大，必须使用原装耐压钢编管（包括从设备出料口连接的2~4根管道）。

②如建筑物室内未粉刷，可通过内楼梯垂直上下。

③如果建筑设备有消防管安全通道，还未安装消防管时，输料管道可通过消防管道垂直上下。

④如上述两个位置不适合安装管道，可将管道安装在靠近提升机的脚手架上。

⑤为方便操作，设架时宜从上至下逐根连接管道。

⑥管道连接必须牢固，每根管道固定2~3个点。

（4）开机前应注意检查设备各部位润滑情况，开机后应先加水测试，确认设备各系统工作正常后方可使用。

（5）操作工人在加发泡剂时应戴好橡胶手套，尽量做到不直接接触发泡剂。若不小心手或脚等部位接触发泡剂时，应随即用清水冲洗。不允许发泡剂直接与眼睛接触。

（6）搅拌机内卡入异物导致搅拌机停止工作的，应立即关闭电源，使用探棍、铁钳等工具将异物取出，切勿开机试操作和徒手操作。

（7）泵送过程中出现输送管明显振动、油温升高、压力升高且不稳定等现象时，不得强制泵送，应及时停机查明原因，采取措施排除。

（8）使用软管泵泵送设备的，应在每生产 300～400m³ 时停机检查软管磨损情况，若一侧磨损严重，可翻转使用或更换。

（9）浇注过程中应尽量注意生产的连贯性，如水泥等原材料供应不足时应放慢泵送速度，尽量避免反复停机开机。

（10）生产结束时，应及时清洗设备，避免水泥硬化影响设备使用。在实际操作过程中，一般采用加水的方法进行清洗，清洗用水不得排入已浇注的泡沫混凝土内。

（11）对于重要工程或整体性要求较高的工程，应备备用设备救急用。

（12）设备应按照说明书要求定期维护，检查系统零部件磨损情况及电路安全情况，如有隐患应及时维修或更换。

附　录

一、泡沫混凝土机械设备生产厂家

1. 青岛中科旭阳集团公司
2. 丹东市兄弟建材有限公司
3. 山东七星实业有限公司
4. 北京中科筑诚建材科技有限公司
5. 北京广慧精研泡沫混凝土科技有限责任公司
6. 无锡市湖钦机械设备有限公司
7. 山东菏泽霸王机械有限公司
8. 河南华泰建材开发有限公司
9. 韩国信宇机械
10. 威海新舟工业设备有限公司
11. 烟台塞地机械制造有限公司
12. 烟台驰龙建筑节能科技有限公司
13. 邹城市勤德加气混凝土砌块机械设备有限公司
14. 阜新恒泰机械有限责任公司
15. 沈阳市盛林带锯机床厂
16. 巩义市东风重型机械厂

二、泡沫混凝土保温板生产厂家

1. 辽宁恒业广源科技有限公司
2. 海城市大德广消防门业材料有限公司
3. 鞍山市中润方园保温材料有限公司
4. 沈阳嘉宝环球实业（集团）公司
5. 沈阳纳天智科技有限公司
6. 鞍山市春成保温板厂
7. 盘锦兴海宏大发光科技有限公司
8. 吉林省中环节能建材发展股份有限公司
9. 黑龙江省金四方新型节能建筑材料有限公司
10. 天津市恒祥保温材料有限公司
11. 大连腾艺新型材料有限公司
12. 大连保税区泰华保温板厂
13. 葫芦岛市格林空调防腐保温有限公司汇远保温材料分公司

14. 抚顺基石建材有限公司

15. 沈阳通达防火保温材料有限公司

16. 营口经济技术开发区东霖防火保温板厂

17. 本溪中研复合材料有限公司

18. 营口盼盼多功能板材有限公司

19. 营口市福延耐火保温材料有限公司

20. 营口利达保温板块有限公司

21. 鞍山市赛克保温材料有限公司

22. 锦州市宇搏保温建材有限公司

23. 朝阳县三力建筑保温材料厂

24. 大连丰林建材有限公司

25. 大连市万宏节能保温墙板有限公司

26. 大连颢瀚防火保温板厂

27. 大连瀚洋新型建材有限公司

28. 沈阳万隆新型建材有限公司

29. 大连鑫城保温材料有限公司

三、泡沫混凝土原材料生产厂家

1. 唐山北极熊建材有限公司

2. 唐山六九水泥有限公司

3. 沈阳冀东水泥有限公司

4. 辽阳天瑞水泥有限公司

5. 山西华通路桥集团有限公司建材分公司

6. 大连瑞安建筑材料有限公司

7. 辽宁科隆精细化工股份有限公司

8. 石家庄丰联精细化工有限公司

9. 上海豪升化学有限公司

10. 辽宁摩利特新型建筑材料有限公司

11. 石家庄市东拓助剂厂

12. 石家庄市明鑫塑料助剂厂

四、泡沫混凝土现浇施工单位

1. 大连正锐建筑节能有限公司

2. 朝阳市慧城墙体材料制造有限公司

3. 辽宁浙商泡沫混凝土科技有限公司

4. 广东盛瑞土建科技发展有限公司

5. 广州众亮积企业集团公司

6. 沈阳欣宽发泡水泥地暖工程有限公司

7. 陕西沃特地暖工程有限公司

8. 天津市永暖建材科技开发有限公司

9. 浙江欧美加建筑科技有限公司

10. 辽宁集佳节能墙体装备有限公司

五、泡沫混凝土装配式建筑施工单位

1. 北京华丽联合高科技有限公司

2. 驻马店市永泰建筑节能材料设备有限公司

3. 唐山万城建材有限公司

致　谢

  本书的第一作者、我的丈夫——沈阳建筑大学博士生导师唐明教授是辽宁省泡沫混凝土发展中心专家组组长，是辽宁省和国家建材行业的著名专家学者。他本科毕业于同济大学，由国家公派赴日本长冈科技大学学习，博士毕业于哈尔滨工业大学。他自本科学习阶段就致力于研究和应用泡沫混凝土，发表了多篇研究论文。他集自己深厚的专业修养和对泡沫混凝土材料在工程应用中重要价值的理解，在生命的最后日月里，夜以继日地奋笔疾书，撰写了本书的前两章内容。他高兴地告诉我：他想在本书中所讲述的最重要、最难写的部分已经顺利完成了，接下来要通过各章的实际应用研究成果与工程实例来完成本书的写作。不幸的是由于心脏病突发他突然离世，使本书未能完稿。为了完成他的遗愿，在他的挚友全国著名建筑学专家陈伯超教授的帮助下，在中国建筑工业出版社的支持下，他的生前好友、辽宁省泡沫混凝土发展中心主任徐立新付出了极其辛苦的努力，组织了辽宁省、北京市、天津市、山东省、河北省和河南省六个省市的泡沫混凝土企业家和专家续写并完成了《泡沫混凝土材料与工程应用》一书。

  在唐明教授离开我们一年之后，这本书在大家的共同努力之下终于完成了。这本书的出版是大家智慧的结晶，希望对泡沫混凝土行业的发展起到推动作用。对我个人来说，这本书是为永远怀念我的爱人、哥哥、战友——唐明教授而得到的最好的礼物。借此书即将出版之际，我向所有为本书能够顺利出版而付出辛勤工作的朋友们再次表示衷心的感谢！祝愿这本书对中国泡沫混凝土行业的发展起到积极的推动作用！祝愿唐明教授的在天之灵安息！

沈阳建筑大学　教授　陈宁

2013 年 5 月 22 日于沈阳